U0183111

国家科学技术学术著作出版基金资助出版

压缩机组高效可靠及智能化研究丛书

叶轮机械转子密封系统流体激振与防控

Fluid Induced Vibration and Prevention of Rotor Seal System in Turbomachinery

何立东　编著

科学出版社

北　京

内 容 简 介

随着叶轮机械转速和介质压力的提高、转子柔性的增加和密封间隙的减小，密封流体激振已成为许多转子强烈振动的根源，高性能减振密封技术是现代高效、大功率叶轮机械发展的关键技术之一。本书基于这一现状与趋势，结合作者及其研究生和有关科研人员在该领域的研究成果，以叶轮机械转子密封系统为研究对象，分析了密封流体激振的机理，建立了流体激振的非线性理论模型，研究转子密封系统的动力学问题，对密封流体激振的各类减振技术进行总结，重点讲述了蜂窝密封等技术抑制振动的原理和实际应用。书中介绍了相关的数值模拟和实验，并理论联系实际，结合作者解决的典型叶轮机械(包括汽轮机、压缩机、涡轮泵)的工程技术问题，介绍了抑制密封流体激振的方法，这些为相关科研人员提供了有价值的参考。

本书可供石油化工、航空航天、电力、核电等领域从事叶轮机械(汽轮机、压缩机、涡轮泵等)相关工作的研究人员和有关专业的师生参考。

图书在版编目(CIP)数据

叶轮机械转子密封系统流体激振与防控=Fluid Induced Vibration and Prevention of Rotor Seal System in Turbomachinery / 何立东编著. —北京：科学出版社，2023.2

国家科学技术学术著作出版基金资助出版

压缩机组高效可靠及智能化研究丛书

ISBN 978-7-03-074906-2

Ⅰ. ①叶⋯　Ⅱ. ①何⋯　Ⅲ. ①叶轮机械流体动力学　Ⅳ. ①TK12

中国版本图书馆CIP数据核字(2023)第030766号

责任编辑：范运年　王楠楠 / 责任校对：王萌萌
责任印制：吴兆东 / 封面设计：赫　健

科学出版社 出版
北京东黄城根北街 16 号
邮政编码：100717
http://www.sciencep.com

北京中科印刷有限公司 印刷
科学出版社发行　各地新华书店经销

＊

2023 年 2 月第 一 版　开本：720 × 1000 1/16
2023 年 2 月第一次印刷　印张：24
字数：470 000

定价：168.00 元
(如有印装质量问题，我社负责调换)

丛书编委会

主　编　高金吉　院士

编　委　（按姓氏汉语拼音排序）

陈学东（合肥通用机械研究院　院士）

范志超（合肥通用机械研究院　研究员）

何立东（北京化工大学　教授）

江志农（北京化工大学　教授）

刘向峰（清华大学　教授）

秦国良（西安交通大学　教授）

王维民（北京化工大学　教授）

王玉明（清华大学　教授）

张家忠（西安交通大学　教授）

赵远扬（青岛科技大学　教授）

序

压缩机组是国之重器，是日益大型化、复杂化、自动化、连续化生产的石化、冶金等流程工业的心脏装备，压缩机组故障停机会造成重大经济损失，甚至导致机毁人亡的重大事故；压缩机组是流程工业的耗能大户，仅炼化、冶金行业的压缩机组能耗就占我国工业能耗的 15% 左右。目前我国石化、冶金等流程工业压缩机组安全和经济运行问题十分突出。中国工程院重点咨询研究项目"中国高耗能装备运行现状及节能对策研究"指出，压缩机组运行存在的主要问题，一是故障时有发生，不能确保安全长周期运行，二是长期偏离设计工况低效运行，这是迫切需要解决的重大工程实际问题。

工欲善其事，必先利其器。针对国家能源动力等领域对压缩机装置大型化、高参数和稳定、高效、长周期运行的重大战略需求，面临压缩机组实际运行效率低、运行周期短的重大挑战，由北京化工大学为负责单位，与合肥通用机械研究院、西安交通大学、清华大学、东北大学、沈阳鼓风机集团股份有限公司、西安陕鼓动力股份有限公司共同合作承担了科技部国家重点基础研究发展计划项目"高端压缩机组高效可靠及智能化基础研究"（973 项目）。

该项目从能源、动力、制造等领域多学科交叉层面，围绕三个关键科学问题开展研究：①多干扰复杂工况下压缩机组系统非稳定边界条件及扩稳机制；②极端工况下关键部件劣化及主辅设备系统关联耦合作用规律；③压缩机组复杂系统振动噪声起因、诊治与自愈化原理。通过研究，揭示了多干扰和多变工况下压缩机组和过程复杂系统在与物质、能量、信息流相互作用下，气动特性、结构动力特性的变化规律。通过对复杂系统监测分析，揭示了低效运行、失稳、失效及故障发生发展的原因及关联性；通过参数/结构的匹配适应和智能调控，建立了机组与过程始终和谐以实现高效稳定可靠运行的原理和方法，发展压缩机组高效、可靠与智能化基础理论，其主要创新成果如下。

1. 压缩机组仿生自愈化原理和振动故障靶向抑制方法

借鉴医学的自愈调控机制及靶向医疗方法，建立一种具有确保装备在运行中预防和自动消除故障的能力的机制，在压缩机组运行中测试分析可能产生故障的条件及早期故障征兆，采用诊断预测、智能决策和主动控制方法，使装备系统不具备产生故障的条件或靶向精准抑制故障，使其消除在萌芽中，实现压缩机的自愈化。

2. 叶片局部柔性智能结构的流动扩稳减阻原理

发展了非定常流动的 Lagrangian 拟序结构动力学分析方法，揭示了抑制失速和喘振的机制。叶片局部柔性结构可有效地将主流的能量和动量迁移到流体边界层中，从而抑制流动分离等奇异现象，提高叶轮的气动性能，为叶轮扩稳减阻技术提供了新途径及理论基础。

3. 压缩机主辅耦合作用规律和失速及喘振的扩稳规律

研究了推迟失速和喘振的扩稳机理，揭示了气体抽吸/喷射对叶轮端壁区分离涡消散过程的影响规律，提出了主动喷射扩稳方法，拓宽了小流量下离心压缩机组高效稳定运行的工况范围。提出了离心压缩机叶片扩压器周向开槽新结构，能够在保证压缩机效率基本不变的情况下明显提高压缩机稳定工作范围，并且给出了扩压器周向槽参数选取的指导性原则。

4. 力场、温度和化学等多场综合作用下压缩机关键部件失效规律

首次考虑应力场、温度场、化学场的共同作用，建立了压缩机曲轴、叶轮等关键部件的多轴断裂、动态断裂失效评定和腐蚀疲劳寿命预测方法，提出基于寿命的设计制造技术方法。综合考虑极端工况对压缩机曲轴、叶轮瞬态响应的影响，建立了体现高阶谐波和气流激励影响的附加载荷谱计算方法。建立了干气密封动力学新分析方法体系，提出了基于声发射的干气密封端面碰摩损伤状态监测方法和磨损表面分析评价方法。

5. 首次提出压缩机早期故障信号快准捕捉及智能联锁保护新方法

项目攻克了压缩机组高速运转快准判别的难题，突破了国际和 API 标准以通频振动幅值为基础的压缩机报警及紧急联锁停车保护技术，提出了故障的劣化度和风险度无量纲参数，建立了一种基于专家思维方式的多维度智能诊断方法，研发出基于状态和风险的智能联锁保护系统。

6. 整体齿轮压缩机临界负荷概念及抑制耦合振动优化设计方法

鉴于国内外压缩机设计厂家没有充分考虑临界负荷振动设计问题，导致平行齿轮轴系高端压缩机组故障频发，国际先进的专业动力学分析软件均不具备临界负荷设计计算能力。研究证明了临界负荷的存在，揭示了临界负荷对整体齿轮压缩机振动的影响规律，提出了规避多平行齿轮轴系压缩机临界负荷的优化设计方法。

通过项目系统的研究揭示，压缩机组—过程系统和谐是高效可靠的基础，智能化使压缩机组更聪明，自愈化让压缩机组更健康。研究成果可为提高压缩机组高效可靠和智能化自愈化水平，为研制新型高端压缩机组和在役再制造工程，提供基础理论和关键技术，有些是国际上压缩机领域理论和技术发展的前沿。

"压缩机组高效可靠及智能化研究丛书"是将 973 项目主要研究成果编著成七册出版。这都是在科技部和项目专家组关怀和指导下，有关高校、科研院和企业产学研合作，973 项目组成员现场调研、理论探讨、试验研究的丰硕成果，是集体汗水和智慧的结晶。我们的研究成果，不仅要在国际知名期刊上发表供他引，更要编著成书深入解读，让研究成果在祖国大地落地生根，开花结果。我在石化企业和压缩机组打交道近 30 年，深知这套丛书对压缩机组研发、设计和技术提升及智能化非常实用、非常有价值。我对丛书的出版表示由衷欣喜和热烈祝贺！向为大国重器基础理论和关键技术发展付出辛勤劳动的同仁们表示崇高的敬意！

这套丛书的出版发行，必将为我国高端压缩机组高效可靠和智能化自愈化技术的普及，为压缩机等动力机械领域科研和专业技术人员的成长发挥重要作用。

中国工程院院士 高金吉

2017.10

前　言

汽轮机、燃气轮机、烟气轮机、压缩机和涡轮泵等叶轮机械是石化、航空航天、大型火力发电、核能发电等行业的核心设备。叶轮机械发展的主要方向是提高机组效率，延长稳定运行周期。叶轮机械能量转换过程中"高效、洁净、安全"等多项准则往往相互冲突，如何最优地实现这些相互制约的目标，已成为叶轮机械发展的重大挑战。叶轮机械振动严重、密封泄漏量大等问题是机组稳定、长周期运行的瓶颈。

梳齿密封在叶轮机械中广泛应用，密封流体激振是许多叶轮机械振动的根源，成为高参数叶轮机械发展的瓶颈之一。例如，对于某化肥厂的压缩机，为了增加产量，在提高转速的时候，梳齿密封产生的流体激振损坏了压缩机，维修花费了数月时间，损失严重。许多正在运行的压缩机等叶轮机械中，密封流体激振导致叶轮产生裂纹、密封失效、轴承损坏等事故，影响满负荷稳定运行。探索密封流体激振的机理与防控技术一直是叶轮机械领域的一个研究热点，也是一个尚未完全解决的难题。高性能减振密封技术已成为现代高效、大功率叶轮机械发展的关键技术之一。

基于这一现状与趋势，作者在开展密封流体激振与防控技术研究的 20 多年里，承担了"大型离心压缩机密封气流激振故障预测和自愈合调控技术研究""舰用高性能减振密封技术""可控合成射流抑制密封气流激振机理研究""涡轮泵阻尼密封技术""叶轮机械迷宫密封非线性设计方法研究""非线性密封流体激振研究""叶轮机械中密封气流激振的细观评价""保障汽轮机安全高效运行的蜂窝密封技术研究"等多项研究课题。研究成果在工程中得到了广泛的应用，解决了 30 多台汽轮机、离心压缩机、轴流压缩机、烟气轮机、大型电机、涡轮泵等设备的密封泄漏和流体激振问题，消除了安全隐患，保证了设备长周期安全稳定运行。

本书共 11 章。第 1 章分析叶轮机械转子密封系统流体激振的机理和特征，介绍流体激振机理和密封系统的动力学问题，对密封流体激振的各类减振技术进行总结。第 2 章以叶轮机械转子密封系统为研究对象，建立密封流体激振的非线性振动模型，分析密封流体激振的机理。第 3 章建立三维转子密封流固耦合模型，应用三维非定常黏性流动数值计算方法，计算转子运动时的不稳定密封流场，将密封流场与转子振动方程联系起来，揭示密封流体激振的非线性作用机制。第 4 章分析蜂窝密封的特性，建立蜂窝密封实验台，测试蜂窝密封流场的脉动特性。第 5 章研究铝蜂窝密封的设计方法，开发在易燃易爆环境中消除摩擦火花问题的铝蜂窝密封。第 6 章介绍如何在工程中应用蜂窝密封，解决汽轮机、离心压缩机、轴流压缩机、烟气轮机、大型电动机等设备的密封泄漏和流体激振问题。第 7 章建立涡轮泵离心叶轮阻尼密封模型，分析梳齿密封、蜂窝密封和孔型密封性能。第 8 章介绍梳齿密封流场粒子图像测速技术。第 9 章介绍反旋流等抑制密封流体激振的方法。第 10 章综述刷式密封技术。第 11 章介绍指尖密封技术。

　　　本书的一部分内容来自作者的博士学位论文和博士后研究报告，感谢夏松波教授、闻雪友院士和袁新教授的指导；另一部分内容来自金琰博士、张强博士、苏奕儒博士以及伍伟、孙永强、叶小强、尹德志、丁磊、张明、吕江、吕成龙、涂霆、黄文超、杨秀峰、胡航领、李宽、郭咏雪和张力豪等硕士研究生在相关研究工作中的成果，感谢大家的辛勤付出。

　　　感谢高金吉院士及其主持的国家重点基础研究发展计划项目"高端压缩机组高效可靠及智能化基础研究"的支持。

　　　感谢王玉明院士、蒋东翔教授和杨金福教授对本书出版的支持。

　　　感谢国家科技重大专项项目"燃气轮机转子系统的结构动力学与振动控制研究"（2017-IV-0010-0047）的支持。

　　　感谢李志炜、路凯华、亢嘉妮、丁继超、闫伟、张翼鹏、朱皓哲、王健、朱港、李耕、张乐等研究生在编写过程中所做的工作。

　　　最后，感谢有关单位在相关研究工作中提供的支持与配合，本书还参考了国内外有关学者的研究成果，在此一并表示感谢！

　　　由于作者水平有限，不足之处在所难免，恳请读者批评指正！

何立东
2022 年 9 月 8 日

目　　录

第1章 绪 论

1.1 引 言

航空发动机、汽轮机、烟气轮机、离心压缩机、轴流压缩机以及液氢涡轮泵和液氧涡轮泵等叶轮机械是航空航天、石化、火力发电、核能等行业的核心设备[1]。随着叶轮机械向着高参数和大容量方向的发展，为了提高压缩机、燃气轮机和汽轮机等叶轮机械的效率，介质的压力和转子转速越来越高，对减小密封间隙、控制密封泄漏量的要求也越来越高。但与此同时，机组运行的稳定性受到了严重的威胁，叶轮机械中梳齿密封产生的流体激振便是所面临的突出问题之一[2]，成为许多离心压缩机(特别是高密度气体压缩机)、汽轮机、燃气轮机和高压涡轮泵振动的原因之一，直接影响着这些设备的稳定运行，成为叶轮机械发展的瓶颈之一，引起越来越多的关注。

某化肥厂的一台合成气压缩机，段间密封流体激振导致转子产生剧烈振动，轴承损坏，停产数月，经济损失严重[3]。美国航天飞机液氧涡轮泵由于密封流体激振问题突出，产生低频振动，威胁涡轮泵安全，特别是容易损坏轴承；国内某火箭也曾发生过类似的低频振动问题[4]。汽轮机中的密封许多为梳齿密封，易磨损甚至倒伏，导致蒸汽泄漏严重、效率降低，不能有效抑制流体激振力。汽轮机叶片工作在高温、高压、高转速以及湿蒸汽区等恶劣环境中，在流体激振力作用下，叶片产生疲劳裂纹，裂纹进一步发展导致叶片断裂[5]，轻则引起机组振动，重则造成飞车事故[6-8]。某电厂汽轮机发电机组曾经发生过多次密封流体激振事故，发电机机组在近一年的时间里无法满负荷运行，经济损失严重。特别是超超临界汽轮机，其中的蒸汽压力极高，密封流体激振成为影响机组长期安全、稳定、高效运行的关键因素[9-11]。

如何提高叶轮机械的效率，同时又能够保障机组稳定运行，是叶轮机械面临的突出问题[12]。叶轮机械能量转换过程中"高效、洁净、安全"等多项准则往往相互冲突，如何最优地实现这些相互制约的目标，控制密封的泄漏量，同时使密封流体激振得到抑制、机组运行的稳定性得到保证，成为叶轮机械发展的重大挑战。发展高性能减振密封，已成为现代高效、大功率叶轮机械的关键技术之一。例如，美国一项发展高性能透平技术的计划中，要使发动机的推力提高100%，其主要技术途径是发展如下四项技术：三维叶片、先进密封、复合材料轴承、数字化集成控制。引进的舰用燃气轮机，如 LM2500 和 GT25000 等机组，为提高效率、增强机组运行稳定性，都十分重视先进密封技术的研究与应用[13]。

目前，有关密封流体激振的研究，无论是理论分析方法，还是工程实用技术，都取得了丰硕的成果，但是也存在许多尚未解决的难题。下面就其发展历史和研究现状做一概要介绍。

1.2 密封流体激振机理研究

1940 年美国 GE 公司(通用电气公司)生产的一台汽轮机，在提高负荷时产生强烈的密封流体激振[14]，用常规的动平衡方法无法消除。1958 年 Thomas 提出了密封间隙激振的分析方法[15]，建立了汽轮机密封流体激振力的计算模型。随后美国的 Alford 在研究航空发动机振动问题时，揭示了密封流体激振的机理，提出了流体激振力的计算方法[16]。1975 年德国的 Urlichs 和 Wohlrab 在进行发动机实验研究中证实了 Alford 力的存在。1984 年美国的 Vance 在测试鼓风机叶轮横向力时，也发现了 Alford 力。

一般认为，转子在密封腔中偏置时，由于密封腔内三维流动和二次流等，密封周向压力分布不均匀，从而形成密封流体激振力。由于密封腔中的流体有旋转，周向压力分布的变化与转子和密封腔之间的间隙变化不完全对应，流体作用在转子上的力可分解成一个与偏置方向相垂直的切向力，该切向力将激励转子产生涡动。当激振力达到或超过一定值时，就会使转子产生强烈的振动。

为了分析密封流体激振力对转子振动的影响，Thomas 提出了以下动力学模型[17]：

$$-\begin{bmatrix} F_x \\ F_y \end{bmatrix} = \begin{bmatrix} K & k \\ -k & K \end{bmatrix}\begin{bmatrix} x \\ y \end{bmatrix} + \begin{bmatrix} C & c \\ -c & C \end{bmatrix}\begin{bmatrix} \dot{x} \\ \dot{y} \end{bmatrix} \tag{1-1}$$

式中，F_x、F_y 分别为力在 x、y 方向上的分量；K 为主刚度；k 为交叉刚度；C 为主阻尼；c 为交叉阻尼；x、y 分别为位移分量；$\dot{x}$、$\dot{y}$ 分别为速度分量。

式(1-1)已成为许多文献分析密封流体激振的基础。一般认为，密封的交叉刚度 k 是引起转子失稳的主要原因。k 值增大时，切向力增加，转子的稳定性降低。主阻尼 C 则有利于转子的稳定。这样在分析密封流体激振力对转子稳定性的影响时，一般首先要计算密封的交叉刚度等动力特性系数。式(1-1)是在假设线性系统小涡动的情况下，给出的传统密封动态特性八参数模型，但是无法准确分析大涡动状态下的转子密封系统非线性特征。

在 Thomas 和 Alford 提出的关于密封流体激振力的计算方法中，缺少密封入口切向速度的分析，没有认识到影响切向力的一个主要因素是密封入口切向速度。切向力与密封交叉刚度密切相关，是引起转子失稳的主要原因。Rosenberg[14]首先揭示了密封中的周向流会产生流体激振力,但理论计算结果偏离实际较大。

Vance 和 Murphy[18]发展了 Alford 理论,进行了阻塞流的假设。Black[19]采用短轴承理论计算密封动力系数,其计算结果在轴向雷诺数小于 2×10^4 的范围内已被实验证实。Childs 建立了短密封动力系数的计算方法[20],Nordmann 和 Dietzen[21]利用差分法开展了数值分析。

Bently 和 Muszynska[22]认为流体激振力对转子的扰动反力是以某一固定的角速度绕轴颈旋转的,且该反力在旋转坐标中可由式(1-2)描述,流体激振力的旋转效应是诱发转子失稳的主要因素。式(1-2)中给出的 Muszynska 模型和传统的八参数模型相比,更好地描述了流体激振力的非线性特性。

$$-\begin{bmatrix} F_x \\ F_y \end{bmatrix} = \begin{bmatrix} K_f - m_f \tau^2 \omega^2 & \tau \omega D \\ -\tau \omega D & K_f - m_f \tau^2 \omega^2 \end{bmatrix} \begin{bmatrix} x \\ y \end{bmatrix} + \begin{bmatrix} D & 2\tau m_f \omega \\ -2\tau m_f \omega & D \end{bmatrix} \begin{bmatrix} \dot{x} \\ \dot{y} \end{bmatrix} + \begin{bmatrix} m_f & 0 \\ 0 & m_f \end{bmatrix} \begin{bmatrix} \ddot{x} \\ \ddot{y} \end{bmatrix}$$

$$(1-2)$$

式中,K_f、D 和 m_f 分别为密封力的当量刚度、当量阻尼和当量质量;τ 为流体平均周向速度;K_f、D 和 τ 均为扰动位移 x、y 的非线性函数;ω 为转速;$\ddot{x}$、$\ddot{y}$ 为加速度。

Black-Childs 模型是 Muszynska 模型的一个实例[23]。密封中气流的周向流是进口气流的预旋和轴的旋转引起的周向拖曳所致。Kostynk 从流体运动方程出发,建立了二维流动的流体运动模型,计入了轴的旋转和密封内的周向流。Kanki 和 Kaneko 在一些简化假设下求出密封腔中的周向压力分布,得到密封动力特性系数计算公式[24]。Kameoka 等[25]将密封腔和齿隙分别作为控制体,这种两控制体模型比以往把密封腔和齿隙中的气流作为同一个速度和压力分布微元体来考虑更为准确。Scharrer[26]、Iwatsubo 和 Yang[27]分别研究了转子倾斜和密封产生塑性变形对密封动力特性的影响。国内学者研究了梳齿密封的动力特性,主要是利用容积法分析密封腔中流体的一个或几个控制体,或求解雷诺平均纳维-斯托克斯(N-S)方程,得到密封刚度和阻尼系数,再分析转子的运动状态,解释了密封流体激振的一些特性,但计算结果与实际相比偏差较大[28-38]。

例如,某转子在实验中发生了剧烈振动,其特点是当转速超过某一门槛值时,转子密封系统产生强烈振动。数值计算求出了密封动力特性系数,然后分析转子振动响应,得到的转子振动幅值并不是很大,与实验中转子强烈振动的现象相比差异较大。在交叉刚度被扩大 10 倍以后,计算的振动幅值才能反映转子的实验现象[39]。又如,某汽轮机额定功率是 300MW,当汽轮机的输出功率小于额定功率时机组运行平稳,但是当接近额定功率时,高压缸中的汽轮机转子突然产生强烈的低频振动(振动频率为 27Hz),其一阶模态阻尼比从 5%下降至不到 1%。如果按照上述计算方法进行分析,当汽轮机输出功率达到额定功率时,转子的一阶模态阻尼比虽然降低,但是只是在缓慢减小,阻尼比和振幅并没有发生突变,计算结果没有反映工程实际现象[40]。需要强调指出的是,在工程实践中,汽轮机或者压缩机发生密封流体激振时,增大转子转速不能降低这种低频振动的幅值,而且转子低频振动的频率也不改变,锁定在转子一阶固有频率上,人们将这种现象称为频率锁定。利用上述分析模型也无法分析和再现这种流固作用导致的非线性现象。

何立东等[41]从流固耦合的角度,研究了密封流体激振的机理,认为密封腔中的流体在转子自转和转子涡动干扰下,形成脉动的流场,该流场又激励转子振动。在一定条件下,当流场脉动频率与转子的一阶固有频率接近时,会产生强烈振动。本书利用非线性振动模型描述了密封流体激振的非线性特性。应该指出,密封流体激振的定性和定量研究还未十分成熟,这是一个复杂的流固耦合问题。长期以来,密封流体激振的机理一直是叶轮机械领域的一个研究热点,也是一个尚未完全解决的难题。

1.3　工程中的密封流体激振

1.3.1　汽轮机密封流体激振

1965 年,一台 300MW 的汽轮机,当负荷在 200~240MW 时,高压转子产生频率为 26~30Hz(接近高压转子一阶临界转速频率)的强烈振动。若功率降低几十兆瓦,强烈振动消失。

某发电厂 200MW 的汽轮机组在 3000r/min 工作转速下,当负荷为 170MW 时,低频振动成分(30Hz)的幅值为 5μm[42]。当打开高压调汽阀门,使负荷增大到 190MW 时,低频振动成分(30Hz)的幅值为 20μm,增长了 3 倍,轴系发生密封流体激振。如果关小高压调汽阀门,负荷减小到 180MW 以下,则低频振动减小。该机组的振动现象与负荷紧密相关,负荷增大,低频振动成分(30Hz)的幅值也增大。该机组负荷在 195MW 以下时,轴承处振动小于 26μm。大于等于 195MW 时,振动瞬时增至 44μm。该机组存在的主要问题有:密封间隙分布不均,右侧间隙小于左侧间隙,两者之间最大相差 1.10mm;顶部间隙大于底部间隙,密封磨损严重[43]。

某发电厂两台 1000MW 汽轮机,在低负荷时振动很小,当接近额定负荷时,密封流体激振导致汽轮机发生强烈振动而被迫停车。减小振动的方法主要有:改变蒸汽阀门开关顺序,使蒸汽对叶片的冲击更加均匀;减小转子在汽缸中的偏心,消除叶顶密封和隔板密封的间隙沿周向分布不均的问题。按照上述方法改造以后,汽轮机在额定负荷下的振动明显下降[26]。

某发电厂的 750MW 超临界汽轮机经常发生振动，其特点是输出功率小于 600MW 时运行平稳，接近额定功率时，高压转子就会发生强烈的振动，轴承被破坏。检修中调整了轴承间隙，改造了叶顶密封和隔板密封，抑制了密封流体激振，汽轮机能够在 750MW 额定功率下稳定运行[44]。

某电厂的汽轮发电机组，在检修时重新焊接了 4 根主进汽管道，由于产生了不同的残余焊接热应力，高压缸体扭曲变形，使每一级隔板与叶片之间的距离在圆周方向是不均匀的，高压缸发生密封流体激振，导致转子涡动。随着负荷的增大，转子振动幅值明显增大，但频率成分变化不大。降低负荷后，转子振动随之降低，频率成分也没有明显的变化。不管负荷如何变化，转子振动频率中始终存在着 25Hz 的频率成分，这一频率成分与转子的一阶临界转速（1470r/min）频率成分 24.5Hz 接近[33]。

国外引进的某超临界机组多次出现低频振动问题。测试表明，在 257MW 时，转子垂直方向振动主要包括 27Hz 低频分量 15.2μm 和 50Hz 工频分量 63.2μm 等。其中 27Hz 的低频分量接近高压转子的一阶临界转速频率成分 28.75Hz。造成该机组发生密封流体激振的主要原因有：高压通流间隙设计不当（如围带汽封、隔板汽封和轴端汽封的间隙过小）、调速阀门开度的影响（使转子在缸内的径向位置和轴颈在轴承中的位置发生相对偏心，造成密封间隙周向分布不均匀，形成切向激振力）、轴承阻尼特性不佳（滑动轴承提供的阻尼不足以抑制涡动）[33]。

某电厂汽轮机 1 号机组在 180MW 以下时，转子振动幅值为 120μm，工频成分突出。当负荷从 180MW 增至 200MW 时，转子强烈振动，振动幅值达到 500～600μm，负荷增加则振动增大。当负荷降至 160MW 时，转子运行平稳。提高负荷至 200MW 时，强烈振动再次出现。2 号机组负荷在 250MW 以下时，振动正常，无低频振动发生，高中压转子轴振动幅值在 150～160μm，当机组负荷升至 280MW 时，突发低频振动，此时转子振动幅值增加到 330μm[45]。该机组低频振动的特征如下。

（1）低频振动的频率是 25Hz，接近轴系的一阶临界转速频率 23.33Hz。

（2）低频振动与负荷密切相关，振动均发生在特定的负荷下，1 号机的负荷门槛值是 200MW，2 号机的负荷门槛值是 250MW。

（3）低频振动发生后，振动的幅值居高不下，增加负荷则振动增大，复现性好。

（4）低频振动和蒸汽阀门的开度相关。

为了降低振动，该电厂对 1 号轴承进行了改造，把轴瓦宽度减小 10mm，降低长径比，提高轴承比压，还增加了轴承标高。改造后振动有一定程度的下降，然而并没有完全消除密封蒸汽激振现象。开缸检查发现两台机组的高压转子都有较大的偏心。调整高压缸转子在汽缸中的位置，消除转子偏心后，两台机组实现正常稳定运行。

大功率汽轮机末级叶片较长，容易产生叶片颤振，威胁叶片的安全[46]。改善长叶片的叶尖密封，抑制流体激振成为解决问题的关键。某发电厂300MW汽轮机末级叶片断裂，断裂起源于点状凹坑[27]，汽轮机叶片、轴颈及汽封齿都有严重的锈蚀问题。某石化公司的一台汽轮机先后5次发生断叶片的事故，发生在2005年10月份的断叶片事故影响尤为严重。该汽轮机的次末级三根长叶片从叶片中部折断，这三根断裂飞出的叶片随后又把次次末级的多个叶片打坏，还严重损坏了隔板和汽封。这次事故仅修复汽轮机就花费了两百多万元，再加上停产，造成了巨大的经济损失。某电厂新购买的一台汽轮机运行不到一年，就发生了断叶片的事故。某石化公司的汽轮机也曾发生过断叶片事故[47]，严重威胁了汽轮机的安全运行。导致叶片断裂的重要原因之一是叶片在很高的流体激振力作用下，同时长期经受水滴冲刷，产生疲劳裂纹，裂纹进一步发展导致叶片断裂。图1-1为水滴冲刷造成汽轮机叶片损坏。

图1-1　水滴冲刷造成汽轮机叶片损坏

目前，汽轮机叶片断裂问题并没有得到根本解决，叶片断裂问题时有发生。由于叶尖密封间隙区域存在泄漏涡和激波的相互作用等非常复杂的流动过程，研究具有良好密封性能的叶尖密封，有效控制密封内部汽流的流动过程，将有助于改善汽轮机的性能，减小蒸汽激励，扩大汽轮机的稳定工作范围[43]。深入研究汽轮机蒸汽激振机理和防控措施，对于保障汽轮发电机组安全稳定运行具有重大意义。

汽轮机密封流体激振的特征归纳如下。

(1)汽轮机密封流体激振和汽轮机负荷密切相关，存在一个负荷临界值，具有突发出现的特点。负荷高于该临界值，振动增大；低于该临界值，振动减小，振动再现规律强。

(2)在汽轮发电机组中，密封流体激振主要发生于出现明显偏心现象的高压转子，转子振动频谱中，转子一阶临界转速频率成分突出。

（3）随着负荷的增大，转子振动幅值明显增大，但主要频率成分变化不大。降低负荷后，转子振动随之降低，频率成分并没有明显的变化，转子振动频率中始终存在转子一阶临界转速频率成分。

1.3.2 压缩机密封流体激振

南京一石化企业合成气离心压缩机原来在 10050r/min 转速下工作，虽然运行平稳，但是始终没有达到满负荷生产。为此，将压缩机的转速提高到 10750r/min，以增加产量。结果压缩机转子剧烈振动，轴承和梳齿密封均遭到损坏[48]，停产数月，损失巨大。其原因是位于转子中部的段间梳齿密封（120mm 宽）产生了强烈的密封流体激振。加拿大某压缩机也发生了类似的低频振动。这两台压缩机存在一些共同的地方。例如，在压缩机两端进气，转子上的叶轮都是两段叶轮背靠背排布结构，两段叶轮气体的出口均在转子的中部，出口的高压气流对转子的作用力和段间密封流体激振力，都作用在转子的中间位置；压缩机额定工作转速都接近转子一阶临界转速的 2.5～2.85 倍[48]。

某厂空气离心压缩机在没有达到满负荷时（满负荷的 95%），运行平稳。提高到满负荷时，压缩机振动强烈；恢复低负荷以后，压缩机运行平稳。再次满负荷运行时，压缩机振动重新增大，振动是梳齿密封流体激振引起的[49]。

某合成氨装置为提高产量，将其关键设备离心压缩机中的梳齿密封进行改造，换成了软密封，大幅度减小了密封间隙，希望能够提高效率，增大产量，还不会在转子与密封碰磨时伤害转子。但是运行时产生了剧烈的密封流体激振，转子的强烈振动导致轴承损坏，软密封被严重磨损。安装新轴承重新开车，振动没有增大。这是由于没有更换已经磨损的软密封，密封间隙扩大，没有产生密封流体激振。但密封泄漏量由于密封间隙的增大而大幅度增加，压缩机流量和效率都无法满足需要。另一台离心压缩机也应用了软密封，在低负荷状态下，压缩机振动较小。然而当负荷增大时（此时出口压力增大到 3.2MPa），高压压缩机转子排气端的轴振动幅值达到 72μm；当减小负荷时（出口压力下降到 2.8MPa），高压压缩机转子排气端的轴振动幅值降到小于 40μm。多次实验均是压缩机振动随负荷的增大而增大。这两台压缩机振动的共同特点是，都采用了软密封来控制密封间隙，希望提高效率，结果都产生了密封流体激振[50]。

某石化公司的四台空气离心压缩机[49]，从试运开始，叶轮前盘密封和后盘密封产生剧烈的密封流体激振，导致叶轮产生裂纹和掉块等问题，累计停机 14 次。另一公司的离心压缩机反复试车了 7 次以解决振动问题[51]。该压缩机在低负荷运行时工作平稳，在加压过程中振动增大，振动的主要频率为 52Hz，接近转子的一阶临界转速（3010r/min）频率。其振动原因是转子在密封腔中偏心，致使梳齿密封间隙沿周向分布不均匀，导致流体激振。

　　某合成氨装置的六台 CO_2 离心压缩机，平衡盘密封产生了强烈的密封流体激振[52]，压缩机试车阶段经历了十几次试车都失败了，每当压缩机出口压力增加到 2.1～2.3MPa 时，压缩机振动就会急剧增大，导致紧急停车。

　　密封流体激振是影响离心压缩机安全稳定运行的一个突出问题，容易损坏离心压缩机的轴承、密封和叶轮。

1.3.3　涡轮泵和给料泵中的密封流体激振

　　美国航天飞机主发动机中输送液态燃料氧的高压涡轮泵，其级间密封原来为转子上带有六个梳齿的锥形梳齿密封，没有旋流闸板。该高压液氧泵在最初台架实验时同步振动(工频成分470Hz)和低频振动(200Hz)都很高。其中振动较强的低频成分频率与转子一阶临界转速(12000r/min)频率接近。将级间密封改成锥形直通式蜂窝密封(没有旋流闸板)，即静子为蜂窝密封，转子为光滑轮盘后，低频振动成分显著下降，涡轮泵的转子动力特性有了很大的改进。然而在 95% 负荷时涡轮泵仍存在一定的低频振动成分。为此给蜂窝密封增加了旋流闸板，低频振动成分得到有效抑制。

　　国内某化工厂尿素水解给料泵在运行时发生了轴断和密封损坏泄漏等问题。该泵工作时振动速度达到了 18.76mm/s，振动严重超标。为了解决振动问题，选用了进口钢材重新制造泵轴，对泵转子进行了动平衡。改造以后该泵运行中的振动问题仍然没有得到有效的解决。在该泵的振动频谱中，低频振动成分非常突出，接近转子一阶固有频率。事故分析表明，转子相对于密封存在很大的偏心，使密封间隙周向分布不均匀，产生了强烈的密封流体激振。为此，在改造中控制转子相对于密封的偏心，使密封间隙沿周向分布均匀，转子振动降低至允许范围内，解决了该泵的振动问题[26]。

1.3.4　密封流体激振的特征

　　在叶轮机械的设计和运行中，除了要控制和降低轴系的不平衡等强迫振动响应以外，另一类需要关注的问题是转子以低于转速频率进行的一种次同步涡动，如密封流体激振、喘振等。

　　(1)对于汽轮机，密封间隙流体激振在某一负荷门槛值出现，即振动均突发于某一特定的负荷值，对主蒸汽压力和流量(调节气门开度)敏感，具有突发出现的特点。降低负荷，避开该负荷门槛值，振动减小。在多转子汽轮发电机轴系中，转子在密封腔中有明显偏心的高压转子容易发生密封流体激振。

　　(2)对于压缩机和涡轮泵，密封流体激振在某一转速下出现，对转速敏感，具有突发出现的特点。提高转速，不能越过振动，反而会加剧振动。

(3)发生密封流体激振时,转子振动频谱中,接近转子一阶临界转速的频率成分突出。

(4)密封流体激振容易发生于高参数机组、高负荷区的高压转子上。随着负荷的增大(对于汽轮机),或转速的提高(对于压缩机和涡轮泵),转子振动幅值明显增大;降低负荷或转速后,转子振动随之降低,转子振动频率成分中始终存在转子的一阶临界转速频率成分。

(5)可以抑制密封流体激振的主要正阻尼来源是轴承,有时要增加挤压油膜阻尼器来提供足够的阻尼,或者使用高性能减振密封等技术。

综上所述,叶轮机械中密封流体激振的基本特征是转子振动频谱图中,接近转子一阶临界转速频率的低频振动突出。随着负荷的增大(对于汽轮机),或转速的提高(对于压缩机和涡轮泵),转子一阶临界转速频率的低频振动成分增大。而且转子振动主频率锁定在转子一阶临界转速频率上。当这种低频振动成分的幅值增大到某一临界值时(如超过转速频率成分的幅值时),灾难性的事故随时会发生。

1.4 密封流体激振的抑制方法

在工程实践中,除了增大轴承阻尼以外,抑制密封流体激振的主要措施是减小密封腔中流体的周向流动速度,主要包括反旋流控制和减振密封[53]。反旋流(anti-swirl)[54]控制,即向密封腔中注入与转子旋转方向相反的流体,减小密封间隙内流体的切向速度,这种方法增加了能量浪费,而且结构复杂[50]。而减振密封是彻底改变原来的梳齿密封结构,利用一些特殊密封结构来降低密封腔中的流体周向速度,如阻旋栅密封(swirl brakes seal)和阻尼密封(damper seal)等,达到抑制密封流体激振的目的,但是不像反旋流密封那样需要输入流体。阻旋栅密封是在密封入口设置许多栅栏,降低密封入口的气流旋转速度。阻尼密封是把密封的内表面加工成一定结构形状的粗糙内表面,增大流体在密封腔中的流动阻力,减小密封腔中流体的周向流动速度,不但可以提高密封的阻尼系数,减小密封交叉刚度系数,抑制密封流体激振,还可以减少泄漏量,提高设备的效率。阻尼密封形式多样,实际工程中常用的有蜂窝密封、孔型密封和刷式密封等[55]。

1.4.1 减振密封抑制流体激振研究

1982年von Pragenau在研究高压涡轮泵封严装置时,提出了阻尼密封的概念。如果静子密封内孔为粗糙表面,则可以降低密封腔中流体的周向速度,从而减小密封的交叉刚度系数,增加密封主阻尼系数,保障转子的稳定运行。在理论研究方面,Childs和Kim[56]进一步发展了Hir's模型,Lucas等[57]完善了van Driest模型,分别研究了阻尼密封粗糙表面对其动力特性的影响;在实验方面,已有研究者对蜂窝密封等多种阻尼密封进行了实验研究[58]。20 世纪 80 年代密封动力特性研究的一个重要结论是，减小密封腔中流体的周向速度，可以减小密封的交叉刚度系数，提高转子的稳定性。由于阻尼密封粗糙的内表面可以有效地减小密封腔中流体的周向速度，阻尼密封已成为抑制密封流体激振的重要手段之一。

1. 蜂窝密封

在工程上应用得比较普遍的阻尼密封是蜂窝密封。工作中蜂窝密封一般静止不动，与蜂窝密封对应的转子为光滑表面或转子上带有梳齿。蜂窝密封内孔表面的结构形状类似于蜜蜂的蜂巢形状，由许多六边形蜂窝构成。各个小蜂窝就像一间间彼此隔绝的小房间一样，气流在许多不贯通蜂窝小房子中形成旋涡，能量被强烈地耗散，降低了流速，产生了较大的主阻尼和主刚度[59-62]，抑制了流体激振，具体结构见图 1-2。蜂窝密封主要包括两部分，即基体环和蜂窝带，常用的钢材蜂窝密封中，一般分别加工制造基体环和蜂窝带两部分，然后在真空钎焊炉中，使用镍基合金高温钎焊的方法将两者焊在一起。加工蜂窝带的材料是很薄的耐高温合金薄片，常用材料的厚度为 0.05～0.1mm。六边形蜂窝结构的深度为 1.6～6mm，六边形对边距离一般为 0.5～6mm，蜂窝密封内孔的最终尺寸在电火花机床上加工到位。

图 1-2　铝蜂窝密封[62]

蜂窝密封和常用的梳齿密封相比，不但动力特性好，泄漏量也小，已经在电力、石化、航空航天等领域中广泛应用，在抑制密封流体激振、保障转子稳定运行方面发挥了重要作用。在航空领域，美国从 U-2 飞机到 F-16 飞机、航天飞机都应用了蜂窝密封。美国航天飞机中的高压液氧涡轮泵最开始使用的是梳齿密封，结果存在低频振动。应用蜂窝密封以后，低频振动得到了有效抑制。我国许多战斗机和民用飞机，其发动机都广泛应用了蜂窝密封。20 世纪 90 年代初，在某飞机发动机进行技术改造时，使发动机功率不变而燃油消耗下降9.2%，所采取的措施之一是用蜂窝密封替代原来的梳齿密封，减小了密封间隙，降低了泄漏量。在舰船领域，从LM2500舰用燃气轮机，到GT25000舰用燃气轮机，其动力涡轮和轴承封严装置都大量应用了蜂窝密封。在石化行业，离心压缩机平衡盘密封也应用了蜂窝密封。

蜂窝密封目前已经在汽轮机、压缩机和燃气轮机等高速叶轮机械领域得到推广应用[63,64]，不但具有较好的封严特性[65,66]和质软的特点[67]，而且还有较好的转子动力学特性，有利于机组的稳定运行[68,69]。

Childs 等[59,70]在转子转速为 3000～16000 r/min 的实验台上，对蜂窝对边距离（也称为蜂窝宽度）为 0.51～1.57mm、孔深为 0.74～1.91mm 的七种蜂窝密封进行了实验研究。实验结果表明，蜂窝的尺寸对密封的动力特性系数影响很大。但这七种密封的蜂窝尺寸与其动力特性之间却没有一个明显的对应规律。通过与梳齿密封和光滑密封的测量数据的对比，发现蜂窝密封泄漏量最小，而且能提供较大的阻尼[70]，蜂窝密封的稳定性明显比梳齿密封好。Kaneko 等[71]研究了蜂窝密封的静态和动态特性，通过对比实验数据说明蜂窝密封的泄漏量小、交叉刚度小、主阻尼大，最终体现为有效阻尼大。Soto、Childs 和 Sprowl 通过实验方法研究了蜂窝密封的动力特性[72,73]。Nelson[74]和 Childs[75]应用单控制体模型进行分析，提出了蜂窝密封动力特性计算方法。Kleynhans 和 Childs[76]在此基础上发展了双控制体模型计算方法，研究了蜂窝深度对转子动力特性的影响。何立东等在不同转速、不同压比的条件下，实验研究了三种蜂窝宽度的蜂窝密封的封严特性，发现蜂窝宽度为 1.6mm 的蜂窝密封的泄漏量较小，气流能量耗散效果较好。蜂窝宽度与泄漏量之间并不是线性关系，蜂窝宽度和蜂窝深度比值很大或很小都不是最佳值[77]。

由于蜂窝密封的阻尼系数（如 $9.02\times10^4 N/(m/s)$）比梳齿密封的阻尼系数（如 $5.31\times10^2 N/(m/s)$）大，蜂窝密封替换梳齿密封在离心压缩机中广泛应用。美国某转子上两组叶轮背对背排布的离心压缩机的排气压力为 285bar[①]，运行中发生了亚异步振动。向两组叶轮之间的段间密封（梳齿密封）中径向喷射气流，也没有很好地解决振动问题。将段间梳齿密封改成蜂窝密封，同时向蜂窝密封中径向喷射气流，压缩机的亚异步振动消失。某高压离心压缩机的出口压力为 400bar，存在低频振动问题。安装带有喷射流的蜂窝密封以后，开展全负荷实验，消除了该压缩机的振动问题。离心压缩机平衡盘密封是压差最大的位置，容易产生密封流体激振。将平衡盘设计为带有梳齿的三阶台阶式结构，壳体安装蜂窝密封，可以有效提高转子运行的稳定性。

———————————

① 1bar=10^5Pa。

汽轮机叶尖间隙的蒸汽是湍流流动，特别是存在泄漏涡和激波及其相互作用。另外，如果还有汽缸受热变形产生偏心等问题，则使得密封间隙中容易形成不均匀蒸汽激振力，激励汽轮机转子振动。利用蜂窝密封较好的阻尼特性，可以有效抑制蒸汽激振。另外，由于常用厚度为 0.1mm 的金属薄板来制造蜂窝密封，如果蜂窝密封对应的轴表面带有梳齿，那么蜂窝密封间隙可适当减小，可降低密封的漏汽量，提高效率。

蜂窝密封虽然已经得到了广泛应用，但仍需要进一步研究以下问题：①完善蜂窝密封动力特性的计算方法；②满足不同工况要求的蜂窝密封结构设计方法；③蜂窝密封和反旋流相结合的设计方法；④制造蜂窝密封常用的材料是耐热合金，如果与转子发生碰磨，产生的火花会威胁制氢压缩机、富气压缩机和天然气压缩机等处理易燃易爆介质压缩机设备的安全，需要研制防爆型蜂窝密封[78]。

2. 孔型密封

孔型密封[79]的内孔表面上分布着许多一定深度和直径的圆形盲孔，和六边形蜂窝结构相比，其加工难度和成本都有所降低。孔型密封生产周期短、性能接近蜂窝密封，从成本和性能上综合考虑，有些压缩机厂商采用了铝制孔型密封[79,80]，但是其无法完全取代蜂窝密封。图 1-3 为孔型密封实物图。

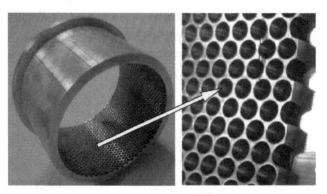

图 1-3　孔型密封[79]

Childs[79]以美国航天飞机的液氧、液氢涡轮泵为应用背景，对比分析了光滑密封和孔型密封的性能。有关实验参数为：雷诺数的范围在 90000～250000，密封半径间隙和转子半径之比等于 0.0075，密封宽度与密封孔直径之比等于 0.5。实验结果表明，孔型密封的泄漏量是光滑密封的 1/3，交叉刚度系数减少 20%。孔型密封的最佳结构为：盲孔的深度与直径之比为 0.5，盲孔面积之和与密封内孔表面积之比为 0.34。Moore 和 Soulas[81]针对叶轮背靠背排列的高压双向进气离心压缩机，对比研究了段间密封分别为孔型密封和光滑密封的泄漏量。实验结果表明，孔型密封和光滑密封的泄漏量都随密封出口压力的增加而增加，两种密封的泄漏量与密封出口压力之间都呈线性关系，光滑密封的泄漏量比孔型密封泄漏量大50%，数值计算结果与上述实验结果基本一致。

Yu 和 Childs[80]对比研究了孔型密封和蜂窝密封的性能。实验结果表明，小孔直径为 3.175mm 的孔型密封和蜂窝宽度为 1.588mm 的蜂窝密封相比，两者的动力特性接近。丁磊[82]采用计算流体力学(CFD)软件，用数值分析法研究了孔型密封的孔深、孔径、壁厚和转速等参数与孔型密封泄漏量之间的关系，得到如下主要结论：泄漏量与孔深之间不是线性关系，存在一个最小泄漏量的孔深；泄漏量与壁厚呈线性关系，即随着圆孔之间的壁厚增大，泄漏量也增大；转速对泄漏量的影响不是很大，增大转速，孔型密封的泄漏量略有减小。

3. 袋型密封

袋型密封[83](也称为方槽窝密封)的内孔表面由长方形凹槽交错排布构成，可以应用在处理高密度气体、高速运行的离心压缩机中，特别是对于叶轮背对背排列的转子，转子中部有较长的段间梳齿密封，此处转子的挠度最大，接近转子第一阶振型的最大变形处，这里的段间梳齿密封压差最大，极易产生密封流体激振，需要安装减振阻尼密封。意大利新比隆公司应用方槽窝密封，减小了离心压缩机密封腔中流体的周向速度，增加了转子的稳定性。将方形凹槽制成交错网格，可以使密封腔压力分布均匀。Vance 和 Schultz[84]提出了一种梳齿密封，其结构类似于方槽窝密封，在密封腔室中沿周向布置了多个挡板。实验表明，其阻尼接近普通梳齿密封的 100 倍，允许的密封间隙也比普通梳齿密封要小得多。因为普通梳齿密封的间隙如果太小，一方面容易和转子发生碰磨，另一方面会激起密封流体激振。应用这类方槽窝密封，由于能够产生较大的阻尼，转子通过临界转速时，振动幅值得到有效的抑制。Vance 提出的这种袋型密封与传统梳齿密封的结构对比图见图 1-4。

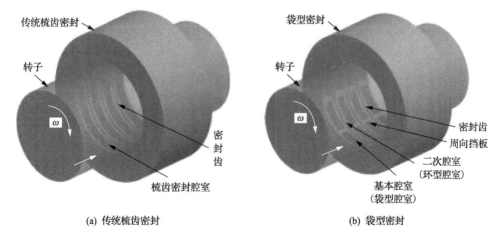

(a) 传统梳齿密封   (b) 袋型密封

图 1-4 传统梳齿密封和袋型密封[84]

　　袋型密封能够提高密封阻尼，降低影响密封稳定性的交叉刚度，其主要作用机理是密封内表面大量的周向挡板能有效减小流体在密封腔中的周向运动，减振性能类似于蜂窝密封和孔型密封，同时袋型密封的泄漏量也比梳齿密封少。Eldin[85]的实验结果表明，密封间隙减小，泄漏量也减小。李志刚等[86]数值分析了袋型密封的泄漏特性。

4. 菱形窝密封

　　菱形窝密封[87]的内孔表面整齐分布着大量菱形凹坑。美国航天飞机主发动机涡轮泵应用这种菱形窝密封，减小了低频振动，提高了涡轮泵的稳定性。与原来的梳齿密封相比，菱形窝密封的泄漏量下降，涡轮泵转子振动对数衰减率增大 4 倍，转子稳定性大为提高。其主要作用机理类似于袋型密封和蜂窝密封，密封内表面大量的凹坑能有效减小流体在密封腔中的圆周运动，减少密封的交叉刚度，提高密封的主阻尼和主刚度。

　　美国航天飞机液氧泵的出口压力为 $4.89×10^7$Pa，工作转速为 30000r/min，实验时发生了次同步低频振动，加剧了滚动轴承的磨损。将级间梳齿密封换成银制成的菱形窝密封后，低频振动消失，转子密封系统的刚性增强，阻尼增加，使转子的二阶临界转速从 32500r/min 提高到 35200r/min，距离最大工作转速的安全裕度提高到 17%，菱形窝密封增加了阻尼，使轴承负荷减小了 35%～40%，延长了轴承寿命。利用滚压加工方法制成的菱形窝密封，其结构见图 1-5。

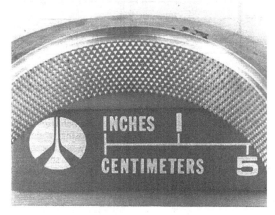

图 1-5　菱形窝密封[87]

5. 扇贝形密封

　　扇贝形密封[88]是在密封的内表面加工许多扇贝形凹槽，来抑制转子密封系统流体激振，其主要作用机理类似于袋型密封和菱形窝密封，密封内表面大量的扇贝形凹槽能有效减小流体在密封腔中的圆周运动，减小密封的交叉刚度，增加主刚度和主阻尼，密封结构见图 1-6。

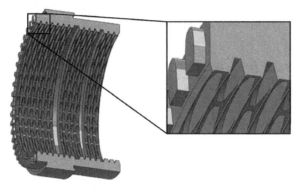

图 1-6　扇贝形密封[88]

6. 螺旋槽密封

方形槽螺旋槽密封[89]的内孔表面由方形螺旋凹槽构成。螺旋槽的旋向应该设计为降低流体在密封腔中圆周运动的速度。Iwatsubo 等[90]、Childs 和 Gansle[91]分别研究了液体介质和气体介质的螺旋槽密封。增大螺旋角将减小密封的交叉刚度系数，增加泄漏量。螺旋槽密封的泄漏量大于蜂窝密封，建议在螺旋槽中安装挡板。圆形槽螺旋槽密封的内孔表面由圆形螺旋凹槽构成，Kim 和 Childs[92]的研究结果表明圆形槽螺旋槽密封能改善转子运行稳定性，还可以减少泄漏量。Asok 等[89]研究了方形槽、三角槽和阶梯槽的流场，优化了螺旋槽参数。数值模拟分析表明，阶梯槽螺旋槽密封中流体的湍流剧烈，泄漏量最小。方形槽螺旋槽密封结构见图 1-7，密封的内表面由方形沟槽构成。

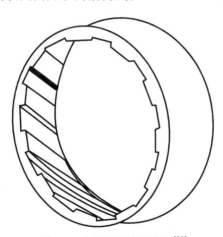

图 1-7　方形槽螺旋槽密封[89]

7. 刷式密封

刷式密封[93]内孔表面是由大量按一定方向排列的圆截面细丝构成的刷毛结构。细丝的直径为 0.051~0.076mm，相对轴的旋转方向倾斜一定的角度，一般用于气体介质的密封，见图 1-8。刷式密封的研究始于 20 世纪 80 年代，在 90 年代进入高潮，文献[94]给出了 91 篇有关刷式密封研究的文献目录。

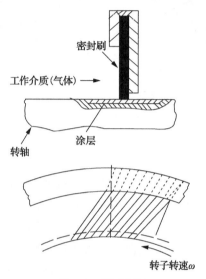

图 1-8　刷式密封

刷式密封由柔软而纤细的刷丝交错层叠构成，工作时刷丝始终紧贴转轴，刷式密封与转轴之间一般没有密封间隙，密封的泄漏量很小，仅是梳齿密封泄漏量的 1/10~1/5[95]。Dogu 等[96]的研究结果表明，刷丝之间的间隙过大时，气流的轴向流动容易使刷丝弯曲，泄漏量增加，导致密封性能不稳定。在工作状态下，密封刷的有效厚度是一个变量，这使得估算其泄漏量和评价其制造质量成为一个难题。1996 年，Chupp 和 Holle[93]提出了一个半经验分析模型，用来计算刷式密封的泄漏量。然而细刷丝的最佳分布却没有结论，只能认为是随机分布。现在，刷式密封成功应用于燃气轮机、航空发动机以及汽轮机中。例如，欧洲 EF2000 型战斗机，其发动机的优良性能主要得益于刷式密封技术等多项先进技术。

8. 锯齿密封

锯齿密封[97]内孔表面沿周向排列着许多锯齿，齿的倾斜方向正对着转子的旋转方向，以抑制密封腔内流体的周向速度，见图 1-9，图中 C_r 表示密封半径间隙，ω 为转速。实验表明，锯齿密封的封严性能和阻尼性能均好于光滑密封，但差于孔型密封。锯齿越多、越深，越有利于降低密封的泄漏量，但主刚度下降。锯齿的齿深与密封半径间隙之比为 2.9、锯齿面积占密封内孔表面积的 33%时，锯齿密封的阻尼和刚度都达到最大值。

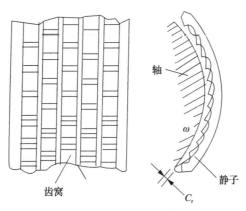

图 1-9　锯齿密封[97]

9. 阻旋栅格密封

阻旋栅格密封[1]是指在密封入口沿周向布置许多栅格，一般有直角阻旋栅格或者圆弧阻旋栅格，见图 1-10。阻旋栅格的作用是阻碍密封入口处的流体沿圆周方向的旋转，可以显著降低密封入口流体的预旋速度，减小密封交叉刚度，抑制密封流体激振力，在高压离心压缩机和航空发动机中，多用于级间密封和叶轮口环密封。

(a) 隔板密封上的阻旋栅格　　　　　　　　　(b) 梳齿密封上的阻旋栅格[1]

图 1-10　阻旋栅格密封

Moore 和 Hill[94]分析了离心压缩机叶轮的口环阻旋栅格密封性能，模拟了阻旋栅格密封的流场。研究结果表明，周向栅栏数量并不是越多越好，建议沿周向布置 60～70 个栅栏。Soghe 等[98]优化了离心压缩机运行工况下的阻旋栅结构参数，如齿倾斜率、入口攻角和螺距与弦比等。孙丹等[99]的实验结果表明，阻旋栅格密封能显著降低交叉刚度，增加密封主阻尼，提高密封抑制流体激振的能力。

10. 锥孔密封

锥孔密封[100]的内孔是锥形孔，见图 1-11。无论流体是可压缩的还是不可压缩的，锥孔密封都比直孔密封有更大的刚度系数。对可压缩流体，直孔密封有时不利于转子的稳定。美国航天飞机高压输氧涡轮泵的密封最初使用直孔密封，由于其对中力较低，轴偏移时容易使密封磨损加剧。改用锥孔密封后，锥孔密封具有较大的流体动压对中力，消除了密封的磨损。实验表明，转子上的不平衡量对锥孔密封刚度和阻尼影响较小，转子转速和气体压力对锥孔密封的刚度和阻尼影响很大。

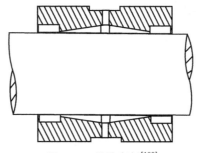

图 1-11　锥孔密封[100]

总之，人们开发和应用了多种密封结构的阻尼密封，减小密封入口流体及密封腔内流体的周向速度，或者减少偏心、使密封间隙沿周向均匀分布，达到抑制密封流体激振的目的。如何优化密封结构尺寸，得到最佳的密封动力特性系数和最小的泄漏量，需要深入开展各种阻尼密封的研究。

1.4.2　反旋流等抑制密封流体激振方法

1. 反旋流

为了降低密封腔内流体的周向速度，Muszynska 和 Bently[101]提出沿着与转子旋转方向相反的方向，即反向往密封腔内喷入流体，抑制密封流体激振。反旋流示意图和实验台见图 1-12。Muszynska 采用一个密封周向布置 4 个喷口的反旋流密封实验台进行实验，结果表明，喷射压力合适时，反旋流不仅可以减小流体激振，而且对不平衡振动也有抑制效果，可以减小工频振幅。向密封间隙中喷射与流体旋转方向相反的气流，发现气流的平均周向速度比从原来的 0.41 降低到 0.25，转子稳定速度阈值从 4800r/min 增加到 9100r/min。当喷射流的方向与流体旋转方向一致时(也称为正旋流)，气流的平均周向速度比增加到 0.55，转子稳定速度阈值从 4800r/min 减小到 4050r/min。实验结果表明，反旋流可以使转子的稳定性范围显著扩大，并能够降低转子工频(一倍频)的振幅。而正旋流则会增加转子工频(一倍频)的振幅。

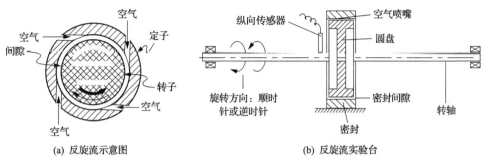

(a) 反旋流示意图　　　　　　　　　(b) 反旋流实验台

图 1-12　反旋流示意图和实验台[102]

沈庆根和李烈荣[103]研究了三种减小密封腔中流体周向速度的方法：①在梳齿密封腔中设置纵向隔离翅片，阻挡气流的周向旋转；②在梳齿密封中沿圆周方向加装开孔的反旋流环；③阻断梳齿密封腔中气流周向旋流通道。实验结果表明，加装反旋流环以后，大幅度减小了密封间隙中气流的圆周运动，密封交叉刚度下降，提高了转子密封系统阻尼比(由原来的 0.02 提高到 0.07)，同时降低转子不平衡振动幅值 30%以上。如果密封入口气流的预旋速度很大，则堵塞旋流通路的减振效果最差，但比较容易实施[103]。何立东采用数值计算的方法研究反旋流机理，结果表明，如果反旋流的流量恰当，则可以抑制转子振动；但是如果反旋流的流量过大，反旋流会加剧转子的振动[104]。

托西[105]在离心压缩机中应用了反旋流技术。离心压缩机末级叶轮出口的气体压力最大，使得相邻的平衡盘密封入口的气流预旋速度很大，容易产生平衡盘密封流体激振。为了降低平衡盘梳齿密封腔中气流的周向速度，从末级叶轮出口管道中引出少量高压气流，以和转子旋转方向相反的方向，喷入平衡盘梳齿密封入口的前几个梳齿腔内，利用高压反旋气流使平衡盘梳齿密封腔中的压力沿圆周方向均衡，提高压缩机运行的稳定性。Kim 和 Lee[106]指出反旋流密封喷嘴结构决定着减振效果，喷入的反旋流流量如果匹配转子的振动，则可显著降低梳齿密封中的流体激振。反旋流的流量过小，则抑制密封流体激振的效果不明显，但是如果反旋流的流量太大，则容易使转子振动增大[107]。

反旋流技术能够提高转子密封系统的阻尼。Li 等[108]分析了带有反旋流环的梳齿密封的动力学特性并搭建了气体密封测试实验台(图 1-13～图 1-15)。实验采用电涡流传感器测量转轴的横向和纵向振动。转子的振动测试结果说明，在实验条件下，反旋流通过增加系统的有效阻尼减弱了转子的不平衡响应。在 1515.8kPa 的高压下，转子在其临界转速处的同步振动幅值最多能够降低 60%。从转子动力学的角度来看，采用反旋流环之后，梳齿密封系统会更加稳定。

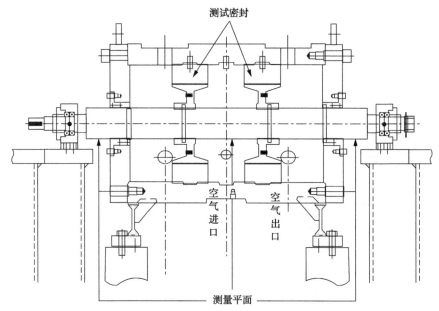

图 1-13　气体密封测试实验台的横截面[108]

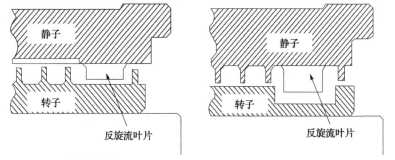

(a) 梳齿安装在转子上　　　　　　　　(b) 梳齿安装在静子上

图 1-14　梳齿密封的反旋流叶片结构[108]

图 1-15　梳齿密封和反旋流环[108]

　　陈运西和董德耀[109]研究了反旋流对具有一定不平衡量的转子系统振动的影响，发现当转子接近临界转速产生强烈振动时，气体反旋流能使系统的有效阻尼增大，将其不平衡响应振幅减小到不加反旋流控制时振幅的 1/3 左右，有效阻尼增加了 3.22 倍。实验还得到了气体反旋流的最佳值和抑制不平衡响应的喷嘴直径的最佳值，为这一技术应用于发动机提供了参考。

　　反旋流技术能够降低密封交叉刚度系数。Zirkelback[23]讨论了应用反旋流后系统的动力特性，计算了反旋流作用下转子的振幅峰值，取得的结果与实验吻合。研究发现，在研究的速度范围内，反旋流能够减小密封交叉刚度系数，减小转子振动幅值。Kim 和 Lee[106]用图 1-16 的测试实验台测试了反旋流密封的动力特性系数，并与光滑密封进行对比。其中，反旋流密封的交叉刚度系数约为光滑密封的1/10。研究结果显示，反旋流明显降低密封腔中流体的周向速度，减小交叉刚度系数，抑制转子振动。然而，反旋流的引入会增加密封泄漏量。最佳的反旋流密封是在梳齿密封中布置 12 个反旋流孔，与阻尼密封进行对比可知，这种反旋流密封结构能够提高系统的稳定性，将涡动比减小一半。

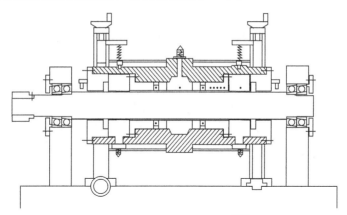

图 1-16　密封测试实验台[106]

　　反旋流技术可以实现主动控制。Iwan 和 Blevins[110]研究了一种用于旋转机械的反旋流主动控制系统，见图 1-17。该反旋流主动控制系统由定子环和电子控制系统组成。转子的横向振动由两个横向非接触式电涡流传感器和转速相位传感器在线监测。研究转子的瞬态响应以及反馈机制发现，该系统可以增加转子密封的有效阻尼，控制转子密封系统的振动以及由其他因素引起的横向振动，尤其是降低转子过临界转速时的振动，有助于转子在启动和停机过程中平稳地通过共振区。反旋流主动控制能够在任何工况下，以最小的反旋流反馈力改变转子的有效阻尼，提高转子运行的稳定性，并且只在转子振幅超过设定值后才启动反旋流喷射，而不是在运转过程中始终都在喷射反旋流，明显地减少了浪费，提高了压缩机效率。

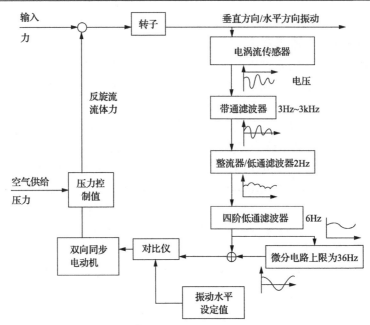

图 1-17　转子密封反旋流主动控制系统框图[110]

反旋流的流量、压力和流速等参数并不是越高越好，不恰当的反旋流导致转子失稳。应用反旋流时，必须结合压缩机的工作条件来确定反旋流参数。例如，当反旋流的喷嘴直径为 4mm 时，反旋流增大了转子密封系统的有效阻尼，减小了转子振动的振幅，有效地抑制了转子的不平衡响应。但是将喷嘴直径从 4mm 增大到 8mm 以后，发现反旋流使流体激振力增大，转子的振幅明显增大，轮盘和密封发生碰磨，说明不恰当的反旋流造成了转子振动失稳。这是因为增大反旋流喷嘴直径以后，反旋流的流量过大，密封腔中气体的平均周向速度不降反增，增大了密封流体激振力，不利于柔性的转子稳定运行。

为了解决这个问题，人们提出了径向喷射流方法，即并不是沿着与转子旋转方向相反的方向往密封腔中喷射气流，而是沿着密封半径方向往密封腔中喷射气流，气流喷射的方向垂直于转子的旋转切向方向。目前，工程实际中应用的往往是这种径向喷射流方法，可以减小喷射流产生的副作用。

将反旋流或径向喷射流方法与蜂窝密封等阻尼密封结合，是抑制离心压缩机密封流体激振的有效措施。阻尼密封和反旋流一起使用，可以有效地减小密封腔中流体的周向速度，已成为工程上抑制密封流体激振的重要手段之一。某两组叶轮背对背排列的离心压缩机，气流出口压力为 285bar，段间密封是梳齿密封，为了解决转子低频亚异步振动问题，向密封腔中喷射高压气流，但减振效果并不理想。将段间梳齿密封改成蜂窝密封，和原来的喷射流共同作用，有效抑制了压缩机的亚异步振动。某出口压力为 400bar 的离心压缩机全负荷实验证明：蜂窝密封和喷射流结合在一起使用，有效消除了该离心压缩机的低频亚异步振动。某企业有 6 台背对背式离心压缩机，排气压力均为 312bar，将段间密封设计成带有喷射流的蜂窝密封，一直运行平稳。某企业的三台背对背式离心压缩机，排气压力均为 500bar，将段间蜂窝密封和喷射流相结合，并安装了阻尼轴承，有效抑制了低频亚异步振动，能够在满负荷工况下稳定运行[106]。

如前所述，离心压缩机末级叶轮处的压力最高，一般在邻近末级叶轮的平衡盘密封中安装反旋流装置，利用反旋流来改变此处周向速度和轴向速度相互作用产生的旋涡，抑制平衡盘密封流体激振[110]。Kefalakis 和 Papailiou[111]的研究结果表明，反旋流密封还能够拓宽压缩机的喘振裕度。例如，从压缩机出口气流中引出 1%的质量流量喷入密封腔中，压缩机的喘振裕度可以提高 10%，而且优化喷射角度有利于增加压缩机的喘振裕度。Neuhaus 和 Niese[112]的研究表明，反旋流有助于改善轴流压缩机的空气动力性能，降低叶顶间隙的气动噪声。Nie 等[113]的实验研究表明，向叶片顶端喷射气流，有利于解决轴流压缩机的旋转失速问题，实验装置如图 1-18 所示。

图 1-18 应用反旋流解决旋转失速问题实验台[113]

某化肥厂氮氢合成气压缩机的低压压缩机曾经发生失稳故障[114]。其中，低压压缩机的相关参数如表 1-1 所示。

表 1-1 低压压缩机相关参数[114]

功率 /kW	最大转速 /(r/min)	跨距 /mm	轴质量 /kg	左、右轴径/mm	左、右轴承 L/D	第一段，5 级叶轮/MPa	第二段，4 级叶轮/MPa	转子中间的段间密封
8300	11230	1635	500	114、104	0.4、0.41	2.55/5.30	5.20/9.26	150m，长 120mm，38 齿，间隙 0.3~0.4mm

　　研究人员在现场对该压缩机进行了一系列的观察和测试，列出了几种可能存在的问题并提出了相应的处理方案。首先怀疑转子的轴承存在问题，因此降低轴承的宽度和直径的比值 L/D 至 0.39，更换了润滑油，此方法增加了轴承油膜比压，但开车运行以后转子的振动并未降低；之后针对段间密封产生流体激振这一可能性，研究人员增加了段间梳齿密封间隙，并去掉了梳齿密封中间的 6 个梳齿，但是振动问题仍没有得到解决；由于该转子只做了低速动平衡，因此怀疑可能是转子在工作转速下存在不平衡问题而引起了振动，对转子做高速动平衡并更换齿式联轴节，再次进行试运转，发现振动依旧存在。对该低压压缩机再次进行改造，采用减小密封腔中气流周向转速的相关技术，增加了幅向槽，即在密封入口增加了阻旋栅格，来降低密封入口的预旋速度，见图 1-19。运行结果表明，密封腔中气流的周向转速得到了有效抑制，减少了密封气流压力脉动，转子振动问题得到了一定程度的缓解。因为段间密封紧邻离心压缩机的最后一级叶轮，这里的叶轮出口处气压最大，气体进入段间梳齿密封时的旋转速度很大，导致段间密封产生流体激振。为了减小密封腔内流体的平均周向速度，采用反旋流的方法，将压缩机最后一级叶轮出口处的一部分气流直接引入密封入口的前几个腔内，这就形成了一股与转子旋转方向相反的气流，抵消了密封腔内流体的周向旋转，平衡了各个腔室的压力，抑制密封流体激振。随后研究人员采用了新型梳齿密封，并缩短了转子跨距，提高了转子刚性和临界转速，综合采用阻尼轴承，提高了转子轴承系统的阻尼，吸收了密封流体激振的能量，解决了压缩机振动问题。图 1-20 展示的是平衡盘反旋流密封结构。在密封静子上加工了反向喷嘴，引入气流来实现反旋流喷射。喷射流体在进口处的方向与转子的旋转方向相反，从而减小间隙内流体的周向速度。图 1-21 的密封上均匀分布有压力均衡孔，将密封腔中不稳定的气流引出，减小密封腔中气流脉动的幅值，能够避免周向压力的不均衡，防止产生密封流体激振。

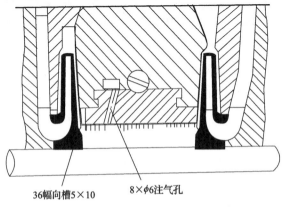

36幅向槽5×10　　　8×φ6注气孔

图 1-19　带有阻旋栅格和反旋流的段间密封[114]（单位：mm）

图 1-20 平衡盘反旋流密封　　　　　图 1-21 压力均衡孔

　　反旋流技术只有和蜂窝密封等一起使用，才能取得较好的减振效果。另外，工程上常用的抑制密封流体激振的方法还有以下几种：扩大梳齿齿距、使用带有挤压油膜阻尼器的轴承、增大转子的刚性等。这几种方法在一定程度上可以抑制密封流体激振。

　　现在工程中应用的反旋流技术，喷入量和喷射角度是固定的，还不能根据实际需要进行调整，随着压缩机工况发生变化，有可能因喷入量过多而使振动增大，还有可能因为喷入量不足而使减振效果不明显。研究可以调控的反旋流技术，实现可以根据实际需要来调节各个反旋流参数，将有助于解决旋转机械的密封流体激振和不平衡响应问题。这将是反旋流技术未来发展的方向。

　　2. 合成射流

　　合成射流是指利用压电晶体等激励器，在外界电压的作用下驱动振动膜片运动，产生扰动密封腔流场的涡对或涡环，改变密封腔中气流的流场，使密封腔体内部气流压强发生变化。合成射流技术不需要从外面引入气流，没有外界气流的输入或输出。产生合成射流的关键部件是激励器，主要包括单激励器与阵列激励器。合成射流激励器有压电晶体膜式、活塞式和声激励式、记忆合金式等多种类型，图 1-22 为其基本结构示意图。合成射流主要是利用其压力梯度和旋涡的卷吸作用，来控制宏观流动[115]。郑新前等[116]在轴流压气机叶片和机匣上开孔，研究引入合成射流对流动分流控制的效果。Hsu 等[117]利用粒子图像测速技术（PIV），测量单作用合成射流和双作用合成射流的流场，发现双作用合成射流速度比单作用合成射流的速度高两倍，双作用合成射流的宽度是单作用合成射流宽度的 43.7%。激励器的合成射流能量有限[118]，在压缩机工程应用方面有待于进一步的研究。

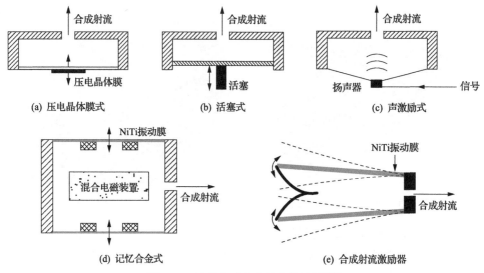

(a) 压电晶体膜式   (b) 活塞式   (c) 声激励式

(d) 记忆合金式   (e) 合成射流激励器

图 1-22   几种典型合成射流激励器[115]

3. 叶顶吸气

叶顶吸气就是利用吸气装置抽吸叶片顶部间隙中的气体,从而改变气体在叶片顶部间隙内的运动状态,使密封腔中气流的旋涡结构受到扰动,控制密封腔边界层分离。叶顶间隙吸气结构示意图如图 1-23 所示。

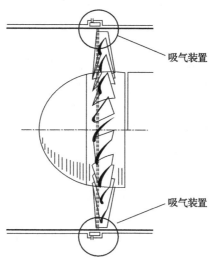

图 1-23   叶顶间隙吸气结构示意图[101]

张强等[119]对无冠叶片和带冠叶片进行了叶顶吸气实验研究,结果表明,在无冠叶片的顶部吸气,可以使叶片振动幅值降低 10% 以上;在带冠叶片的顶部吸气,叶片振动的幅值最大可以下降23%。Gbadebo等[120]研究了在压缩机叶片顶部吸气对压缩机性能的影响。数值模拟和实验研究的结果表明，在压缩机叶片顶部吸气，能够对流动分离实施有效的控制，减小压力损失。孙永强[121]设计了一套自动控制系统，可以根据叶片振动的大小，自动调节叶片顶部的吸气量，实现了叶片顶部吸气减振的闭环控制。

1.5 本章小结

在我国石化行业的离心压缩机[43,122]和电力行业的大型汽轮发电机组[123]中，密封流体激振事故仍然时有发生。目前，深入探索密封流体激振的非线性本质，在工程上采取有效的措施，预防、控制密封流体激振的发生时，仍有许多问题需要进一步的研究。

何立东等[124]认为，抑制密封流体激振，要避免流体激振频率接近转子一阶固有频率，即降低二者的比值。阻尼密封、反旋流等措施都改变了密封流体激振频率；提高转子的固有频率也是降低频率比的手段之一。例如，某离心压缩机发生密封流体激振，一方面采取反旋流措施，另一方面缩短支承跨距、增大轴径，使转子的一阶固有频率由原来的70Hz提高到100Hz，降低了频率比，解决了造成停产的密封流体激振问题[122]。另外，应用挤压油膜阻尼器和其他形式的阻尼器也有助于抑制密封流体激振。

随着高参数叶轮机械的发展，密封流体激振的问题日益突出。本章总结了转子密封系统流体激振研究的历史和现状，重点讨论了密封动力特性系数计算、阻尼密封的研究和应用。降低密封腔中流体的周向速度，提高转子的固有频率和增加转子系统的阻尼，减少转子在密封腔中的偏心等，都有助于抑制密封流体激振。

参 考 文 献

[1] 涂霆. 密封流体激振及塔管道振动控制技术研究[D]. 北京: 北京化工大学, 2016.

[2] 何立东, 叶小强, 霍耿磊. 叶尖密封流场的细观特性对叶轮机械性能的影响[J]. 润滑与密封, 2006, (4): 142, 171-174.

[3] Brennen C E, Acosta A J. Fluid-induced rotordynamic forces and instabilities[J]. Structural Control and Health Monitoring, 2010, 13(1): 10-26.

[4] 何立东, 高金吉, 金琰, 等. 三维转子密封系统气流激振的研究[J]. 机械工程学报, 2003, 39(3): 100-104.

[5] 吕江, 何立东, 吕成龙, 等. 转子密封系统反旋流抑振的数值分析及实验研究[J]. 润滑与密封, 2015, 40(10): 30-35.

[6] Ziegler H. Measuring turbine blade vibration[J]. ABB Review, 1994, (9): 31-34.

[7] Rao J S. Turbomachine blade vibrations[J]. Wiley Eastern Limited, 1991, (6): 56-62.

[8] 何立东, 夏松波. 转子密封系统流体激振及其减振技术研究简评[J]. 振动工程学报, 1999, 12(1): 64-72.

[9] 李金波, 何立东, 沈伟, 等. 密封系统对某压缩机转子振动影响的研究[J]. 汽轮机技术, 2005, 47(4): 289-291, 312.

[10] 何立东, 夏松波, 李延涛, 等. 转子-轴承系统非线性振动机理的研究[J]. 哈尔滨工业大学学报, 1999, 31(4): 88-90.

[11] He L D, Yuan X, Jin Y, et al. Experimental investigation of the sealing performance of honeycomb seals[J]. Chinese Journal of Aeronautics, 2001, 14(1): 13-17.

[12] 周光坰. 史前与当今的流体力学问题[M]. 北京: 北京大学出版社, 2002.

[13] 何立东, 袁新, 尹新. 刷式密封研究的进展[J]. 中国电机工程学报, 2001, (12): 29-33, 54.

[14] Rosenberg C. Investigating aerodynamics transverse force in labyrinth seals in cases involving rotor eccentricity[J]. Translated from Energnmashinostrojohic, 1974, 8: 15-17.

[15] 丁学俊, 冯慧雯, 黄镇安. 汽轮机中的间隙激振: 一种值得注意的自激振荡形式[J]. 热力发电, 1995, 11(3): 24-29, 36, 63.

[16] Alford J S. Protecting turbomachinery from self-excited rotor whirl[J]. Journal of Engineering for Power, 1965, 87(4): 333-343.

[17] 特劳佩尔. 热力透平机[M]. 郑松宇, 郑祺, 译. 北京: 机械工业出版社, 1988.

[18] Vance J M, Murphy B T. Labyrinth seal effects on rotor whirl instability[J]. Institutional of Mechanical Engineer, 1980, 109(9): 369-373.

[19] Black H F. Effects of hydraulic forces in annular pressure seals on the vibration of centrifugal pump rotors[J]. Journal of Mechanical Engineering Science, 1969, 11(2): 206-213.

[20] Childs D W. Dynamic analysis of turbulent annular seals based on Hirs' lubrication equation[J]. Journal of Lubrication Technology, 1983, 105(3): 429-436.

[21] Nordmann R, Dietzen F J. Calculating rotordynamic coefficients of seals by finite-difference techniques[C]//The 4th Workshop on Rotordynamic Instability Problems in High Performance Turbomachinery, Texas, 1986.

[22] Bently D E, Muszynska A. Role of circumferential flow in the stability of fluid-handling machine rotors[C]//The 5th Workshop on Rotordynamic Instability Problems in High Performance Turbomachinery, Texas, 1988.

[23] Zirkelback N. Qualitative characterization of anti-swirl gas dampers[J]. Journal of Engineering for Gas Turbines and Power, 1999, 121(2): 342-348.

[24] Kanki H, Kaneko Y. Prevention of low-frequency vibration of high-capacity steam turbine units by squeeze-film damper[J]. Journal of Engineering for Gas Turbines and Power, 1998, 120(2): 391-396.

[25] Kameoka T, Abe T, Fujikawa T. Theoretical approach to labyrinth seal forces-cross-coupled stiffness of a straight-through labyrinth seal [R]. Washington D C: NASA, 1984.

[26] Scharrer J K. The effects of fixed rotor tilt on the rotordynamic coefficients of incompressible flow annular seals[J]. Journal of Tribology, 1993, 115(3): 336-341.

[27] Iwatsubo T, Yang B S. The effects of elastic deformation on seal dynamics[J]. Journal of Vibration, Acoustics, Stress, and Reliability in Design, 1988, 110(1): 59-64.

[28] 张强. 透平机械中密封气流激振及泄漏的故障自愈调控方法研究[D]. 北京: 北京化工大学, 2009.

[29] 潘永密, 郑水英. 迷宫密封气流激振及其动力系数的研究[J]. 振动工程学报, 1990, 3(2): 48-58.

[30] 鲁周勋, 谢友伯. 迷宫密封转子动力学特性分析[J]. 润滑与密封, 1991, (2): 12-21.

[31] 沈庆根, 李烈荣, 郑水英. 迷宫密封的两控制体模型与动力特性研究[J]. 振动工程学报, 1996, 9(1): 24-30.

[32] 荆建平, 孟光, 赵玫, 等. 超超临界汽轮机汽流激振研究现状与展望[J]. 汽轮机技术, 2004, 46(6): 405-407, 410.

[33] 张学延, 王延博, 张卫军. 超临界压力汽轮机蒸汽激振问题分析及对策[J]. 中国电力, 2002, 35(12): 1-6.

[34] 闻邦椿, 顾家柳, 夏松波, 等. 高等转子动力学[M]. 北京: 机械工业出版社, 1998.

[35] 柴山, 张耀明, 曲庆文, 等. 汽轮机间隙气流激振力分析[J]. 中国工程科学, 2001, 3(4): 68-72.

[36] 陈佐一. 流体激振[M]. 北京: 清华大学出版社, 1998.

[37] 杨建刚, 朱天云, 高伟. 汽流激振对轴系稳定性的影响分析[J]. 中国电机工程学报, 1998, 18(1): 10-12.

[38] 李雪松, 黄典贵. 迷宫气封二维非定常流场及转子动特性数值仿真[J]. 机械工程学报, 2003, 39(4): 136-140.

[39] 朱光宇, 俞茂铮. 汽轮机末级动叶片大负攻角工况下的流体激振分析[J]. 汽轮机技术, 2001, 43(5): 280-284, 289.

[40] 沈庆根, 郑水英, 朱祖超, 等. 透平压缩机械一种消振型迷宫密封的研究[J]. 流体机械, 1997, 25(1): 3-7.

[41] 何立东, 夏松波, 闻雪友. 关于密封间隙流体激振的一个非线性理论模型[J]. 润滑与密封, 1999, (1): 11-13.

[42] 金琰. 叶轮机械中若干气流激振问题的流固耦合数值研究[D]. 北京: 清华大学, 2002.

[43] 袁立平, 王晓峰. 国产200MW汽轮机组自激振动的特点与诊断[J]. 热力发电, 1999, 41(4): 47-51, 64.

[44] 潘永密, 谢春良. 迷宫密封的流体激振力及其动力特性系数的研究[J]. 机械工程学报, 1990, 26(3): 33-42.

[45] 吴兆瑞, 宋斌, 蒋瑞金, 等. 华能德州电厂2×300MW汽轮发电机组异常振动特征及处理[J]. 中国电力, 1995, 28(5): 9-14.

[46] 李学俊, 刘顺. 600MW汽轮机隔板汽封流场与汽流激振力的数值计算[J]. 汽轮机技术, 2010, 52(5): 348-350.

[47] 张强, 古通生, 何立东. 蜂窝密封在23MW汽轮机中的应用[J]. 润滑与密封, 2008, 33(3): 109-111.

[48] 沈庆根. 化工机器故障诊断技术[M]. 杭州: 浙江大学出版社, 1994.

[49] 岳峰杰, 安靖红, 程勇. 离心压缩机典型故障诊断案例(二)[J]. 风机技术, 2004, (6): 30, 57-58.

[50] 何立东, 闻雪友, 李斐. 离心压缩机迷宫密封中的流体激振[J]. 热能动力工程, 1996, 11(S1): 6, 17-19.

[51] 熊雪立. 离心式压缩机叶轮故障原因及处理措施[J]. 化工设备与防腐蚀, 2003, 6(4): 23-24.

[52] 潘德胜, 李荣良. 大型离心压缩机组的故障与处理[J]. 中氮肥, 2005, (6): 52-53.

[53] 顾仲权, 马扣根, 陈卫东. 振动主动控制[M]. 北京: 国防工业出版社, 1997.

[54] Muszynska A, Franklin W D, Bently D E. Rotor active "anti-swirl" control[J]. Journal of Vibration, Acoustics, Stress, and Reliability in Design, 1988, 110(2): 143-150.

[55] 张强, 何立东. 蜂窝密封动力特性系数的计算方法[J]. 中国电机工程学报, 2007, (11): 98-102.

[56] Childs D W, Kim C H. Analysis and testing for rotordynamic coefficients of turbulent annular seals with different directionally homogeneous surface-roughness treatment for rotor and stator elements[J]. Journal of Tribology, 1985, 107(3): 296-305.

[57] Lucas V, Danaila S, Bonneau O, et al. Roughness influence of turbulent flow through annular seals[J]. Journal of Tribology, 1994, 116(2): 321-328.

[58] 李宽, 何立东, 涂霆. 新型密封偏心自适应调节方法与减振实验研究[J]. 振动与冲击, 2017, 36(19): 52-59.

[59] Elrod D, Nelson C, Childs D. An entrance region friction factor model applied to annular seal analysis: Theory versus experiment for smooth and honeycomb seals[J]. Journal of Tribology, 1989, 111(2): 337-343.

[60] 何立东. 转子密封系统流体激振的理论和实验研究[D]. 哈尔滨: 哈尔滨工业大学, 1999.

[61] Childs D W, Moyer D S. Vibration characteristics of the HPOTP(high-pressure oxygen turbopump)of the SSME (space shuttle main engine)[J]. Transactions of the ASME, 1985, 107: 152-159.

[62] 霍耿磊. 叶片振动抑制的方法研究[D]. 北京: 北京化工大学, 2008.

[63] 金杰. 蜂窝式密封在汽轮机上的应用[J]. 华北电力技术, 2007, 3: 42-44.

[64] 王军光, 韩立清, 常广冬, 等. 蜂窝汽封在汽轮发电机组的应用[J]. 石油化工设备, 2007, 36(4): 80-82.

[65] 李军, 邓清华, 丰镇平. 蜂窝汽封和迷宫式汽封流动性能比较的数值研究[J]. 中国电机工程学报, 2005, 25(16): 108-111, 131.

[66] 王旭, 张文平, 马胜远, 等. 转子蜂窝密封封严特性的实验研究[J]. 热能动力工程, 2004, 19(5): 521-525, 551.

[67] 何立东, 叶小强, 刘锦南. 蜂窝密封及其应用的研究[J]. 中国机械工程, 2005, 16(20): 1855-1857.

[68] 李雪松, 李久华, 黄典贵. 迷宫气封齿型对转子动力学系数的影响[J] 中国电机工程学报, 2002, 22(5): 131-134.

[69] 黄典贵, 李雪松. 大型旋转机械中汽封间隙流激振力的分析——非定常 N-S 解[J]. 中国电机工程学报, 2000, 20(6): 76-79.

[70] Childs D, Elord D, Hale K. Annular honeycomb seals: Test results for leakage and rotordynamic coefficients; comparisons to labyrinth and smooth configurations[J]. Journal of Tribology, 1989, 111(2): 293-300.

[71] Kaneko S, Ikeda T, Saito T, et al. Experimental study on static and dynamic characteristics of liquid annular convergent-tapered damper seals with honeycomb roughness pattern[J]. Journal of Tribology, 2003, 125(3): 592-599.

[72] Soto E A, Childs D W. Experimental rotordynamic coefficient results for (a) a labyrinth seal with and without shunt injection and (b) a honeycomb seal[J]. Journal of Engineering for Gas Turbines and Power, 1999, 121(1): 153-159.

[73] Sprowl T B, Childs D W. A study of the effects of inlet preswirl on the dynamic coefficients of a straight-bore honeycomb gas damper seal[C]//Proceedings of ASME Turbo, Vienna, 2004.

[74] Nelson C C. Rotordynamic coefficients for compressible flow in tapered annular seals[J]. Journal of Tribology, 1985, 107(3): 318-325.

[75] Childs D. Turbomachinery Rotordynamics: Phenomena, Modeling, and Analysis[M]. New York: Wiley, 1993.

[76] Kleynhans G F, Childs D W. The acoustic influence of cell depth on the rotordynamic characteristics of smooth-rotor/honeycomb-stator annular gas seals[J]. Journal of Engineering for Gas Turbines and Power, 1997, 119(4): 949-957.

[77] 何立东, 高金吉, 尹新. 蜂窝密封的封严特性研究[J]. 机械工程学报, 2004, 40(6): 45-48.

[78] 伍伟. 新型厚壁铝蜂窝密封结构设计及封严特性研究[D]. 北京: 北京化工大学, 2010.

[79] Childs D W. Test results for round-hole pattern damper seals: Optimum configurations and dimensions for maximum net dampening[J]. Journal of Tribology, 1986, 108: 605-611.

[80] Yu Z, Childs D W. A comparison of experimental rotordynamic coefficients and leakage characteristics between hole-pattern gas damper seals and a honeycomb seal[J]. Journal of Engineering for Gas Turbines and Power, 1998, 120(4): 778-783.

[81] Moore J J, Soulas T A. Damper seal comparison in a high-pressure re-injection centrifugal compressor during full-load, full-pressure factory testing using direct rotordynamic stability measurement[C]//Asme International Design Engineering Technical Conferences & Computers & Information in Engineering Conference, Philadelphia, 2003.

[82] 丁磊. 厚壁环形蜂窝密封和孔型密封封严特性及吸气抑制叶片振动的研究[D]. 北京: 北京化工大学, 2011.

[83] 李军, 李志刚. 袋型阻尼密封泄漏流动和转子动力特性的研究进展[J]. 力学进展, 2011, 5: 519-536.

[84] Vance J M, Schultz R R. New damper seal for turbomachinery[C]//the 14th Biennial ASME Design Technical Conference on Mechanical Vibration and Noise, Albuquerque, 1993.

[85] Eldin A M G. Analytical and experimental evaluation of the leakage and stiffness characteristics of high pressure pocket damper seals[D]. Texas: Texas A&M University, 2003.

[86] 李志刚, 李军, 丰镇平. 高转速袋型阻尼密封泄漏的特性[J]. 航空动力学报, 2012, 27(12): 2828-2835.

[87] Beatty R F, Hine M J. Improved rotor response of the uprated high pressure oxygen turbopump for the space shuttle main engine[J]. Journal of Vibration, Acoustics, Stress, and Reliability in Design, 1989, 111 (2): 163-169.

[88] Takahashi N, Miura H, Narita M, et al. Development of scallop cut type damper seal for centrifugal compressors[J]. Journal of Engineering for Gas Turbines and Power, 2015, 137 (3): 032509.

[89] Asok S P, Sankaranarayanasamy K, Sundararajan T, et al. Pressure drop and cavitation investigations on static helical-grooved square, triangular and curved cavity liquid labyrinth seals[J]. Nuclear Engineering and Design, 2011, 241 (3): 843-853.

[90] Iwatsubo T, Sheng B, Ono M. Experiment of static and dynamic characteristics of spiral grooved seals[C]// Proceedings of a Workshop Held at Texas A& M University, Texas, 1991.

[91] Childs D W, Gansle A J. Experimental leakage and rotordynamic results for helically grooved annular gas seals[J]. Journal of Engineering for Gas Turbines and Power, 1996, 118 (2): 389-393.

[92] Kim C H, Childs D W. Analysis for rotordynamic coefficients of Helically-Grooved turbulent annular seals[J]. Journal of Tribology, 1987, 109 (1): 136-143.

[93] Chupp R E, Holle G F. Generalizing circular brush seal leakage through a randomly distributed bristle bed[J]. Journal of Turbomachinery, 1996, 118 (1): 153-161.

[94] Moore J J, Hill D L. Design of swirl brakes for high pressure centrifugal compressors using CFD techniques[C]//Proceedings of the Eighth International Symposium of Transport Phenomena and Dynamics of Rotating Machinery, Hawaii, 2000.

[95] Bayley F J, Long C A. A combined experimental and theoretical study of flow and pressure distributions in a brush seal[J]. Journal of Engineering for Gas Turbines and Power, 1993, 115 (2): 404-410.

[96] Dogu Y, Aksit M F, Demiroglu M, et al. Evaluation of flow behavior for clearance brush seals[J]. Journal of Engineering for Gas Turbines and Power, 2008, 130 (1): 237-245.

[97] Childs D W. Test results for sawtooth-pattern damper seals: Leakage and rotordynamic coefficients[J]. Journal of Tribology, 1987, 109 (1): 124-128.

[98] Soghe R D, Micio M, Andreini A, et al. Numerical characterization of swirl brakes for high pressure centrifugal compressors[C]//ASME Turbo Expo 2013: Turbine Technical Conference and Exposition. American Society of Mechanical Engineers, San Antonio, 2013.

[99] 孙丹, 王双, 艾延廷, 等. 阻旋栅对密封静力与动力特性影响的数值分析与实验研究[J]. 航空学报, 2015, 36 (9): 3002-3011.

[100] Fleming D P. Experiments on dynamic stiffness and damping of tapered bore seals[J]. Journal of Vibration, Acoustics, Stress, and Reliability in Design, 1989, 111 (1): 1-5.

[101] Muszynska A, Bently D E. Anti-swirl arrangements prevent rotor/seal instability[J]. Journal of Vibration, Acoustics, Stress, and Reliability in Design, 1989, 111 (2): 156-162.

[102] 吕成龙. 反旋流技术及石墨密封技术研究[D]. 北京: 北京化工大学, 2014

[103] 沈庆根, 李烈荣. 迷宫密封中的气流激振及其反旋流措施[J]. 流体机械, 1994, 22(7): 7-12.

[104] 何立东. 转子密封系统反旋流抑振的数值模拟[J]. 航空动力学报, 1999, 14 (3): 70-73, 109.

[105] 托西(夏勃然译). 离心压缩机转子动力学[J]. 风机技术, 1992, (5): 20-23.

[106] Kim C H, Lee Y B. Test results for rotordynamic coefficients of anti-swirl self-injection seals[J]. Journal of Tribology, 1994, 116 (3): 508-513.

[107] 闻邦椿, 武新华, 丁千, 等. 故障旋转机械非线性动力学的理论与实验[M]. 北京: 科学出版社, 2004.

[108] Li J M, De Choudhury P, Kushner F. Evaluation of centrifugal compressor stability margin and investigation of anti-swirl mechanism[C]//Proceedings of the Thirty-second Turbomachinery Symposium, Boston, 2003.

[109] 陈运西, 董德耀. 转子振动反旋流主动控制实验研究[J]. 航空动力学报, 1994, 9(2): 183-185.

[110] Iwan W D, Blevins R D. A model for vortex induced oscillation of structures[J]. Journal of Applied Mechanics, 1974, 41(3): 581-586.

[111] Kefalakis M, Papailiou K D. Active flow control for increasing the surge margin of an axial flow compressor[C]//ASME Turbo Expo 2006: Power for Land, Sea, and Air(GT2006), Barcelona, 2006.

[112] Neuhaus L, Niese W. Active control to improve the aerodynamic performance and reduce the tip clearance noise of axial turbomachines[C]//11th AIAA/CEAS Aeroacoustics Conference, California, 2005.

[113] Nie C Q, Tong Z T, Geng S J, et al. Experimental investigations of micro air injection to control rotating stall[J]. Journal of Thermal Science, 2007, 16(1): 1-6.

[114] 沈庆根, 郑水英. 设备故障诊断[M]. 北京: 化学工业出版社, 2006.

[115] 罗振兵. 合成射流流动机理及应用技术研究[D]. 长沙: 国防科技大学, 2002.

[116] 郑新前, 张扬军, 周盛. 合成射流控制压气机分离流动及工程应用探索[J]. 中国科技论文在线, 2008, 3(8): 547-552.

[117] Hsu S S, Travnicek Z, Chou C C, et al. Comparison of double-acting and single-acting synthetic jets[J]. Sensors and Actuators A: Physical, 2013, 203: 291-299.

[118] 李斌斌. 合成射流及在主动流动控制中的应用[D]. 南京: 南京航空航天大学, 2012.

[119] 张强, 何立东, 张明. 喷射或抽取气流抑制叶顶密封汽流激振的实验研究[J]. 北京化工大学学报(自然科学版), 2009, 36(1): 85-88.

[120] Gbadebo S A, Cumpsty N A, Hynes T P. Control of three-dimensional separations in axial compressors by tailored boundary layer suction[J]. Journal of Turbomachinery, 2008, 130(1): 011004.

[121] 孙永强. 闭环可控吸气减振系统设计与实验研究[D]. 北京: 北京化工大学, 2009.

[122] 沈庆根. 透平机械迷宫密封流体激振的研究[J]. 流体工程, 1985, (6): 6-13.

[123] 高伟. 汽轮发电机组汽流激振故障的诊断与治理[J]. 应用力学学报, 1996, 13(47): 106-109.

[124] 何立东, 张强, 车建业. 汽轮机防叶片断裂技术研究[C]//2006年中国机械工程学会年会暨中国工程院机械与运载工程学部首届年会, 杭州, 2006.

第2章　密封流体激振非线性振动模型

研究密封流体激振的一般方法，是将密封间隙中的流体简化成弹簧和阻尼器，将流体对转子的作用由式(1-1)所表示的线性函数关系来描述。研究密封流体激振的大量文献都集中在如何求解密封的刚度系数和阻尼系数。

大量流体引发结构振动工程实例的分析表明，转子密封系统的密封流体激振实质上也是一种流体诱发的结构振动问题，是典型的流固耦合问题。基于这种认识，本书提出用非线性振动模型描述密封流体激振。

2.1　流体引发的振动

在许多领域，流固耦合问题广泛存在，流体引发的振动问题越来越突出，如高层建筑的风致振动、水利设施和海洋工程结构的水弹性振动、飞行器的空气弹性振动、汽轮机和压缩机以及水轮机等各种流体机械的流体弹性振动等。此类问题有时会破坏设备的结构，对设备的经济性和可靠性影响巨大[1]。分析流体弹性耦合问题时，涉及大量复杂的流动现象，对指导工程设计具有十分重要的意义，有助于避免产生严重的安全问题和经济损失，也是流体力学研究领域中最困难的课题之一。

挂在两座电线塔之间的电力输送线，曾因微风的作用，发生振幅逐渐扩大的现象，即是常见的流体引发的振动。例如，长 100m 的电线发生频率为每秒一次、中点最大振幅达 3m 的振动。电线在流体激振下，振动了一定时间后"疲劳"就容易使电线折断。为了避免这种有害的振动，一般在输电线的塔杆附近装有消振锤。

设输电线的横截面为圆面，气流在输电线后面形成交错的旋涡，科学家卡门对这类问题进行了深入研究，称为卡门旋涡。气流吹过柱体时，要在柱体上下同时产生对称旋涡是不可能持续的。从大量实验观察得知旋涡发生在柱体的后面，旋涡在柱体的上部和下部以顺时针方向和逆时针方向交替地形成，柱体交替地受到垂直向上或向下的周期力作用。在实验室里研究这一现象发现，各旋涡之间保持着一定的距离，并以一定的速度在气流方向上运动，旋涡产生的频率正比于气流的速度，反比于柱体的直径[2]。当旋涡的频率与作为一个弦的电线固有频率相等或接近时，电线在垂直地面的平面内发生振动。由此可见，旋涡是气流碰到电线后发生的，激起柱体上下振动的能量显然来自气流。至于旋涡的形成与电线的振动之间的联系是气流与物体接触表面上因运动发生了一个附加黏滞力，在黏滞力方向产生两个对称分布的初生旋涡，并使其中一个快速生长（即加快它从柱体上滑脱），而对另一个初生旋涡起阻碍作用，这种相互作用容易引起电线的自激振。例如，物体向上运动对上面一个初生旋涡的成长提供有利条件，所以系统具备自激的相位条件。

导线在铅垂面内发生持续振动的后果将是严重的，因为导线两端在电线塔上夹住，线夹使附近一段导线因振动而承受弯折作用，当弯折损伤累积到一定值时会很快使导线的某些线股折断，将导致严重事故。消除导线振动的常用办法是挂上消振锤，这是动力消振的原理。

上述由卡门旋涡产生的流体激振在换热器中也会发生，导致换热器产生振动和噪声，严重时会损坏换热器。当气流高速流过换热器中的管束进行热交换时，在管束周围就会形成交替脱落的卡门涡街，决定这种脱涡频率 f_k 大小的参数，一方面有管径 d、纵向间距 l、横向间距 s 等管束的几何参数，另一方面还有气体的动力黏度 η、密度 ρ 和流速 υ 等流体参数，即

$$f_k = f(d, l, \upsilon, s, \eta, \rho) \tag{2-1}$$

根据量纲分析，可以得到下列无量纲关系式，即

$$f_k d / \upsilon = f(l / d, s / d, \rho \upsilon d / \eta)$$

当气流的雷诺数 $\rho \upsilon d / \eta$ 大于 800 时，气流呈现湍流状态，则式(2-1)中的函数 f 与雷诺数基本无关[3]。当管束结构确定以后，即当 l / d 和 s / d 等于某组常数时，$f_k d / \upsilon$ 近似等于常数 c，其值由模型决定。于是得到

$$f_k = c \upsilon / d \tag{2-2}$$

当脱涡频率 f_k 接近换热器腔室的固有频率 f_c 时，换热器产生的噪声就会很强烈；当与管束结构的固有频率 f_s 相近时，就会产生剧烈的管束结构振动。设计时，f_k、f_c 和 f_s 三者应分开，避免共振的发生。

某锅炉管式空气预热器存在气激振动。由于加热的空气垂直于管子，横扫吹过管束，对于按一定方式排列的管束来说，在卡门旋涡对圆柱管束进行交变力的作用情况下，振动十分明显。振动带来的噪声（有时是震耳欲聋的噪声）影响运行人员的身体健康，降低锅炉效率，造成设备损伤。设计时要设法避免脱涡频率与气室驻波某阶频率的共振。对于已造好的锅炉，在管束中增加隔板可以避免脱涡频率与管束固有频率的耦合。

工业上的钢烟囱，在风速较高时，就可能出现剧烈振动。1953 年美国有一只直径约为 5m、高约为 90m 的焊接钢烟囱，在风速约 16m/s 时，产生每秒一次的

振动,振动强烈,不久就使烟囱挠曲,并且在钢筒上撕开了大裂缝。消振的方法是安装阻尼器。

潜水艇上的潜望镜曾因海水旋涡而引起了振动[4]。潜水艇上的潜望镜可看作高约 7m 或更高(在伸出时)而直径约 200mm 的悬臂梁。在航速 8km/h 时,潜望镜杆的剧烈振动引起光学观察视场发生模糊。消振的办法是把潜望镜杆的圆杆形断面改为流线型断面。

美国塔可玛(Tacoma)海峡大吊桥,在风以 19m/s 的速度吹了 1h 之后,脱涡频率与悬索上桥板的固有频率相一致,损坏了悬桥。事故发生后,人们改变了悬桥的结构,将原来的桥板改为侧面有开口的构件,并加上一条通底的构件,使它成为箱形构件断面,解决了大桥的振动问题。

叶片是轴流式压缩机的关键部件,其损坏大都是由共振疲劳导致的。解决这一问题的方法是研究叶片的固有频率及其受到的激振力性质。叶片在工作时所受到的激振力十分复杂,究其根源,可分为机械激振和流体激振两大类。

流体激振是气动力对叶片的振动激励,由于直接作用于叶片,对叶片危害较大。根据其激振的性质可分为尾流激振、旋转失速和颤振等。

尾流激振是由于气流高速作用到叶片上时,形成的尾流造成气流流场不均匀,致使叶片在流场中受力不均匀,产生激振。工作叶片每转一周,必受到前面 z 片导流叶片的尾流影响而激振 z 次,故尾流激振频率为

$$f_{jz} = nz \tag{2-3}$$

式中, f_{jz} 为激振频率; n 为转子转速; z 为叶片数量。

对于亚声速压缩机,后级静子叶片尾流激振力也会影响到前一级的转子叶片。如果压缩机的静子叶片有加工或装配误差,造成通道异常,也会产生低频流体激振。减弱尾流气流的一个措施是使转子工作叶片数与静子叶片数互为质数。

压缩机旋转失速主要发生在低速、靠近喘振边界的工作状态,这时通道中的气流分离,形成的气流旋涡堵塞了气流流道,减小了有效流通面积,使得该流道中的气流不得不流向邻近的流道。这种气流旋涡构成的堵塞团也称为失速团[5,6],是导致气流脉动的主要原因,使叶片发生流体激振。失速团会迅速传播到各个流道中形成旋转失速区,其传播速度或失速频率是人们关心的主要问题。如果失速频率与叶片固有频率相重合,将会引起结构的共振,有可能导致零部件的损坏。

意大利新比隆公司设计的大化肥尿素装置中的二氧化碳压缩机,旋转失速区的传播速度可用下面的经验公式表示:

$$V_s = 0.5uQ_{op} / Q^* \tag{2-4}$$

式中，Q_{op}、Q^*、u 分别为旋转失速时的实际流量、压缩机设计工况流量和转子的周向速度。离心压缩机叶轮失速区的传播速度，很大程度上取决于叶轮流道的内径与外径之比，即叶轮的轮毂比。轮毂比较大时，会导致叶轮整个流道失速，即失速区在从叶根到叶顶的整个翼展上都出现。小轮毂比只引起部分半径方向上的失速，即失速区只占据流道长度的一部分。全半径失速相比部分半径失速来说要严重很多，叶栅内的流体将会引起较强烈的压力脉动。

失速是喘振的前奏。喘振是失速发展到一定程度以后，压缩机等流体机械产生的一种强烈的流体激振现象[7]。一旦喘振频率引起机器管网和机械基础的共振，将会造成灾难性的后果。

风机的不稳定进口涡流，常常出现在由进口导叶控制的风机中。关小进口导叶时，进入风机的气流会产生沿周向旋转的速度分量，发展到一定程度就成为一个不稳定的进口旋涡区。这种不稳定的压力脉动将引起风机较大的振动，并伴随出现很大的噪声。

颤振是一种十分复杂的流体激振，其机理至今还不完全清楚。对于压缩机，颤振是叶片冲角过大时发生的一种流体激振，极易导致叶片断裂。除了提高叶片的抗振能力外，解决问题的方法主要是改变叶片的自振频率(调频法)和改变激振力的频率(调激振频率法)，防止产生共振。例如，若查明共振是某级静叶片的尾流激振所致，则改变该级叶片的数目，这是一种比较常用的减振方法。

飞机的发展过程中就遇到了颤振问题，飞机在达到某一速度时，机身因颤振问题而剧烈抖动，严重时甚至折断坠毁。迎面气流产生的气动力不仅使机翼发生弯曲，而且会发生扭转变形，即发生了扭转振动与弯曲振动的耦合作用，使气流的气动力在没有衰减的情况下，转化为振动的能量，成为颤振的能量来源。在某个速度下飞行时，如果来自气流的能量正好等于飞机振动消耗的能量，便会产生颤振，这个速度称为临界速度。设计时应计算出临界速度和颤振频率，使最大飞机速度远远小于临界速度，以保证不发生颤振。

从上面流体引发振动的举例分析中可以看出，这类问题的实质是流固耦合问题，人们感兴趣的不仅仅是旋涡本身的形成，更关心旋涡能激励出力学系统和声学系统的振动。流体动力的大小固然重要，而流体动力的频率与流体动力作用下的结构固有频率是否一致显得更为重要。

从上述分析中得到这样一个启示：流体引发振动问题的研究中，一个重要的问题应该是研究流固之间的相互作用以及流体动力频率与结构固有频率的关系。如何确定与结构振动相互作用的非定常流是研究的难点。

2.2　非定常流研究的现状及其发展

非定常流描述流场随时间变化的物理过程。从本质上说，非定常流问题较定常流场问题要更加复杂。每一时刻非定常流的状态和流场对物体施加的流体作用力，一方面由流场初始条件和流动的整个时间过程决定，另一方面还取决于该时刻的流场边界条件。在这个时间过程中，流场对运动物体施加的流体动力和该物体的惯性以及弹性之间，存在非常复杂的耦合问题，同时流动本身的许多特性和时间因素有关[8]。

近年来，非定常流研究有了划时代的进展[9-11]。在工程上，飞行器要实现大攻角超机动性飞行，动力装置要大幅度提高其功率和效率，凡此种种，都是推动该领域研究的强大动力。另外，由于计算技术和实验测试手段的高速发展，人们有可能精确处理流场随时间变化的过程。尤其是对待非定常流的指导思想更新了，从消极地避免非定常流的分析转而设法利用非定常效应，从单纯避免出现分离流转而利用和有效控制非定常分离流。当前研究的重点是如何挖掘非定常流的强非线性，以便对流动实现有效的控制，达到趋利减弊的目的。

非定常流从其产生机制上可以划分为两大类：一类是由于流场边界条件随时间变化而引起的，这里包括物体固壁的运动变化，也包括用各种手段激发流动以改变流场条件；另一类是流动自身的不稳定性引起的。

圆柱动态绕流问题是一个比较典型的研究课题。圆柱动态绕流中一个重要的非线性问题是频率锁定现象，即在圆柱振动的某些频率和振幅范围内，脱涡频率将被振动频率"锁住"而与其保持一致，这时伴随着共振的流动特征，尾迹中旋涡脱落强化，作用在物体上的流体动力显著增大，又使物体振幅增加。

频率锁定现象不但出现在涡致物体横向振动上，也出现在多种动态绕流情况中。例如，令圆柱做流向振动、令圆柱固定而使来流振动、令圆柱固定而在其尾迹中进行适当的声激发或者令圆柱固定而在其尾迹放置振动条带，等等。尽管对流场施加扰动的方式不同，但都可以改变圆柱近尾迹区的流场而导致同样的频率锁定和共振。探索圆柱动态绕流中旋涡脱落和频率锁定的内在机制，仍是具有挑战性的亟待解决的课题。

振动来流引起的脱涡和频率锁定可以产生很强的振动，如较小的来流振动可使旋涡强度增加 29%。其原因可能是振动来流的特点，更易于改变近尾迹区的流动结构，增大了不稳定性。

关于非定常扰动对流场作用的机制，虽然没有形成比较成熟的理论模式，但根据现有的观察和分析，受激流场响应可以初步归纳为以下几种效应。

(1)动量注入效应。依靠外部非定常扰动,直接向流动受阻滞的区域"注入动量",或者将低动量流体吸除,以改变局部区域的流动状态,进而对整个流场起"开关"作用,可起到使流动分离延迟、抑制分离涡形成的作用。质量引射、固壁扰动等激励方式大体上可归结为这类效应。

(2)相位效应。利用外部扰动和流动运动响应之间的相位差,向流体提供附加能量,达到控制流动的目的。

(3)共振效应。当外部扰动频率与旋涡运动频率相近时,对旋涡有明显的"调制"作用,使旋涡强度增大,沿物体展向相关性显著增强,而且变得"同步",使非定常流动力突然增大。

(4)整流效应。物体振动或受外部扰动波的作用,使物面边界层或尾流中的涡受到激发,出现显著的非零平均效应,称为整流效应。

(5)波-涡干扰效应。非定常扰动产生的波与涡中的不稳定波相耦合,使之受到激发。受激发的不稳定波的振幅是由入射波决定的,不稳定波的振幅的增长,引起涡层卷起,成为离散涡。以后,次谐波扰动的不稳定性又会使离散涡配对和合并,扰动频率对涡的配对有显著影响,适当控制扰动频率,加强或抑制配对过程,从而按照要求实现对流场的控制。

上述分析对认识密封流体激振具有一定的启示:密封流场也是一种脉动非定常流,密封流体激振也具有频率锁定的特点,即密封流体激振出现的时候,转子强烈振动的主要频率不变,锁定在转子的一阶临界转速频率上。由于转子圆柱体受弹性支承,从而构成了一个振动系统,密封腔中流体旋涡脱落频率在接近转子振动系统一阶固有频率的一个范围内,基本上被转子一阶固有频率所同化,即流体流速在一个范围内的变化不再引起流体激振力频率的正比例变化。在此范围里,密封流体激振力频率与转子一阶固有频率很接近,这就是涡激振动的同步现象。此时,密封流体激振的幅值也急剧增大。其内在机制就是密封流场与转子振动相互作用,引起密封流场中流体的脱涡频率锁定,产生很强的共振。其主要机理是:产生了动量注入效应,即依靠外部非定常扰动,直接向流动受阻滞的区域"注入动量";产生了相位效应,即利用外部扰动和流动运动响应之间的相位差,向流体提供附加能量,加剧了能量的聚集;产生了共振效应,即当外部扰动频率与旋涡运动频率相近时,对其有明显的"调制"作用,使旋涡强度增大,沿转子横向相关性显著增强,而且变得"同步",使非定常密封流体激振力突然增大。探索密封流场中旋涡脱落和频率锁定的内在机制,仍是具有挑战性的亟待解决的课题。

对非定常流中的非线性问题进行模拟和分析,目前采用的方法主要有两类:数值模拟和非线性振动模型。

2.2.1　基于 N-S 方程的数值模拟

直接求解非定常 N-S 方程，对流场进行数值模拟，近年来有了很大发展，各种求解定常问题的数值方法都曾被尝试推广到非定常流情况，如各种差分方法、有限元方法等。但目前大多数结果都是针对二维情况，且限于较低的雷诺数（$Re=10^5$ 以下），对于较高的雷诺数，物体尾迹从层流到湍流的转捩点逐渐前移，特别是对于湍流情况，由于缺乏适当的湍流模型，湍流扩散、涡量衰减及与边界层的相互作用等因素，还需要在计算中加以精确考虑。

基于求解涡量-流函数形式 N-S 方程的涡方法适用于不可压情况，已经成为高雷诺数下重要的数值模拟手段。

2.2.2　基于非线性振动模型的分析

描述旋涡运动的一个重要物理量是涡量，等于流体速度矢量的旋度，涡量单位是秒分之一（s^{-1}）。在流体中，只要有"涡量源"，就会产生尺度大小不一的旋涡。旋涡是流体流动的一种普遍存在的形态。旋涡通常用涡量来量度其强度和方向。在各种工业装置中，可以观察到千姿百态的旋涡流动，如飞行器的起动涡、分离涡，离心机、发动机燃烧室、管道中的旋涡，流体绕过钝物体形成的脱落涡等。

旋涡运动的重要性并非只在于其存在的普遍性，更重要的是它在流体运动的物理机制中起着重要的作用[12,13]。

虽然涡动力学研究具有如此重要的意义，但是一百多年来，由于受流体力学总体水平的限制，它的发展缓慢，反映在经典流体力学教科书中，涡量和旋涡只是作为流体运动学的内容做简单的论述，远远没有揭示出旋涡运动作为流体运动的"肌腱"的实质。只有在 20 世纪 60 年代以后，以大攻角非线性空气动力学的发展为主要推动力，流体力学的研究从附着型向脱体涡流型迈进，大量有关旋涡运动规律的问题迫使人们深入地开展研究。

近代高性能叶轮机械及其他工程中的气动弹性或者流动激发的振动问题，由于其复杂性，往往引入了很多近似假定，尤其难于定量研究。近年来发展起来的离散涡法，提供了对高雷诺数、大尺数分离、不稳定流动进行数值仿真的一个很好的方法。弹性研究自静止开始，受外力激发振荡，同时物体振荡也影响流场。这是一个非线性不稳定过程，不是一个简单有序运动。由于问题的复杂性不得不采用一些近似假设，束缚或抹杀了其本来的丰富多彩特性。

相比较而言，研究非定常流的非线性振动模型，则是一种比较简洁的方法，如 2.3 节所述。

2.3　转子密封系统流体激振的非线性振动模型

2.3.1　非线性振动模型

如 2.1 节所述，结构物受流体卡门旋涡激发的振动，是自激系统振动在工程力学中的一个重要实例。当流体垂直于圆柱体流动时，在雷诺数的一个很大范围里，旋涡从柱体两侧交替脱落，引起对柱体的交变力，该交变力的频率称为 Strouhal（施特鲁哈尔）频率，它与流体的流速成正比，与圆柱直径成反比。

当圆柱体是弹性体或是受弹性支承的刚体，从而构成了一个振动系统时，实验现象表明，旋涡脱落频率在接近振动系统固有频率的一个范围内，基本上被固有频率所同化，即流体流速在一个范围内的变化不再引起交变升力频率的正比例变化。在此范围里，交变升力频率与固有频率很接近。这就是涡激振动的同步现象。此时，交变力的幅值也急剧增大。这种现象的机理很复杂，从流体力学的基本原理去获得解答相当困难。有一个研究方向是设法用适当的数学模型来进行模拟，数学模型中的某些参数则根据实验数据来确定。

考虑这样一个振动系统：均质圆柱体对称地支承于两个弹簧上，两个阻尼器也对称地作用于柱体，当流体流过柱体时，引起交变升力，使柱体产生强迫振动，其运动方程是

$$M\frac{\mathrm{d}^2x}{\mathrm{d}t^2}+C\frac{\mathrm{d}x}{\mathrm{d}t}+Kx=\frac{1}{2}\rho V^2DLC_L \tag{2-5}$$

式中，x 为柱体横向振动位移；M 为柱体质量；C 为阻尼系数；K 为弹性系数；ρ 为流体密度；V 为流速；D 为圆柱直径；L 为柱体长度；C_L 为流体动力系数；$\mathrm{d}t$ 为时间的变量。方程右端就是交变的升力。

从实验现象得知，升力的交变规律具有明显的自激性质，因而 C_L 应满足一个自激振动的方程。现假设它满足一个简单的自激振动方程[14-16]：

$$\frac{\partial^2C_L}{\partial t^2}-\left[a\omega_s\frac{\partial C_L}{\partial t}-\frac{\gamma}{\omega_s}\left(\frac{\partial C_L}{\partial t}\right)^3\right]+\omega_s^2C_L=\frac{b\omega_n}{D}\frac{\partial x}{\partial t} \tag{2-6}$$

式中，ω_n 为系统固有频率；a、γ 和 b 为经验系数；ω_s 为流场脉动主频率，且有

$$\omega_n=\sqrt{\frac{K}{M}},\quad \omega_s=2\pi Sr\frac{V}{D} \tag{2-7}$$

式中，Sr 为 Strouhal 数，由实验确定。

如果物体做简谐振动，即

$$x = X \cdot \sin \omega t \qquad (2\text{-}8)$$

式中，X 为常数系数。

则流体动力系数可表示为

$$C_{\mathrm{L}} = \overline{C_{\mathrm{L}}} \sin(\omega t + \varphi) \qquad (2\text{-}9)$$

式中，φ 为相位角；$\overline{C_{\mathrm{L}}}$ 为常数系数。

式 (2-8) 和式 (2-9) 是强迫振动振子 x 和自激系统强迫振动振子 C_{L} 这两个变量彼此耦合的运动方程组，必须联立求解。

在振动理论中，与速度有关的项称为阻尼，而一般情况下阻尼总是做负功，从而使能量耗散，做负功的阻尼通常称为正阻尼。在自激振动问题中，与速度有关又做正功的称为负阻尼。实际上，上述自激系统的阻尼 $-\left[a\omega_{\mathrm{s}} \dfrac{\partial C_{\mathrm{L}}}{\partial t} - \dfrac{\gamma}{\omega_{\mathrm{s}}} \left(\dfrac{\partial C_{\mathrm{L}}}{\partial t} \right)^3 \right]$，

作为一个整体，其正负号常是变化的：当 C_{L} 的振幅小时，$\dfrac{\gamma}{\omega_{\mathrm{s}}} \left(\dfrac{\partial C_{\mathrm{L}}}{\partial t} \right)^3$ 比 $a\omega_{\mathrm{s}} \dfrac{\partial C_{\mathrm{L}}}{\partial t}$

小，阻力与速度同号，阻尼成为负值而增加系统的能量；当 C_{L} 的振幅足够大时，

$\dfrac{\gamma}{\omega_{\mathrm{s}}} \left(\dfrac{\partial C_{\mathrm{L}}}{\partial t} \right)^3$ 比 $a\omega_{\mathrm{s}} \dfrac{\partial C_{\mathrm{L}}}{\partial t}$ 大，阻尼力与速度反号，阻尼成为正值从而减小系统的能

量。这种阻尼的作用当然是维持一个稳定的振动，在这个振动水平上，系统的能量在一个周期内收支相抵。

非线性振动模型不但可以较好地再现物体在流场中振动与流场脉动相互耦合时，振幅响应的"节拍"现象和对应于极限环的解的等幅振动情况，而且物体振动与流场脉动间的频率锁定和振幅多值化现象也能较好地反映出来。

一般而言，非线性振动模型是分析流场中物体振动时受力和运动特性的一种有效方法[14,17-19]。该方法的核心思想是不考虑具体的绕流流场细节，而将流体与其中的振动物体视为一个整体系统，通过适当的数学模型，建立起流体和物体运动参数之间的关系，利用某些已知结果，给出描述系统运动的方程组中的若干参数，对方程求解，确定其他未知参数，达到了解其总体流动特性和受力状态的目的。该模型可以用于分析一些流体诱发的结构振动的问题。

2.3.2　转子密封系统的流固耦合振动

转子密封系统中流体引发的转子振动问题，已经研究了半个多世纪了，研究

人员建立了多种数学模型。归纳起来，主要是经过一系列的假设(如微小振幅假设等)，将流体与转子之间的作用通过四个弹簧和四个阻尼器耦合起来，流体激振力被线性化，表示成流体膜刚度和阻尼的函数，如式(1-1)所示。但是，在转子发生密封流体激振时，转子振幅往往较大，这些数学模型对许多密封流体激振的非线性现象(如转子振幅突变、振动频率锁定在转子一阶固有频率上等)无法解释，其根本原因在于忽略了密封自激振动的非线性本质。

事实上，密封流体激振，是流固耦合问题在转子动力学中的表现，是转子动力学中的流致振动问题。不稳定密封流场的低频脉动与振动转子之间的相互作用，是结构流致振动的基本原因。

从流固耦合的角度来看，密封流体激振的机理包含两层内容：其一，由于转子的振动和高速旋转，形成了密封间隙中的不稳定流场；其二，不稳定流场对转子振动产生激励，从而加剧转子的振动，转子振动的加剧反过来又恶化流场的脉动。不稳定流场的脉动与转子振动的耦合，是产生转子密封系统强烈振动现象的主要原因。

转子密封系统中发生的流体激振是一种自激振动[20]。大量的实验和工程实例表明，发生密封流体激振时，振动的转子与流体相互作用，形成脉动的流场，从而激励转子振动，转子振动的主频率是转子的一阶固有频率[21]。一般来说，发生流致振动时，非定常流存在着不稳定的低频脉动成分。低频脉动是导致流致振动问题的重要原因之一。研究密封腔不稳定流场及其与振动转子的相互作用，是揭示密封流体激振本质的一条可行途径。基于这种思想，本书提出用非线性振动数学模型来研究转子密封系统的流固耦合运动。

2.3.3　密封流体激振的非线性振动模型

密封流体激振是小间隙中的非定常流与转子相互作用的结果。转子的高速旋转和振动，造成了小间隙流体的脉动，形成了非定常流；该非定常流对转子运动产生激励[22]。这种流固耦合振动可用下述非线性振动模型描述。

对图 2-1 所示的单盘转子密封系统，参照式(2-5)可以写出转子的振动方程，右端第一项为流体力项，第二项是不平衡力项：

$$\frac{\partial^2 x}{\partial t^2} + 2\varepsilon\omega_{\mathrm{n}}\frac{\partial x}{\partial t} + \omega_{\mathrm{n}}^2 x = \frac{1}{2}\frac{\rho u_0^2 ld}{m_0}C_{\mathrm{L}} + e\Omega^2\sin\Omega t \tag{2-10}$$

式中，ε 为转子的阻尼比系数；m_0 为轮盘的质量；d、l 分别为轮盘的平均直径和宽度；u_0 为密封流体的平均周向速度；e 为轮盘质心偏心距；Ω 为转子角速度。

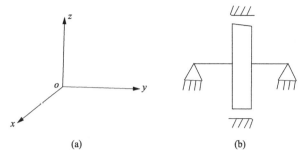

图 2-1　单盘转子密封系统模型

流体动力系数满足 VanderPol 型振动方程：

$$\frac{\partial^2 C_{\mathrm{L}}}{\partial t^2} - a\omega_{\mathrm{s}}\frac{\partial C_{\mathrm{L}}}{\partial t} - \frac{\lambda}{\omega_{\mathrm{s}}}\left(\frac{\partial C_{\mathrm{L}}}{\partial t}\right)^3 + \omega_{\mathrm{s}}^2 C_{\mathrm{L}} = \frac{b\omega_{\mathrm{n}}}{d}\frac{\partial x}{\partial t} \qquad (2\text{-}11)$$

式中，ω_{s} 为流场脉动主频率；λ 为经验系数。

$$\omega_{\mathrm{s}} = 2\pi Sru_0 / D \qquad (2\text{-}12)$$

式 (2-10) 和式 (2-11) 组成了分析转子密封系统流固耦合振动的非线性方程组，描述了非线性密封流体与转子之间的相互作用，反映了转子密封系统流体激振的本质是流固耦合问题。

2.3.4　小结

流体引发的结构振动广泛存在于自然界中，给工程造成了很大的危害。无论是桥梁、高压输电线和烟囱等的风致振动，还是飞机的颤振、压缩机的喘振等，若用简单的弹簧或阻尼器来替代流体力的作用，是难以描述其复杂的非线性运动过程的。密封间隙中的流体激振，其实质也是一种流体引发的结构振动问题。

研究结构周围的压力脉动流场，是分析流体引发结构振动的重要方法。对湍流情况，由于缺乏适当的湍流模型，在计算中还不能精确地考虑湍流扩散、涡量衰减及与外界层的相互作用等因素，仍为一定程度的近似。

非线性振动模型是研究流固耦合问题的一种方法。它将非定常流的各种细节都归结到少数由实验确定的系数中，将流体与其中的振动物体视为一个整体系统进行研究，其特点是数学模型简洁，能突出反映流固耦合振动的非线性特点。

2.4　转子-轴承-密封系统中的若干非线性动力学问题

一般认为,不稳定流体激振力(自激力)由密封流体周向流动引起,反映在刚度系数中为交叉刚度系数,其形成的力与位移垂直,促进转子的进动(或涡动)。密封流体激振造成叶轮机械失稳,甚至造成毁机事故时,往往伴随着振幅突变、锁频和低频分量过高等非线性动力学现象。显然,基于八个参数的流体力学线性模型(式(1-1))是难以解释这些非线性动力学现象的[23-27]。

本节应用非线性振动模型来分析转子-轴承-密封系统中的振幅突变和锁频现象,对转子密封系统反旋流抑制振动实验进行数值计算,最后对一起离心压缩机密封流体激振事故进行数值计算。将分析计算结果与实验进行比较,考察非线性振动模型描述实验和工程中转子密封系统流体激振问题的可行性。

对于大型汽轮发电机组的转子系统或其他高速转子,由油膜振荡和流体激振而引起的转子运动失稳现象,是比较常见而重要的问题。本节从非定常流与转子相互作用的角度,利用非线性振动模型,研究油膜振荡和流体激振中的一些非线性动力学问题,如频率锁定、振幅突变等。

2.4.1　轴承油膜振荡与密封流体激振

滑动轴承油膜振荡是指在一定条件下,转子在超过某一转速时,由于轴承油膜的不稳定,转子将产生剧烈的振动,振幅迅速增大的振动现象。产生轴承油膜振荡的必要条件是,转子转速达到 2 倍以上的转子一阶临界转速。发生油膜振荡之后,在较宽的转速范围内一直存在突出的低频振动,转子低频振动的频率大致与转子的一阶固有频率相等,而与此时转子转速频率的倍频成分或者分频成分无关[28]。此时应该及时降低转速,使转速下降至 2 倍的转子一阶临界转速以下,或者停车以避免发生严重事故。绝对不能继续升高转速,这样只会加剧油膜振荡。

油膜振荡是滑动轴承小间隙中非定常润滑油与转子相互作用的结果。转子的高速旋转和振动,导致了小间隙润滑油的脉动,形成了非定常流;该非定常流又对转子运动产生一个激励;当非定常流的脉动主频率与转子的一阶固有频率相近时,非定常流与转子相互作用,产生很强的放大效应,导致油膜振荡的发生。某汽轮机发电机组测量了所有轴承的油膜压力脉动频率。该机组低压缸与发电机联结处的轴承发生了油膜振荡,其油膜压力谱中有接近于转子一阶固有频率的低频成分。其他轴瓦运行稳定,油膜压力谱中以工频为主,并含有少量 2 倍频及其他高频成分。

如前所述,汽轮机中的密封流体激振一般称作汽流振荡,也称为蒸汽激振,是指汽轮机在一定条件下,由于密封或其他间隙中汽流的不稳定,当负荷超过某个数值的时候，转子产生较强的低频振动现象。发生汽流振荡时，转子的振动频率与转子的一阶固有频率相近。一般大容量高压汽轮机容易发生汽流振荡(或称蒸汽激振)，当机组负荷达到某一数值的时候，转子产生低频振动，降低负荷，转子振动下降[29,30]，和汽轮机负荷有明确的对应关系。对于压缩机，密封流体激振一般都发生在高压和中压转子上，少数低压压缩机转子也会发生，而且对转子转速十分敏感，提高转速一般不能越过或避免流体激振，降低转速时可降低转子振幅。

2.4.2　频率锁定

本节以图 2-1 所示的单盘转子密封系统为例，分析转子密封系统的频率锁定。

对于由式(2-10)、式(2-11)所描述的转子密封系统，当流场脉动主频率 ω_s 与转子固有频率 ω_n 相近时，密封中的非定常流与转子相互作用，导致气流振荡的发生。在该模型中，流体对转子的作用力，没有像传统的八参数模型那样，表示成线性流体阻尼和刚度。流体力的特性不但取决于转子的振动，还取决于非定常流的非线性特性。

对于式(2-11)所表示的非线性强迫振动系统，流体力响应由自由振动(齐次方程解)和强迫振动(非齐次方程的特解)两部分组成，即[31]

$$C_L = A\cos\omega_s t + B\cos\omega t + o(\omega) \tag{2-13}$$

式中，A、B 为系数；ω 为转子振动频率；$o(\omega)$ 为截断误差。

对于式(2-10)所表示的线性强迫振动系统，当转子转速较低，流场脉动主频率 ω_s 远离转子固有频率 ω_n 时，转子振幅较小，以不平衡响应为主。当转子转速升高时，由式(2-12)可知，ω_s 增大。当流场脉动的主频率 ω_s 趋于转子固有频率 ω_n 时，由式(2-10)可知，转子将发生强烈振动，振动频率为 ω_n。

在式(2-11)描述的非线性流体力的强迫振动系统中，由于其强迫激振为转子的振动，当转子振动频率为 ω_n 时，强迫激振频率与该非线性系统的主频率 ω_s 趋于一致。此时，流体力系数非线性振动的响应中，非线性流体力的响应频率锁定为 ω_n 不变，这称为同步现象或锁频[26]。

事实上，上述现象为强迫振动 VanderPol 方程的主振动情况，其解的第一次近似解为[31]

$$C_L = \overline{C_L}\cos(\omega_n t + \varphi) + 0(\varepsilon) \tag{2-14}$$

此时在 C_L 的解中，强迫响应成为重要的解，强迫振动解和自由振动解不再独立地同时存在。这个结果是响应在激励频率上的同步化。式(2-14)表明 ω_s 接近 ω_n 时，由式(2-10)，转子将产生强迫振动，转子将按其固有频率 ω_n 振动，由式(2-11)，转子振动对流场产生一个强迫激励，流场脉动主频率被转子振动频率"锁住"而与其保持一致。流场强烈的振动使作用在转子上的流体力显著增大，又使转子振幅剧增。产生油膜振荡或气流振荡时，即使转子转速继续上升，流场脉动主频率 ω_s 也不会按式(2-12)线性地增大，而是锁定在 ω_n 上。油膜振荡和气流振荡中的频率锁定现象，是小间隙非定常流特性的充分表现。

发生油膜振荡或气流振荡时，流场脉动主频率 ω_s 接近转子固有频率 ω_n，即

$$\omega_s \approx \omega_n \tag{2-15}$$

轴承或密封间隙中流体的平均周向速度 u_0 为

$$u_0 = \frac{1}{2} D \Omega \tau \tag{2-16}$$

式中，τ 为平均周向速度系数，是间隙的结构尺寸、流体特性等参数的函数，一般 $\tau \leqslant 0.5$，将式(2-16)代入式(2-12)中，有

$$\omega_s = 2\pi \frac{S u_0}{D} = \pi S \tau \Omega$$

上式和式(2-15)联立并取 $S = 0.24$ 可得

$$\Omega = \frac{\omega_n}{\pi \cdot S \cdot \tau} = 1.326 \frac{\omega_n}{\tau} \tag{2-17}$$

如果 $\tau = 0.5$ 则 $\Omega = 2.7\omega_n$；如果取 $\tau = 0.44$ 则 $\Omega = 3\omega_n$，即发生油膜振荡或气流振荡时，转子转速超过 $2\omega_n$ 接近 $3\omega_n$，流体的平均周向速度越小，τ 越小，失稳转速越高。

某离心压缩机，一阶临界转速 $n_{c1}=4200$r/min，该机在 $2.4n_{c1}$ 的转速下(即10080r/min)安全运行多年。为提高产量，将转速提高到 $2.56n_{c1}$(即约为 10752r/min)，导致机组产生强烈的密封气流振荡。为此，向密封腔导入与转子旋转方向相反的气体，降低平均周向速度系数 τ；同时缩短了两个轴承之间的跨距，使 n_{c1} 提高到 6000r/min。改造后机组可以在 10800r/min 的转速下安全生产。

2.4.3　振幅突变

非线性系统随着控制参数的变化，从一个状态不连续地跳跃到另一个状态的现象称为突变。油膜振荡和气流振荡的一个显著特点就是在一定条件下，当机组的转速或负荷等控制参数发生微小变化时，转子从一个稳定状态突然不连续地跳跃到另一个状态，振幅剧烈增大，发生振幅突变。

对于式(2-11)，由摄动法，在一次近似下主振动稳态响应由式(2-14)表示。图 2-2 表明了非线性方程式(2-11)的多解特点，为了判断这些解对应的运动状态能否实现，对解的稳定性进行分析。其主振动频率响应曲线[31]如图 2-2 所示。H 表示振幅系数，σ 表示转子固有频率与流场脉动主频率的比值。

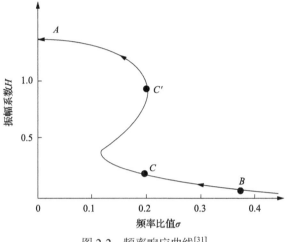

图 2-2　频率响应曲线[31]

分析图 2-2 表明，当 $H \geqslant 0.5$ 时，系统对应的是由式(2-14)表示的主振动稳态周期解；当 $H < 0.5$ 时，系统响应对应的是由式(2-13)表示的非周期解[31]。

当转子转速较低时，由图 2-2 可知，转速远离振动区域。对应的 σ 值较大时，如曲线上的 BC 段，由于 $H < 0.5$，流场运动的解为式(2-13)，是两个频率合成的拍振。

当转子转速升高，达到主振动区，对应的 σ 值较小时，即曲线上的 $C'A$ 段，由于存在 $H > 0.5$，则在对应的各解中，只有振幅最大的一个解是稳定的周期解，由式(2-14)表示。因此，控制参数 σ 的微小变化导致系统从非周期振动状态不连续地跳跃到周期振动状态，发生突变现象，伴随着振幅的突变。

利用分叉理论来分析油膜振荡和气流振荡中的振幅突变现象。一些完全确定的非线性系统中的参数连续变化到临界值时，非线性系统的全局稳定性会突然改变[32]。例如，在力学系统中，质量为 m 的质点的牛顿第二定律可以表示为

$$m\ddot{x} = -\dot{x} + F \tag{2-18}$$

式中，$-\dot{x}$ 为阻尼项；$\ddot{x}$ 为加速度项；F 为外力项；若外力有位势 V_0，即

$$F = -\frac{\partial V_0}{\partial x}$$

则式(2-18)可表示为

$$m\ddot{x} = -\dot{x} - \frac{\partial V_0}{\partial x}$$

如果系统加速度较小，则有

$$\dot{x} = -\frac{\partial V_0}{\partial x} = F$$

上式即称为梯度系统。

设梯度系统的平衡点为 x^*，满足 $\left(\frac{\partial V_0}{\partial x}\right)x^* = 0$，即平衡点 x^* 是位势的临界点或驻点，其稳定性由 $\frac{\partial F}{\partial x} = -\frac{\partial^2 V_0}{\partial x^2}$ 在该点是正或负来决定：若 $\left(\frac{\partial V_0}{\partial x}\right)x^* < 0$ 或 $\left(\frac{\partial^2 V_0}{\partial x^2}\right)x^* > 0$（位势 V_0 的极小值点），则平衡点 x^* 是稳定的，它称为梯度系统的吸引子；若 $\left(\frac{\partial V_0}{\partial x}\right)x^* > 0$ 或 $\left(\frac{\partial^2 V_0}{\partial x^2}\right)x^* < 0$（位势 V_0 的极大值点），则平衡点 x^* 是不稳定的，它称为梯度系统的排斥子。因此，吸引子与排斥子的分岔点满足 $\left(\frac{\partial V_0}{\partial x}\right)x^* = 0$ 和 $\left(\frac{\partial^2 V_0}{\partial x^2}\right)x^* = 0$，它是位势的拐点，常是结构的不稳定之处。

从分岔的观点看，通过分岔点，稳定性发生交换，或者说在该点，多个解分支汇合（称为简并或退化）。在梯度系统中，若原先处于位势 V_0 的极小值的质点通过分岔点时，它不再处于 V_0 的极小值点，而处于 V_0 的拐点处，即在 V_0 的低谷处，质点突然跳出，进入另外一个完全不一样的状态，这种现象称为突变。

分岔点是梯度系统的突破点，$\left(\frac{\partial V_0}{\partial x}\right)x^* = 0$ 和 $\left(\frac{\partial^2 V_0}{\partial x^2}\right)x^* = 0$ 就是梯度系统产生突变的条件。

2.4.4 结论

本节利用非线性振动模型研究转子密封系统的流体激振，分析频率锁定、振幅突变和低频振动等流体激振特性。

油膜振荡和气流振荡中的频率锁定和振幅突变等非线性动力学问题，是小间隙非定常流和转子相互作用的结果，可以用一个统一的转子轴承密封系统非线性振动方程来描述。非线性振动方程及其解的丰富的内在规律，解释了油膜振荡和气流振荡等工程现象中的非线性。

2.5　转子密封系统反旋流抑振的数值模拟

2.5.1　引言

如前所述，向密封间隙中喷入与转子旋转方向相反的流体，称为反旋流主动控制方法[33,34]，是抑制或减弱密封流体激振和转子不平衡响应的有效方法，已在工程上得到了应用。一般认为，反旋流可以增加系统的阻尼[35-37]。但密封的流体阻尼是非线性的，是很难定量确定的一个参数。目前的研究多限于求解密封的线性阻尼，利用传统的八参数模型分析密封对转子的影响，但它在揭示流体力非线性特征时具有很大的局限性[38]。

目前研究人员尚未彻底掌握转子密封系统流体激振的机理，但是可以肯定的是，这类问题的实质是流固耦合问题[39,40]。因此，描述流固耦合问题的非线性振动模型，在分析密封流体激振问题，特别是在描述流体力的非线性特性时，将发挥其特有的作用。

本节利用转子密封系统非线性振动模型，分析反旋流法抑制密封流体激振和转子不平衡响应的机理。数值计算结果与实验数据进行对比，为研究反旋流技术提供一些理论分析方法。

2.5.2　反旋流抑振的数学模型

转子的高速旋转和振动，造成了密封小间隙气流的脉动，形成了非定常气流；该非定常气流对转子运动产生激励。小间隙中的非定常气流与转子相互作用是导致气流振荡的主要原因。

对图 2-3 所示的转子密封反旋流系统，转子的横向振动方程为式(2-10)，流体动力系数满足 VanderPol 型振动方程式(2-11)。

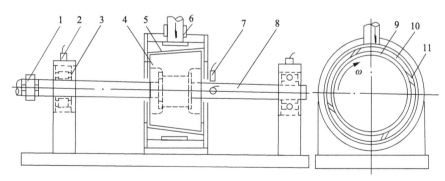

图 2-3　转子密封反旋流系统[41]

1. 联轴器；2. 加速度传感器；3. 滚动轴承；4. 轮盘；5. 密封圈；6. 气源管；
7. 电涡流传感器；8. 轴；9. 气膜腔；10. 导流板；11. 喷嘴

各经验系数为 $a=0.1$，$\lambda=1/30$，$b=0.52$。ω_s 为流场脉动主频率，由式(2-12)决定，即

$$\omega_s = 2\pi Sru_0 / D$$

式中，$Sr=0.2$。

2.5.3 数值模拟及结果分析

根据式(2-10)～式(2-12)，本节利用 MATLAB 语言中的动态仿真工具 Simulink，用龙格-库塔(Runge-Kutta)方法，编制了专用软件[42-44]，对转子密封系统反旋流主动控制过程进行数值模拟，并与实验结果[41]进行了比较。

1. 无密封流体力参与的转子不平衡响应

转子计算模型与实验转子[41]一致(图 2-3)。结构参数：轮盘质量为 4.22kg，宽度为 0.08m，平均直径为 0.108m，质心偏心距为 1.04×10^{-5}m。实验转子的轴径为 22mm，一阶临界转速 n_{c1} 为 8456r/min。

如果转子密封系统处于真空状态下，即没有密封流体力参与转子的不平衡响应，则式(2-10)中不含流体力项。转子在一阶临界转速时的数值模拟结果为：圆盘振动的峰-峰值为 1.0×10^{-3}m。

在真空箱中进行的实验表明[41]，转子过一阶临界转速时，圆盘振动的峰-峰值为 1.13×10^{-3}m。不含密封流体阻尼的转子系统阻尼比 ξ 为 0.01。

2. 反旋流抑制转子不平衡响应

为抑制转子的振动，应用了反旋流技术。由 4 只直径 d_0 为 4mm 的喷嘴，沿与转子旋转方向相反的切线方向，以 $u_2=52$m/s 的速度向密封腔中喷入气流。

高速旋转的转子带动密封腔中的气体流转，转子在一阶临界转速时气体的平均周向速度可由下式近似得到：

$$u_1 = \frac{1}{2}\pi D \frac{n_{c1}}{60} = 23.9(\text{m}/\text{s})$$

于是，由动量守恒定理可近似求得喷入反旋流后，密封腔中的混合流平均周向速度：

$$u_0 = (m_2 u_2 - m_1 u_1)/(m_1 + m_2) \tag{2-19}$$

式中，m_1 为密封间隙的气体质量；m_2 为单位时间向密封间隙中喷入的气体质量：

$$m_1 = \pi \left[\left(\frac{D + 2C_r}{2} \right)^2 - \left(\frac{D}{2} \right)^2 \right] \cdot L \cdot \rho \qquad (2\text{-}20)$$

$$m_2 = 4 \cdot \frac{\pi}{4} d_0 u_2 \cdot \rho \qquad (2\text{-}21)$$

其中，C_r 为密封半径间隙，$C_r = 0.9 \times 10^{-3} \mathrm{m}$。

于是，$m_1 = 0.039 \times 10^{-3} \mathrm{kg}$，$m_2 = 3.136 \times 10^{-3} \mathrm{kg}$，$u_0 = 51.08 \mathrm{m/s}$。代入式(2-12)中，可得 ω_s 为 594.3rad/s。由式(2-10)和式(2-11)可得，转子在一阶临界转速时的数值模拟结果：圆盘振动的峰-峰值为 $5.2 \times 10^{-4} \mathrm{m}$，如图 2-4 所示。

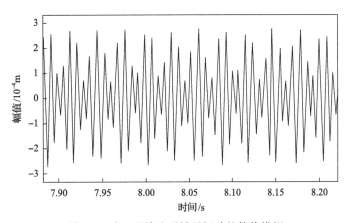

图 2-4　喷入反旋流后转子振动的数值模拟

实验结果表明[41]，喷入反旋流后，转子过一阶临界转速时圆盘振动的峰-峰值为 $3.5 \times 10^{-4} \mathrm{m}$，为真空状态下的 30.97%。适当地通入反旋流气体，可以有效地抑制转子的不平衡响应。

但是，如果密封腔气体的平均周向速度过大，则会增大流体力的幅值，不利于柔性较大的转子在亚临界转速下的稳定运行(见本节第 3 部分)。因此一般都选用反旋流而不是正旋流，来抑制转子的不平衡响应，确保转子的稳定性。

3. 不恰当的反旋流导致转子失稳

如果反旋流的速度、流量合适，则其可以抑制转子的不平衡响应；否则，反旋流也会导致转子振动失稳。用传统的八参数模型难以从理论上分析反旋流的流速、流量对转子稳定性的影响。下面将应用非线性振动模型，分析实验中发生的不恰当反旋流导致的转子失稳现象。

将转子的轴径从 22mm 减至 18mm，其他结构参数不变，转子的一阶临界转速 n_{c1} 降为 5818r/min。应用反旋流时，将 4 只喷嘴的直径 d_0 增大为 8mm，沿与转子旋转方向相反的切线方向，以 u_2=41m/s 的速度，向密封腔中喷入气流。旋转的转子带动密封腔中的气体旋转，转速 n=2870r/min 时气体的平均周向速度为

$$u_1 = \frac{1}{2}\frac{n}{60}\pi D = 8.1 \text{m/s}$$

由式(2-19)、式(2-20)可近似求得喷入反旋流后，密封腔中混合流的平均周向速度 u_0 为 40.7m/s，代入式(2-12)中，可得流场脉动主频率为 473.6rad/s。于是由式(2-10)和式(2-11)，可得转子转速为 2870r/min 时的数值模拟结果：圆盘振动的峰-峰值为 4×10^{-3}m，远远大于密封间隙，必将造成动静碰磨。这是因为转子轴径减小，使转子的固有频率降低，柔性增大；同时增大喷嘴的直径(8mm)，喷入的过量反旋流使流体力幅值增大。这些因素促成了转子振幅的剧增。本节引用的实验表明[41]，转子轴径减小，并用 8mm 的喷嘴喷入反旋流后，转子转速升到 2870r/min 时，发生强烈的振动，轮盘和静子碰磨，转子弯曲变形。不恰当的反旋流造成了转子振动失稳。

2.5.4 小结

反旋流是抑制转子密封系统激振和不平衡响应的有效方法，但反旋流的流量(或者流速)并不是越大越好。转子在通过一阶临界转速时，适宜的反旋流可以抑制转子的不平衡响应。需要指出的是，对于柔性较高的转子，减小密封腔流体周向平均速度，有利于转子的稳定运行。因为这样可以控制流体力的大小，保证柔性较高的转子具有较好的稳定性。本节应用非线性振动模型，分析了反旋流的机理，为分析应用反旋流技术提供了一些依据。

本节引用的实验数据取自中国航发湖南动力机械研究所进行的转子振动反旋流主动控制实验[41]，特此致谢。

2.6 离心压缩机梳齿密封流体激振非线性动力学分析

2.6.1 引言

梳齿密封在一定的条件下会产生流体激振，从而使转子发生剧烈振动。梳齿密封流体激振的机理较为复杂，具有典型的非线性振动特点。

本节利用非线性振动模型，对某合成气离心压缩机出现的密封流体激振问题进行数值模拟分析，与实际运行数据比较，为分析流体激振的机理、预防流体激振的发生提供一些参考[45]。

2.6.2　某离心压缩机运行状态简介

某化肥厂合成气压缩机低压缸轴功率为 8300kW，转子质量为 500kg，最大转速为 11230r/min，两只轴承之间的跨距为 1635mm。转子由 9 级叶轮组成，叶轮排布成 2 段，两段叶轮之间的排列方式为背靠背排列，两段间的梳齿密封长度为 120mm，梳齿数量 38 个，梳齿密封半径间隙为 0.3～0.4mm，如图 2-5 所示[46]。

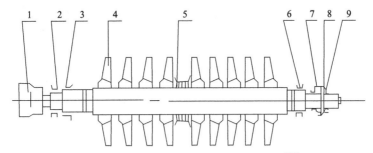

图 2-5　离心压缩机低压缸转子系统简图[46]

1. 齿轮联轴器；2/7. 轴承；3/6. 浮环密封；4. 叶轮；5. 段间密封；8. 止推盘；9. 止推瓦块

该压缩机组曾在 10000r/min 左右的转速下运转了三年多。为了提高产量，将转速升至 10700～10750r/min，负荷增至 90%，运行了一段时间后，转子产生了剧烈振动，损坏了梳齿密封和轴承。为了解决压缩机的振动问题，采取如下措施：增加润滑油的黏度，用 30 号润滑油代替原来用的 20 号润滑油；将轴承长径比减小到 0.39；增大浮动环密封间隙；在段间密封中去掉 6 个齿；按设计要求，严格控制 5 瓦块可倾瓦轴承的外形尺寸；对转子进行高速动平衡；更换齿轮联轴器等[47]。

采取以上改进措施后并没有取得明显的减振效果，压缩机 8 次起动都以失败告终，压缩机转速达到 10700r/min 附近时，仍然出现剧烈的振动。分析转子的振动频谱图，发现幅值突出的频率成分为 74～80Hz，随着转速的升高，该频率的幅值上升。当转速达到 10700r/min 转子发生强烈振动的时候，频谱图中幅值突出的频率成分仍然为 74～80Hz，此时其幅值已大于转速频率(工频)的幅值。除此之外，开缸检查发现，转子振动使段间密封磨损严重，梳齿密封的磨损形状沿轴线分布呈现弓形，与一阶振型吻合。分析结果认为，引发压缩机强烈振动的主要因素是段间梳齿密封中的流体激振，分析如下。

(1)段间梳齿密封两端的压差约为 4MPa，密封的宽度为 120mm，与段间密封对应的转子表面积较大，密封腔内不稳定气动力形成了较大的横向激振力，使转子剧烈振动。

(2)由于该转子的工作转速接近其一阶临界转速的 2.5 倍，转子柔性较大。同时段间梳齿密封对应转子的中间位置，这里是转子动挠度最大的地方。因此，转子在段间密封中的涡动半径很大，导致密封间隙不均匀，使得密封腔中流体沿圆周方向的压力分布不均，形成很大的流体激振力。

根据上述分析结果，该化肥厂再次对低压压缩机进行改造，主要措施如下。

(1)在段间梳齿密封入口处的边缘上等分加工 36 个辐向槽，形成阻旋栅格，用以削弱气流的入口预旋，减小密封入口气流的周向速度。

(2)在靠近段间密封进气侧的密封上，加工 8 个圆周方向均布的$\phi6$孔。通过这些小孔，向密封腔中喷射从 2 段出口引出的高压气流，形成反旋流，用以减小段间密封间隙中气流的周向速度。

(3)在段间密封腔内表面沿周向等分加工 78 个$\phi4$的小孔(孔深度为 6mm)，用以均衡气体的周向压力，并增加密封腔表面的粗糙度，增大密封间隙中气流周向流动的阻力。

(4)适当减少段间密封齿数。

(5)缩短轴承支撑跨距，使转子一阶临界转速提高到 6000r/min(100Hz)。

(6)增加轴承挤压油膜阻尼器。

经过上述改造，密封流体激振得到了有效抑制，压缩机机组已能在 10800r/min 转速下稳定运行。

2.6.3　数值模拟计算模型的建立

1. 多盘转子的简化

由于该压缩机转子振动的主要原因是转子中部梳齿密封中的气体诱发的流体激振，为突出主要矛盾，可以将压缩机转子简化为一个圆盘位于转子中部的单盘转子密封系统[47,48]，如图 2-1 所示。发生流体激振时，接近转子一阶固有频率的低频成分十分突出，为使简化模型的动力学特性与实际转子具有一定的可比性，简化模型转子的一阶临界转速与实际转子的一阶临界转速相同(即为 4440r/min)。

压缩机转子轴颈的最大外径 d 为 150mm，轴承跨距 l 为 1636mm。单盘转子一阶临界转速的近似计算公式为

$$n_{c1} = 30\sqrt{k/m_0}/\pi \tag{2-22}$$

式中，m_0 为圆盘的质量；k 为轴的刚度。

$$k = 24EI_d/l^3 \tag{2-23}$$

其中，$E = 250.8\times10^9\ \text{Pa}$；$I_d = \pi d^4/64$。

2. 梳齿密封流体激振数学模型

密封流体激振是小间隙中的非定常流与转子相互作用的结果。转子的高速旋转和振动，造成了小间隙气流的脉动，形成了非定常气流；该非定常气流对转子运动产生激励。

对图 2-1 所示的转子梳齿密封系统，转子的横向振动方程由式(2-10)表示，流体动力系数满足 VanderPol 型振动方程式(2-11)。

流场脉动主频率 ω_s 为

$$\omega_s = 2\pi Sr u_0 / D$$

对梳齿密封，$Sr = 0.267$。

于是，由式(2-22)可得简化的单盘转子密封系统中的等效圆盘质量 m_0 为 260kg。依据转子动平衡精度标准，可近似得圆盘质心偏心距 e 为 1.1μm。密封间隙中的气体为高压气体，可近似求得其密度 ρ 为 6kg/m³。宽度 L 和直径 D 分别为 0.12m 和 0.185m。对梳齿密封，各经验系数：a 为 0.0273，γ 为 0.4433，b 为 0.52。

2.6.4　压缩机运行工况的数值模拟

1. 稳定运行工况的数值模拟

转子的两个支承为滑动轴承，于是系统阻尼比 ξ 可取为 0.08，稳定状态转子转速为 10000r/min，即 Ω 为 1047rad/s，一阶临界转速 ω_{cn} 为 465rad/s(74Hz)，密封间隙中气体的平均周向速度为 $u_0 = \Omega D/4 = 48$m/s；于是流场脉动主频率：

$$\omega_s = 2\pi Sr u_0 / D = 435.27 \text{rad/s}$$

将上述各参数代入式(2-10)和式(2-11)后，利用 MATLAB 中的动态仿真软件 Simulink 进行数值计算，然后经过快速傅里叶变换(FFT)分析，即可得到如图 2-6 所示的频谱图。这里所得的幅值 A_{max} 是转子全长中的最大振幅(即转子中间圆盘的振幅)。对于实际压缩机转子，电涡流传感器安装在支承附近，设其距支承的距离为全长的 1/40，因为转子振型主要为一阶振型，于是可近似求得传感器处转子的振动位移 A_n 为

$$A_n = A_{max} \cdot \sin(\pi/4) \tag{2-24}$$

图 2-6 所示的仿真频谱图纵坐标为线性坐标，它直接反映了各频率成分的幅值高低。但是当各个频率成分幅值相差较大时，幅值小的成分就显示不出来了。此时，幅值可用对数坐标来表示，对数刻度以分贝(dB)表示，其定义为式(2-25)。

对数刻度相对扩大了小幅值成分，使得幅值小的成分能够明显表示出来。

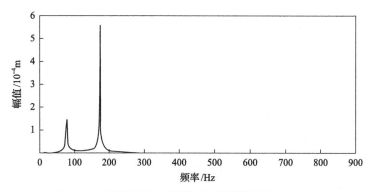

图 2-6　压缩机转子中部振动仿真频谱图(稳定工况)

$$A_{db} = 20\lg(A_n \times 8 \times 10^6 / A_r) \qquad (2\text{-}25)$$

这里 A_r 为基准值，$A_r=1mV$，于是

$$A_{db} = 20\lg(A_n \times 8 \times 10^6)$$

本台压缩机实际测得的转子振动频谱图的纵坐标是对数刻度，传感器的灵敏度为 8mV/μm，于是可将仿真中振动幅值 A_n 的单位由米(m)转换成分贝(dB)，以突出低频分量[46]。

由式(2-24)、式(2-25)和图 2-6，可以得到转子支承附近传感器处的转子振动仿真频谱图(振幅单位为分贝)，如图 2-7 所示。

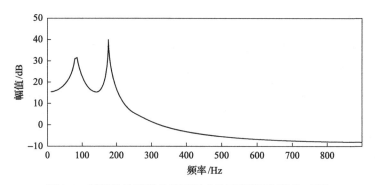

图 2-7　压缩机传感器处转子振动仿真频谱图(稳定工况)

由图 2-7 可知，压缩机传感器处转子振动频谱图中低频分量相对较低，而转速频率的幅值成分相对较高，转子处于稳定运行工况。

2. 失稳工况的数值模拟

转子转速增高到 10750r/min（1125rad/s）时，经过短暂运行后，突发强烈振动。此时密封间隙中气体的平均周向速度为 $u_0 = \Omega D / 4 = 52\text{m/s}$，于是流场脉动主频率 $\omega_3 = 2\pi Sru_0 / D = 471.54\text{rad/s}$，代入式（2-10）和式（2-11），于是得到压缩机转子中部振动的仿真频谱图，如图 2-8 所示。

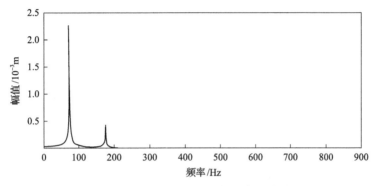

图 2-8　压缩机转子中部振动仿真频谱图（失稳工况）

转子在 10750r/min 发生强烈振动时，传感器实际测得的转子振动频率与数值计算得到的频率相比较可知，两者的共同特点是：低频分量都显著增大，而转速频率成分则相对较低。

3. 改造后稳定工况的数值模拟

改造中使用了油膜阻尼器，则系统的阻尼比增至 0.1，轴承跨距缩短后，一阶临界转速上升为 6000r/min（100Hz）。虽然转子转速上升为 108000r/min（1131rad/s），但由于向密封腔中径向回注了高压气体，并在密封腔中加工 78 个小孔及多个反向辐射槽，密封间隙中气体的平均周向速度并没有因为转速的增加而显著增加，设为 50m/s。于是流场脉动主频率 ω_s 为

$$\omega_s = 2\pi Sru_0 / D = 453.41\text{rad/s}$$

代入式（2-10）和式（2-11）中，于是得到压缩机转子中部振动的仿真频谱图，如图 2-9 所示。

经过变换，得到传感器处转子振动仿真频谱图，如图 2-10 所示。由仿真频谱图可知，低频分量较小，为 48dB，转速频率分量相对较高，为 53.7dB，仍在允许范围之内，转子稳定运行。

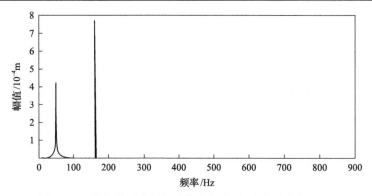

图 2-9　压缩机转子中部振动仿真频谱图(改造后稳定工况)

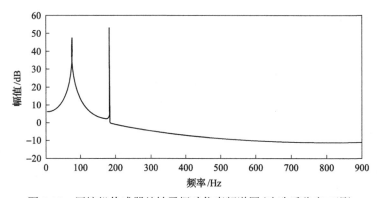

图 2-10　压缩机传感器处转子振动仿真频谱图(改造后稳定工况)

2.6.5　结论

　　梳齿密封流体激振的一个显著特点是低频振动，即频谱图上低频分量相对突出，而且低频振动的频率十分接近转子的一阶固有频率。需要强调的是，如果该低频成分的幅值超过转速频率成分的幅值，则灾难性的振动将会随时发生。在实际操作中，密切监视这种低频分量的增大，有利于保证机组的安全运行。

　　影响密封流体激振的因素较多。密封间隙气体的平均周向速度、转子的柔性、转子中梳齿密封的长度、转子系统的阻尼比、密封腔中气体的压力以及转子转速等，都是影响密封流体激振的因素。在诸多因素中，密封间隙气体的平均周向速度是一个比较突出的影响因素。

　　非线性振动模型可以较好地反映影响密封流体激振的诸多因素。该模型不但可以反映流体激振时转子振幅的增大，而且可以模拟流体激振时低频振动分量过大的现象，较好地描述了转子密封系统流体激振的低频振动特点。

2.7　本章小结

　　相对转子动力学中的动平衡、临界转速计算等问题而言，密封流体激振是一个尚未完全解决的难题。因为这个问题不但涉及转子结构的振动，更重要的是还牵扯到流体对转子结构的作用及两者之间的耦合作用。将流体力简化为弹簧和阻尼器的线性模型已不能适应现代转子动力学的发展需要。

　　本章提出了用非线性振动模型来描述密封流体激振模型，较好地解释了气流振荡中的频率锁定、振幅突变等现象；运用非线性振动模型对数值模拟的方法来模拟反旋流抑制振动和不恰当反旋流导致转子失稳等不同现象；最后利用该模型对一起离心压缩机梳齿密封流体激振事故进行了仿真计算。数值计算得出的频谱图趋势与实际测量的频谱图基本一致。

参 考 文 献

[1] 张素侠. 矩形壳液耦合系统中重力波现象研究[D]. 天津: 天津大学, 2005.

[2] 汪建录, 周香. 架空线路振动现象分析与预防[J]. 焦作大学学报, 2000, 14(3): 58-59.

[3] 郑哲敏, 谈庆明, 王补宣. 相似理论与模化: 郑哲敏文集[M]. 北京: 科学出版社, 2004.

[4] 庄表中, 黄志强. 振动分析基础[M]. 北京: 科学出版社, 1985.

[5] 种亚奇, 程向荣. 离心式压缩机旋转失速故障机理研究及诊断[J]. 化工设备与管道, 2005, 42(1): 4, 37-39.

[6] 丁康, 王志杰, 米林. 离心式压缩机旋转失速故障的振动分析[J]. 设备管理与维修, 1996, (12): 22-24.

[7] 唐狄毅, 郭捷. 旋转失速和喘振的统一模型[J]. 工程热物理学报, 1992, 13(3): 273-276.

[8] 张霄雷. 低压气井井口喷射引流工具试制[D]. 成都: 西南石油大学, 2014.

[9] 黄永念. 分叉、分形、混沌和湍流之间的关系[C]//中国力学学会. 现代流体力学进展论文集. 北京: 科学出版社, 1991.

[10] 周恒. 流动稳定性与转捩[C]//中国力学学会. 现代流体力学进展论文集. 北京: 科学出版社, 1991.

[11] 是勋刚. 湍流基础研究的进展[C]//中国力学学会. 现代流体力学进展论文集. 北京: 科学出版社, 1991.

[12] 吴介之, 马晖杨, 周明德. 涡动力学引论[M]. 北京: 高等教育出版社, 1993.

[13] 马晖扬. 涡动力学研究进展[C]//中国力学学会. 现代流体力学进展论文集. 北京: 科学出版社, 1991.

[14] 王海期. 非线性振动[M]. 北京: 高等教育出版社, 1992.

[15] 程林. 换热器内流体诱发振动[M]. 北京: 科学出版社, 1995.

[16] 崔尔杰. 流体-弹性耦合的流体动力学问题[C]//中国力学学会. 中国力学学会第三届全国流体力学学术会议论文集. 北京: 科学出版社, 1998.

[17] Iwan W D, Blevins R D. A model for vortex induced oscillation of structures[J]. Journal of Applied Mechanics, 1974, 41(3): 581-586.

[18] 孙天风, 崔尔杰. 钝物体绕流和流致振动研究[J]. 空气动力学学报, 1987, 5(1): 62-75.

[19] 崔尔杰. 非定常流中若干非线性问题的分析与模拟: 现代流体力学进展 II[M]. 北京: 科学出版社, 1993.

[20] 丁文镜. 工程中的自激振动[M]. 长春: 吉林教育出版社, 1988.

[21] 吕江, 何立东, 吕成龙, 等. 转子密封系统反旋流抑振的数值分析及实验研究[J]. 润滑与密封, 2015, 40(10): 30-35.

[22] 何立东. 转子密封系统反旋流抑振的数值模拟[J]. 航空动力学报, 1999, 14(3): 70-73, 109.

[23] 陈予恕. 非线性动力学中的现代分析方法[M]. 北京: 科学出版社, 1992.

[24] 宫心喜, 臧剑秋. 应用非线性振动力学习题与选解[M]. 北京: 中国铁道出版社, 1986.

[25] 刘式适, 刘式达, 谭本馗. 非线性大气动力学[M]. 北京: 国防工业出版社, 1996.

[26] 刘秉正. 非线性动力学与混沌基础(修订本)[M]. 长春: 东北师范大学出版社, 1994.

[27] 龙运佳. 混沌振动研究方法与实践[M]. 北京: 清华大学出版社, 1997.

[28] 孙斌, 张永军. GA355/8 气压机组振动故障分析[J]. 胜利油田职工大学学报, 2006, (6): 64-65.

[29] 徐基琅. 200MW 汽轮机低频振动问题的探讨[J]. 汽轮机技术, 1991, (5): 53-59.

[30] 丁学俊, 王刚, 冯慧雯, 等. 叶轮偏心引起的气流激振力的研究[J]. 机械科学与技术, 2003, (S1): 1-5.

[31] 奈弗, 穆克. 非线性振动(上册)[M]. 宋家肃, 罗惟德, 陈守言, 译. 北京: 高等教育出版社, 1990.

[32] 李恩颖. 混沌和 Hopf 分岔的模拟电路研究[D]. 长沙: 湖南大学, 2007.

[33] 吴雅. 机床切削系统的颤振及其控制[M]. 北京: 科学出版社, 1993.

[34] 杨智春, 赵令城, 姜节胜. 结构非线性颤振半主动抑制[J]. 应用力学学报, 1994, 11(1): 66-69, 123.

[35] 裴正武. 管道系统减振方法及密封间隙流体激振力的影响因素研究[D]. 北京: 北京化工大学, 2012.

[36] 王庆峰, 何立东. 压差对旋转直通式迷宫气封流场及流场力影响规律研究[J]. 北京化工大学学报(自然科学版), 2018, 45(4): 59-64.

[37] 吕成龙, 何立东, 涂霆. 反旋流抑制密封间隙内流体激振研究[J]. 液压气动与密封, 2014, 34(10): 28-31, 77.

[38] 张强, 何立东. 蜂窝密封动力特性系数的计算方法[J]. 中国电机工程学报, 2007, (11): 98-102.

[39] 邢景棠, 周盛, 崔尔杰. 流固耦合力学概述[J]. 力学进展, 1997, 27(1): 20-39.

[40] 孟庆国, 周盛. 叶轮机械非定常流动研究进展[J]. 力学进展, 1997, 27(2): 232-244.

[41] 陈运西, 董德耀. 转子振动反旋流主动控制实验研究[J]. 航空动力学报, 1994, (2): 74-76.

[42] 施阳. MATLAB 语言精要及动态仿真工具 SIMULINK[M]. 西安: 西北工业大学出版社, 1997.

[43] 张培强. MATLAB 语言——演算纸式的科学工程计算语言[M]. 合肥: 中国科学技术出版社, 1995.

[44] 张志涌, 刘瑞桢, 杨祖樱. 掌握和精通 MATLAB[M]. 北京: 北京航空航天大学出版社, 1997.

[45] 沈庆根, 郑水英. 迷宫密封气流激振的实验研究和稳定性分析[J]. 流体工程, 1990, (1): 1-8, 66.

[46] 沈庆根. 化工机器故障诊断技术[M]. 杭州: 浙江大学出版社, 1994.

[47] 何立东, 刁海龙, 张玉国. 离心压缩机梳齿密封气流激振的数值模拟[J]. 航空动力学报, 2000, (1): 59-62.

[48] 何立东. 转子密封系统流体激振的理论和实验研究[D]. 哈尔滨: 哈尔滨工业大学, 1999.

第3章 三维转子密封流固耦合模型与分析

密封特性的传统分析方法是容积流分析方法[1]，即将密封腔中的流体作为一个或几个控制体，在小扰动假设下，将压力等变量分解为静态量和扰动量。同时假定扰动量可以表示为正弦和余弦形式，将非线性偏微分方程组简化为线性方程组[2]；还可直接对控制方程进行摄动分析，然后用有限差分法进行求解[3]。另外一种分析方法是对密封腔中的流体建立含有 k-ε 模型的雷诺平均 N-S 方程，在小扰动的假设下，对控制方程进行摄动分析，用有限差分法求解摄动分析得到的零阶方程和一阶方程，将三维非定常流问题简化为二维准定常流动问题[4]。振荡流体力学方法将非定常流分解为定常量和振荡量的线性叠加，利用参数多项式将控制方程简化为常微分方程。

高性能计算机以及各种高精度、高分辨率差分格式的出现，为密封流动问题的解决提供了有力的工具。以螺旋槽密封为例，现已直接数值求解含有湍流模型的三维雷诺平均 N-S 方程，计算结果比传统的容积流分析方法有了较大的改进。不做小扰动等线性化假设，建立转子密封流固耦合模型，揭示密封流体激振非线性作用机制，是当今密封流体激振研究的一个迫切任务。

3.1 密封腔流体运动的小扰动简化分析方法

1. 容积流控制方程的小扰动简化分析方法

密封腔容积流分析方法，经历了单控制体、双控制体、三控制体及多控制体模型几个发展过程。其基本思想是将密封腔中的流体作为一个或几个控制体，进行理想气体、绝热流动、温度和黏性不变等假设，分别对控制体列出连续方程、动量方程、状态方程和泄漏方程，得到一组含有周向压力等变量的非线性偏微分方程组。在转子微小扰动的假设下，将压力等变量分解为转子和静子同心状态下的静态量与转子涡动状态下的扰动量。假设扰动量远远小于静态量，在计算中忽略高阶小量；同时假定扰动解可以表示为正弦和余弦形式，于是可将非线性偏微分方程组简化为线性方程组进行求解。

建立容积流控制方程后，还可直接进行摄动分析，然后用有限差分法进行求解。容积流分析方法的另一种形式，是基于整体流动理论建立的 Hirs 方程，用摄动分析和有限差分法来求解，应用于光滑密封的分析。容积流与固壁之间的剪切作用，由摩擦因子模型等经验公式来计算，如 Moody 和 Hirs 的摩擦因子模型等。

2. 雷诺平均 N-S 方程的小扰动简化分析

对密封腔中的流体建立含有 $k\text{-}\varepsilon$ 模型的雷诺平均 N-S 方程，在小扰动的假设下，对控制方程进行摄动分析，用有限差分法求解摄动分析得到零阶方程和一阶方程，进行密封流场研究。利用该方法分析梳齿密封中的气体流动时，假设气体为完全气体，满足完全气体状态方程[3]。在圆柱坐标系中，控制方程可以写成如下的统一形式：

$$
\begin{aligned}
&\frac{\partial}{\partial t}(\rho\phi) + \frac{1}{r}\frac{\partial}{\partial r}(\rho r v\phi) + \frac{1}{r}\frac{\partial}{\partial\theta}(\rho w\phi) + \frac{\partial}{\partial x}(\rho u\phi) \\
&= \frac{1}{r}\frac{\partial}{\partial t}\left(r\Gamma_\phi\frac{\partial\phi}{\partial r}\right) + \frac{1}{r}\frac{\partial}{\partial\theta}\left(\Gamma_\phi\frac{1}{r}\frac{\partial\phi}{\partial\theta}\right) + \frac{\partial}{\partial x}\left(\Gamma_\phi\frac{\partial\phi}{\partial x}\right) + S_\phi
\end{aligned}
\tag{3-1}
$$

式中，r、θ、x 分别为圆柱坐标系中的径向距离、方位角、高度；v、w、u 分别为径向速度、切向速度、垂直速度；ϕ 为耗损函数；Γ_ϕ 为压力损耗；S_ϕ 为自定义的动量源项。对应不同的变量 ϕ，式(3-1)分别代表轴向、径向和周向动量方程以及连续方程、能量方程和 $k\text{-}\varepsilon$ 双方程湍流模型。

根据 Boussinesq(布西内斯克)假设，雷诺应力与平均应变率有如下关系：

$$
-\rho\overline{\mu_i'\mu_j'} = \mu_\mathrm{t}\left(\frac{\partial u_i}{\partial x_j} + \frac{\partial u_j}{\partial x_i}\right) - \frac{2}{3}\left(\rho k + \mu_\mathrm{t}\frac{\partial u_m}{\partial x_m}\right)\delta_{ij}
\tag{3-2}
$$

式中，μ_i'、μ_j' 为 i、j 方向上的雷诺应力的时间变化率；μ_t 为湍流旋涡黏度；δ_{ij} 为克罗内克增量；u_i、u_j 为不同方向的速度矢量；k 为湍动能；u_m 为湍流平均速度；x_m 为平均位移。

湍流旋涡黏度 μ_t 在 $k\text{-}\varepsilon$ 模型中取：

$$
\mu_\mathrm{t} = C_\mu\rho\frac{k^2}{\varepsilon}
\tag{3-3}
$$

式中，ε 为湍流能量的耗散率；C_μ 为黏度经验常数；ρ 为密度。

为简化运算，利用新的径向坐标 η，将转子的偏心旋转简化为同心旋转。假定转子的涡动轨迹是绕中心的微小半径圆轨迹，则可将各独立变量分解为稳态量(零阶变量)与扰动量(一阶变量)的代数和。同时假定转子的涡动频率为 Ω，扰动量(以压力 P 为例)的形式可写成

$$
P = \overline{P_1}\mathrm{e}^{\mathrm{i}\Omega t}
\tag{3-4}
$$

式中，$\overline{P_1}$ 为扰动量的幅值；t 为时间。这样控制方程式(3-1)可分解为零阶变量方

程和一阶变量方程，并可写成如下的统一形式：

$$\frac{\partial}{\partial x}(\rho_0 u_0 \phi) - \frac{\partial}{\partial x}\left(\Gamma_\phi \frac{\partial \phi}{\partial x}\right) + \frac{1}{\eta}\frac{\partial}{\partial \eta}(\eta \rho_0 v_0 \phi) - \frac{1}{\eta}\frac{\partial}{\partial \eta}\left(\Gamma_\phi \eta \frac{\partial \phi}{\partial \eta}\right) = S_\phi \qquad (3-5)$$

式中，u_0 为垂直速度；v_0 为径向速度。

于是将三维非定常流问题简化为二维准定常流动问题。进行有限差分计算时，对密度项采用迎风差分，对压力梯度项采用中心差分。处理边界条件时，采用壁面函数描述近壁处各参数的变化。入口处的湍动能 k 可取来流动能的 0.5%，密封上各点速度均是零，而对于转子来说，转子各点速度为表面上的圆周速度。假设密封入口处的压力 P_0、温度 T_0 和马赫数 Ma 以及流体切向速度 w_0（预旋）[3]是已知的，同时能量方程中假设在固壁表面为绝热流动。于是将连续方程作为压力修正方程，通过迭代获得真实压力场。

3. 密封小扰动简化分析方法讨论

(1)转子小扰动假设在很多情况下与实际情况不符。为了满足小扰动假设，计算中转子涡动幅值一般取为密封间隙的 1/10。但工程上要处理的往往是大幅振动问题。某机组过一阶临界转速时的涡动幅值，接近直径间隙的一半。即使远离一阶临界转速的时候，转子中间位置轮盘的涡动幅值也很大。转子在 1200r/min 转速下进行动平衡时，转子残余不平衡量小于 2.5g·cm 的转子，其涡动幅值也可能达到直径间隙的 1/3。特别是当系统失稳以后，无论是瞬态过程还是稳态过程，都不再满足小扰动假设。

(2)容积流分析方法中，在计算流体与固壁之间的剪切应力时，利用了建立在充分发展湍流管道流动模型基础上的剪切应力经验公式，如 Moody 和 Hirs 的摩擦因子经验公式。这难以准确描述密封腔中真实复杂湍流运动与固壁之间的剪切作用。而且控制体之间及交界面边界条件是变化的。同时，在分析蜂窝密封等复杂结构的密封时，容积流分析方法中的摩擦因子模型无法分析密封流场的详细结构。

(3)应用含有 k-ε 湍流模型的三维雷诺平均 N-S 方程，用有限差分等方法分析密封特性时，在处理结构复杂的密封流场、减少使用经验公式等方面都有了很大的改进。然而，在小扰动假设下得到的摄动解，无法揭示密封流场非线性特征的机理。

3.2　数值求解含有湍流模型的雷诺平均 N-S 方程

雷诺平均 N-S 方程能够描述密封腔中流体的运动规律，但由于该方程的强非线性和边界条件、初始条件的复杂性，为了计算方便，长期以来普遍进行简化分析。计算机性能的急剧提高，计算能力日益改善，为处理流体力学中的非线性方程提供了强有力的手段，有助于分析以前无法处理的非线性问题[5]。以全变差下降(TVD)为代表的各种高精度、高分辨率差分格式，不仅大大提高了计算精度，而且相对缩短了计算时间，为非线性流动问题的解决提供了有力的工具。

以螺旋槽密封为例，现可以直接数值求解含有湍流模型的三维雷诺平均 N-S 方程，并与三维激光粒子测速仪测量的结果进行比较，计算结果有了较大的改进[6]。数值计算时，选用的是贴体多重网格，粗网格节点数为 45864，细网格节点数为 309690。密封入口处压力的变化由式(3-6)计算：

$$\Delta P = \frac{\rho}{2}\overline{U}^2(\zeta + 1) \tag{3-6}$$

式中，$\overline{U}$ 为密封腔中流体平均轴向速度；ζ 为入口压力损失因子($\zeta = 0.1 \sim 0.7$)。

影响数值计算精度的一个主要障碍就是采用了并不十分完善的 $k\text{-}\varepsilon$ 双方程湍流模型来模拟密封腔中的复杂流动。目前，用于密封研究的湍流模式除了 3.1 节所述标准 $k\text{-}\varepsilon$ 湍流模型外，还有在此基础上有所改进的带有壁面函数的 $k\text{-}\varepsilon$ 湍流模式和低雷诺数 $k\text{-}\varepsilon$ 湍流模式。

1. 带有壁面函数的 $k\text{-}\varepsilon$ 湍流模式

控制方程为三维雷诺平均方程：

$$U_i \frac{\partial U_i}{\partial x_j} = \frac{1}{\rho}\frac{\partial}{\partial x_j}(-P\delta_{ij} + 2\mu_t S_{ij} - \rho\overline{\mu_i'\mu_j'}) \tag{3-7}$$

式中，U_i 为 i 方向上的流动速度；S_{ij} 为无量纲应变率；x_j 为 j 方向上的位移。

湍流雷诺应力利用式(3-2)、式(3-3)所表示的 Boussinesq 涡黏模型进行近似。近壁面速度梯度变化用壁面函数来模化，即

$$u^+ = \begin{cases} y^+, & y^+ \leqslant 11.5 \\ \dfrac{U_\tau}{\kappa}\ln(Ey^+), & y^+ > 11.5 \end{cases} \tag{3-8}$$

式中

$$y^+ = \frac{yU_\tau}{v}, \ u^+ = \frac{u}{U_\tau}, \ U_\tau = \sqrt{\frac{\tau_w}{\rho}} \tag{3-9}$$

其中，卡门常数 κ 取 0.4；固壁表面粗糙度参数 E 取 9.0；y 为从壁面到第一个节

点的距离；u 为切于壁面的速度分量；U_τ 为剪切速度；τ_w 为壁面剪切应力；v 为流动方向速度矢量。

2. 低雷诺数 k-ε 湍流模式

在靠近壁面的黏性底层，分子黏性应力远远大于雷诺应力。基于涡黏性假设的 k-ε 双方程湍流模式没能将这种特性进行很好的描述，分子黏性对湍流结构的影响总被忽略。因此，当壁面雷诺数较低，流动中有迅速的扩散或湍流交界面有瞬态转移时，壁面上准确的边界条件便不再适用。为此，这里对传统 k-ε 双方程湍流模式进行了修改，得到了低雷诺数 k-ε 湍流模式[7]。k 和 ε 的基本模式方程为

$$\frac{Dk}{Dt} = \frac{\partial}{\partial y}\left(v + v_t \frac{\partial k}{\partial y}\right) + v_t \left(\frac{\partial u}{\partial y}\right)^2 - \varepsilon - \frac{2vk}{y^2}$$

$$\frac{D\varepsilon}{Dt} = \frac{\partial}{\partial y}\left[\left(v + \frac{v_t}{\sigma}\right)\frac{\partial \varepsilon}{\partial y}\right] + c_1 \frac{\varepsilon}{k} v_t \left(\frac{\partial u}{\partial y}\right)^2 - \frac{\varepsilon}{k}\left(c_2 f\varepsilon + \frac{2vke^{\frac{-c_4 u^* y}{v}}}{y^2}\right) \tag{3-10}$$

$$v_t = c_\mu \frac{k^2}{\varepsilon}[1 - \exp(-c_3 u^* y / v)]$$

$$f = 1 - \frac{0.4}{1.8} - e^{-(k^2/6v\varepsilon)2}$$

式中，$\dfrac{D}{Dt}$ 为随体导数，又称物质导数、拉格朗日导数；v 为流动速度；v_t 为分子运动黏性系数；ε 为耗散率；$c_1 \sim c_4$ 为经验常数；f 为流体的摩擦系数；u^* 为湍动黏度；c_μ 为黏度经验常数。

通过以上分析，对密封流场的计算流体力学分析方法讨论如下。

(1)计算流体力学方法得到的螺旋槽密封流体轴向速度和径向速度与三维激光仪测得的结果符合较好。计算得到的剪切层速度剖面与实验值是一致的。计算得到的周向速度低于实验值。在计算周向速度时，低雷诺数 k-ε 湍流模式优于带有壁面函数的 k-ε 湍流模式。

(2)在密封刚度的计算中，计算流体力学的结果优于三控制体计算结果。以某工况下的交叉刚度为例，实验值为 3790kN/m，计算流体力学的结果为 2028kN/m，三控制体计算结果为 350kN/m。显然计算流体力学方法的计算精确性远远高于三控制体方法。

(3)k-ε 湍流模式忽略了近壁面处分子的运动特性。带有壁面函数的 k-ε 湍流模式，减少了近壁面节点数，节省了计算量，但对近壁区域流动的描述过于简化。

与之相比，低雷诺数 k-ε 湍流模式有了一定程度的改进，它将壁面阻尼函数加到了 k 和 ε 的输运方程中，但壁面阻尼函数仍不能很好地描述密封实验中已经观测到的流动分离现象。

(4)k-ε 湍流模式适合于计算平面平行湍流，而密封腔中的流动是典型的旋涡湍流流动，这可能是计算流体力学结果存在误差的根源。对 k-ε 湍流模式而言，各向同性的涡黏性系数假设，与实际流体流动状况偏差较大。雷诺应力与平均流场应变率之间假设为线性关系，是 Boussinesq 假设中的重要缺陷。例如，利用 k-ε 湍流模式描述方管流动状态时，由于这种线性关系假设，数值计算结果无法反映实际流动中的二次流，而且剪切应力在旋转管中消失，流体表现为刚体旋转状($w\propto r$，切向速度与径向距离呈正相关)。因此，分析雷诺应力输运方程是再现湍流基本物理特性的最低要求。应将 Boussinesq 假设扩充为雷诺应力与平均流场应变率之间为非线性关系，即在涡黏性模式中将非线性速度梯度项加入，这样才可以描述湍流内在的非线性特性[8]。

3.3　非线性密封流体激振研究

在密封流体激振研究中，无论是对控制体方程进行线性简化还是对雷诺平均 N-S 方程进行摄动分析，还是直接数值求解含有 k-ε 湍流模型的雷诺平均 N-S 方程，最终都归结为求出密封的刚度和阻尼系数，然后再代入转子的运动方程中，来分析密封对转子稳定性的影响，得到转子在密封流体力作用下的响应[9]。

在计算密封刚度和阻尼系数时，普遍遵循这样一个基本假设，即认为转子为小扰动，密封流体激振力的变化与扰动量之间可视为线性关系，密封流体激振力可以表示为密封刚度和阻尼系数的函数，即

$$-\begin{bmatrix}F_x\\F_y\end{bmatrix}=\begin{bmatrix}K_{xx}&K_{xy}\\-K_{xy}&K_{yy}\end{bmatrix}\begin{bmatrix}x\\y\end{bmatrix}+\begin{bmatrix}C_{xx}&C_{xy}\\-C_{xy}&C_{yy}\end{bmatrix}\begin{bmatrix}\dot{x}\\\dot{y}\end{bmatrix}$$

Muszynska[10]曾对此进行了修改，用流体周向平均流速比 τ 来表征密封腔中流体膜的整体特性，试图反映流体膜刚度和阻尼的非线性特征。然而，为了使刚度和阻尼矩阵中对角线上的元素相等，必须假定转子为小扰动。目前广泛应用的仍是上式表示的流体激振力模型。

这种线性分析方法从定性的角度来看，说明了密封流体激振的一些特性。例如，周向速度、进口预旋、转子偏心量都是影响密封流体激振的重要因素。在一些定性分析中，计算得到的密封刚度和阻尼系数接近实验值。但是在分析实验或工程中发生的密封流体激振事例时，这种线性分析计算方法得到的结果与实际情

况存在很大的偏差。

例如，Vance 和 Handy 的实验研究表明，某转子转速超过某一门槛值时，发生了剧烈的密封流体激振。Zirkelback 利用 Vance 和 Handy 实验中测量的密封刚度和阻尼系数，结合转子有限元模型，计算得到的转子振动幅值远远小于实验数据，与实验中发生的转子强烈振动现象偏差很大。将密封交叉刚度的实验值$-K_{xy}=K_{yx}=5779\text{N/m}$ 人为放大约 10 倍，即放大到 53764N/m，计算得到的转子振动幅值才接近实验情况[11]。

某汽轮机当负荷增加到 300MW 时，高压转子出现强烈振动，其一阶模态阻尼比急剧下降，由原来的 5%减小为不到 1%，转子振动频谱中，低频(27Hz)振动幅值十分突出。如果按现有的线性模型计算，即使负荷上升到 300MW，也不会再现实际发生的阻尼比和振幅突变现象，转子的一阶模态阻尼比只是在缓慢减小[12]。

传统分析方法产生上述问题的原因是多方面的。

首先，线性化密封流体激振模型中，密封气动力与扰动量之间的关系被简化成线性关系。因此，即使应用实验测出的密封动力特性系数，转子响应的计算结果仍不能反映实际的非线性振动现象。事实上，线性化密封流体激振模型的前提是假设转子微幅振动。但工程上要处理的往往是大幅振动问题。特别是当系统失稳以后，无论是瞬态过程还是稳态过程，都不再满足小扰动假设，用这种线性近似方法来研究实际工程问题，计算结果很难反映实际现象。应用含有湍流模型的三维雷诺平均 N-S 方程，用有限差分等方法分析时，对于处理复杂结构密封的流场、减少使用经验公式等都有了很大的改进。但在小扰动假设下得到的摄动解，只能用于分析流场的部分特征和现象，仍然不能反映其非线性特性。

其次，密封流体激振的重要特征是气流与转子之间的相互作用：转子在流体激振力作用下产生涡动或变形，而转子的涡动或变形又影响密封腔中的流场，从而改变流体激振力的大小和分布[13,14]。因此，密封流体激振是弹性转子与密封间隙中的气流相互作用而产生的一种流固耦合振动问题。在气流和转子的耦合界面上，事先不清楚流体激振力及转子运动规律，只能先对整个转子密封耦合系统进行计算分析，这就是流固耦合作用的特点[13]。如果没有表征这种特点，就没有反映耦合作用的本质。但是在当前密封流体激振的研究中，通常是通过计算给出流固交界面上的气动力，将原来的耦合问题解耦，变成单一固体在表面气动力作用下的动力学问题；也有的是人为给定交界面上转子结构的运动规律(如简谐振动)，流固耦合振动被简化成单一流体在给定边界条件下的流体力学边值或初边值问题，耦合机理消失，失去了耦合作用的性质[15]。

密封流体激振是流动激发振动问题，是一个非线性不稳定过程。如果由于问题的复杂性而不得不引入很多近似、假设，必然束缚或丧失了其本来丰富多彩的特性。

3.4　转子密封流固耦合振动模型

如前所述，一般认为转子在密封腔中存在偏心时，会导致密封腔周向压力分布不均匀，从而形成密封流体激振力。将该力进行分解，其中的一个分力是垂直于偏置方向的切向力，将使转子涡动，严重时会导致转子剧烈振动。密封流体激振的一个关键特征是，转子的主要振动频率基本保持不变，始终接近转子一阶临界转速频率成分，该频率成分的幅值随负荷或转速的增大而增大。如何建立数学物理模型捕捉到这种特性，揭示其机制，从而反映密封流体激振的物理本质，是亟待解决的难题。

事实上，对于密封流体激振这种流固耦合振动问题，为了研究流体激振力及转子运动规律，必须系统地分析转子密封耦合系统[13]。另外，密封流体激振是一种非线性流固耦合振动问题，叠加原理失效，必须进行密封的全场求解。因此，将密封流场与转子振动方程联系起来，建立较为完整的分析模型，将有利于解释密封流体激振的机理。

本节不做转子小扰动假设，没有进行线性简化，也没有事先假定转子振动规律为简谐振动，不进行解耦简化处理，建立三维转子密封流固耦合模型。应用三维非定常黏性流动数值计算方法，计算转子运动时的不稳定密封流场，揭示一些复杂的分离流动现象等实验较难得到的细微流动结构，数值求解密封流场的非线性气动力，将其直接作用到转子上，计算转子弹性系统在非线性气动力作用下的受激振动。计算得到的转子位移和速度等运动参数又成为密封流场计算中新的边界条件。在数值实验中，每一个时间步长，非定常密封流场和转子弹性系统振动都进行信息交换，可以得出流谱、结构所受的非定常激发力及其位移，还可得到作用力的频谱等，形成考虑流固耦合效应的转子密封非线性流体激振问题的分析方法。

3.4.1　转子密封系统非线性流固耦合模型

转子密封流体激振的非线性流固耦合模型，主要包括两个部分。

第一部分为转子在流体激振力作用下的振动方程：

$$M\ddot{Y} + D\dot{Y} + KY = F \tag{3-11}$$

$$M = \begin{bmatrix} m & 0 \\ 0 & m \end{bmatrix},\ K = \begin{bmatrix} \omega_{\mathrm{n}}^2 & 0 \\ 0 & \omega_{\mathrm{n}}^2 \end{bmatrix},\ D = \begin{bmatrix} 2\xi\omega_{\mathrm{n}} & 0 \\ 0 & 2\xi\omega_{\mathrm{n}} \end{bmatrix},\ F = \begin{bmatrix} -\dfrac{2Ma^2 C_x}{\pi\mu_{\mathrm{m}}} \\ \dfrac{2Ma^2 C_y}{\pi\mu_{\mathrm{m}}} \end{bmatrix},\ Y = \begin{bmatrix} x \\ y \end{bmatrix}$$

$$\tag{3-12}$$

式中，ξ 为转子的阻尼比系数；m 为轮盘质量；Ma 为密封入口气流马赫数；μ_{m} 为质量比；C_x 和 C_y 为流体激振力系数；x 和 y 为转子的横向和纵向位移。

第二部分为密封间隙气体的基本方程，即雷诺平均 N-S 方程，描述流动介质的质量守恒和能量守恒，分析可压缩性湍流流动。在绝对坐标系中可以写成[16-18]

$$\frac{\partial \rho}{\partial t} + \frac{\partial}{\partial x_i}(\rho u_i) = 0 \tag{3-13}$$

$$\frac{\partial}{\partial t}(\rho u_i) + \frac{\partial}{\partial x_i}(\rho u_i u_i + \delta_{ij} p) = \frac{\partial \tau_{ij}}{\partial x_i} \tag{3-14}$$

$$\frac{\partial}{\partial t}(\rho E) + \frac{\partial}{\partial x_i}(\rho H u_i) = \frac{\partial}{\partial x_i}\left[\tau_{ij} u_j + \left(\mu + \frac{\mu_{\mathrm{t}}}{Pr_k}\right)\frac{\partial k}{\partial x_i} - q_i\right] \tag{3-15}$$

式中，p 为压力；ρ 为密度；t 为时间；x_i 为位置矢量；u_i、u_j 为速度矢量；μ 为分子黏度；k 为湍动能；$H = h + k + u_l u_l / 2$ 和 $E = e + k + u_l u_l / 2$ 分别为滞止焓和滞止内能，e 和 h 分别表示内能和焓；τ_{ij} 和 q_i 分别为分子和雷诺应力张量之和、分子和湍流热量矢量之和：

$$\tau_{ij} = (\mu + \mu_{\mathrm{t}})\left(\frac{\partial u_i}{\partial x_j} + \frac{\partial u_j}{\partial x_i} - \frac{2}{3}\delta_{ij}\frac{\partial u_l}{\partial x_l}\right) - \frac{2}{3}\delta_{ij}\rho k \tag{3-16}$$

$$q_i = -\left(\frac{\mu}{Pr} + \frac{\mu_{\mathrm{t}}}{Pr_{\mathrm{t}}}\right)\frac{\partial h}{\partial x_i} \tag{3-17}$$

其中，Pr 和 Pr_{t} 分别为层流和湍流普朗克数。用附加的未知变量 ϑ_1 和 ϑ_2 来描述双方程湍流模型的湍流旋涡黏度 μ_{t}，即 $\mu_{\mathrm{t}} = \mu_{\mathrm{t}}(\vartheta_1, \vartheta_2)$。$\vartheta_1$ 和 ϑ_2 的控制方程如下：

$$\frac{\partial}{\partial t}(\rho \vartheta_m) + \frac{\partial}{\partial x_i}(\rho \vartheta_m u_i) = \frac{\partial}{\partial x_i}\left[\left(\mu + \frac{\mu_{\mathrm{t}}}{Pr_{\vartheta_m}}\right)\frac{\partial \vartheta_m}{\partial x_i}\right] + S_{\vartheta_m}, \quad m = 1, 2 \tag{3-18}$$

式中，Pr_{ϑ_m} 为湍流模型普朗克数；S_{ϑ_m} 为源项。双方程湍流模型不同，对应的 ϑ_m 和 S_{ϑ_m} 表达式也不同。

3.4.2　流固耦合数值算法

在密封腔流体区域求解雷诺平均的可压缩 N-S 方程，可采用隐式的时间推进有限差分方法，即应用基于 LU-SGS-GE 隐式格式和 4 阶 TVD 格式的有限差分方法，求解非定常三维 N-S 方程和低雷诺数 q-ω(q 为单位湍动能；ω 为单位湍动能耗散率)双方程湍流模型。在求解基本方程时，利用对角化、迎风化等方法对无黏通量矢量的 Jacob(雅可比)矩阵进行处理。采用 LU-SGS-GE 隐式格式和改良型 4(5)阶高分辨率 MUSCL TVD 格式等数值算法，在转子区域用 4 阶龙格-库塔法求解。完成每一个时间步长的计算以后，把转子和密封腔流体的边界条件互相交换，即转子把计算出来的转子边界位置和速度给密封腔中的流体，流体把计算出来的气动力给转子。然后对下一个时间步进行计算[16-18]。

3.4.3 网格生成技术

在不同的时间，振动转子的位置不同，即内边界不断变化，网格也要跟着改变。如果每一个时间步都重新生成一次网格，将使本来计算量就很大的非定常计算增加很多计算量；如果让计算区域和转子一起振动，外边界也要随着时间变化，处理外边界时产生较大的误差。因此，开始的时候高质量的初始网格利用几何法生成，在此基础上将初始网格分成两层，令内层网格和转子一起运动。即内层网格与转子的相对位置保持不变；同时使外层网格最外面的一排网格点固定不动，利用插值方法得到其余的网格点[16-18]。计算网格为 162 格×30 格×30 格。

3.5 密封三维黏性流动数值计算方法

在分析密封流场时，使用的是三维黏性流动数值计算方法。该方法的基础为 LU-SGS-GE 隐式格式和 MUSCL TVD 迎风格式，结合 q-ω 双方程湍流模型，是一种高收敛率、高精度、高分辨率求解三维可压缩雷诺平均 N-S 方程的数值计算方法[16-23]。

3.5.1 基本方程

雷诺平均 N-S 方程描述了流动介质的质量守恒和能量守恒，是分析可压缩湍流流动的基本方程，它们在绝对坐标系中为式(3-13)～式(3-15)。

为便于进行数值求解，对控制方程式(3-13)～式(3-18)进行无量纲化处理。在无量纲化时，引入了雷诺数 Re。将其写成矢量方程的形式，即守恒律形式：

$$\frac{\partial Q}{\partial t} + \frac{\partial F_i}{\partial x_i} + \frac{1}{Re}D + S = 0 \tag{3-19}$$

$$Q = \begin{bmatrix} \rho \\ \rho u_1 \\ \rho u_2 \\ \rho u_3 \\ \rho E \\ \rho \vartheta_1 \\ \rho \vartheta_2 \end{bmatrix}, \quad F_i = \begin{bmatrix} \rho u_i \\ \rho u_1 u_i + \delta_{i1} p \\ \rho u_2 u_i + \delta_{i2} p \\ \rho u_3 u_i + \delta_{i3} p \\ \rho H u_i \\ \rho \vartheta_1 u_i \\ \rho \vartheta_2 u_i \end{bmatrix}, \quad D = -\frac{\partial}{\partial x_i} \begin{bmatrix} 0 \\ \tau_{i1} \\ \tau_{i2} \\ \tau_{i3} \\ \tau_{ij} u_j + \varpi_i(k) - q_i \\ \varpi_i(\vartheta_1) \\ \varpi_i(\vartheta_2) \end{bmatrix}, \quad S = \begin{bmatrix} 0 \\ 0 \\ 0 \\ 0 \\ 0 \\ S_{\vartheta_1} \\ S_{\vartheta_2} \end{bmatrix}$$

$$(3\text{-}20)$$

式中

$$\tau_{ij} = (\mu + \mu_t)\left(\frac{\partial u_i}{\partial x_j} + \frac{\partial u_j}{\partial x_i} - \frac{2}{3}\delta_{ij}\frac{\partial u_l}{\partial x_l}\right) - \frac{2}{3}\delta_{ij}\rho k Re_t \tag{3-21}$$

$$\varpi_i(\vartheta_m) = \left(\mu + \frac{\mu_t}{Pr_{\vartheta_m}}\right)\frac{\partial \vartheta_m}{\partial x_i}, \quad m = 1, 2 \tag{3-22}$$

其中，ϖ_i 为逆变速度；Re_t 为特征雷诺向量。

3.5.2　采用任意曲线坐标系的基本方程

如果求解域具有任意形状，可使用任意曲线坐标系 ξ_i，以便于处理边界条件。在任意曲线坐标系中，式 (3-19) 的守恒律形式为

$$\frac{\partial \hat{Q}}{\partial t} + \frac{\partial \hat{F}_i}{\partial \xi_i} + \frac{1}{Re}\hat{D} + \hat{S} = 0 \tag{3-23}$$

$$\hat{Q} = J\begin{bmatrix} \rho \\ \rho u_1 \\ \rho u_2 \\ \rho u_3 \\ \rho E \\ \rho \vartheta_1 \\ \rho \vartheta_2 \end{bmatrix}, \hat{F}_i = J\begin{bmatrix} \rho U_i \\ \rho u_1 U_i + \xi_{i,1} p \\ \rho u_2 U_i + \xi_{i,2} p \\ \rho u_3 U_i + \xi_{i,3} p \\ \rho H U_i \\ \rho \vartheta_1 U_i \\ \rho \vartheta_2 U_i \end{bmatrix}, \hat{D} = \frac{\partial}{\partial \xi_i} J\xi_{i,j}\begin{bmatrix} 0 \\ \tau_{j1} \\ \tau_{j2} \\ \tau_{j3} \\ \tau_{jl} u_l + \varpi_j(k) - q_j \\ \varpi_j(\vartheta_1) \\ \varpi_j(\vartheta_2) \end{bmatrix}, \hat{S} = -J\begin{bmatrix} 0 \\ 0 \\ 0 \\ 0 \\ 0 \\ S_{\vartheta_1} \\ S_{\vartheta_2} \end{bmatrix}$$

$$(3\text{-}24)$$

式中，

$$J = \partial(x_1, x_2, x_3)/\partial(\xi_1, \xi_2, \xi_3) \tag{3-25}$$

为 Jacobian 坐标变换；$\xi_{i,j} = \partial \xi_i / \partial x_j$；$U_i = \xi_{i,j} u_j$ 为逆变速度。

在任意曲线坐标系中，控制方程为以 JU_i 为容积通量的可压缩 N-S 方程，这样是为了在旋转系统中更好地处理边界条件。式(3-26)和式(3-27)是利用线性变换矩阵 B 处理式(3-23)后得到的：

$$B\left(\frac{\partial \hat{Q}}{\partial t} + \frac{\partial \hat{F}_i}{\partial \xi_i} + \frac{1}{Re}\hat{D} + \hat{S}\right) = \frac{\partial \tilde{Q}}{\partial t} + \frac{\partial \tilde{F}_i}{\partial \xi_i} + \tilde{R} + \frac{1}{Re}\tilde{D} + \tilde{S} = 0 \tag{3-26}$$

$$\tilde{Q} = J\begin{bmatrix} \rho \\ \rho U_1 \\ \rho U_2 \\ \rho U_3 \\ \rho E \\ \rho \vartheta_1 \\ \rho \vartheta_2 \end{bmatrix}, \tilde{F}_i = J\begin{bmatrix} \rho U_i \\ \rho U_1 U_i + \xi_{i,1} p \\ \rho U_2 U_i + \xi_{i,2} p \\ \rho U_3 U_i + \xi_{i,3} p \\ \rho H U_i \\ \rho \vartheta_1 U_i \\ \rho \vartheta_2 U_i \end{bmatrix}, B = \begin{bmatrix} 1 & 0 & 0 & 0 & 0 & 0 & 0 \\ 0 & \xi_{1,1} & \xi_{1,2} & \xi_{1,3} & 0 & 0 & 0 \\ 0 & \xi_{2,1} & \xi_{2,2} & \xi_{2,3} & 0 & 0 & 0 \\ 0 & \xi_{3,1} & \xi_{3,2} & \xi_{3,3} & 0 & 0 & 0 \\ 0 & 0 & 0 & 0 & 1 & 0 & 0 \\ 0 & 0 & 0 & 0 & 0 & 1 & 0 \\ 0 & 0 & 0 & 0 & 0 & 0 & 1 \end{bmatrix} \tag{3-27}$$

式中，$\tilde{R}$ 为使通量项保持守恒律形式的附加矢量；$\tilde{S}$ 为自定义源项；$\tilde{D}$ 为黏性项。

3.5.3 双方程湍流模型

由于可以模拟分析分离流、剪切流等流动问题，基于旋涡黏度假设的双方程湍流模型受到广泛关注。将式(3-18)的源项进行无量纲化处理，写成 $S_{\vartheta_m} = s_{\vartheta_m} \rho \omega \vartheta_m$ 的形式，以简化分析。s_{ϑ_m} 是无量纲函数，由 J/ω^2、Θ/ω 等无量纲量构成，其中 Θ 是湍流速度场的散度。

$$\Theta = \frac{\partial u_l}{\partial x_l}, \quad J = \left(\frac{\partial u_i}{\partial x_j} + \frac{\partial u_j}{\partial x_i} - \frac{2}{3}\delta_{ij}\Theta\right)\frac{\partial u_i}{\partial x_j} \tag{3-28}$$

双方程湍流模型源项中的湍动能生成项可利用式(3-28)表示为

$$P = \mu_t J - \frac{2}{3}\rho k \Theta Re \tag{3-29}$$

常用的 Coakley（q-ω）双方程湍流模型：

$$\mu_t = Re C_\mu f_\mu \frac{\rho q^2}{\omega}, \quad \vartheta_1 = q = \sqrt{k}, \quad \vartheta_2 = \omega = \frac{\varepsilon}{k}$$

$$S_q = \frac{1}{2}\left(C_\mu f_\mu \frac{J}{\omega^2} - \frac{2}{3}\frac{\Theta}{\omega} - 1\right)\rho\omega q$$

$$S_\omega = \left[C_1 f_1\left(C_\mu \frac{J}{\omega^2} - C_3 \frac{\Theta}{\omega}\right) - C_2\right]\rho\omega^2 \tag{3-30}$$

$$f_\mu = 1 - \exp(-0.0\dot{2}Re_t), \quad f_1 = 1 + 9f_\mu, \quad Re_t = Re\frac{\rho q l_w}{\mu}$$

$$C_\mu = 0.09, \quad C_1 = 0.0\dot{5}, \quad C_2 = 0.8\dot{3}, \quad C_3 = 0.\dot{6}$$

式中，S_q、S_ω 为参数 q、ω 的源项；l_w 为当地位置与最近固壁之间的距离；数字上的点表示无限循环。

3.5.4 数值算法的线性化处理

为了求解可压缩 N-S 方程，使用隐式时间推进限差分法，主要有改良型 4(5)阶高分辨率 MUSCL TVD 格式及 LU-SGS-GE 隐式格式。

采用泰勒级数展开，将基本方程式(3-23)和式(3-26)的无黏通量矢量 $\hat{F}_i$ 及 $\tilde{F}_i$ 线性化：

$$\hat{F}_i(\hat{Q}^{n+1}) = \hat{F}_i(\hat{Q}^n) + \hat{A}_i\delta\hat{Q} + O(\|\delta\hat{Q}\|^2)$$
$$\tilde{F}_i(\tilde{Q}^{n+1}) = \tilde{F}_i(\tilde{Q}^n) + \tilde{A}_i\delta\tilde{Q} + O(\|\delta\tilde{Q}\|^2) \tag{3-31}$$

式中，$\delta\hat{Q}$ 和 $\delta\tilde{Q}$ 为时间层增量，n 为时间层步数；$\hat{A}_i = \partial\hat{F}_i/\partial\hat{Q}$ 与 $\tilde{A}_i = \partial\tilde{F}_i/\partial\tilde{Q}$ 分别为 $\hat{F}_i$ 和 $\tilde{F}_i$ 的 Jacobian 矩阵：

$$\hat{A}_i =$$

$$\begin{bmatrix}
\xi_{i,t} & \xi_{i,1} & \xi_{i,2} & \xi_{i,3} & 0 & 0 & 0 \\
\phi^2\xi_{i,1} - u_1 U_i & V_i - \tilde{\gamma}u_1\xi_{i,1} + u_1\xi_{i,1} & -\tilde{\gamma}u_2\xi_{i,1} + u_1\xi_{i,2} & -\tilde{\gamma}u_3\xi_{i,1} + u_1\xi_{i,3} & \tilde{\gamma}\xi_{i,1} & -\tilde{\gamma}\xi_{i,1} & 0 \\
\phi^2\xi_{i,2} - u_2 U_i & -\tilde{\gamma}u_1\xi_{i,2} + u_2\xi_{i,1} & V_i - \tilde{\gamma}u_2\xi_{i,2} + u_2\xi_{i,2} & -\tilde{\gamma}u_3\xi_{i,2} + u_2\xi_{i,3} & \tilde{\gamma}\xi_{i,2} & -\tilde{\gamma}\xi_{i,2} & 0 \\
\phi^2\xi_{i,3} - u_3 U_i & -\tilde{\gamma}u_1\xi_{i,3} + u_3\xi_{i,1} & -\tilde{\gamma}u_2\xi_{i,3} + u_3\xi_{i,2} & V_i - \tilde{\gamma}u_3\xi_{i,3} + u_3\xi_{i,3} & \tilde{\gamma}\xi_{i,3} & -\tilde{\gamma}\xi_{i,3} & 0 \\
\phi^2 U_i - H U_i & -\tilde{\gamma}u_1 U_i + H\xi_{i,1} & -\tilde{\gamma}u_2 U_i + H\xi_{i,2} & -\tilde{\gamma}u_3 U_i + H\xi_{i,3} & \gamma U_i + \xi_{i,t} & -\tilde{\gamma}U_i & 0 \\
-\vartheta_1 U_i & \vartheta_1\xi_{i,1} & \vartheta_1\xi_{i,2} & \vartheta_1\xi_{i,3} & 0 & V_i & 0 \\
-\vartheta_2 U_i & \vartheta_2\xi_{i,1} & \vartheta_2\xi_{i,2} & \vartheta_2\xi_{i,3} & 0 & 0 & V_i
\end{bmatrix}$$

$$\tag{3-32}$$

$$\tilde{A}_i =$$

$$
\begin{bmatrix}
\xi_{i,t} & \delta_{i1} & \delta_{i2} & \delta_{i3} & 0 & 0 & 0 \\
\phi^2 g_{1i} - U_1 U_i & V_i - \tilde{\gamma}\alpha_1 g_{1i} + U_1\delta_{i1} & -\tilde{\gamma}\alpha_2 g_{1i} + U_1\delta_{i2} & -\tilde{\gamma}\alpha_3 g_{1i} + U_1\delta_{i3} & \tilde{\gamma}g_{1i} & -\tilde{\gamma}g_{1i} & 0 \\
\phi^2 g_{2i} - U_2 U_i & -\tilde{\gamma}\alpha_1 g_{2i} + U_2\delta_{i1} & V_i - \tilde{\gamma}\alpha_2 g_{2i} + U_2\delta_{i2} & -\tilde{\gamma}\alpha_3 g_{2i} + U_2\delta_{i3} & \tilde{\gamma}g_{2i} & -\tilde{\gamma}g_{2i} & 0 \\
\phi^2 g_{3i} - U_3 U_i & -\tilde{\gamma}\alpha_1 g_{3i} + U_3\delta_{i1} & -\tilde{\gamma}\alpha_2 g_{3i} + U_3\delta_{i2} & V_i - \tilde{\gamma}\alpha_3 g_{3i} + U_3\delta_{i3} & \tilde{\gamma}g_{3i} & -\tilde{\gamma}g_{3i} & 0 \\
\phi^2 U_i - H U_i & -\tilde{\gamma}\alpha_1 U_i + H\delta_{i1} & -\tilde{\gamma}\alpha_2 U_i + H\delta_{i2} & -\tilde{\gamma}\alpha_3 U_i + H\delta_{i3} & \gamma U_i + \xi_{i,t} & -\tilde{\gamma}U_i & 0 \\
-\vartheta_1 U_i & \vartheta_1\delta_{i1} & \vartheta_1\delta_{i2} & \vartheta_1\delta_{i3} & 0 & V_i & 0 \\
-\vartheta_2 U_i & \vartheta_2\delta_{i1} & \vartheta_2\delta_{i2} & \vartheta_2\delta_{i3} & 0 & 0 & V_i
\end{bmatrix}
$$

$$(3\text{-}33)$$

式中，$V_i = U_i + \xi_{i,t}$；$g_{ij} = \xi_{i,l}\xi_{j,l}$；$\phi^2 = \tilde{\gamma}u_l u_l/2$；$\alpha_j = u_i\partial x_i/\partial\xi_j$ 为协变速度，$j=1,2,3$；γ 为比热比，$\tilde{\gamma} = \gamma - 1$。

3.5.5　数值计算中的对角化

在建立数值格式时，还要对无黏通量矢量的 Jacobian 矩阵进行对角化分析。

$\hat{A}_i$ 和 $\tilde{A}_i$ 为 Jacobian 矩阵，可分解为

$$\hat{A}_i = \hat{R}_i\hat{\Lambda}_i\hat{L}_i$$
$$\tilde{A}_i = \tilde{R}_i\tilde{\Lambda}_i\tilde{L}_i$$

$$(3\text{-}34)$$

式中，$\hat{L}_i$ 为 $\hat{A}_i$ 的左特征矢量矩阵；$\hat{R}_i$ 为 $\hat{A}_i$ 的右特征矢量矩阵；$\hat{L}_i\hat{R}_i = I$；$\hat{\Lambda}_i$ 为 $\hat{A}_i$ 的特征值对角矩阵；$\tilde{L}_i$ 为 $\tilde{A}_i$ 的左特征矢量矩阵；$\tilde{R}_i$ 为 $\tilde{A}_i$ 的右特征矢量矩阵；$\tilde{L}_i\tilde{R}_i = I$；$\tilde{\Lambda}_i$ 为 $\tilde{A}_i$ 的特征值对角矩阵；I 为单位矩阵。

$$\hat{L}_i = \hat{D}_i C$$

$$
=
\begin{bmatrix}
1 & 0 & 0 & 0 & -\dfrac{1}{c^2} & 0 & 0 \\
0 & \xi_{i,i} & \xi_{1,2}\delta_{i1} - \xi_{2,1}\delta_{i2} & \xi_{1,3}\delta_{i1} - \xi_{3,1}\delta_{i3} & \dfrac{\sqrt{g_{11}}}{c}\delta_{i1} & 0 & 0 \\
0 & \xi_{2,1}\delta_{i2} - \xi_{1,2}\delta_{i1} & \xi_{i,i} & \xi_{2,3}\delta_{i2} - \xi_{3,2}\delta_{i3} & \dfrac{\sqrt{g_{22}}}{c}\delta_{i2} & 0 & 0 \\
0 & \xi_{3,1}\delta_{i3} - \xi_{1,3}\delta_{i1} & \xi_{3,2}\delta_{i3} - \xi_{2,3}\delta_{i2} & \xi_{i,i} & \dfrac{\sqrt{g_{33}}}{c}\delta_{i3} & 0 & 0 \\
0 & \xi_{i,1} & \xi_{i,2} & \xi_{i,3} & -\dfrac{\sqrt{g_{ii}}}{c} & 0 & 0 \\
0 & 0 & 0 & 0 & 0 & 1 & 0 \\
0 & 0 & 0 & 0 & 0 & 0 & 1
\end{bmatrix}
\cdot C
$$

$$(3\text{-}35)$$

$$\tilde{L}_i = \tilde{D}_i \tilde{C} = \begin{bmatrix} 1 & 0 & 0 & 0 & -\dfrac{1}{c^2} & 0 & 0 \\ 0 & 1 & -h_{22}^{12}\delta_{i2} & -h_{33}^{13}\delta_{i3} & \dfrac{\sqrt{g_{11}}}{c}\delta_{i1} & 0 & 0 \\ 0 & -h_{11}^{21}\delta_{i1} & 1 & -h_{33}^{23}\delta_{i3} & \dfrac{\sqrt{g_{22}}}{c}\delta_{i2} & 0 & 0 \\ 0 & -h_{11}^{31}\delta_{i1} & -h_{22}^{32}\delta_{i2} & 1 & \dfrac{\sqrt{g_{33}}}{c}\delta_{i3} & 0 & 0 \\ 0 & \delta_{i1} & \delta_{i2} & \delta_{i3} & -\dfrac{\sqrt{g_{ii}}}{c} & 0 & 0 \\ 0 & 0 & 0 & 0 & 0 & 1 & 0 \\ 0 & 0 & 0 & 0 & 0 & 0 & 1 \end{bmatrix} \cdot \tilde{C} \qquad (3\text{-}36)$$

$$\hat{\Lambda}_i = \tilde{\Lambda}_i$$

$$= \begin{bmatrix} U_i & & & & & & 0 \\ & U_i + c\sqrt{g_{11}}\,\delta_{i1} & & & & & \\ & & U_i + c\sqrt{g_{22}}\,\delta_{i2} & & & & \\ & & & U_i + c\sqrt{g_{33}}\,\delta_{i3} & & & \\ & & & & U_i - c\sqrt{g_{ii}} & & \\ & & & & & U_i & \\ 0 & & & & & & U_i \end{bmatrix} \qquad (3\text{-}37)$$

式中，c 为 $q\text{-}\omega$ 模型的经验常数；C 和 $\tilde{C}$ 为单位矩阵；h 为滞止焓。

3.5.6　数值算法中的迎风化

在建立数值格式时，还要对无黏通量矢量的 Jacobian 矩阵进行迎风化处理等。

分解式(3-37)中的特征值对角矩阵 $\hat{\Lambda}_i$ 或 $\tilde{\Lambda}_i$，得到迎风特征值对角矩阵：

$$\hat{\Lambda}_i^{\pm} = \tilde{\Lambda}_i^{\pm} = \mathrm{diag}(\lambda_{ij}^{\pm}), \quad \lambda_{ij}^{\pm} = \frac{1}{2}(\lambda_{ij} \pm |\lambda_{ij}|) \qquad (3\text{-}38)$$

设特征值 λ_{ij} 表示为

$$\begin{aligned} & \lambda_{i1} = U_i, \quad \lambda_{i2} = U_i + c\sqrt{g_{ii}}, \quad \lambda_{i3} = U_i - c\sqrt{g_{ii}} \\ & \lambda_{ia}^{\pm} = \frac{1}{2}(\lambda_{i4}^{\pm} - \lambda_{i5}^{\pm}), \quad \lambda_{ib}^{\pm} = \frac{1}{2}(\lambda_{i4}^{\pm} + \lambda_{i5}^{\pm}) - \lambda_{i1}^{\pm} \end{aligned} \qquad (3\text{-}39)$$

式中，a、b 为分解的不同特征值矩阵。

分解迎风特征值对角矩阵 $\hat{A}_i^{\pm}$ 或 $\tilde{A}_i^{\pm}$，得到：

$$
\hat{A}_i^{\pm} = \tilde{A}_i^{\pm} = \lambda_{i1}^{\pm}I + \lambda_{ia}^{\pm}I_{ai} + \lambda_{ib}^{\pm}I_{bi}
$$

$$
= \lambda_{i1}^{\pm}I + \lambda_{ia}^{\pm}
\begin{bmatrix}
0 & & & & & & 0 \\
 & \delta_{i1} & & & & & \\
 & & \delta_{i2} & & & & \\
 & & & \delta_{i3} & & & \\
 & & & & -1 & & \\
 & & & & & 0 & \\
0 & & & & & & 0
\end{bmatrix}
+ \lambda_{ib}^{\pm}
\begin{bmatrix}
0 & & & & & & 0 \\
 & \delta_{i1} & & & & & \\
 & & \delta_{i2} & & & & \\
 & & & \delta_{i3} & & & \\
 & & & & 1 & & \\
 & & & & & 0 & \\
0 & & & & & & 0
\end{bmatrix}
\tag{3-40}
$$

$$
\hat{C}_i^{\pm} = \hat{D}_i^{-1}\hat{A}_i^{\pm}\hat{D}_i = \lambda_{i1}^{\pm}I
$$

$$
+ \frac{\lambda_{ia}^{\pm}}{c\sqrt{g_{ii}}}
\begin{bmatrix}
0 & \xi_{i,1} & \xi_{i,2} & \xi_{i,3} & 0 & 0 & 0 \\
0 & 0 & 0 & 0 & \xi_{i,1} & 0 & 0 \\
0 & 0 & 0 & 0 & \xi_{i,2} & 0 & 0 \\
0 & 0 & 0 & 0 & \xi_{i,3} & 0 & 0 \\
0 & c^2\xi_{i,1} & c^2\xi_{i,2} & c^2\xi_{i,3} & 0 & 0 & 0 \\
0 & 0 & 0 & 0 & 0 & 0 & 0 \\
0 & 0 & 0 & 0 & 0 & 0 & 0
\end{bmatrix}
+ \frac{\lambda_{ib}^{\pm}}{g_{ii}}
\begin{bmatrix}
0 & 0 & 0 & 0 & \dfrac{g_{ii}}{c^2} & 0 & 0 \\
0 & \xi_{i,1}^2 & \xi_{i,1}\xi_{i,2} & \xi_{i,1}\xi_{i,3} & 0 & 0 & 0 \\
0 & \xi_{i,2}\xi_{i,1} & \xi_{i,2}^2 & \xi_{i,2}\xi_{i,3} & 0 & 0 & 0 \\
0 & \xi_{i,3}\xi_{i,1} & \xi_{i,3}\xi_{i,2} & \xi_{i,3}^2 & 0 & 0 & 0 \\
0 & 0 & 0 & 0 & g_{ii} & 0 & 0 \\
0 & 0 & 0 & 0 & 0 & 0 & 0 \\
0 & 0 & 0 & 0 & 0 & 0 & 0
\end{bmatrix}
\tag{3-41}
$$

$$
\tilde{C}_i^{\pm} = \tilde{D}_i^{-1}\tilde{A}_i^{\pm}\tilde{D}_i = \lambda_{i1}^{\pm}I
$$

$$
+ \frac{\lambda_{ia}^{\pm}}{c\sqrt{g_{ii}}}
\begin{bmatrix}
0 & \delta_{i1} & \delta_{i2} & \delta_{i3} & 0 & 0 & 0 \\
0 & 0 & 0 & 0 & g_{1i} & 0 & 0 \\
0 & 0 & 0 & 0 & g_{2i} & 0 & 0 \\
0 & 0 & 0 & 0 & g_{3i} & 0 & 0 \\
0 & c^2\delta_{i1} & c^2\delta_{i2} & c^2\delta_{i3} & 0 & 0 & 0 \\
0 & 0 & 0 & 0 & 0 & 0 & 0 \\
0 & 0 & 0 & 0 & 0 & 0 & 0
\end{bmatrix}
+ \frac{\lambda_{ib}^{\pm}}{g_{ii}}
\begin{bmatrix}
0 & 0 & 0 & 0 & \dfrac{g_{ii}}{c^2} & 0 & 0 \\
0 & g_{1i}\delta_{i1} & g_{1i}\delta_{i2} & g_{1i}\delta_{i3} & 0 & 0 & 0 \\
0 & g_{2i}\delta_{i1} & g_{2i}\delta_{i2} & g_{2i}\delta_{i3} & 0 & 0 & 0 \\
0 & g_{3i}\delta_{i1} & g_{3i}\delta_{i2} & g_{3i}\delta_{i3} & 0 & 0 & 0 \\
0 & 0 & 0 & 0 & g_{ii} & 0 & 0 \\
0 & 0 & 0 & 0 & 0 & 0 & 0 \\
0 & 0 & 0 & 0 & 0 & 0 & 0
\end{bmatrix}
\tag{3-42}
$$

$$\hat{A}_i^{\pm} = C^{-1}\hat{C}_i^{\pm}C = \lambda_{i1}^{\pm}I$$

$$+ \frac{\lambda_{i1}^{\pm}}{c\sqrt{g_{ii}}}
\begin{bmatrix}
1 & & & & & & 0 \\
& u_1 & & & & & \\
& & u_2 & & & & \\
& & & u_3 & & & \\
& & & & H & & \\
& & & & & \vartheta_1 & \\
0 & & & & & & \vartheta_2
\end{bmatrix}
\begin{bmatrix}
-U_j & \xi_{i,1} & \xi_{i,2} & \xi_{i,3} & 0 & 0 & 0 \\
-U_j & \xi_{i,1} & \xi_{i,2} & \xi_{i,3} & 0 & 0 & 0 \\
-U_j & \xi_{i,1} & \xi_{i,2} & \xi_{i,3} & 0 & 0 & 0 \\
-U_j & \xi_{i,1} & \xi_{i,2} & \xi_{i,3} & 0 & 0 & 0 \\
-U_j & \xi_{i,1} & \xi_{i,2} & \xi_{i,3} & 0 & 0 & 0 \\
-U_j & \xi_{i,1} & \xi_{i,2} & \xi_{i,3} & 0 & 0 & 0 \\
-U_j & \xi_{i,1} & \xi_{i,2} & \xi_{i,3} & 0 & 0 & 0
\end{bmatrix}$$

$$+ \frac{\lambda_{ia}^{\pm}}{c\sqrt{g_{ii}}}
\begin{bmatrix}
0 & & & & & & 0 \\
& \xi_{i,1} & & & & & \\
& & \xi_{i,2} & & & & \\
& & & \xi_{i,3} & & & \\
& & & & U_j & & \\
& & & & & 0 & \\
0 & & & & & & 0
\end{bmatrix}
\begin{bmatrix}
\phi^2 & -\tilde{\gamma}u_1 & -\tilde{\gamma}u_2 & -\tilde{\gamma}u_3 & \tilde{\gamma} & -\tilde{\gamma} & 0 \\
\phi^2 & -\tilde{\gamma}u_1 & -\tilde{\gamma}u_2 & -\tilde{\gamma}u_3 & \tilde{\gamma} & -\tilde{\gamma} & 0 \\
\phi^2 & -\tilde{\gamma}u_1 & -\tilde{\gamma}u_2 & -\tilde{\gamma}u_3 & \tilde{\gamma} & -\tilde{\gamma} & 0 \\
\phi^2 & -\tilde{\gamma}u_1 & -\tilde{\gamma}u_2 & -\tilde{\gamma}u_3 & \tilde{\gamma} & -\tilde{\gamma} & 0 \\
\phi^2 & -\tilde{\gamma}u_1 & -\tilde{\gamma}u_2 & -\tilde{\gamma}u_3 & \tilde{\gamma} & -\tilde{\gamma} & 0 \\
\phi^2 & -\tilde{\gamma}u_1 & -\tilde{\gamma}u_2 & -\tilde{\gamma}u_3 & \tilde{\gamma} & -\tilde{\gamma} & 0 \\
\phi^2 & -\tilde{\gamma}u_1 & -\tilde{\gamma}u_2 & -\tilde{\gamma}u_3 & \tilde{\gamma} & -\tilde{\gamma} & 0
\end{bmatrix}$$

$$+ \frac{\lambda_{ib}^{\pm}}{g_{ii}}
\begin{bmatrix}
0 & & & & & & 0 \\
& \xi_{i,1} & & & & & \\
& & \xi_{i,2} & & & & \\
& & & \xi_{i,3} & & & \\
& & & & U_j & & \\
& & & & & 0 & \\
0 & & & & & & 0
\end{bmatrix}
\begin{bmatrix}
-U_j & \xi_{i,1} & \xi_{i,2} & \xi_{i,3} & 0 & 0 & 0 \\
-U_j & \xi_{i,1} & \xi_{i,2} & \xi_{i,3} & 0 & 0 & 0 \\
-U_j & \xi_{i,1} & \xi_{i,2} & \xi_{i,3} & 0 & 0 & 0 \\
-U_j & \xi_{i,1} & \xi_{i,2} & \xi_{i,3} & 0 & 0 & 0 \\
-U_j & \xi_{i,1} & \xi_{i,2} & \xi_{i,3} & 0 & 0 & 0 \\
-U_j & \xi_{i,1} & \xi_{i,2} & \xi_{i,3} & 0 & 0 & 0 \\
-U_j & \xi_{i,1} & \xi_{i,2} & \xi_{i,3} & 0 & 0 & 0
\end{bmatrix}$$

$$+ \frac{\lambda_{ib}^{\pm}}{c^2}
\begin{bmatrix}
1 & & & & & & 0 \\
& u_1 & & & & & \\
& & u_2 & & & & \\
& & & u_3 & & & \\
& & & & H & & \\
& & & & & \vartheta_1 & \\
0 & & & & & & \vartheta_2
\end{bmatrix}
\begin{bmatrix}
\phi^2 & -\tilde{\gamma}u_1 & -\tilde{\gamma}u_2 & -\tilde{\gamma}u_3 & \tilde{\gamma} & -\tilde{\gamma} & 0 \\
\phi^2 & -\tilde{\gamma}u_1 & -\tilde{\gamma}u_2 & -\tilde{\gamma}u_3 & \tilde{\gamma} & -\tilde{\gamma} & 0 \\
\phi^2 & -\tilde{\gamma}u_1 & -\tilde{\gamma}u_2 & -\tilde{\gamma}u_3 & \tilde{\gamma} & -\tilde{\gamma} & 0 \\
\phi^2 & -\tilde{\gamma}u_1 & -\tilde{\gamma}u_2 & -\tilde{\gamma}u_3 & \tilde{\gamma} & -\tilde{\gamma} & 0 \\
\phi^2 & -\tilde{\gamma}u_1 & -\tilde{\gamma}u_2 & -\tilde{\gamma}u_3 & \tilde{\gamma} & -\tilde{\gamma} & 0 \\
\phi^2 & -\tilde{\gamma}u_1 & -\tilde{\gamma}u_2 & -\tilde{\gamma}u_3 & \tilde{\gamma} & -\tilde{\gamma} & 0 \\
\phi^2 & -\tilde{\gamma}u_1 & -\tilde{\gamma}u_2 & -\tilde{\gamma}u_3 & \tilde{\gamma} & -\tilde{\gamma} & 0
\end{bmatrix}$$

$$(3\text{-}43)$$

式中，$U_j = \alpha_i g_{ij}$。

$$\tilde{A}_i^{\pm} = \tilde{C}^{-1}\tilde{C}_i^{\pm}\tilde{C} = \lambda_{i1}^{\pm}I$$

$$+ \frac{\lambda_{ia}^{\pm}}{c\sqrt{g_{ii}}}
\begin{bmatrix}
1 & & & & & & 0\\
& U_1 & & & & & \\
& & U_2 & & & & \\
& & & U_3 & & & \\
& & & & H & & \\
& & & & & \vartheta_1 & \\
0 & & & & & & \vartheta_2
\end{bmatrix}
\begin{bmatrix}
-U_i & \delta_{i1} & \delta_{i2} & \delta_{i3} & 0 & 0 & 0\\
-U_i & \delta_{i1} & \delta_{i2} & \delta_{i3} & 0 & 0 & 0\\
-U_i & \delta_{i1} & \delta_{i2} & \delta_{i3} & 0 & 0 & 0\\
-U_i & \delta_{i1} & \delta_{i2} & \delta_{i3} & 0 & 0 & 0\\
-U_i & \delta_{i1} & \delta_{i2} & \delta_{i3} & 0 & 0 & 0\\
-U_i & \delta_{i1} & \delta_{i2} & \delta_{i3} & 0 & 0 & 0\\
-U_i & \delta_{i1} & \delta_{i2} & \delta_{i3} & 0 & 0 & 0
\end{bmatrix}$$

$$\frac{\lambda_{ia}^{\pm}}{c\sqrt{g_{ii}}}
\begin{bmatrix}
0 & & & & & & 0\\
& g_{1i} & & & & & \\
& & g_{2i} & & & & \\
& & & g_{3i} & & & \\
& & & & U_j & & \\
& & & & & 0 & \\
0 & & & & & & 0
\end{bmatrix}
\begin{bmatrix}
\phi^2 & -\tilde{\gamma}\alpha_1 & -\tilde{\gamma}\alpha_2 & -\tilde{\gamma}\alpha_3 & \tilde{\gamma} & -\tilde{\gamma} & 0\\
\phi^2 & -\tilde{\gamma}\alpha_1 & -\tilde{\gamma}\alpha_2 & -\tilde{\gamma}\alpha_3 & \tilde{\gamma} & -\tilde{\gamma} & 0\\
\phi^2 & -\tilde{\gamma}\alpha_1 & -\tilde{\gamma}\alpha_2 & -\tilde{\gamma}\alpha_3 & \tilde{\gamma} & -\tilde{\gamma} & 0\\
\phi^2 & -\tilde{\gamma}\alpha_1 & -\tilde{\gamma}\alpha_2 & -\tilde{\gamma}\alpha_3 & \tilde{\gamma} & -\tilde{\gamma} & 0\\
\phi^2 & -\tilde{\gamma}\alpha_1 & -\tilde{\gamma}\alpha_2 & -\tilde{\gamma}\alpha_3 & \tilde{\gamma} & -\tilde{\gamma} & 0\\
\phi^2 & -\tilde{\gamma}\alpha_1 & -\tilde{\gamma}\alpha_2 & -\tilde{\gamma}\alpha_3 & \tilde{\gamma} & -\tilde{\gamma} & 0\\
\phi^2 & -\tilde{\gamma}\alpha_1 & -\tilde{\gamma}\alpha_2 & -\tilde{\gamma}\alpha_3 & \tilde{\gamma} & -\tilde{\gamma} & 0
\end{bmatrix}$$

$$+ \frac{\lambda_{ib}^{\pm}}{g_{ii}}
\begin{bmatrix}
0 & & & & & & 0\\
& g_{1i} & & & & & \\
& & g_{2i} & & & & \\
& & & g_{3i} & & & \\
& & & & U_j & & \\
& & & & & 0 & \\
0 & & & & & & 0
\end{bmatrix}
\begin{bmatrix}
-U_i & \delta_{i1} & \delta_{i2} & \delta_{i3} & 0 & 0 & 0\\
-U_i & \delta_{i1} & \delta_{i2} & \delta_{i3} & 0 & 0 & 0\\
-U_i & \delta_{i1} & \delta_{i2} & \delta_{i3} & 0 & 0 & 0\\
-U_i & \delta_{i1} & \delta_{i2} & \delta_{i3} & 0 & 0 & 0\\
-U_i & \delta_{i1} & \delta_{i2} & \delta_{i3} & 0 & 0 & 0\\
-U_i & \delta_{i1} & \delta_{i2} & \delta_{i3} & 0 & 0 & 0\\
-U_i & \delta_{i1} & \delta_{i2} & \delta_{i3} & 0 & 0 & 0
\end{bmatrix}$$

$$+ \frac{\lambda_{ib}^{\pm}}{c^2}
\begin{bmatrix}
1 & & & & & & \\
& U_1 & & & & & \\
& & U_2 & & & & \\
& & & U_3 & & & \\
& & & & H & & \\
& & & & & \vartheta_1 & \\
& & & & & & \vartheta_2
\end{bmatrix}
\begin{bmatrix}
\phi^2 & -\tilde{\gamma}\alpha_1 & -\tilde{\gamma}\alpha_2 & -\tilde{\gamma}\alpha_3 & \tilde{\gamma} & -\tilde{\gamma} & 0\\
\phi^2 & -\tilde{\gamma}\alpha_1 & -\tilde{\gamma}\alpha_2 & -\tilde{\gamma}\alpha_3 & \tilde{\gamma} & -\tilde{\gamma} & 0\\
\phi^2 & -\tilde{\gamma}\alpha_1 & -\tilde{\gamma}\alpha_2 & -\tilde{\gamma}\alpha_3 & \tilde{\gamma} & -\tilde{\gamma} & 0\\
\phi^2 & -\tilde{\gamma}\alpha_1 & -\tilde{\gamma}\alpha_2 & -\tilde{\gamma}\alpha_3 & \tilde{\gamma} & -\tilde{\gamma} & 0\\
\phi^2 & -\tilde{\gamma}\alpha_1 & -\tilde{\gamma}\alpha_2 & -\tilde{\gamma}\alpha_3 & \tilde{\gamma} & -\tilde{\gamma} & 0\\
\phi^2 & -\tilde{\gamma}\alpha_1 & -\tilde{\gamma}\alpha_2 & -\tilde{\gamma}\alpha_3 & \tilde{\gamma} & -\tilde{\gamma} & 0\\
\phi^2 & -\tilde{\gamma}\alpha_1 & -\tilde{\gamma}\alpha_2 & -\tilde{\gamma}\alpha_3 & \tilde{\gamma} & -\tilde{\gamma} & 0
\end{bmatrix}$$

$$(3\text{-}44)$$

3.5.7　隐式时间推进方法

数值分析定常流动时，应用 δ 型隐式格式的时间推进方法。利用梯形定律，结合式(3-31)，由式(3-26)得到

$$\left(I + \theta\Delta t \frac{\partial}{\partial \xi_i}\tilde{A}_i^n\right)\delta\tilde{Q}^n = \tilde{R}^n \tag{3-45}$$

式中，Δt 为时间间隔；$\tilde{A}_i^n$ 为 Jacobian 矩阵；$\tilde{Q}^{n+1} = \tilde{Q}^n + \delta\tilde{Q}^n$，$n$ 为时间层步数；$0 \leqslant \theta \leqslant 1$；$\tilde{R}^n$ 为右端项：

$$\tilde{R} = -\Delta t B\left(\frac{\partial \hat{F}_i}{\partial \xi_i} + \frac{1}{Re}\hat{D} + \hat{S}\right) \tag{3-46}$$

数值分析非定常流时，应用二阶的克兰克-尼科尔森方法。为了保证解在每一个时间步内收敛，使用牛顿迭代，式(3-45)的 δ 型隐式格式为

$$\left(I + \theta\Delta t \frac{\partial}{\partial \xi_i}\tilde{A}_i^n\right)\delta\tilde{Q}^{(m)} = -(\tilde{Q}^{(m)} - \tilde{Q}^n) + \frac{1}{2}(\tilde{R}^n + \tilde{R}^{(m)}) \tag{3-47}$$

式中，$\tilde{Q}^{(m+1)} = \tilde{Q}^{(m)} + \delta\tilde{Q}^{(m)}$，$\tilde{Q}^{(0)} = \tilde{Q}^n$，$\tilde{Q}^{(m)}$ 为 $\tilde{Q}^{(n+1)}$ 的第 m 次近似迭代。通常在 3~5 次时间步迭代后，数值解达到收敛。

式(3-26)的残差由式(3-45)和式(3-47)的右端项表示，残差大小决定解的精度。为了精确地计算该右端项中的无黏部分，采用高阶迎风差分格式。计算其黏性部分的时候，采用二阶精度中心差分格式。由于基本方程[式(3-23)和式(3-26)]的左端项一般不影响解的精度，在处理左端项时，使用一阶迎风差分格式，通常令 θ 为 1，同时近似处理左端项中的黏性部分[16-18, 23]：

$$\lambda_{ij}^{\pm} \Rightarrow \lambda_{ij}^{\pm} \pm \frac{1}{Re}\frac{2\mu g_{ii}}{\rho\Delta\xi_i} \tag{3-48}$$

3.6　转子密封系统三维流固耦合振动特性的研究

本节对图 2-1 所示的单盘转子密封系统，采用 3.5 节的方法进行数值模拟[16-23]。转子密封系统模型的结构参数、动力学参数和气动参数如表 3-1 所示。

表 3-1　转子密封系统模型参数

参数	值
转子一阶临界转速	8000r/min
轮盘直径	152mm
轮盘宽度	50mm
转子质量	400kg
轮盘质心偏心距	0.001mm
转子阻尼比系数	0.001
密封半径间隙	0.41mm
密封入口气流压力	7.9bar
气流(空气)温度	300K
y 方向(重力方向)偏心率	0.2

3.6.1　转速对密封流体激振影响的数值模拟

在转子转速分别为 8000r/min、10000r/min、12000r/min、14000r/min 和 16000r/min 的情况下，数值计算得到转子振动频率。由转子振动频率的变化规律可得，转速越高，低频振动的幅值越高，转子自振频率成分的幅值相对于转速成分幅值越大。一般认为，转速越高，密封交叉刚度越大，转子越不稳定。这一点与本节的计算结果是一致的。但本节的计算结果捕捉到了转子的低频振动特性，即转子低频振动的频率始终锁定在转子的一阶固有频率上。这个结果与离心压缩机中发生的密封流体激振事故是一致的，反映了密封流体激振的非线性本质特性。在高转速下，除了转速频率对于转子振动的影响以外，接近一阶固有频率的低频振动对于转子振动的影响不容忽视。美国航天飞机主机输送液态氢的高压涡轮泵，工作转速为 25000～37500r/min，其一阶、二阶和三阶临界转速分别为 9000r/min、17500r/min 和 48000r/min。当转速上升到 17500～20000r/min(约等于两倍的转子一阶临界转速)时，转子产生强烈振动，振动频率在 150～165Hz 范围里，该频率接近转子的一阶临界转速频率，发生了密封流体激振。

密封流体激振对转速十分敏感。工程实践表明，转子低频成分幅值与转速成分幅值的比值，随着转速的提高而增大。如果转子转速很高，一般超过两倍的转子一阶临界转速时，将使转子低频成分的幅值接近或超过转速成分幅值，将导致灾难性的振动发生。本节对转子低频成分幅值与转速成分幅值比值的变化规律进行数值分析。当转子转速超过两倍的转子一阶临界转速时，数值计算结果捕捉到了转子低频成分的幅值接近或超过转速成分的幅值的现象。数值模拟结果与某离心压气机振动频谱图比较吻合。

3.6.2　压比对密封流体激振影响的数值模拟

在汽轮机工作时,汽轮机负荷的大小由各调节阀的开启情况决定。各调节阀之前的压力 P_0 都相同,主汽阀始终保持最大开度,几乎没有节流作用,P_0 随汽轮机总进汽量的增加而降低的幅度是很小的,所以一般认为 P_0 不随流量的增加而降低。汽轮机负荷不同时,各调节阀的开启度不同,各调节阀之后的压力也不同。调节阀之后的压力正比于流量。因此,汽轮机负荷不同时,对应的是不同的密封流量和压比。

密封压比 P_2/P_1(出口压力与进口压力之比)分别为 0.67、0.55 和 0.45 时,通过数值计算得到转子振动的频率。由振动频率的规律可知,进口压力 P_1 越高,低频振动的幅值越高。计算结果反映了转子密封流体激振的低频振动特性,即转子低频振动的频率为转子一阶固有频率。提高压比后,转子一阶固有频率处的振幅增大,但对转速频率的振幅影响不大。这个计算结果与实际汽轮机中发生的密封流体激振现象是一致的。

3.6.3　预旋对密封流体激振影响的数值模拟

如果密封入口处气流的周向速度与转子的旋转方向相反,则称为反向进气预旋,否则称为正向进气预旋。适宜的反向进气预旋,有利于抑制密封流体激振。某单盘转子密封系统的实验表明,无进气预旋时,只有转速频率成分和较小的转子一阶临界转速频率成分。有正向进气预旋时,转子一阶临界转速频率成分的幅值增大,转子稳定性下降。

美国航天飞机主发动机中输送液态氧的高压涡轮泵,最初台架实验时低频振动(一阶临界转速成分 200Hz)很高。该振动较强的低频成分的频率与转子一阶临界转速频率接近。将级间梳齿密封改成蜂窝密封,但没有安装旋流闸板,即静子为蜂窝密封,转子为光滑轮盘。改造后,低频振动成分显著下降,涡轮泵的转子动力特性有了实质性的改进。然而,在95%负荷时涡轮泵仍存在一定的低频振动成分。为此给蜂窝密封增加了旋流闸板,低频振动成分被彻底消除。旋流闸板减小了密封入口处气流的周向速度,与反向进气预旋的作用一样。

对某临界转速较低的转子进行的反旋流实验表明,如果向密封腔中注入的反向射流较大,则转子振动不但得不到抑制,反而加剧。如果反向射流比较适宜,则转子振幅可抑制到原来的1/3。

图 3-1 表示的是转子转速为 16000r/min 时,对于不同的进气预旋,通过数值计算得到的模型转子振动频谱图。预旋度 s(s=密封入口处气流的周向速度/转子的旋转速度)分别为 0(无进气预旋)、0.2(正向进气预旋)和 –0.2(反向进气预旋)。数

值计算结果表明，反向进气预旋时，转子一阶临界转速频率成分的幅值最小，起到了抑制密封流体激振的作用；正向进气预旋时，转子一阶临界转速频率成分的幅值增大。

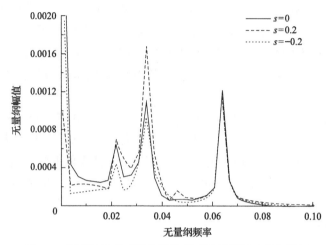

图 3-1　不同预旋度时数值计算得到的转子振动的频谱图

3.7　离心压缩机梳齿密封中的流体激振

3.7.1　引言

影响大型叶轮机械转子稳定性的因素十分复杂。如果只是从滑动轴承油膜涡动[19-21]、碰磨、不平衡以及轴系不对中等方面来考虑转子的稳定性，这是不够的。离心压缩机的扩容改造在国内外日益兴起，其改造内容之一就是要降低梳齿密封的泄漏损失，提高效率[22,23]。某公司对国内几家化工厂的 104-J 离心压缩机进行了扩容改造，改造后有些转子发生了不同程度的密封流体激振。本节将分析离心压缩机梳齿密封流体激振的特点及其防治措施。

3.7.2　原机概况

104-J 离心压缩机是 30 万 t 合成氨装置中的关键设备，该型压缩机的级间密封、叶轮进口环密封、平衡盘密封以及轴端密封等采用的是梳齿密封。在扩容改造中，该公司应用的技术之一是软密封技术，如图 3-2 所示。软密封静止件由聚四氟乙烯加填充剂组成，转动件为钢齿，并较大幅度地减小了密封间隙，如表 3-2 所示。

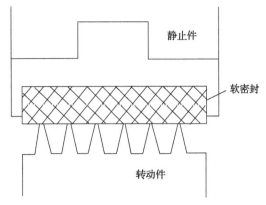

图 3-2　软密封示意图

表 3-2　改造前后密封直径间隙　　　　　　　（单位：mm）

部位	低压压缩机		高压压缩机	
	改造前	改造后	改造前	改造后
级间密封	3.05	0.66～0.76	1.01～1.11	0.25～0.35
叶轮进口环密封	1.32～1.42	0.50～0.61	1.01～1.11	0.25～0.35

3.7.3　改造后的运行情况

1. 某化肥厂一号机组

改造后压缩机的效率和流量均得到改善，机组在低负荷时运转平稳。出口压力增大到 3.2MPa（表压）时，高压缸出口端轴的径向振动达 72μm；出口压力降到 2.8MPa（表压）时，振动幅值降到 40μm 以下。几次试车都是压力上升，机组振动增大。频谱分析的结果表明，振动频率主要是接近 1/3 工作频率，基本等于转子的一阶固有频率。

2. 某化肥厂二号机组

改造后的机组在运行中发生了强烈的自激振动，烧毁了可倾瓦轴承，软密封磨损严重。更换新轴承，机组重新投入运行，没有再发生振动。然而由于软密封磨损较大，密封间隙扩大，泄漏量增大，机组的效率和流量都没能达到设计要求。

3.7.4　梳齿密封流体激振的特点

1. 密封腔中气流周向速度分量是产生流体激振力的主要原因

密封腔中气流的周向速度分量是由进气预旋和转子旋转所产生的。在压缩机改造中，转速增大，振动亦增大即是一个明显的例子。减小以至消除密封腔中气流的周向速度，是提高转子稳定性的一个重要途径。

2. 流体激振力与密封间隙成反比

压缩机扩容改造中，没有对梳齿密封进行结构上的实质性改造，仅仅更换了密封的材料，却大幅度减小了密封间隙，增大了密封流体激振力，这是造成转子振动的直接原因。

3. 流体激振的频率一般不高于转速频率，接近转子一阶固有频率

该压缩机各阶主振型中，一阶主振型的转子中间的振幅大，振动能量高。转子因密封腔中的流体激振而发生振动时，在原来弹性线的基础上，主要迭加上一阶主振型成分。于是，弹性线向一阶主振型靠近，从而使整个转子增加的振幅和能量非常大。此时轴承的动负荷会急剧增加，振动会更加剧烈。

4. 流体激振力与转子偏心量成正比

由于转子自身刚度的不足和轴承跨度较大等，转子存在较大的偏心涡动时，容易导致流体激振的发生。例如，双向进气的离心压缩机，在转子中部有较长的段间梳齿密封，而这个位置又是转子径向位移最大的部位，导致转子在密封中的偏心最大，最易产生密封流体激振。

5. 流体激振力随介质压力的增大而增大

在离心压缩机中，平衡盘位于末级叶轮附近，此处密封腔中介质压力最高；在燃气轮机中，高压压气机出口及动力涡轮等部位密封腔中介质的压力最高。这些部位的密封腔都是容易产生流体激振的地方。

3.7.5 减小压缩机密封流体激振的措施

由于密封腔中气流的周向速度是产生流体激振的主要原因，人们目前主要是采取一些措施来抑制密封腔中气流的周向流动，从而达到减小流体激振的目的，主要包括以下措施。

1. 应用反旋流装置

从机体内引出一股高压介质，以与转子转向相反的方向注入密封腔中，抵消密封腔气流的周向运动。这种方法增加了有效介质的损失，而且计算较为困难。

2. 应用阻尼减振密封装置

离心压缩机上应用防振密封，即在密封中适当安装一些插件，能限制密封腔中气流的周向运动，从而避免了不稳定问题。目前，航空、舰用燃气轮机以及民用离心压缩机中应用较多的是蜂窝阻尼减振密封。作者团队曾为辽河油田公司的一台天然气离心压缩机研制了一套应用于平衡盘处的蜂窝密封；还应用蜂窝密封替代梳齿密封，为某化工厂成功地解决了压缩机轴承箱泄漏高温油气的问题[24]。

3.7.6　小结

某化工厂一号机组和某化工厂二号机组的离心压缩机密封流体激振问题归纳起来有如下特征。

(1)振动与介质的压力有关，压力越高，振动越大。

(2)主要振动频率不高于转速频率，接近转子的一阶固有频率。

(3)转速越高，振动越大。

(4)密封间隙增大，振动消失。

由此可见，改造后的压缩机发生振动，不是由常见的不平衡、轴承油膜振荡及对中不良所造成的。该型压缩机扩容改造时，为了减小密封的泄漏损失、提高效率，减小了梳齿密封的间隙，形成了密封腔中的流体激振，导致了转子振动。

3.8　本章小结

本章建立了三维转子密封流固耦合模型，形成了考虑流固耦合效应的计算转子密封流体激振问题的分析方法。通过计算转速、压比和预旋对密封流体激振的影响以及与工程、实验结果的比较，研究了 N-S 方程求解、动网格生成和湍流模型选用以及流固耦合方程解算过程中的同步耦合等数值计算方法。

通过分析密封非定常流、转子振动，特别是相互耦合作用，捕捉到了密封流体激振的基本特性。对应于不同的转速、压比和预旋，转子振动的各个频率成分的幅值不同，但始终存在着转子的一阶临界转速频率成分，而且该成分的幅值随着转速、气流进口压力和正向进气预旋的增高而增大，与工程和实验中的密封流体激振现象有较好的一致性。

参 考 文 献

[1] 郑水英, 潘晓弘, 沈庆根. 带周向挡片的迷宫密封动力特性的研究[J]. 机械工程学报, 1999, 35(2): 50-53, 66.

[2] 潘晓弘, 郑水英. 交错式迷宫密封的动力特性分析[J]. 工程热物理学报, 2000, 2(1): 62-65.

[3] 鲁周勋, 谢友柏. 迷宫密封中流场的有限差分模拟[J]. 应用力学学报, 1992, 9(3): 87-92, 144.

[4] Nordmann R, Dietzen F J, Weiser H P. Calculation of rotordynamic coefficients and leakage for annular gas seals by means of finite difference techniques[J]. Journal of Tribology, 1989, 111 (3): 545-552.

[5] 李家春. 现代流体力学发展的回顾与展望[J]. 力学进展, 1995, 25 (4): 442-450.

[6] Moore J A. CFD comparison to 3D laser anemometer and rotordynamic force measurements for grooved liquid annular seals[J]. Journal of Tribology, 1999, 121 (2): 306-314.

[7] Chien K Y. Predictions of channel and boundary layer flows with low-Reynolds-number turbulence model[J]. AIAA Journal, 2012, 20 (1): 33-38.

[8] 符松. 非线性湍流模式研究及进展[J]. 力学进展, 1995, 25 (3): 318-328.

[9] 张强. 透平机械中密封气流激振及泄漏的故障自愈调控方法研究[D]. 北京: 北京化工大学, 2009.

[10] Muszynska A. Improvements of lightly loaded rotor/bearing and rotor/seal models[J]. Journal of Vibration, Acoustics, Stress and Reliability in Design, 1988, 110 (2): 129-136.

[11] Zirkelback N. Qualitative characterization of anti-swirl gas dampers[J]. Journal of Engineering for Gas Turbines and Power, 1999, 121 (2): 342-348.

[12] Kanki H, Keneko Y, Kurosawa M. Prevention of low-frequency vibration of high-capacity steam turbine units by squeeze-film damper[J]. Journal of Engineering for Gas Turbines and Power, 1998, 120 (2): 391-396.

[13] 王从磊. 弹性边界体流构耦合受力的数值研究[D]. 南京: 南京航空航天大学, 2009.

[14] 余浩, 曾永清, 李薇, 等. 流-固耦合作用综述[J]. 西部探矿工程, 2008, 20 (2): 44-48.

[15] 吴文权, 西斯托. 叶栅气动弹性离散涡数值仿真-Ⅰ. 方法与验证[J]. 工程热物理学报, 1992, 13 (2): 142-149.

[16] 金琰. 叶轮机械中若干气流激振问题的流固耦合数值研究[D]. 北京: 清华大学, 2002.

[17] 谭大治. 离心式叶轮机械内部气动性能的全三维粘性数值模拟[D]. 北京: 清华大学, 2003.

[18] 何立东, 高金吉, 金琰, 等. 三维转子密封系统气流激振的研究[J]. 机械工程学报, 2003, (3): 100-104.

[19] 谢友柏, 汤玉娣. 具有非线性油膜力的滑动轴承转子系统振动特性研究[J]. 西安交通大学学报, 1987, 21 (4): 93-104.

[20] 郭新生. 透平静压气体轴承转子——气膜系统振动固有频率的改进算法[J]. 西安交通大学学报, 1987, 21 (6): 43-53.

[21] 杨万安. 大涡动下转子轴承系统非线性稳定性研究[D]. 上海: 上海交通大学, 1994.

[22] 李承曦, 何立东. 蜂窝密封动力特性参数的 CFD 数值分析方法[J]. 北京化工大学学报(自然科学版), 2010, 37 (1): 117-121.

[23] 何立东. 密封气流激振与高性能密封技术研究[D]. 北京: 清华大学, 2002.

[24] 何立东, 闻雪友, 李斐. 离心压缩机迷宫密封中的气流激振[J]. 热能动力工程, 1996, (S1): 6, 17-19.

第4章 蜂窝密封特性研究

4.1 蜂窝密封研究进展

4.1.1 引言

在汽轮机、燃气轮机、压缩机和涡轮泵等旋转机械中，梳齿密封是最常见的密封，它结构简单、成本低，有一定的控制泄漏能力。然而，随着现代叶轮机械向着高参数方向的发展，梳齿密封中流体引发的振动容易威胁设备的稳定运行。相比梳齿密封，蜂窝密封的泄漏量较少，同时有助于抑制密封流体激振。美国航天飞机中的高压液氧涡轮泵利用蜂窝密封等技术控制了亚异步振动；某650MW汽轮机在末级和次级中使用蜂窝密封，可以使级效率增加1%以上；应用蜂窝密封后，解决了排气压力为500bar的高压离心压缩机亚异步振动问题；某飞机发动机应用蜂窝密封技术进行改造后，不但振动减少，而且由于密封泄漏量下降，提高了效率，使得发动机油耗降低、推力增加。蜂窝密封在航空发动机、大功率火箭、航天飞机以及汽轮机等领域得到广泛应用。

蜂窝密封工作时一般静止不动，转子为光滑表面或者加工有梳齿，如图4-1所示。制造钢蜂窝密封时，通常分别加工基体环和蜂窝带，在真空钎焊炉中把两者焊接在一起。钎焊材料为镍基钎料，钎焊温度超过1000℃。蜂窝带与基体环用高温真空钎焊焊在一起，焊透率用超声波检查，一般不低于85%。焊透率是评价

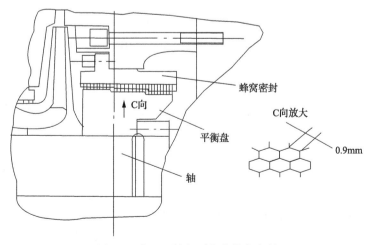

图4-1 离心压缩机平衡盘蜂窝密封

蜂窝密封制造质量的重要指标之一。目前的工艺可使焊透率达到 95%。蜂窝密封应用初期，某飞机发动机的蜂窝密封，由于焊透率较低，在试飞时蜂窝带与基体环分离，导致了飞机发动机轴承烧毁的严重事故。制造蜂窝带时，首先将厚度为 0.05mm 或 0.1mm 的不锈钢(或耐热钢)薄板压制成瓦棱带状，然后利用激光焊接等方法将其一片一片地焊在一起[1]。蜂窝网格多数为正六边形，板厚为 0.05mm、0.1mm 和 0.2mm 等。蜂窝宽度越小，板材越薄。蜂窝宽度常用的规格有 0.8mm、1.6mm、3.2mm 和 4mm 以及 6mm 等，蜂窝孔深度一般为 3～4mm。在高温真空钎焊之后，蜂窝密封内孔会产生一些变形，可以使用电火花加工等方法进行精加工。有些整环蜂窝密封的内径尺寸可以达到 1.5～1.6m。

　　蜂窝密封能承受较高的气流压力，结构强度好，同时能够在高温环境中工作。蜂窝壁厚一般为 0.1mm，比较薄，与转子发生碰磨时，蜂窝密封首先磨损。一般蜂窝密封的间隙可以比梳齿密封略小，如果转子上加工有梳齿，蜂窝密封安装时甚至可以达到零间隙。运转后，转子上的梳齿切入蜂窝带中，封严效果大大提高。同时，蜂窝密封还提供了较大的阻尼，能抑制转子的振动[2]。除美国航天飞机主机等发动机外，日本川崎重工业株式会社在天然气离心压缩机的平衡盘处也应用了蜂窝密封，保证了机组运行的稳定性，并降低了泄漏量，提高了效率。

4.1.2　蜂窝密封在现代叶轮机械中的应用

1. 蜂窝密封在离心压缩机中的应用

　　当压缩机密封两端压差很高时，梳齿密封无法承受，容易发生倒伏。为了解决这个问题，一些高压压缩机应用了蜂窝密封。因为蜂窝密封六边形结构具有很高的强度，能够承受高压气流的冲击。同时其较好的阻尼特性，有助于抑制高压离心压缩机的亚异步振动。

　　离心压缩机的实验表明[3]，蜂窝密封可以提供较大的阻尼 $[9.02 \times 10^4 \text{N}/(\text{m} \cdot \text{s})]$。相比之下，梳齿密封的阻尼可以忽略不计 $[5.31 \times 10^2 \text{N}/(\text{m} \cdot \text{s})]$。需要指出的是，蜂窝密封提供的阻尼并不是非常之高，不可能解决所有密封流体激振问题。例如，出口压力为 400bar 的离心压缩机全负荷实验表明，仅用蜂窝密封来替换梳齿密封也无法完全解决亚异步振动问题。实验和现场运行已经证明，带有喷射流的蜂窝密封可以较好地解决高压压缩机的亚异步振动问题。喷射流配合蜂窝密封解决段间密封振动问题的方法是，从背对背式离心压缩机末级扩压器中引出气体(其压力高于末级叶轮的出口压力)，径向地注入由蜂窝密封和梳齿密封组成的段间密封，然后沿着末级叶轮的背后径向流出，抑制了密封入口气体预旋，减小了密封交叉刚度并增大了阻尼，从而改善了转子运行的稳定性[4,5]。

　　一台排气压力为 145bar 的 CO_2 离心压缩机中，在段间梳齿密封中增加了径向喷射流，解决了这台背对背压缩机的亚异步振动问题。实验表明，带有喷射流的梳齿密封主阻尼至少是普通梳齿密封的二倍。20 世纪 80 年代，我国某化肥厂的一台合成气背对背式离心压缩机发生了强烈的亚异步振动问题，机组损坏严重，停产数月之久。在采取高速动平衡和更换轴承等多种改进措施无效的情况下，在段间梳齿密封中增加了喷射流，并减少了密封齿的数量，有效地控制了亚异步振动[6]。

1991 年，一台排气压力为 285bar 的背对背式离心压缩机，段间密封为带有喷射流的梳齿密封，投产后发生了亚异步振动。将段间密封改成带有喷射流的蜂窝密封后，亚异步振动消失。1995 年，6 台排气压力为 312bar 的背对背式离心压缩机，将段间密封设计成带有喷射流的蜂窝密封，自投产以来，一直运行平稳。同年，三台排气压力为 500bar 的背对背式离心压缩机，转子中间的段间密封为蜂窝密封，而且其中带有喷射流，同时应用了阻尼轴承。在全负荷实验中，没有发现明显的亚异步振动，而且一阶固有频率的振动也得到了很好的阻尼减振控制[7,8]。在密封中应用喷射流时，喷射流喷嘴出口处的气流马赫数不超过 0.33，一般在 0.22～0.33。密封高压侧的气体压力与喷射流压力之比为 0.85～0.95。

在一定条件下，如果喷射流沿着与转子旋转方向相反的方向进入密封腔（即反向喷射流），密封的阻尼高于喷射流径向地进入密封腔的情况（即径向喷射流）。但是，反向喷射流并不能替代径向喷射流来解决高压压缩机的亚异步振动问题。实验证明，反向喷射流不恰当时，还可能引起转子的振动[9]。上述应用实例中，都是将径向喷射流喷入密封之中。

蜂窝密封也可以用作直通式离心压缩机压差最大的平衡盘密封。图 4-1 为某离心压缩机平衡盘的蜂窝密封。转动件（平衡盘）上带有梳齿，为三级台阶式结构，静子为蜂窝密封。

2. 蜂窝密封在汽轮机中的应用

提高汽轮机的效率是世界各大透平公司投资追求的热点之一。分析影响效率的因素发现，排在第二位的是密封漏气损失。以叶顶密封为例，泄漏的蒸汽除了无法做功而损失之外，还会扰动主流区从而增加损失。反动式汽轮机的漏汽损失比冲动式汽轮机大。然而，即使是冲动式汽轮机，叶顶也常没有任何阻汽片，其低压末级动叶顶部的反动度较高，导致漏汽损失严重。如果在叶顶对应的隔板上安装蜂窝密封，可以大大减小叶顶间隙，减小泄漏，还可防止动叶片的磨损，提高级效率，并改善转子运行的稳定性，如图 4-2 所示[10]。

某核电站的 650MW 汽轮机，末级和次末级叶片顶部没有阻汽片，叶顶和隔板之间的半径间隙为 5mm 左右。对低压缸末级和次末级隔板进行蜂窝密封改造。

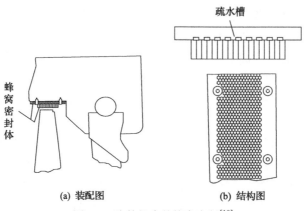

图 4-2　汽轮机中的蜂窝密封[10]

蜂窝密封直径约为 2m，蜂窝宽度约为 4mm。蜂窝密封基体上开有周向贯通的梳水槽。蜂窝密封利用螺钉固定在隔板的内壁上。隔板安装蜂窝密封后，叶片顶部与蜂窝密封之间的半径间隙减小到 1mm 左右，显著减小了漏汽量。

3. 蜂窝密封在航空发动机中的应用

和传统的静子为金属表面石墨涂层、转子为梳齿的密封结构相比，蜂窝密封有什么特点？一种观点认为，现在蜂窝密封大多应用在燃气轮机的高温区域，如靠近燃烧室的高压压气机末端的轮盘气封或轴封、高低压涡轮及动力涡轮的轮盘气封及轴封等。这些区域冷态和热态的密封间隙变化较大。在工作状态下，这些区域的温度较高，密封间隙很小，甚至为碰磨状态。因此，传统的金属石墨与转子梳齿构成的密封结构在工作状态下磨损严重，这样带来的后果是：转子梳齿受热伸长，与石墨碰磨，碰磨产生了附加的摩擦热，又加剧了转子梳齿的磨损，直接导致密封间隙增大，效率降低，伴有严重的振动。某型燃气轮机的压气机在试车时就发生过这种严重的"扫膛"事故，解决的办法是加大密封间隙，用牺牲效率来换取机组的稳定运行。如果将石墨换成蜂窝密封，由于蜂窝密封是一种不锈钢箔片(厚度为 0.05mm 或 0.1mm)制成的网状结构，在工作状态下，转子梳齿可以切入蜂窝网中，接触面积小，磨损小，从而可以保证高温区域密封结构的可靠性。

美国从 U-2 到 F-16 战机以及许多民用客机的发动机中都大量使用了蜂窝密封。某飞机发动机进行技术改造时，措施之一是用蜂窝密封替代梳齿密封，减小密封间隙，降低泄漏量，提高效率。改造后在发动机功率不变的情况下，燃油消耗下降 9.2%。某型飞机发动机将涡轮对应的石墨环改成蜂窝密封，同时在压气机叶片对应的光滑壳体内壁上安装了蜂窝密封。实验表明，发动机推力增大 50～70kg，燃油消耗下降，而且发动机振动也有了很大改善。某型轰炸机、歼击机等飞机发动机中都应用了蜂窝密封[11]。

4. 蜂窝密封在舰用燃气轮机中的应用

美国某燃气轮机中，蜂窝密封用作动力涡轮、轴承等处的封严装置。苏联某型燃气轮机在高压压气机、高压涡轮、低压涡轮和动力涡轮等处都大量应用了蜂窝密封，以提高机组效率，保证运行稳定性。蜂窝密封分布位置及数量和规格见表 4-1 和表 4-2，某型燃气轮机轴承箱中的蜂窝密封[11]如图 4-3 所示。

表 4-1　某型燃气轮机蜂窝密封分布表　　　　　　　（单位：只）

位置	高压气压机	高、低压涡轮机	动力涡轮
数量	7	13	6
备注	轮盘和级间位置 1 径向轴承位置 6	轮盘和级间位置 10 径向轴承位置 3	轮盘和级间位置 4 径向轴承位置 2

表 4-2　某型燃气轮机蜂窝密封规格表　　　　　　　（单位：mm）

序号	蜂窝孔深	蜂窝宽度	蜂窝壁厚	备注
1	4	3.0	0.1	轮盘和级间位置
2	4	0.9	0.05	径向轴承位置

注：蜂窝材料为 ЭИ435。

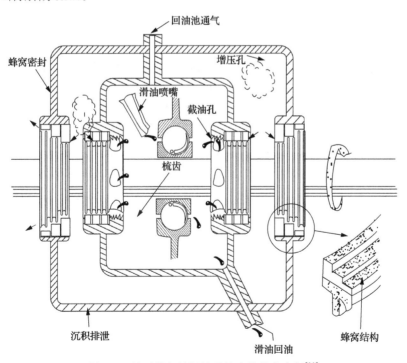

图 4-3　某型燃气轮机轴承箱中的蜂窝密封[11]

5. 蜂窝密封在工业燃气轮机中的应用

GE 公司的 PG6431A 燃气轮机自 1978 年问世以来，经过几十年的发展，到 2000 年的 PG6581B，出力增加了 30%以上。这期间进行的技术改造包括：针对梳齿密封泄漏量大的问题，广泛使用蜂窝密封，使透平密封泄漏量大幅度降低，效率显著提高。

该型机组最早的动叶叶顶与静子护环之间采用梳齿密封，气封间隙很大，保证在瞬态下叶顶与密封护环之间不会发生碰磨。结果在稳态时，从气动损失的角度看，此间隙明显偏大。利用蜂窝密封改造以后，第二、三级透平动叶叶冠上的气封齿均为"刀齿"（cutter teeth），与第二、三级护环的蜂窝密封结构配合。使用蜂窝密封的主要目的是，减少通过该两级动叶叶顶的气流泄漏量，改善机组的性能。允许蜂窝密封的间隙比梳齿密封的间隙小，因为蜂窝密封比较软，在过临界转速等瞬态时，允许动叶叶顶与护环蜂窝密封瞬间接触，对叶片的损伤小。因此，蜂窝密封在稳态运行时密封间隙比较小。该机组蜂窝密封由抗氧化、耐高温的合金材料制成，由厚度为 0.127mm 的金属箔加工成对边宽为 3.175mm 的六边形蜂窝、整体厚度为 3.175mm 的密封结构，然后钎焊到密封上。在运行中产生瞬态接触时，动叶叶冠上的刀齿在密封护环的蜂窝材料上切割出凹槽，形成稳态运行下的间隙，此间隙比梳齿密封的间隙要小得多。

6. 蜂窝密封在高压涡轮泵中的应用

美国航天飞机主发动机是以液态氧和液态氢为燃料的大功率火箭发动机。向燃料室提供液态氧、氢的高压涡轮泵，增压幅度为 2.55×10^7Pa。高压涡轮泵在研制过程中发生了由级间梳齿密封引起的亚异步振动，降低了涡轮泵滚动轴承的寿命。这种级间梳齿密封有 6 个齿，齿在转子上，没有旋流闸板。改造初期，仅将光滑壳体内壁面改成了蜂窝密封，振动幅值明显下降，但亚异步振动并没有完全消失。为此，又给蜂窝密封配置了旋流闸板，彻底消除了亚异步振动[12]。发生于 20 世纪 80 年代初美国航天飞机涡轮泵振动的这次事件，引起了人们对密封流体激振的广泛关注，蜂窝密封抑制密封亚异步振动的能力也得到了充分的显示。

4.1.3 蜂窝密封的研究概述

1. 蜂窝密封实验研究概述

蜂窝密封在许多领域的叶轮机械中都得到了应用，然而人们并不十分清楚蜂窝密封的结构尺寸对其性能的影响规律，尚未完全认清蜂窝密封的封严特性及减振机理。在工程实际中，一般依靠使用经验进行设计。有关实验研究的目的就是探求蜂窝密封的结构尺寸对其动力特性及泄漏量的影响规律。

　　测量蜂窝密封的动力特性系数时，蜂窝密封实验件安装在环座内，环座通过三个压电式加速度传感器与壳体相连。假定转子为微幅振动，密封流体力通常表示为转子小扰动的线性函数。于是，环座的运动方程为[13]

$$\left\{ \begin{array}{c} f_{SX} - M_S \ddot{X}_s \\ f_{SY} - M_S \ddot{Y}_s \end{array} \right\} = \begin{bmatrix} K & k \\ -k & K \end{bmatrix} \left\{ \begin{array}{c} X \\ Y \end{array} \right\} + \begin{bmatrix} C & c \\ -c & C \end{bmatrix} \left\{ \begin{array}{c} \dot{X} \\ \dot{Y} \end{array} \right\} + M \left\{ \begin{array}{c} \ddot{X} \\ \ddot{Y} \end{array} \right\} \qquad (4\text{-}1)$$

式中，f_{SX} 和 f_{SY} 为壳体对环座的反力，由压电晶体加速度传感器测出；M_S 为环座的质量；$\ddot{X}_s$ 和 $\ddot{Y}_s$ 为环座的加速度分量，由压电式加速度传感器测得；K 和 k 分别为密封的主刚度和交叉刚度；C 和 c 分别为密封的主阻尼和交叉阻尼；X、Y、$\dot{X}$、$\dot{Y}$、$\ddot{X}$、$\ddot{Y}$ 分别为转子的位移、速度和加速度分量。式(4-1)右端为环座承受的密封流体力的线性表达式。对式(4-1)进行矩阵变换后，利用频域识别方法(对转子实施 40～70Hz 的激励)，从实验测量结果的拟合曲线中可以得到密封动力特性系数。

　　Childs 等[14]对表 4-3 所示的七种蜂窝密封进行了研究，并与梳齿密封做了对比。密封的宽度皆为 50mm，半径间隙皆为 0.41mm。

表 4-3　七种蜂窝密封结构尺寸[14]　　　　　　　(单位：mm)

尺寸	1	2	3	4	5	6	7
蜂窝深度	0.74	1.47	0.74	1.47	0.74	1.47	1.91
蜂窝宽度	0.51	0.51	0.79	0.79	1.57	1.57	1.57

　　实验结果表明，蜂窝尺寸影响蜂窝密封的动力特性，然而并没有识别出明显的变化规律。实验研究得到的主要结论如下。

　　(1)蜂窝密封的泄漏量最小，其次为梳齿密封、光滑密封。

　　(2)蜂窝密封的主阻尼比梳齿密封大，可以改善转子的响应特性。蜂窝密封 1、3 和 4 的阻尼较大，蜂窝密封 6 和 7 的阻尼较小。

　　(3)蜂窝密封的交叉刚度均为正值。对应于不同的蜂窝尺寸，交叉刚度没有明显的变化规律。交叉刚度较小或为负值时，有利于转子的稳定运行。

　　七种蜂窝密封的主刚度有正有负，与蜂窝尺寸没有明显的对应关系。密封的主刚度并不直接影响转子的稳定性。如果主刚度较大，可以提高转子的临界转速。

　　涡动频率比($k/C\omega$，k 为交叉刚度，C 为主阻尼，ω 为转子振动频率)是综合评价密封动力特性的一个指标，该值越小，对转子稳定性越有利。当流体入口预旋与转子旋转方向一致时，蜂窝密封的涡动频率比最小，其次为梳齿密封和光滑密封。

　　何立东等[15]从能量耗散的角度，通过实验研究了蜂窝密封的减振机理。光滑密封、梳齿密封中的气体脉动功率谱图为单峰谱图，峰值很高。这表明光滑密封和梳齿密封中的气体脉动是由一种主旋转涡运动造成的，气体脉动能量高。静子为蜂窝密封、转子上带有梳齿的密封腔中，气体脉动的功率谱图为多峰谱图，且峰值都很小。这表明，蜂窝密封中的气体脉动是由许多大小不同的旋涡运动造成的，能量得到了充分的耗散，黏性阻尼很大，有助于抑制转子的振动。对蜂窝宽度分别为 0.8mm、1.6mm 和 3.2mm，蜂窝深度均为 3mm 的三种蜂窝密封与梳齿密封的泄漏量进行对比的实验表明[16]，当半径间隙为 0.12mm 时，蜂窝宽度为 1.6mm 的蜂窝密封泄漏量最小。

2. 蜂窝密封理论研究概述

对蜂窝密封进行理论分析时，普遍采用传统的容积流分析方法（如单控制体法等），将描述密封中流体运动的连续方程、动量方程及能量方程简化成容积式控制方程。假设转子振动的幅值很小，压力、速度及温度等流体变量由稳态量与扰动量两部分构成，控制方程也由零次方程和一次方程两部分组成。流量、温度和静态特性（如摩擦力矩和静态力等）由零次方程求解，密封动力特性系数由一次方程可求解[8]。

求解控制方程的一个关键是计算控制体与蜂窝静子壁面之间的剪切应力。目前主要基于这样一个基本假设：蜂窝表面的流体与蜂窝壁面之间的作用可以简化成与粗糙表面的作用，利用摩擦因子来描述蜂窝壁面对流体的剪切作用[17,18]：

$$\tau_w = f \rho U_m^2 / 2 \tag{4-2}$$

式中，τ_w 为壁面剪切应力；ρ 为流体密度；U_m 为流体相对于固体表面的平均速度；f 为摩擦因子。摩擦因子的计算公式是利用粗糙平板的实验结果而得到的经验公式，主要有以下几种计算方法。

1）Hirs 摩擦因子模型

摩擦因子表示为

$$f = n_0 (Re)^{m_0} \tag{4-3}$$

式中，n_0 和 m_0 为由实验确定的经验系数；Re 为雷诺数。

2）Moody 摩擦因子模型

摩擦因子表示为

$$f = 0.001375[1 + (2000e / D_h + 10^6 / Re)^{1/3}] \tag{4-4}$$

式中，e 为固体壁面的绝对粗糙度；D_h 为密封的水动力直径；Re 为雷诺数。

3）Ha 摩擦因子模型

摩擦因子表示为

$$f = c_1 + \frac{H}{b}\left(\frac{c_2}{\dfrac{P}{P_c}} + c_3 Ma^{c_4}\right) \tag{4-5}$$

式中，H 为密封半径间隙；b 为蜂窝宽度；P 为气体压力；P_c 为气体临界压力；Ma 为马赫数；$c_1 \sim c_4$ 为由实验确定的系数。

3. 蜂窝密封摩擦因子计算结果与实验值对比

（1）泄漏量：计算值高于实验值。

（2）主刚度：计算值与实验值有相同的变化趋势。例如，提高入口压力，主刚度增大；转速对主刚度无影响。

（3）交叉刚度：计算值与实验值有较大的差距，特别是在高转速的情况下，计算值偏大。在较低的转速下，实验值为负值，这可能是由密封中的二次流引起的。容积流摩擦因子模型不能反映这种现象。转速和入口预旋速度增大时，实验值增大得很少，计算值却变化很大。

（4）主阻尼：实验表明，提高压比，可以提高主阻尼的幅值。计算结果则相反。

4. 蜂窝密封摩擦因子模型讨论

利用各种摩擦因子模型对蜂窝密封性能进行的计算并不是令人满意的，与实验结果有较大的差距。蜂窝密封的表面分布着大量排列复杂的六边形小孔，流体在小孔中的流动状态非常复杂，比如，流体在小孔中旋转、流进、流出等。这绝非摩擦因子经验公式所能描述的。当初研究梳齿密封时，也曾将其简化成粗糙表面，然而计算结果与实验结果之间始终相差很大，直到利用真实流动物理模型来研究梳齿密封腔中的流动后，才取得了显著的改进。

流体在梳齿密封和蜂窝密封中都产生了旋涡，在这一点上有着相似的能量耗散机理。因此，也曾将蜂窝壁面简化为梳齿，利用梳齿密封的分析模型来计算蜂窝密封的特性。然而，梳齿密封与蜂窝密封在物理结构上有很大的不同，使得梳齿密封中的流动与蜂窝密封中的流动存在着很大的差异：梳齿密封在周向上是贯通的腔室，蜂窝密封则是周向上相互隔绝的独立空间。两种密封中流体的周向运动规律显然不同，直接影响流体激振力的性质。总之，各种摩擦因子模型难以对蜂窝密封性能进行准确的分析，需要数值求解基于蜂窝密封真实流动物理模型的 N-S 方程，来分析蜂窝密封的流动。

4.2　蜂窝密封数值计算中的并行计算方法

4.2.1　引言

　　蜂窝密封静子表面结构复杂，导致密封腔中流体流动状态非常复杂。对蜂窝密封流场的特性进行数值模拟时，对计算机的性能要求很高。并行计算技术则有助于解决这一难题，其主要思路是：把一项工作分解成不同部分，使计算机在同一时间计算这些不同部分，在同一时间里计算机做多件工作，从而完成复杂的计算任务。由于网络技术发展迅猛，网络并行日益兴起。利用高速网络，调动网络上的计算机资源，可并行计算大型复杂问题。将网络上大量使用的普通计算机与并行处理技术相结合，可以达到使计算速度倍增的目的，处理能力甚至可以媲美某些大型计算机[19]，逐渐成为动力机械行业 CFD 的一个重要发展方向。

　　并行计算技术的核心思想是将一个大问题分解成若干个子问题来求解，按问题划分的细致程度可分为细粒度并行以及粗粒度并行。如果把问题分解得很细，将缩短求解子问题的时间，这样会提高整个问题的求解效率。但是问题划分得很细，会增加子问题的数量。在求解过程中要进行大量的数据交换，因此增加子问题数量，会急剧增加数据交换量，使网络的负担加重，反而不利于提高整个问题求解的总效率。需要权衡这些影响，以获得较高的求解效率[20]。

4.2.2　网络并行的计算模式

　　(1)主从(master-slave)模式：主进程不承担具体的计算任务，监控和管理从进程；具体的计算工作由从进程负责，有时也可以利用主进程来处理串行运算，如图 4-4 所示。

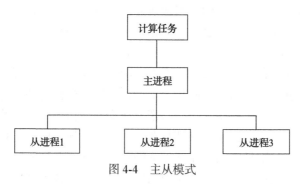

图 4-4　主从模式

　　(2)单程序多数据(single-program multi-data，SPMD)模式：每个进程计算不同的数据，但执行相同的程序，如图 4-5 所示。

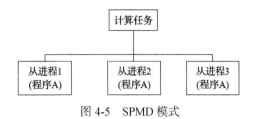

图 4-5　SPMD 模式

(3)多程序多数据(multi-program multi-data，MPMD)模式：各个进程计算不同的数据，执行不同的程序，如图 4-6 所示。

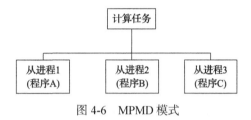

图 4-6　MPMD 模式

(4)混合模式：一种混合模式是包含主从模式和单程序多数据模式；另一种混合模式是包含主从模式和多程序多数据模式，如图 4-7 和图 4-8 所示。

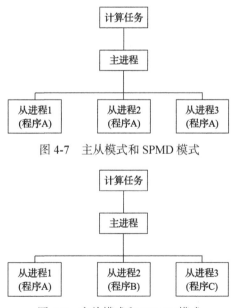

图 4-7　主从模式和 SPMD 模式

图 4-8　主从模式和 MPMD 模式

混合模式可发挥单程序多数据模式和多程序多数据模式的优势，同时主进程监控和管理各从进程，协调各个从进程，合作完成计算任务[19]。

本节计算中使用的是多程序多数据模式,在一个计算机上实现并行计算。把整个计算区域分成 9 个区:密封间隙区和 8 个密封腔区。各区域进行并行计算,并在 8 个密封腔和密封间隙的边界处进行数据交换,来实现整个流场区域的数值模拟。

4.3　蜂窝密封二维流动特性的数值分析

4.3.1　引言

传统蜂窝密封流量计算方法的一个基本假设是:蜂窝密封表面可以用摩擦因子模型进行简化。但是,蜂窝密封中的流动现象并不是完全与摩擦有关,而是一种复杂的湍流现象[21]。用摩擦因子模型对蜂窝密封进行的动、静特性计算表明,计算值高于实验值,相差很大。

蜂窝密封静子表面分布大量六边形小孔,流体在小孔中径向流进、流出及旋转。把蜂窝中的气体简化为弹性气柱,与空气弹簧相似,形成空气弹簧振子。在六边形蜂窝小孔中,气流径向振荡会耗散气体的能量。本书作者计算了气流在蜂窝中的径向振荡速度,其值仅为主流速度(轴向速度)的 1%,这表明气流在蜂窝中的径向振荡不是耗散气体能量的主要机制。

计算梳齿密封初期,也曾用摩擦因子模型进行简化,但计算结果与实验结果有较大的偏差。利用梳齿密封真实物理流动模型后,计算结果有了实质性的改进。蜂窝密封和梳齿密封有着相同的能量耗散机理,即在梳齿腔或蜂窝中都产生了旋涡,以耗散密封腔中气流的能量。Scharrer 提出将蜂窝密封简化成梳齿密封,利用梳齿密封真实物理流动模型进行流量计算,得到的蜂窝密封计算结果与实验结果比较接近,比摩擦因子模型有了很大的改进。

4.3.2　蜂窝密封封严特性计算结果与实验结果比较

利用多程序多数据并行的密封流场数值计算方法,本节针对蜂窝密封二维物理流动模型,进行了蜂窝密封定常流动计算,并将蜂窝密封流量的计算值与实验结果进行了比较。计算使用的数据是蜂窝宽度为 3mm,密封间隙为 0.12mm,并排 8 个蜂窝腔,有 2mm 的入口段和 2mm 的出口段。

首先计算了蜂窝深度均为 3mm,压比分别为 0.7、0.8、0.9 时蜂窝密封的泄漏量,然后计算了压比均为 0.9,蜂窝深度分别为 4mm、3mm、2.5mm、2mm、1.5mm 和 1mm 时蜂窝密封的泄漏量,并记录了不同结构尺寸下的流场图。蜂窝密封二维流场计算域的网格为 100 个×100 个(蜂窝内部)、50 个×1000 个(间隙中)。

　　图 4-9 给出的是在不同的压比下，对蜂窝密封进行的泄漏量计算，并与实验结果进行了比较。图 4-10 给出的实验结果是三种蜂窝密封(蜂窝宽度与蜂窝深度之比分别为 0.27、0.53 和 1.07)在压比为 0.81 时的泄漏量；理论计算结果是六种蜂窝密封在压比为 0.9 时的泄漏量。

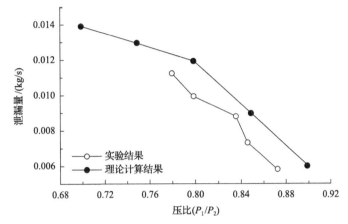

图 4-9　不同压比下蜂窝密封泄漏量理论计算结果与实验结果的比较

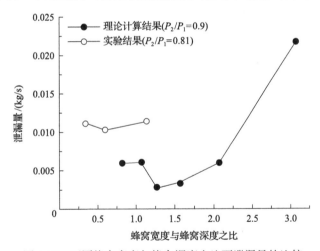

图 4-10　不同蜂窝宽度与蜂窝深度之比下泄漏量的比较

　　实验结果表明在三种蜂窝密封之中，蜂窝密封结构尺寸对泄漏量的影响并不呈线性的规律。在半径间隙为 0.12mm 的情况下，中蜂窝密封(蜂窝宽度与蜂窝深度之比为 0.53)的封严效果最好，其次为小蜂窝密封(蜂窝宽度与蜂窝深度之比为 0.27)，大蜂窝密封(蜂窝宽度与蜂窝深度之比为 1.07)则较差。

　　将理论计算结果与实验结果进行对比发现，两者有着相同趋势，在半径间隙为 0.12mm 的情况下，当蜂窝宽度与蜂窝深度的比值由小到大变化时，泄漏量的变化趋势是由大到小，然后由小变大。因此，偏大或偏小的蜂窝宽度与蜂窝深度之比对应的都是较大的泄漏量，只有适当的蜂窝宽度与蜂窝深度之比，对应的才是较小的泄漏量。

4.3.3　蜂窝密封二维流动特性分析

密封的热力学效应越大、直通效应越小，则密封泄漏量越少。在密封间隙空腔内，气流形成旋涡，动能转变成热能而被消耗，从而减少了泄漏量。蜂窝网格增强了阻尼作用，从而加强了气流在密封间隙中的能量耗散。蜂窝过宽，蜂窝网格的阻尼作用减弱，不利于气流能量的耗散。蜂窝过窄，密封间隙的膨胀空间较小，不利于旋涡的形成，也减弱了气流能量的耗散。这是对蜂窝密封封严机理的定性解释。

在数值分析蜂窝密封流场特性的过程中，得到了不同结构尺寸下蜂窝腔中的流场分布图(除了蜂窝深度不同外，其他结构尺寸均为蜂窝宽度 3mm、密封间隙 0.12mm)，下面选择其压力分布图进行分析(出、进口压比均为 0.9)，如图 4-11 所示。

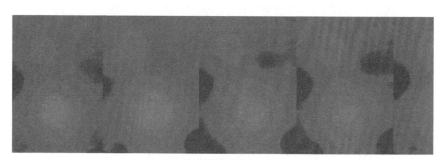

(a) 蜂窝深度：4mm

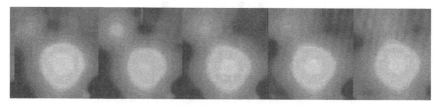

(b) 蜂窝深度：3mm

(c) 蜂窝深度：2.5mm

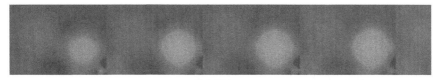

(d) 蜂窝深度: 2mm

图 4-11　不同结构尺寸下蜂窝腔中的压力分布图

颜色深表示压力高, 颜色浅表示压力低

由以上压力分布图可以看出蜂窝腔中流场分布的共同特性: 蜂窝腔中的流动大致可以分为 4 个区域: ①射流区, 此区位于转子边缘的上部, 即密封间隙的下部; ②回流区, 此区位于密封腔的中部, 从图 4-11 中明显可以看出一个主旋转涡的存在; ③紊流区, 此区靠近下一个蜂窝的迎风面, 即在前一个蜂窝腔的下游, 原因是从上游射流冲击过来的气流在蜂窝壁面上反射造成速度大小和方向变化很不规则; ④角涡区, 在密封间隙的上部由于中心主旋转涡的带动, 在蜂窝腔的两个上角都存在与主旋转涡流动相反的角涡。当流体经过节流进入蜂窝腔后流体突然扩张, 速度迅速降低, 压力也随之升高。

计算结果表明, 蜂窝腔中气流形成的旋涡可以分为流动的旋转涡、角涡、分离涡等。气流在蜂窝腔中部形成主旋转涡, 在蜂窝腔的两个上角形成小的角涡。观察不同结构尺寸下密封腔内的流场分布图, 可以看出它们也有一定的区别, 在蜂窝宽度和蜂窝深度一致时, 腔中的一个主旋转涡和上面两个角上的两个角涡比较明显, 当蜂窝深度逐渐加大, 如深度为 4mm 时, 主旋转涡上面的一个角涡开始增大, 最后形成上下两个主旋转涡, 还有一个角涡。而当蜂窝深度逐渐变小, 如蜂窝深度为 2mm 时主旋转涡上面的两个角涡逐渐偏到了主旋转涡的左边, 其中一个角涡逐渐变大, 最后形成左右两个主旋转涡和一个角涡。

为了研究蜂窝密封的封严机理, 本节对蜂窝深度为 2mm 和 4mm 的两种蜂窝密封的湍动度进行了比较。蜂窝深度为 2mm 时蜂窝腔中的湍动度比较大, 造成的能量耗散比较大, 从而使得密封的泄漏量减小。而蜂窝深度为 4mm 时湍动度比较小, 能量耗散较少, 泄漏量多。因此, 蜂窝结构尺寸与蜂窝密封的流场分布有着很大关系, 从而影响蜂窝密封的封严特性。

4.3.4　结论

蜂窝密封封严的物理机制使蜂窝密封中形成了许多旋涡, 耗散了大部分气流能量, 减小了泄漏量。蜂窝密封粗糙表面对气流的摩擦作用以及蜂窝腔中气流振荡所耗散的能量都较小, 不占主要地位。

计算得到的蜂窝密封流场细观结构, 主要由各种旋涡组成, 如主旋转涡和角涡等, 揭示了蜂窝密封封严的机理。

蜂窝密封结构尺寸对漏气量的影响并不呈线性的规律。蜂窝宽度与蜂窝深度之比偏大或偏小时，密封的漏气量都较大，因为此时蜂窝腔中气流的湍动度较小，旋涡强度较弱，能量耗散效果差。蜂窝宽度与蜂窝深度之比达到一定的数值时，蜂窝腔中的气流具有较大的湍动度，旋涡强度很高，有利于能量耗散，使密封的封严性较好，泄漏量较小[8,21]。

4.4　数值分析结果讨论

本节建立了蜂窝密封流场的 N-S 方程，数值分析蜂窝密封结构尺寸对密封流场的影响。研究结果表明，蜂窝腔中气流的湍动度与蜂窝密封的结构尺寸关系密切，分析了蜂窝密封的旋涡能量耗散，有助于揭示蜂窝密封的封严机理。蜂窝密封的结构尺寸与漏气量之间并不是线性关系。蜂窝宽度与蜂窝深度之比为一个合适的值时，蜂窝密封的泄漏量较小。

4.5　蜂窝密封实验台设计与调试

对于结构相对简单的梳齿密封，现在仍有许多问题有待于进一步研究，而蜂窝密封中的气流运动远比梳齿密封复杂，实验研究仍是首选方法，理论上的研究很大程度上依赖于实验取得的数据。蜂窝密封已广泛应用于高性能的叶轮机械中，国外一般都是进行大量的实验或凭借长期的使用经验来选用蜂窝密封。实验研究蜂窝密封等阻尼密封的减振机理，为设计和应用高效阻尼密封提供技术支撑，仍是紧迫而艰巨的任务[22-29]。

一般认为，流体激振的主要原因是，当转子因某种原因产生偏心涡动时，形成了密封腔周向上不均匀的间隙分布，从而使密封腔周向压力分布不均匀，即形成了加剧转子涡动的横向激振力。基于这种认识，蜂窝密封实验台的基本设计思想是，可以模拟各种工况，如不同的进气压力、转速、进气角及转子偏心量，测试各种结构密封腔中气体的压力分布和转子的振动频率，进而进行转子振动频谱分析。

由转子工作的原理可知，气泵首先将压缩空气泵入储气罐，使储气罐中的气体达到一定压力(不大于 1.0MPa)。实验时，压缩空气经过调压阀调节到一定的压力后，分别注入实验机的工作腔和平衡腔；经高速皮带增速后，电机带动实验机转子旋转，电机转速由变频调速器控制；实验机轴承为成对使用的角接触球轴承，采用的是强制喷油润滑方式；密封腔周向压力分布由水柱差压计测量。

4.5.1　偏心调节机构

实际机组的转子因挠曲、偏磨、安装偏心或旋转时的涡动，不可避免地处于动态或静态偏心,这种偏心是转子产生流体激振的主要原因。为了模拟这种偏心,本节设置了偏心调节机构。偏心调节盘用螺栓与实验机壳体连为一体。松开螺栓,拧动调节螺钉,在导向键的引导下,偏心调节盘连同其上的密封件,在水平方向上径向移动,便形成了相对于转子的偏心状态,见图 4-12。

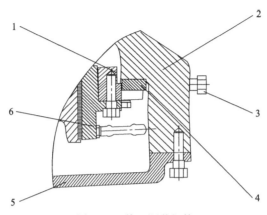

图 4-12　偏心调节机构

1. 偏心调节盘；2. 实验机壳体；3. 调节螺钉；4. 导向键；5. 端盖；6. 密封

4.5.2　实验机转子的支承

　　蜂窝密封实验转子的转速最高可达 12000r/min,同时实验机内还充满了高压气体。转子的两个支承选用两对 C236110K-SH 角接触球轴承。这是参考美国航天飞机发动机燃料涡轮泵支承结构而设计的。这种轴承的接触角为 15°,可以承受较大的轴向力；同时摩擦力比较小,可以适应较高的转速。每对轴承中,在其中一个轴承的外圈上均匀地开有两个 1mm×1mm 的进油槽。

　　密封腔进气压力最高可达 1.0MPa,在工作盘上形成了很大的轴向推力,对轴承构成了较大的威胁。为此设置了一个平衡腔,将相同压力的气体引入平衡腔中,在平衡盘上产生平衡推力,使轴承所受到的轴向力大幅度减小。另外,在两个轴承座上还分别装有一只热电偶,可随时监测轴承温度,如果轴承温度过高,可报警。

　　轴承润滑为喷油润滑,喷油压力为 0.15~0.18MPa。初始试车时,润滑油靠重力回油,结果回油不畅,搅油、飞溅严重。高速运转时,情况更为恶劣。为此在回油管路上增加了一只小型电动泵抽油,解决了回油困难的问题。

4.5.3　高压气体与润滑油的密封结构

　　为了防止工作腔及平衡腔中的高压气体向轴承腔中泄漏,也为防止润滑油向工作腔及平衡腔中泄漏,选用了活塞环式的涨环密封。每端支承的前面都应用了三组活塞环，其材料为灰铸铁，由润滑油润滑。这种封严装置应用于盘轴悬臂支承的结构中，缩短了盘和支点的距离，见图4-13。

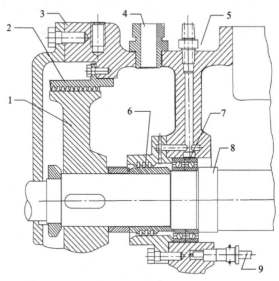

图4-13　转子密封实验机局部剖面图

1. 轮盘；2. 密封；3. 壳体；4. 进气喷嘴；5. 润滑油进油口；6. 涨环；7. 滚动轴承；8. 轴；9. 热电偶

4.5.4　调速系统

实验机由一台 4kW 的电机通过增速皮带轮驱动，电机转速为 2890r/min，皮带轮的增速比为 4：1，皮带为聚氨酯高速平皮带，规格为 1.5×60×2100（带厚1.5mm，带宽 60mm，带长 2100mm）。由于高速带轮转速高，要求其强度好、重量轻、质量分布均匀。带轮选用的材料是锻铝 LD5，加工后进行动平衡。高速带轮的轮缘表面上还加工有环形沟槽，以便在高速运转时，使带与轮面之间的空气逸出，防止产生背压而减小实际包角，以保证正常传动，并可减少噪声。

电机由变频器控制，使电机可在 0～2890r/min 范围内无级变速，并可显示电机的电流、电压及频率等。这样通过高速皮带轮的增速，实验机可在 0～12000r/min 范围内进行无级变速，以模拟各种转速工况。

4.5.5　进气系统

气泵将高压气体泵入储气罐中，储气罐的容积是 1.6m³。待储气罐中的气压稳定在设计值后，打开储气罐的出气阀，并将平衡腔与工作腔中的压力调节到低于储气罐气压的某一操作值。工作腔的进气方式有两种，一种是径向进气，另一种是与半径方向呈 25° 方向的进气，以研究气体的不同预旋对密封流体激振力的影响。每种进气方式都有三只喷嘴，通过环形进气管供气。为确保进入实验机中的气体的稳定性，在进气喷嘴前设置了精密稳压阀。

4.5.6　测量装置

目前，实验研究密封流体激振的一般方法是测量密封周向流体压力的分布。例如，美国的 Childs 是在密封外面周向均匀布置三个压电晶体加速度传感器，用以测量密封受到的气体激振力。浙江大学则利用水柱差压计来测量密封间隙中气体的周向压力分布。

本书在最初的实验台设计中，为了测量密封腔周向上的气体压力，在密封周向均匀地开有 12 个测压孔，将密封间隙中的气体用橡胶软管引向水柱差压计，在水柱差压计上可以观察到密封腔气体周向上的压力分布形态。实验发现，水柱差压计的水面剧烈波动，不是原来想象中的平稳状态，无法精确记录压力的数值。这种现象虽然给测量造成了困难，但是却反映了一个重要的事实：密封腔中的流体不是稳定的，而是处于一种强烈的脉动状态。

4.5.7　蜂窝密封实验件的制造

本书制造了三种结构尺寸的蜂窝密封实验环。蜂窝由 0.1mm 厚的 0Cr18Ni9 不锈钢箔片制成，蜂窝对边距为 0.8mm、1.6mm 和 3.2mm，蜂窝的深度为 3mm，轴向尺寸为 50mm。实验台经过安装调试，一次开车成功。

(1) 实验机转子运行平稳，轴承温度正常。

(2) 变频调速器无级变速准确。

(3) 储气罐安全可靠，进气调节系统工作正常，无泄漏现象。

(4) 润滑油系统供油、排油达到设计要求，无跑冒现象。

(5) 偏心机构工作可靠。

(6) 胀圈密封工作可靠，阻隔了气体与滑油之间的泄漏。

4.6　密封实验台分析

4.5 节主要介绍了蜂窝密封实验台的基本构造。在实验研究中发现，水柱差压计的水面剧烈波动，远非平稳状态，无法精确记录密封气流压力的动态特性。这种现象充分说明了密封间隙中的气流存在非定常脉动现象。传统水柱差压计实验方法无法测量密封气体的脉动特性。为了揭示密封气体的脉动特性，必须改变传统的测试手段，而这首先应改变传统的静态研究方法，需要分析脉动流体与振动转子之间的流固耦合作用，揭示密封流体激振的本质。

4.7　密封间隙气流振荡流场动态特性的实验研究

　　常用的梳齿密封已远远不能满足现代高性能叶轮机械发展的需要。为减少泄漏，提高效率，人们期望密封间隙越小越好。但是，如果梳齿密封的间隙过小，则容易导致密封流体激振，威胁机组的稳定性。目前，一些高性能燃气轮机、压缩机、汽轮机和涡轮泵等叶轮机械都广泛应用了蜂窝密封。这种密封的密封间隙很小，一般为梳齿密封的 1/3，甚至在工作状态时为零间隙，但密封流体激振却很小，可以提高效率并能保证机组运行的稳定性。

　　密封流体激振是密封间隙气体脉动流场与转子之间的流固耦合作用，研究的关键是分析在转子的旋转和振动作用下，密封间隙气体脉动流场的动态特性。本书从流固耦合的角度，实验研究了蜂窝密封、梳齿密封和光滑密封气体脉动的动态特性。应用边界层理论、流体动力稳定性理论和能谱分析法等，对蜂窝密封等四组类型密封的实验结果及其形成机制进行详细的讨论。

　　传统的密封实验研究一般仅测量流体力的大小，即是一种静态测量，而流体力动态测量则与其有着本质的不同[30-34]。动态测量不但要测量流体力的大小，还要测量其频率特性，要求在理论分析的基础上，对流体脉动的频率特性有一个预测，以选定截止频率和采样频率。另外，密封半径间隙很小(有时仅为 0.1mm)，这就给气体压力传感器的安置带来了困难。排除机械振动的干扰，计算测量误差，是动态测量需要解决的另一个问题。

4.7.1　密封间隙气流动态压力测试系统

　　实验台主体部分结构见图 4-14。密封间隙内的气体由静子密封上的探针引出，通过长度约为 220mm、内径为 3.5mm 的铜管，传输到压力传感器上。该传感器为 YL-1 型涨丝式小惯性动态压力传感器，其主要精度指标为迟滞小于 0.5%，非线性小于 0.5%。传感器输出的电压信号，经过二合一抗混滤波放大器后，传输到数据采集分析系统中。该系统并行 16 通道，12 位 A/D，程控增益为 16 倍，最高采样频率为 100kHz，采集到的数据存储在计算机中，可进行频谱分析、功率谱分析等。

4.7.2　实验数据的处理与分析

　　在实验中发现，密封间隙气体压力脉动信号为离散谱信号。为此，在数据分析中采用了平顶窗，以减小旁瓣泄漏。为了减少随机因素的干扰，突出特征信息，除了用低通滤波器对数据滤波，提高信噪比外，还进行了多次频谱平均，使随机成分大大减弱[35]。当转子转速为 4800r/min 时，光滑密封间隙气体在不同的平均次数下的频谱分析幅值如表 4-4 所示。

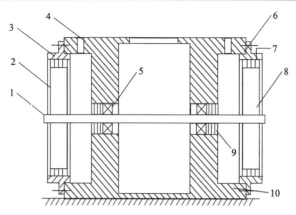

图 4-14   实验台主体结构示意图

1. 轴；2. 平衡盘；3. 平衡盘气封；4. 进气管；5. 滚动轴承；6. 密封实验件；
7. 压力传感器；8. 轮盘；9. 密封圈；10. 壳座

表 4-4 不同平均次数下的频谱分析幅值

平均次数/次	1	100	200	500	800
幅值/mV	115.32	114.71	114.12	111.76	109.85

4.8   密封间隙气流脉动的机理

压力传感器拾取的是一个复杂的振动信号，研究人员感兴趣的则是直接影响到转子运行稳定性的气体压力脉动信号。如何从复杂振动信号中把影响转子运行稳定性的振动信号突出出来，是实验研究的一个关键问题。

目前，研究密封流体激振的一般方法，是测量密封间隙气流的静态压力分布，进而求出密封气膜的刚度和阻尼系数，研究密封间隙气流压力脉动频率特性的文献较少。因此，实验中面临的首要问题是如何从理论上分析密封间隙气流脉动的机理，为确定滤波器的截止频率和采集系统的采样频率提供依据。

本书从流固耦合的角度，建立转子密封系统非线性振动理论模型，详见式(2-10)和式(2-11)。

式(2-10)表示的是转子在流体激振力和转子不平衡质量激振力作用下的强迫振动；式(2-11)表示的是密封间隙中的气体在转子振动作用下的强迫非线性振动。当密封间隙气体脉动主频率与转子固有频率相近时，转子密封系统将发生强烈的振动。

基于上述分析，可以得到如下一些结论，即密封间隙气体脉动成分中：

(1)含有转子的不平衡力激振频率，即转速频率。

(2)由于气体脉动的非线性，还会产生一些转速频率的倍频和低频成分。

(3)发生密封流体激振的时候，频谱图中出现转子的一阶固有频率。

实验转子的极限转速为12000r/min（200Hz），一阶固有频率为142Hz（8500r/min）。根据上述分析，低通滤波器的截止频率选定为 500Hz，而采样频率则由香农定理选定为1500Hz[36,37]。

4.9　压力传感器引管的传输特性分析

压力传感器的直径为12mm。为了提高测点空间分辨率，减少对流场的干扰，同时防止机壳的机械振动影响压力传感器的精度，实验中将传感器放在机壳之外，利用一根内径为 3.5mm、长度为 220mm 的细铜管将密封间隙内的气体引入传感器，利用软胶管将铜管两端分别与探针和传感器相连。对于静态压力测试，这种管道的存在并不影响测试精度；但对于动态压力测试，需要分析这个管道对动态响应的影响。

以压力信号中的最高转速频率成分（150Hz）为例，其在引管中以声速传播，波长为 2.27×10^3mm，远大于管道长度，于是引管内流体可近似认为是不可压缩的，整个流体柱可简化为一个刚体。传感器前端是体积为 V_2 的空腔，其中的空气没有流出口，其流速和惯性质量可忽略不计；当测量压力 $P_1(t)$ 增大时，引管空气柱的部分气体流入空腔，这意味着原来空腔内的气体所占体积减小了，空腔内的压力 $P_2(t)$ 随之上升，完成了绝热压缩过程，即空腔内流体是可压缩的。管道内流体流速很低，可以认为是层流。另外，认为管道和空腔壁是刚性的。于是引管简化成集总参数二阶系统[38]，如图 4-15 所示。

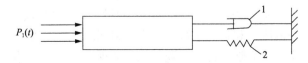

图 4-15　引管简化模型

1. 层流摩擦力等效阻尼；2. 理想可压缩流体等效刚度

空腔内的气体压缩过程是绝热的，其体积和压力的变化关系是

$$\frac{\mathrm{d}P_2}{P_2} = -\frac{\mathrm{d}V_2}{k_0 V_2} \tag{4-6}$$

式中，k_0 为绝热指数，于是

$$\frac{\mathrm{d}V_2}{\mathrm{d}t} = -\frac{k_0 V_2}{P_2} \cdot \frac{\mathrm{d}P_2}{\mathrm{d}t} \tag{4-7}$$

空腔内体积的变化来源于管道内气体的流入：

$$dV_2 / dt = Au$$

式中，A 为管道截面积；u 为管道内空气柱的平均流速。代入式(4-7)中，有

$$u = -\frac{k_0 V_2}{A P_2} \cdot \frac{dP_2}{dt} \tag{4-8}$$

管道内气体的运动方程为

$$\rho A l = \frac{du}{dt} = P_1 A - P_2 A - 8\pi \mu l u \tag{4-9}$$

式中，l 为引管长度；μ 为流体黏度。

设管道系统的固有频率 ω_n' 为

$$\omega_n' = \frac{C}{l} \sqrt{\frac{V_2}{V_1}}$$

式中，$C = \sqrt{k_0 P_2 / \rho}$；$V_1 = Al = \frac{\pi}{4} d^2 l$，$d$ 为引管直径。

阻尼比为

$$\varepsilon = \frac{16v}{d^2 \omega_n'}$$

式中，$v = \mu / \rho$ 为管道流体运动黏度。

于是由式(4-8)和式(4-9)可得

$$\frac{d^2 P_2}{dt^2} + 2\varepsilon \omega_n' \frac{dP_2}{dt} + \omega_n'^2 P_2 = \omega_n'^2 P_1 \tag{4-10}$$

传感器前端空腔的直径为 15×10^{-3}m，长度 5×10^{-3}m，于是 V_2 为 0.88×10^{-6}m^3。实验中引入密封气体的细铜管内径 d 为 3.5mm、长度 l 为 220mm。考虑到管道简化所带来的误差，可使用半经验公式：

$$l_e = l\left(1 + \frac{8d}{3\pi \cdot l}\right) = 0.223(m)$$

$$V_e = 1.1 V_1 = 1.1 \cdot \pi d^2 l / 4 = 2.33 \times 10^{-6}(m^3)$$

式中，l_e 和 V_e 为使用经验公式推出的工况引管长度和空腔体积。

由于空气的运动黏度为 $1.5 \times 10^{-5} \mathrm{m^2/s}$，声速 C 为 340m/s，于是

$$\omega_n' = \frac{C}{l_e} \sqrt{\frac{V_2}{V_e}} = 938(\mathrm{s}^{-1}), \quad \varepsilon = \frac{16v}{d^2 \omega_n'} = 0.028$$

以被测信号中的 150Hz 频率成分为例，其幅频响应和相频响应为

$$P_2 = P_1 \sin(\omega t + \varphi)$$

$$|P_2| = \frac{|P_1|}{\sqrt{\left[1 - (\omega / \omega_n')^2\right]^2 + (2\xi\omega / \omega_n')^2}} = 1.026|P_1|$$

$$\varphi = -\arctan \frac{2\varepsilon / \omega_n'}{1 - (\omega / \omega_n')^2} = -0.0092°$$

式中，ε 为转子阻尼比。

也就是说，由管道拾取的信号与被测点信号相比，幅值增加 2.6%，相位落后 0.0092°。引管长度较短，管径适宜，压力信号为低频信号，使得 $\omega \ll \omega_n'$，式 (4-10) 所示的管道二阶测试系统呈现出基本无失真的传输特性。

4.10　实　验　结　果

本节着重介绍蜂窝密封、梳齿密封和光滑密封的对比实验结果。为了保证实验结果的可比性，实验中不同密封的测点位置恒定，即测点的轴向和径向位置保持不变；同时，测点处密封半径间隙皆为 0.1mm，密封腔进气压力为 $0.2 \times 10^5 \mathrm{Pa}$。

4.10.1　大蜂窝孔密封和小蜂窝孔密封的对比实验

转动轮盘为光滑圆柱表面，静子为蜂窝宽度不同的两种蜂窝密封，如表 4-5 和图 4-16 所示。

表 4-5　蜂窝密封规格　　　　　　　　　　　（单位：mm）

序号	蜂窝宽度	蜂窝深度	蜂窝壁厚
1（大蜂窝孔）	3.2	3.0	0.1
2（小蜂窝孔）	0.8	3.0	0.1

在四种不同转速下，分析蜂窝密封间隙气体压力脉动的功率谱，四种不同的转速分别为 1200r/min（20Hz）、2400r/min（40Hz）、3600r/min（60Hz）和 4800r/min（80Hz）。

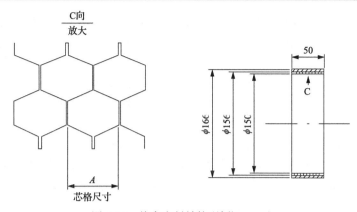

图 4-16 蜂窝密封结构(单位：mm)

实验结果表明：

(1)除近似于直流分量的成分外,蜂窝密封功率谱的主要成分是转速频率及其倍频成分的离散谱。

(2)小蜂窝孔密封中,各相邻频率成分所对应的功率谱值变化缓慢；大蜂窝孔密封中,转速频率和它相邻频率成分所对应的功率谱值却是陡然突变。以 4800r/min (80Hz)为例, 小蜂窝孔密封转速频率对应的功率谱值为 169mV^2, 其相邻倍频对应的功率谱值为 111mV^2；而大蜂窝孔密封转速频率对应的功率谱值为 832mV^2, 其相邻倍频对应的功率谱值为 34.5mV^2。

(3)在相同转速下,小蜂窝孔密封功率谱中的最大值比大蜂窝孔密封功率谱中的最大值要小得多。以 4800r/min(80Hz)为例,小蜂窝孔和大蜂窝孔密封功率谱的最大值分别为 169mV^2 和 832mV^2。

4.10.2 梳齿轮盘/蜂窝静子实验

静子为蜂窝密封, 其尺寸为表 4-5 中的大蜂窝孔密封, 如图 4-16 所示。转子为梳齿轮盘, 如图 4-17(a)所示。

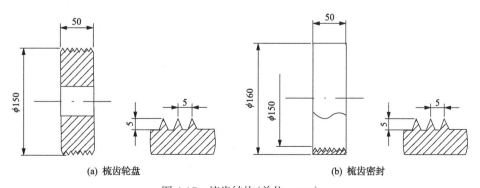

(a) 梳齿轮盘　　　　　　　　　(b) 梳齿密封

图 4-17 梳齿结构(单位：mm)

　　在四种不同转速即 2400r/min（40Hz）、4800r/min（80Hz）、7200r/min（120Hz）和 8100r/min（135Hz）下，本节分别分析了密封间隙中气体压力脉动的功率谱。

　　实验结果表明：

　　(1)除交流电干扰频率(49.77Hz)和少量近似的直流分量成分外，功率谱主要为转速频率及其倍频成分，但转速频率对应的功率谱不再为最大值。

　　(2)在四种转速下，功率谱的最大值出现在 8100r/min，为 404.4Hz 所对应的 $36.6mV^2$。这表明，与光滑轮盘/蜂窝静子的密封结构相比，梳齿轮盘/蜂窝静子的密封结构中，流体激振最小，有利于转子的稳定运行。因此，现代高性能燃气轮机、压缩机等叶轮机械所采用的蜂窝密封，一般都为梳齿轮盘/蜂窝密封的结构形式。

4.10.3　梳齿密封和光滑密封的对比实验

　　梳齿密封的静子为梳齿密封，如图 4-17(b) 所示，转子为光滑圆盘；光滑密封的静子和转子都为光滑圆柱表面。在 4800r/min(80Hz) 下，本节分析了两种密封中气体压力脉动的功率谱。

　　由实验结果可知：

　　(1)梳齿密封和光滑密封的功率谱十分集中，转速频率对应的功率谱最为突出。

　　(2)光滑密封转速频率对应的功率谱最大，在 4800r/min 时为 $4448mV^2$，梳齿密封为 $1675mV^2$。

　　综合分析本节各项对比实验，可得如下几点结论：

　　(1)在亚临界转速下，密封间隙气体压力脉动的功率谱是由转速频率及其谐波等成分构成的离散谱，说明了密封间隙气体的脉动特点。

　　(2)梳齿轮盘/蜂窝静子密封结构中的流体激振，小于光滑轮盘/蜂窝静子密封结构中的流体激振。光滑轮盘/蜂窝静子密封流体激振小于光滑轮盘/梳齿静子密封的流体激振。蜂窝孔越小，流体激振越小。相比之下，转子和静子都为光滑圆柱表面的光滑密封结构中，流体激振最大，最不利于转子的稳定运行。

　　(3)光滑轮盘/梳齿静子、光滑轮盘/光滑静子的密封结构中，气体脉动的能量主要集中在较低的频率范围内，且幅值很高；光滑轮盘/蜂窝静子、梳齿轮盘/蜂窝静子的密封结构中，气体脉动的能量则主要集中在较高的频率范围内，且幅值较低。蜂窝密封气体脉动成分以高频为主，幅值也较小。

　　(4)在蜂窝密封的应用中，梳齿轮盘/蜂窝静子是最佳的密封结构；当轮盘为光滑圆柱表面时，小蜂窝孔的蜂窝密封优于大蜂窝孔的蜂窝密封。

4.11　实验结果分析

　　研究密封间隙中流体的运动规律时，不能忽视转子不平衡激振力对微小间隙流体的激励作用。在不平衡激振力作用下，转子在互相垂直的两个方向上做频率为转速频率的强迫振动。密封或轴承微小间隙中的流体，在转子的旋转、不平衡激励及涡动的共同作用下，发生脉动，产生一系列非线性振动现象。脉动的流体反过来作用到转子上，使转子产生许多非线性的振动现象。研究转子和小间隙中流体之间的相互作用，特别是研究在转子激励作用下小间隙中流体的运动特性，是认识流体激振本质的途径。

4.11.1　密封间隙中非定常流的脉动特性分析

实验表明，在亚临界转速下，密封间隙中气体压力脉动谱都有一个共同的特点，即都是以转速频率成分为主，伴有其倍频等谐波成分。所不同的是，各频率成分的幅值随密封结构的不同而不同。

上述现象表明，转子的周期振动激励密封间隙中的气体而使其发生脉动。这里分析转子在不平衡激振力作用下做简谐振动时，转子振动对密封间隙中气体的影响。

1. 非定常边界层厚度的估算

设转子轮盘边界层外部势流速度由式(4-11)给出[39]：

$$U(x,t) = U_0(x) \cdot \cos \omega t \tag{4-11}$$

式中，ω 为转子振动频率；$U_0(x)$ 为 x 方向的初始速度。

由于圆盘直径(150mm)远远大于密封半径间隙(0.1mm)，在估算振动圆盘周围边界层厚度时，可将圆盘简化为简谐振动的平板。如图 4-18 所示，由黏性流体动力学可知，被振动圆盘带动显著振动的流体厚度为

$$\delta = \sqrt{2v / \omega}$$

式中，v 为流体的运动黏度。

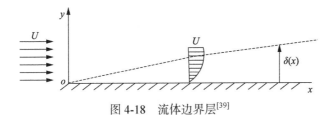

图 4-18　流体边界层[39]

对于空气，室温常压时 v 为 $1.5 \times 10^{-5} \mathrm{m^2/s}$，如果转子转速为 4800r/min，$\omega$ 为 502.6rad/s，于是 δ 为 0.244mm。

这表明被振动圆盘带动而显著振动的流体层厚度大于密封间隙。换言之，密

封间隙中的气体被振动圆盘带动而显著振动，为非定常脉动边界层问题。

2. 非定常边界层流动的逐次近似解法

不可压缩二维流动非定常边界层的基本方程为[39,40]

$$\frac{\partial u_x}{\partial t} + u_x \frac{\partial u_x}{\partial x} + u_y \frac{\partial u_x}{\partial y} = -\frac{1}{\rho} \frac{\partial P}{\partial x} + v \frac{\partial^2 u_x}{\partial y^2} \tag{4-12}$$

$$\frac{\partial u_x}{\partial x} + \frac{\partial u_y}{\partial y} = 0 \tag{4-13}$$

式中，u_x 为流体沿 x 方向的流速分量；u_y 为流体沿 y 方向的流速分量；P 为流体所受的应力。

$U(x,t)$ 与压力的关系通过伯努利方程联系起来，有下述方程：

$$-\frac{1}{\rho} \frac{\partial P}{\partial x} = \frac{\partial U}{\partial t} + U \frac{\partial U}{\partial x} \tag{4-14}$$

应用逐次近似解法进行分析，其力学出发点是：从静止开始运动后的初始瞬间，边界层非常薄而式(4-12)中的黏性项 $v \dfrac{\partial^2 u_x}{\partial y^2}$ 非常大，惯性力项保持它们的正常值 $u_x \dfrac{\partial u_x}{\partial x} + u_y \dfrac{\partial u_x}{\partial y}$，压力项 $-\dfrac{1}{\rho} \dfrac{\partial P}{\partial x}$ 由 $\dfrac{\partial U}{\partial t} + U \dfrac{\partial U}{\partial x}$ 来代替。于是式(4-12)变为

$$\frac{\partial u_x}{\partial t} + u_x \frac{\partial u_x}{\partial x} + u_y \frac{\partial u_y}{\partial y} = \frac{\partial U}{\partial t} + U \frac{\partial U}{\partial x} + v \frac{\partial^2 u_x}{\partial y^2}$$

如果 $\dfrac{\partial U}{\partial t}$ 起主要作用，即

$$\left| \frac{\partial U}{\partial t} \right| \gg \left| U \frac{\partial U}{\partial x} \right| \tag{4-15}$$

则式(4-12)变为

$$\frac{\partial u_x}{\partial t} + u_x \frac{\partial u_x}{\partial x} + u_y \frac{\partial u_y}{\partial y} = \frac{\partial U}{\partial t} + v \frac{\partial^2 u_x}{\partial y^2} \tag{4-16}$$

将坐标系建立在转子上，在二次近似时，假设速度由两项组成，有

$$u_x = u_{01}(x,y,t) + u_{11}(x,y,t)$$

$$u_y = v_{01}(x, y, t) + v_{11}(x, y, t) \tag{4-17}$$

式中，u_{01} 为线性微分方程中 u_x 的第一次近似解；u_{11} 为线性微分方程中 u_x 的第二次近似解；v_{01} 为线性微分方程中 u_y 的第一次近似解；v_{11} 为线性微分方程中 u_y 的第二次近似解。

1）第一次近似

由式 (4-16)，第一次近似时，u_{01} 满足：

$$\frac{\partial u_{01}}{\partial t} - v \frac{\partial^2 u_{01}}{\partial y^2} = \frac{\partial U}{\partial t} \tag{4-18}$$

2）第二次近似

由于位变加速度项可用 u_{01} 计算出，因此第二次近似时，由式 (4-16) 得

$$\frac{\partial u_{11}}{\partial t} - v \frac{\partial^2 u_{11}}{\partial y^2} = U \frac{\partial U}{\partial x} - u_{01} \frac{\partial u_{01}}{\partial x} - v_{01} \frac{\partial u_{01}}{\partial y} \tag{4-19}$$

由上述分析可知，式 (4-15) 是逐次近似解法应用的条件。

对于转子密封系统有[39]

$$U \frac{\partial U}{\partial x} \sim u_{\mathrm{m}}^2 / d, \quad \frac{\partial U}{\partial t} \sim u_{\mathrm{m}} \cdot \omega$$

式中，u_{m} 为转子振动的最大速度；d 为圆盘的直径。于是

$$U \frac{\partial U}{\partial x} / \frac{\partial U}{\partial t} \sim \frac{u_{\mathrm{m}}}{\omega \cdot d}$$

其中，$\sim$ 表示正相关。

又因为

$$u_{\mathrm{m}} \sim \omega \cdot A$$

式中，A 为转子振幅，A 远远小于转子圆盘直径 d，所以有

$$U \frac{\partial U}{\partial x} / \frac{\partial U}{\partial t} \sim A / d \ll 1$$

即

$$\left| U \frac{\partial U}{\partial x} \right| \ll \left| \frac{\partial U}{\partial t} \right|$$

上式表明，振动圆盘周围密封间隙中非定常边界层的求解，满足逐次近似法求解的条件。

3. 振动圆盘非定常边界层的求解

将式(4-11)所表示的轮盘边界层外部势流速度以下面的复数形式表达是比较方便的：

$$U(x,t) = U_0(x)e^{i\omega t} \tag{4-20}$$

它的实数部分对于本问题才有实际意义。引入无量纲相似坐标：

$$\eta = y\sqrt{\omega/v} \tag{4-21}$$

1) 第一次近似

设流函数 ψ_0 的第一次近似为下列形式：

$$\psi_0(x,y,t) = \sqrt{v/\omega}\,U_0(x)\varepsilon_0(\eta)e^{i\omega t} \tag{4-22}$$

式中，$\varepsilon_0(\eta)$ 为一种无量纲相似坐标的近似表达式。

因此有

$$u_{01}(x,y,t) = \frac{\partial \psi_0}{\partial y} = U_0(x)\xi_0'(\eta)e^{i\omega t}$$

式中，$\xi_0'(\eta)$ 为一种无量纲相似坐标的近似表达式。

将式(4-20)、式(4-22)代入式(4-18)，考虑到边界条件并分离出实部，得

$$u_{01}(x,y,t) = U_0(x) \cdot \left[\cos\omega t - \exp\left(-\frac{\eta}{\sqrt{2}}\right)\cos\left(\omega t - \frac{\eta}{\sqrt{2}}\right) \right] \tag{4-23}$$

相类似解得

$$v_{01}(x,y,t) = -\frac{\mathrm{d}U_0}{\mathrm{d}x}\left(\frac{\gamma}{\omega}\right)^{1/2}\left[\eta\cos\omega t + \cos\left(\omega t + \frac{3}{4}\pi\right) + e^{-\eta/\sqrt{2}}\cos\left(\omega t - \frac{\eta}{\sqrt{2}} - \frac{\pi}{4}\right) \right]$$

$$\tag{4-24}$$

式中，γ 为流体运动黏度。

2) 第二次近似

第二次近似解 $u_{11}(x,y,t)$ 可由式(4-19)所确定，在此公式的右端，当 u_{01}、v_{01} 的表达式代入后，$u_{01}\dfrac{\partial u_{01}}{\partial x}$ 和 $v_{01}\dfrac{\partial u_{01}}{\partial y}$ 将含有共同的因子 $\cos^2\omega t$，并且这些项可以

分解为带有 $\cos 2\omega t$ 和 $\sin 2\omega t$ 的项和与时间无关的定常项。考虑到这些事实，可把第二次近似的流函数表示为

$$\psi_1(x,y,t) = \sqrt{\frac{v}{\omega}} U_0(x) \frac{\partial U_0}{\partial x} \frac{1}{\omega} \left[\xi_1(\eta) e^{2i\omega t} + \xi_2(\eta) \right]$$

所以有

$$u_{11}(x,y,t) = U_0(x) \frac{dU_0}{dx} \frac{1}{\omega} \left| \xi_1'(\eta) e^{2i\omega t} + \xi_2'(\eta) \right| \tag{4-25}$$

这里 $\xi_1'(\eta)$ 和 $\xi_2'(\eta)$ 由式 (4-11) 和边界条件决定。

由上述分析可以得到如下的结论：转子密封系统中，在转子不平衡激振力的作用下，转子产生频率为转子转速频率 ω 的强迫振动。转子的这种振动作用到密封间隙中的流体上，形成了非定常脉动边界层。振动圆盘非定常边界层中，含有转子转速频率 ω 及其谐波成分 2ω 等。因此，密封间隙中气体压力脉动中的转子转速频率 ω 及其谐波成分 2ω 等，是转子不平衡激振力作用的结果。

4.11.2 单峰谱图和多峰谱图的产生机理分析

光滑密封流体压力脉动谱图是比较典型的单峰谱图，转速频率十分突出，相比之下，谐波成分较低。而蜂窝密封则是多峰谱图，转速频率成分和谐波成分比较相当，相差不大。本节将分析单峰谱图和多峰谱图的产生机理。

1. 流体的动力稳定性

流体动力稳定性的主要问题是研究层流到湍流的过渡问题[41]。流体动力稳定性涉及层流何时被破坏、如何破坏以及后续的发展和最后过渡到湍流的过程。广义地讲，不稳定是由于外力、惯性和流体黏性应力的平衡受到某些扰动而出现的。

临界雷诺数 Re_c 是判别流动状态的一个重要参数。一般来说，临界雷诺数的确定主要依赖于某些条件，如流体受到的扰动。利用一个几乎不引起扰动的进口段，成功地保持流动为层流，直到 Re_c 为 40000。若极其小心地排除进口的扰动，Re_c 的上限至今也不知道。不同的结构，临界雷诺数也不同。例如，由细绊线引起的湍流判据 Re_c 为 826 等。

扰动的作用通常用湍流度来表示，在从层流向湍流的转换过程中，湍流度起着决定性的作用。流动受到扰动后，其变化的可能性有以下几种：扰动在流体中有可能增长或放大；扰动在流体中保持不变，以同样大小存在下去；也有可能随时间的发展，扰动在流体中逐渐衰减。这些流动被分别称为主流是不稳定的湍流、中性稳定的过渡流和稳定的层流。

2. 转捩

流体从层流向湍流的变化称为转捩。湍流是随机脉动,湍流谱是一种连续谱。然而这种连续谱也是由离散谱逐步发展形成的。Landon 利用非线性多次分岔理论,解释了湍流的形成过程。当雷诺数 Re 从 $Re<Re_c$ 变到 $Re>Re_c$ 后,流体分岔出一个频率为 ω_1 的周期运动;若 Re 再增加,流体又分岔出一个频率,呈现出 ω_1 和 ω_2 两个频率的周期运动。这样,经过 n 次分岔后,可出现 n 个频率为 ω_1, ω_2, $\cdots$, ω_n 的周期运动。当 n 足够大时,整个运动就呈现出非周期性的特征,这就是湍流。也有人认为,湍流的形成并不需要像 Landon 模式那样,要求出现一系列频率的周期运动,只需分岔出两个频率的谐波以后,就会出现湍流。

由上述分析可知,流体从层流向湍流的发展过程,表现为流体脉动频率的增多,当离散谱增多到一定数量时,便形成了湍流的连续谱线。

3. 粗糙度对转捩的影响

光滑密封和蜂窝密封等具有不同的频谱图,主要归结于粗糙度对转捩的影响。固体表面粗糙度的存在有利于转捩。在其他条件相同时,在粗糙度表面上发生转捩的雷诺数比光滑壁面低。从流体动力稳定的观点来看,固体表面的粗糙度是一种附加扰动,是边界层中扰动的重要组成部分,对从层流向湍流的转捩过程起决定的作用。如果粗糙度产生的扰动比由湍流度形成的扰动更加强烈,则即使湍流度扰动增长率不大也可以使边界层转捩。粗糙度的扰动和强烈的波状扰动相似,会使边界层更加不稳定,与增加来流湍流度有类似的效果。将粗糙度的扰动归结到湍流度中,可以较好地理解被粗糙度扰动的边界层的特性[42-45]。

粗糙度可分为:①二维粗糙度,如一条绊线或细柱垂直于气流方向放置于壁面上;②三维粗糙度,如单元粗糙度(如壁面上有小球、单颗砂粒或小坑)、分布粗糙度(砂纸、多排柱体、蜂窝密封)等。

粗糙度的存在对边界层增加了扰动,引起了转捩的提前。粗糙度的大小和边界层的厚度之比直接影响着这种作用的大小。以绊线为例,如果边界层厚度 δ 远大于绊线直径 h,那么粗糙度的影响就很小,转捩没有提前,像光滑壁面一样;当 h 增大到 $h/\delta>0.3$ 时,转捩便提前发生;当进一步增大 h 时,转捩便不再继续提前。

综合上述分析,可得如下一些结论。

(1)对于光滑密封,由于光滑壁面几乎没有粗糙度,对附面层没有附加扰动。密封间隙中的气体,在转子不平衡激振力作用下,产生了对应于不平衡激振力频率的周期脉动,形成了相对集中的单峰谱图。

　　(2)对于蜂窝密封,由于蜂窝密封表面分布有大量的蜂窝孔,形成了壁面的分布粗糙度,加剧了附面层的扰动,使气体流动呈现出多峰谱图。为了达到最佳扰动的效果,蜂窝孔的深度应该足够大,使蜂窝孔的深度与边界层厚度之比达到一个特定的值。当然,蜂窝孔深也没有必要过深,因为蜂窝孔的深度与边界层厚度之比增大到一定值后,再增大蜂窝孔深度,对转捩不再产生影响。同时,蜂窝宽度也是一个重要参数。蜂窝宽度的大小影响着单位面积上蜂窝孔数的多少,从而影响着分布粗糙度。另外,蜂窝带的宽度也影响着分布粗糙度。蜂窝带过窄,表面粗糙度就不足以引起必要的扰动。

4.11.3　密封间隙脉动流体的能谱分析

　　光滑密封间隙中流体压力脉动的谱图为单峰谱图,蜂窝密封间隙中流体压力脉动的谱图为多峰谱图。这种现象能说明密封腔中流体的什么特性?

　　1. 能谱分析法

　　从能谱分析的角度来看,声学中的音乐旋律是由具有一定频率和振幅的谐波组成,噪声则是由各种不同频率和振幅的声波杂乱叠加而成。音调的高低取决于声波的频率,声音的强弱与声波振幅大小有关。音乐旋律是一种离散的能谱,噪声是一种连续的能谱。在光学中,单色光和白色光分别对应于光波的离散谱和连续谱。激光就是典型的单色光,它的突出特征是强度极高。由上述分析可知,连续谱对应的物理量,强度相对较低;离散谱对应的物理量,强度较高。物理量由离散谱向连续谱变化的过程,即是能量耗散的过程。

　　2. 脉动流体的能谱分析

　　能谱分析同样适用于流体脉动的分析。流体的湍流运动,可以看成由许多大小不同的旋涡运动所组成。不同尺度的旋涡可以看作不同波长、不同频率的波叠加而成的一种连续谱。湍流由层流、过渡流逐步演化而来,因此连续谱的形成也是由离散谱演化而来的。换言之,单峰谱图和多峰谱图反映的是流体混合运动的强弱。

　　在层流中,维持运动的压力梯度与速度的一次方成正比;在湍流中,压力梯度几乎与平均速度的平方成正比。流动阻力的增加起因于湍流的混合运动,它所带来的后果是,这种阻力增大的现象,类似于使黏性系数增加了一百倍、一万倍甚至更多。

　　层流通过过渡流转化为湍流,即从主旋转涡向角涡转化,动量则从高值向低值输送,体现出湍流的耗散效应。动量的输送,形成了湍流黏性,其物理本质是平均动能转化为涡动动量，是能量的耗散过程。

综合上述分析，可以得到如下一些结论。

光滑密封气体压力脉动的单峰谱图表明，其气体脉动由一种主旋转涡旋涡运动所构成，能量集中于一个频率上，气体脉动能量高；蜂窝密封气体压力脉动的多峰谱图则表明，气体脉动是由许多大小不同的旋涡运动所组成，能量得到了充分的耗散，流体黏性剧增。这表明，蜂窝密封中气流脉动的能量很低，为转子提供的黏性阻尼很大。流体阻尼的增加有助于抑制密封流体激振[46]。

实验结果表明，密封间隙中的气体是一种脉动的气体。转子密封系统中的一些动力学现象，都是振动转子与密封中脉动流体相互作用的结果。

4.12　滑动轴承中的油膜压力脉动

滑动轴承的油膜振荡和密封的流体激振有着某种程度的相似。本书作者测量某小型转子实验台滑动轴承油膜压力时，压力表的指针在剧烈地抖动。这些现象说明，滑动轴承中的润滑油是一种脉动的流体。

针对某汽轮发电机组，测试各个轴承油膜压力的脉动特性。在每个顶轴油管逆止阀前装上三通，连接标准压力表和动态压力传感器。稳定轴承的油膜压力谱中，工频为主，伴有一些倍频成分。低压缸与发电机联结处的轴承为不稳定轴承，该轴承在工作中，其油膜压力脉动的一个显著特点是出现了接近电机转子一阶固有频率的低频成分。与油膜低频成分相对应，该处转子轴颈也出现了较大振幅的低频振动[47]。

在一定条件下（如轴承标高不合理时），轴承内润滑油的剪切流内会产生主旋转涡拟序结构，它是由开尔文-亥母霍兹(Kelvin-Helmholtz, K-H)波的不稳定性增长演化而来的。剪切流内拟序结构存在着相互干涉、卷并和蜕变等演化过程。在拟序结构涡对形成过程的初始阶段，K-H 波的主频率是 f_0，随着涡的卷并，f_0 减半为 $f_0/2$ 甚至 $f_0/4$。这是由于涡的合并，其周期倍增，即发生了倍周期分叉[48-50]，出现了低频成分。如果轴承润滑油的这个低频成分与转子的一阶固有频率相近，则会诱发转子的大幅振动[51]。

4.13　本 章 小 结

本章采用的动态测试与以往的静态测试有着本质的不同。密封流体激振是在一定条件下，当密封流体的脉动频率中存在接近转子一阶固有频率的成分时而发生的振动现象。因此，研究密封流体的动态特性是揭示密封流体本质的一条可行途径。本章应用边界层理论、流体动力稳定性理论和能谱分析法，对实验数据进行了初步分析。密封流体的脉动谱图为离散谱，这表明密封气体是一种非定常脉动气流，理论上是振动边界层的解。蜂窝密封为什么比梳齿密封的减振效果好？这是由于蜂窝密封内表面的粗糙度很大，由流体动力稳定性理论可知，其加剧了气体的扰动，促使气体产生了多峰谱图。由能谱分析法可知，多峰谱图意味着能量的耗散。

　　本章还介绍了滑动轴承中润滑油的脉动特性，表明失稳轴承的油膜压力脉动谱中存在和转子一阶固有频率相近的低频成分，正是这种低频脉动的润滑油激励转子振动。

参 考 文 献

[1] 何立东. 水轮机低泄漏减振蜂窝密封: CN201059246[P]. 2008-05-14.

[2] 何立东. 蜂窝密封研究及其在现代叶轮机械中的应用[J]. 通用机械, 2003, (4): 49-51.

[3] Memmott E A. Stability analysis and testing of a train of centrifugal compressors for high pressure gas injection[J]. Journal of Engineering for Gas Turbines and Power, 1999, 121(3): 509-514.

[4] 李金波. 叶轮机械中基于蜂窝密封和合成射流技术的流场控制方法研究[D]. 北京: 北京化工大学, 2008.

[5] 李承曦. 蜂窝密封动力特性和减振性能的实验与数值研究[D]. 北京: 北京化工大学, 2009.

[6] 沈庆根. 化工机器故障诊断技术[M]. 杭州: 浙江大学出版社, 1994.

[7] Soto E A, Childs D W. Experimental rotordynamic coefficient results for (a) a labyrinth seal with and without shunt injection and (b) a honeycomb seal[J]. Journal of Engineering for Gas Turbines and Power, 1999, 121(1): 153-159.

[8] 张强. 透平机械中密封气流激振及泄漏的故障自愈调控方法研究[D]. 北京: 北京化工大学, 2009.

[9] 何立东. 转子密封系统反旋流抑振的数值模拟[J]. 航空动力学报, 1999, 14(3): 70-73, 109.

[10] 魏玉剑. 提高国产中小汽轮机通流部分效率的措施[J]. 上海汽轮机, 1999, (3): 33-38.

[11] 何立东. 转子密封系统流体激振的理论和实验研究[D]. 哈尔滨: 哈尔滨工业大学, 1999.

[12] Beatty R F, Hine M J. Improved rotor response of the uprated high pressure oxygen turbopump for the space shuttle main engine[J]. Journal of Vibration, Acoustic, Stress, and Reliability in Design, 1989, 111(2): 163-169.

[13] Childs D W, Lederer C, Altstadt S. A comparison of experimental rotordynamic coefficients and leakage characteristics between hole-pattern gas damper seals and a honeycomb seal[C]//ASME 1997 International Gas Turbine and Aeroengine Congress and Exhibition, Orlando, 1997.

[14] Childs D, Elroad D, Hale K. Annular honeycomb seals: Test results for leakage and rotordynamic coefficients; comparisons to labyrinth and smooth configuration[J]. Journal of Tribology, 1989, 111(2): 293-300.

[15] 何立东, 诸振友, 夏松波. 密封间隙气流振荡流场的动态压力测试[J]. 热能动力工程, 1999, 14(1): 42-44, 80.

[16] He L D, Yun X. Experimental investigation of the sealing performance of honeycomb seals[J]. Chinese Journal of Aeronautics, 2001, 14: 13-17.

[17] Ha T, Childs D. Annular honeycomb-stator turbulent gas seal analysis using a new friction-factor model based on flat plate tests[J]. Journal of Tribology, 1994, 116(2): 352-360.

[18] Elrod D, Nelson C. An entrance region friction factor model applied to annular seal analysis: Theory versus experiment for smooth and honeycomb seals[J]. Journal of Tribology, 1989, 111: 337-343.

[19] 吴淞涛. 分布式网络并行在多级叶栅流场计算中的应用[D]. 北京: 中国科学院研究生院(工程热物理研究所), 2001.

[20] 樊洪明. 有限元分布式并行算法研究[C]//全国暖通空调制冷 2002 年学术年会论, 南宁, 2002.

[21] 何立东, 高金吉, 尹新. 蜂窝密封的封严特性研究[J]. 机械工程学报, 2004, 40(6): 45-48.

[22] Valenti M. Upgrading jet turbine technology[J]. Mechanical Engineering, 1995, 117(12): 56-61.

[23] Bayley F J, Long C A. A combined experimental and theoretical study of flow and pressure distributions in a brush seal[J]. Journal of Engineering for Gas Turbines and Power, 1993, 115: 404-410.

[24] Vance J M, Cardon B P, San Andres L A. A gas-operated bearing damper for turbomachinery[J]. Journal of Engineering for Gas Turbines and Power, 1993, 115(2): 383-389.

[25] Atkinson E, Bristol B. Effects of material choices on brush seal performance[J]. Lubrication Engineers, 1992, 48(9): 740-746.

[26] Braun M J, Canacci V A. Flow visualization and quantitative velocity and pressure measurements in simulated single and double brush seals[J]. Tribology Transactions, 1991, 34(1): 70-80.

[27] Chupp R E, Dowler C A. Performance characteristics of brush seals for limited-life engines[J]. Journal of Engineering for Gas Turbines and Power, 1993, 115(2): 390-396.

[28] Carlile J A, Hendricks R C. Brush seal leakage performance with gaseous working fluids at static and low rotor speed conditions[J]. Journal of Engineering for Gas Turbines and Power, 1993, 115: 397-403.

[29] 郑水英, 潘晓弘, 沈庆根. 带周向挡片的迷宫密封动力特性的研究[J]. 机械工程学报, 1999, 35(2): 50-53, 66.

[30] 朱卫兵, 董惠, 郜冶. 燃气流低频振荡与装置的响应[J]. 哈尔滨工程大学学报, 1997, 18(1): 30-34.

[31] 唐敏中, 王铁, 张伟, 等. 振动鸭翼复杂流场测量[J]. 空气动力学报, 1996, 14(4): 408-415.

[32] 田学涛. 24 角形剖面的风洞实验研究及工程应用[J]. 空气动力学报, 1996, 14(4): 379-385.

[33] 恽起麟. 风洞实验[M]. 北京: 国防工业出版社, 1996.

[34] 汪健生, 尚晓东, 舒玮. 湍流信号的三项分解[J]. 力学学报, 1997, 29(5): 519-524.

[35] 李方泽, 刘馥清, 王正. 工程振动测试与分析[M]. 北京: 高等教育出版社, 1992.

[36] 张正松, 傅尚新, 冯冠平, 等. 旋转机械振动监测及故障诊断[M]. 北京: 机械工业出版社, 1991.

[37] 黄文虎, 夏松波, 刘瑞岩. 设备故障诊断原理、技术及应用[M]. 北京: 科学出版社, 1996.

[38] 路宏年, 郑兆瑞. 信号与测试系统[M]. 北京: 国防工业出版社, 1988.

[39] 王致清. 粘性流体动力学[M]. 哈尔滨: 哈尔滨工业大学出版社, 1990.

[40] 章梓椎, 董曾南. 粘性流体力学[M]. 北京: 清华大学出版社, 2011.

[41] 德拉津, 雷德. 流体动力稳定性[M]. 周祖巍, 顾德炜, 译. 北京: 宇航出版社, 1990.

[42] 胡海岩. 振动主动控制中的时滞动力学问题[J]. 振动工程学报, 1997, 10(3): 27-33.

[43] Song S J, Martinz-Sanchez M. Rotordynamic forces due to turbine tip leakage: Part II -radius scale effects and experimental verification[J]. Journal of Turbomachinery, 1997, 119(4): 704-713.

[44] Blevins R D, Iwan W D. The galloping response of a two-degree-of-freedom system[J]. Journal of Applied Mechanics, 1974, 41(4): 1113-1118.

[45] Ismail M, Brown R D. Identification of the dynamic characteristics of long annular seals using a time domain technique[J]. Journal of Vibration & Acoustics, 1998, 120(3): 705-712.

[46] Kanki H, Kaneko Y. Prevention of low-frequecy vibration of high-capacity steam turbine units by squeeze-film damper[J]. Journal of Engineering for gas Turbines and Power, 1998, 120: 391-396.

[47] 何立东, 夏松波, 李延涛, 等. 转子-轴承系统非线性振动机理的研究[J]. 哈尔滨工业大学学报, 1999, 31(4): 88-90, 128.

[48] 张涵信. 旋涡流动中某些分叉现象的研究[C]//第二次非线性流体力学研讨会编委会. 第二次非线性流体力学研讨会论文集. 北京: 科学出版社, 2007.

[49] 彭晓星, 唐登海. 气泡运动中倍周期分叉及浑沌现象的数值模拟[C]//第二次非线性流体力学研讨会编委会. 第二次非线性流体力学研讨会论文集. 北京: 科学出版社, 2007.

[50] 何立东, 袁新, 尹新. 蜂窝密封减振机理的实验研究[J]. 中国电机工程学报, 2001, (10): 25-28.

[51] 何立东. 密封气流激振与高性能密封技术研究[D]. 北京: 清华大学, 2002.

第 5 章 铝蜂窝密封结构设计

目前汽轮机、燃气轮机等经常使用的蜂窝密封，一般是由镍基合金钢加工制成的，制造蜂窝的材料厚度约为 0.1mm 和 0.05mm 等，如图 5-1 所示。这种性能优良的密封，泄漏量较小、具有去除汽轮机水滴的作用，同时可以抑制密封间隙中的流体激振[1,2]，广泛应用于各种叶轮机械之中[3-5]。这种蜂窝密封虽然在各种叶轮机械中得到了应用，但也存在一定的局限性。例如，如果与转轴摩擦，有可能产生火花，在处理容易燃烧爆炸介质(如裂解气、天然气、富气和氢气)压缩机等叶轮机械中，一般不使用这种合金钢制成的蜂窝密封[6-8]。

图 5-1 蜂窝密封的蜂窝带照片

为了消除传统合金钢蜂窝密封存在的安全隐患，作者团队研究了一种不会产生碰磨火花的蜂窝密封，如图 5-2 所示。制造蜂窝的材料是铝，用铝制造的蜂窝密封与轴摩擦时，由于铝较软，铝蜂窝产生变形，可以吸收大部分能量，同时脱落的铝微粒很少，能够阻止产生火花，而且不会损伤转子[9-11]。

图 5-2 不会产生碰磨火花的铝蜂窝密封照片

和传统钢蜂窝密封相比，铝蜂窝密封无论是结构尺寸还是加工工艺，都是完全不同的，例如，铝蜂窝密封必须增大壁厚才能保证具有足够的强度，铝蜂窝密封不耐高温，同时焊接难度较大，不宜使用钎焊等加工方法。蜂窝密封的结构参数主要有蜂窝的对边距、深度和壁厚等。常见的钢蜂窝密封结构尺寸参数是：蜂窝对边距为 3.2mm 或 1.6mm，蜂窝深度为 3mm，壁厚为 0.1mm。这些参数能够满足蜂窝结构强度和密封效果等要求。如果设计制造铝蜂窝密封，钢蜂窝密封的有些结构尺寸参数，如蜂窝对边距和蜂窝深度可供铝蜂窝密封参考。考虑到铝的强度极限和屈服极限均不如镍基不锈钢，必须重新设计铝蜂窝密封的壁厚，使铝蜂窝密封具有足够的结构强度。

5.1　铝蜂窝密封壁厚设计

5.1.1　有限元模型与数值分析

在实际应用中，铝蜂窝密封承受的压力载荷相对稳定，屈服破坏是铝蜂窝密封的主要失效方式。为了确定铝蜂窝密封的最小壁厚，要分析铝蜂窝密封模型的应力强度，依据最大切应力理论(第三强度理论)校核铝蜂窝密封强度。图5-3 是铝蜂窝密封结构有限元模型，图 5-4 是采用六面体网格划分方法得到的局部网格[12]。

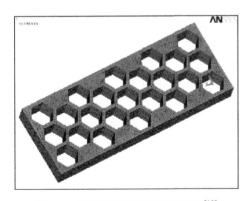

图 5-3　铝蜂窝密封有限元模型图[12]

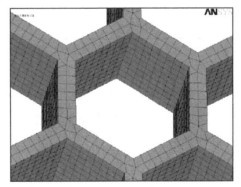

图 5-4　局部网格划分情况[12]

5.1.2　结果分析

根据压缩机轴封的实际压力差，确定铝蜂窝密封的受力情况。在模型中的单排蜂窝壁一侧施加 6MPa 的压力载荷，在模型底部施加位移全约束，基本符合实际铝蜂窝密封的受力方式，如图 5-5 所示。

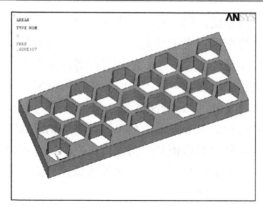

图 5-5　模型加载情况[12]

　　针对不同壁厚铝蜂窝密封模型进行数值分析，得到在压力载荷作用下的最大应力值和最大变形值，以及按照第三强度理论的强度校核数据等，如表 5-1 所示。数值仿真分析结果表明，增加壁厚则最大应力减小，当壁厚增大到 0.5mm 时，铝蜂窝密封满足强度要求。

表 5-1　铝蜂窝密封不同壁厚模型的最大应力值和最大变形值以及强度校核数据[12,13]

壁厚/mm	0.2	0.3	0.4	0.5	0.6	0.7	0.8
最大应力值/MPa	296	133	79.1	54.3	36.2	30.8	28.3
最大变形值/μm	8.30	3.00	1.80	1.30	0.94	0.77	0.67
强度校核数据	$\sigma \leqslant \sigma_s/n_s = 93/1.7 = 54.7\text{MPa}$						

注：σ 是最大许用应力，σ_s 是材料（铝）的屈服极限，n_s 为材料的安全系数。

　　图 5-6 中的各图依次表示壁厚分别为 0.3mm、0.5mm 和 0.7mm 的铝蜂窝密封模型，在压力载荷作用下的应力强度云图和变形量分布云图。由图 5-6 可知，蜂窝结构的六边形在蜂窝芯格壁面相交，造成受压一侧壁面相交处的应力最大，蜂窝芯格受压一侧直边中点处的变形量最大，三种壁厚的蜂窝结构均是如此。数值计算的结构与在实际蜂窝结构失效情况基本一致。由以上分析可知，依据第三强

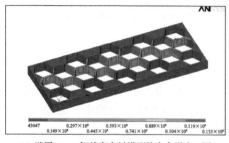

(a) 壁厚0.3mm铝蜂窝密封模型的应力强度云图

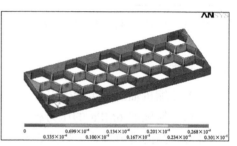

(b) 壁厚0.3mm铝蜂窝密封模型的变形量云图

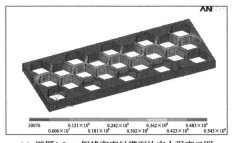
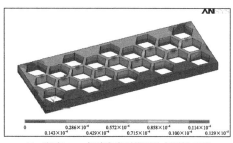

(c) 壁厚0.5mm铝蜂窝密封模型的应力强度云图　　　(d) 壁厚0.5mm铝蜂窝密封模型的变形量云图

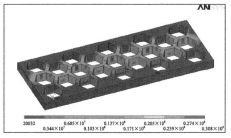
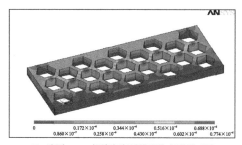

(e) 壁厚0.7mm铝蜂窝密封模型的应力强度云图　　　(f) 壁厚0.7mm铝蜂窝密封模型的变形量云图

图 5-6　不同壁厚的铝蜂窝密封模型在压力载荷下应力强度和变形量的分布云图[12]

应力单位为 MPa；变形量单位为 mm

度理论，在压力载荷为 6MPa 的情况下，为了满足强度要求，铝蜂窝密封的壁厚不能小于 0.5mm。

5.1.3　小结

本节应用最大切应力理论进行分析计算，创建铝蜂窝密封几何模型，划分六面体网格，优化压力载荷施加方法。在 6MPa 压力载荷作用下，满足强度要求的铝蜂窝密封最小壁厚尺寸是 0.5mm。数值计算结果为铝蜂窝密封的封严特性研究，以及铝蜂窝密封的生产加工提供了数据支撑，也为压缩机等实际工程中应用铝蜂窝密封提供了依据。

5.2　铝蜂窝密封的封严特性研究

5.2.1　有限元模型与数值分析

本节针对直通型铝蜂窝密封，建立了分析模型，如图 5-7 和图 5-8 所示。模型由两部分组成，其中图 5-8(a)表示密封间隙分析模型，图 5-8(b)表示蜂窝六边形芯格模型。由于蜂窝密封结构是轴对称结构，获取铝蜂窝密封简化分析模型的方法是，沿蜂窝密封母线方向切取单排蜂窝，如图 5-9 所示[13]。

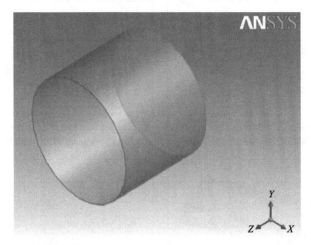

图 5-7　铝蜂窝密封的真实物理模型

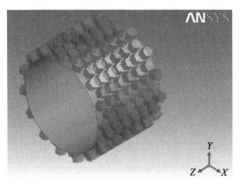

(a) 密封间隙部分

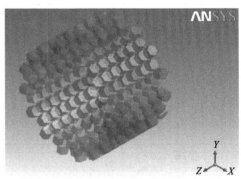

(b) 蜂窝六边形芯格部分

图 5-8　铝蜂窝密封物理模型的组成部分

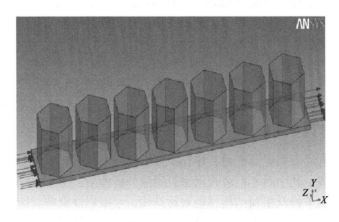

图 5-9　铝蜂窝密封的简化分析模型

简化分析模型的主要参数包括密封的外形尺寸，如密封长度 L、密封间隙 C 和密封宽度 W；另外还有蜂窝的局部尺寸，如蜂窝深度 H、蜂窝对边距 S 和壁厚 T，如图 5-10 所示[13]。

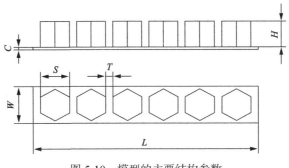

图 5-10　模型的主要结构参数

5.2.2　蜂窝壁厚对封严特性的影响

1) 数值方法与有限元模型

为了研究铝蜂窝密封封严特性与蜂窝壁厚的关系，选择四种壁厚尺寸（0.5mm、0.8mm、1.0mm 和 1.5mm），同时与钢蜂窝密封对比分析。图 5-11 包括铝蜂窝密封物理模型和钢蜂窝密封物理模型，表 5-2 为蜂窝密封物理模型的结构参数和入口压力。

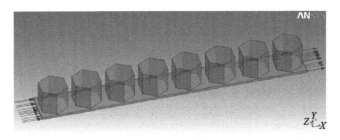

(a) 铝蜂窝密封物理模型

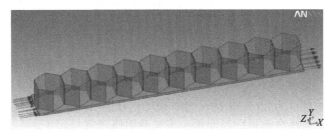

(b) 钢蜂窝密封物理模型

图 5-11　两种蜂窝密封的物理模型[12,13]

表 5-2　蜂窝密封物理模型的结构参数和入口压力[12,13]

蜂窝密封	结构参数/mm						密封入口压力/MPa
	W	L	C	S	H	T	
铝蜂窝密封	3.9	33.2	0.3	3.2	3	0.5、0.8、1.0、1.5	0.20、0.25、0.30、
钢蜂窝密封	3.9	33.2	0.3	3.2	3	0.1	0.35、0.40

2) 结果分析

图 5-12 表示在不同的入口压力下，铝蜂窝密封的壁厚对泄漏量的影响，以及与壁厚为 0.1mm 的钢蜂窝密封泄漏量的对比。数值计算结果表明，对于四种壁厚的铝蜂窝密封，当增加入口压力的时候，泄漏量随之增加，二者之间的关系基本为线性关系；如果保持入口压力恒定，增加铝蜂窝密封壁厚，泄漏量将增加。常用的壁厚为 0.1mm 的钢蜂窝密封的泄漏量小于铝蜂窝密封的泄漏量。

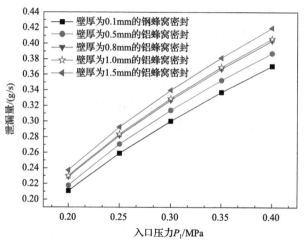

图 5-12　四种壁厚的铝蜂窝密封以及壁厚 0.1mm 的钢蜂窝密
封的泄漏量随入口压力的变化曲线[12,13]

为了分析由壁厚增加导致铝蜂窝密封泄漏量增大的机理，这里计算四种壁厚铝蜂窝密封和壁厚为 0.1mm 的钢蜂窝密封的压力降。图 5-13 表示壁厚为 0.8mm 的铝蜂窝密封和壁厚为 0.1mm 的钢蜂窝密封的压力分布云图。从图中可以看出，沿着流体的流动方向，铝蜂窝密封和钢蜂窝密封的内部压力分布都在不断下降，揭示了蜂窝密封减小泄漏的机理是在每个蜂窝中形成旋涡，耗散气流运动能量。计算结果表明，壁厚为 0.1mm 的钢蜂窝密封的压力下降幅度和壁厚为 0.5mm、0.8mm、1.0mm 和 1.5mm 的铝蜂窝密封相比，分别增加了 6.8%、17.7%、18.8% 和 24.8%，使得钢蜂窝密封的泄漏量小于四种铝蜂窝密封。

上述分析表明，如果钢蜂窝密封和铝蜂窝密封两端的压差相同，薄壁钢蜂窝密封的泄漏量比厚壁铝蜂窝密封的泄漏量小。增加铝蜂窝密封壁的厚度，会增加

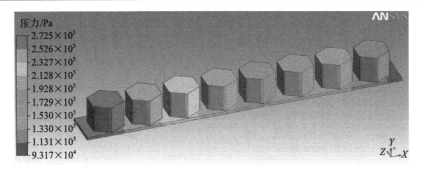

(a) 壁厚为0.8mm的铝蜂窝密封

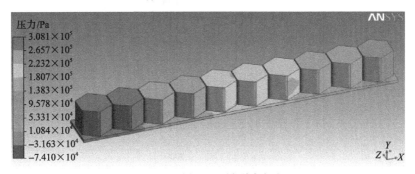

(b) 壁厚为0.1mm的钢蜂窝密封

图 5-13　两种蜂窝密封模型的压力分布云图[12,13]

泄漏量。因为增加壁厚，铝蜂窝密封中的六边形小孔的数量将减少，小孔之间的距离加大，降低了铝蜂窝密封对密封流体压力能的耗散作用。因此在实际设计铝蜂窝密封的壁厚时，要兼顾强度和密封泄漏量要求。

5.3　蜂窝对边距和蜂窝深度对封严特性的影响

5.3.1　有限元模型与数值分析

铝蜂窝密封的壁厚选择三种参数、六边形蜂窝的深度选用五种参数，分析不同参数铝蜂窝密封的泄漏量。铝蜂窝密封模型的密封间隙以及长、宽尺寸与 5.2 节相同。蜂窝深度和对边距比值（H/S）及密封入口气流压力见表 5-3。

表 5-3　铝蜂窝密封模型结构尺寸[12,13]

结构参数	S	H	T
尺寸/mm	3.2	0.8、1.6、3.2、4.8、6.4	0.5、0.8、1.0
蜂窝深度和对边距比值		0.25、0.5、1.0、1.5、2.0	
密封入口气流压力/MPa		0.2	

5.3.2 结果分析

H/S 对三种不同壁厚铝蜂窝密封泄漏量的影响如图 5-14(a)所示。当铝蜂窝密封壁厚为 0.8mm 和 1.0mm 时，H/S=0.50 对应的泄漏量最小；铝蜂窝密封壁厚为 0.5mm 时，H/S=0.25 对应的泄漏量最小。

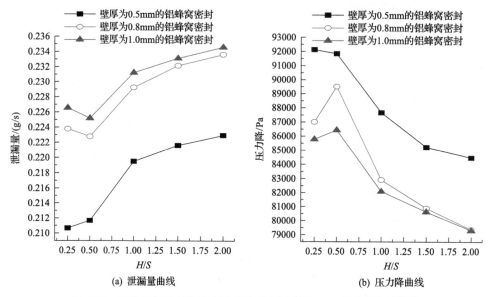

(a) 泄漏量曲线   (b) 压力降曲线

图 5-14 三种壁厚铝蜂窝密封泄漏量和压力降与 H/S 值关系曲线[12,13]

H/S 对三种不同壁厚铝蜂窝密封压力降的影响如图 5-14(b)所示。壁厚为 0.8mm 和 1.0mm 的铝蜂窝密封的压力降，都小于壁厚为 0.5mm 的铝蜂窝密封，说明减小蜂窝壁厚，有利于增大密封的压力降，减少密封的泄漏量。

数值结果表明，蜂窝密封 H/S 不是越大越好。如图 5-15 所示，当铝蜂窝密封壁厚为 0.8mm 时，如果入口流量相同，铝蜂窝密封在 H/S=0.5 时出口区域的压力水平，比 H/S=2.0 的压力水平小，能量耗散效果好，泄漏量小。

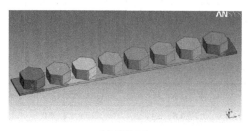
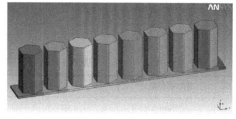

(a) H/S=0.5   (b) H/S=2.0

图 5-15 铝蜂窝密封模型在壁厚为 0.8mm、H/S=0.5 和 H/S=2.0 时的压力分布

5.4　密封间隙对封严特性的影响

5.4.1　有限元模型与数值分析

铝蜂窝密封和钢蜂窝密封的密封间隙可以比梳齿密封的间隙设计得更小，不易发生密封流体激振。为了分析密封间隙对铝蜂窝密封泄漏量的影响，研究密封间隙为 0.3mm、0.12mm 和 0.06mm 时的泄漏量，并与钢蜂窝密封进行对比。蜂窝密封物理模型的结构参数如表 5-4 所示，其中不同密封间隙的铝蜂窝密封模型用 I～Ⅲ表示，不同密封间隙的钢蜂窝密封模型用Ⅳ～Ⅵ表示。

表 5-4　蜂窝密封物理模型的结构参数[12,13]　　　（单位：mm）

模型	L	W	C	S	H	T
I	28	3.9	0.30	3.2	3	0.8
Ⅱ	28	3.9	0.12	3.2	3	0.8
Ⅲ	28	3.9	0.06	3.2	3	0.8
Ⅳ	28	3.9	0.30	3.2	3	0.1
V	28	3.9	0.12	3.2	3	0.1
Ⅵ	28	3.9	0.06	3.2	3	0.1

5.4.2　结果分析

表 5-5 表示在不同入口压力下各种蜂窝密封的泄漏量，图 5-16 表示各种蜂窝密封泄漏量的对比。计算结果表明，在不同入口压力下，随着密封间隙的减小，各种铝蜂窝密封与钢蜂窝密封的泄漏量均降低。

表 5-5　不同密封间隙不同入口压力下模型 I ～Ⅵ的泄漏量[12,13]　　（单位：g/s）

模型	0.20MPa	0.25MPa	0.30MPa	0.35MPa	0.40MPa
I	0.2455	0.3024	0.3508	0.3938	0.4329
Ⅱ	0.0788	0.0968	0.1119	0.1252	0.1373
Ⅲ	0.0368	0.0452	0.0522	0.0584	0.0640
Ⅳ	0.2364	0.2912	0.3379	0.3793	0.4169
V	0.0750	0.0921	0.1065	0.1192	0.1308
Ⅵ	0.0316	0.0387	0.0447	0.0500	0.0548

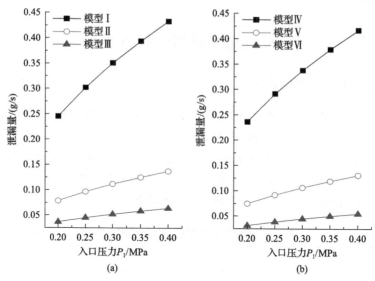

图 5-16 不同密封间隙不同入口压力下模型 I ～ VI 的泄漏量曲线[12,13]

上述分析表明，密封间隙与蜂窝密封的泄漏量基本呈线性关系，密封间隙较小时，泄漏量也较小。在工程应用中，应分析压缩机等叶轮机械原来梳齿密封间隙尺寸、转速、介质和密封位置等因素，蜂窝密封的间隙一般可以设计成小于梳齿密封的间隙，以减少泄漏量。

5.5 蜂窝排列方向对封严特性的影响

5.5.1 有限元模型与数值分析

钢蜂窝密封的加工工艺是一般首先将薄耐高温合金板滚压成型，然后利用激光焊接等方法将滚压成型的钢板焊成蜂窝带，蜂窝带与密封基体利用真空钎焊焊接在一起。这种加工方法对蜂窝的排布方式有一定的要求，如图 5-17(a)所示。与

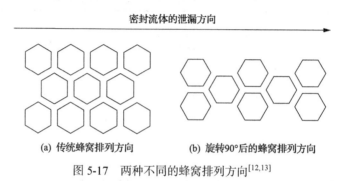

图 5-17 两种不同的蜂窝排列方向[12,13]

钢蜂窝密封的加工工艺不同，加工铝蜂窝密封时没有采用焊接工艺，可以使用电火花等整体加工方法制造，不受钢蜂窝密封加工方法的制约，可以任意设计模具角度，根据需要而设定蜂窝排列方向。例如，将传统蜂窝旋转 90°以后获得的蜂窝密封排布方式如图 5-17(b) 所示。

本节建立了传统蜂窝和旋转 90°两种蜂窝排列方向的铝蜂窝密封模型(图5-18)，分析蜂窝排布方式对铝蜂窝密封泄漏量的影响。物理模型结构参数及蜂窝排列方向如表 5-6 所示。

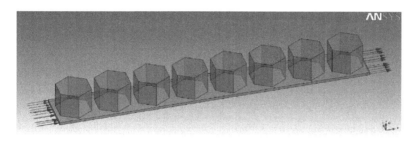

(a) 传统排列方向

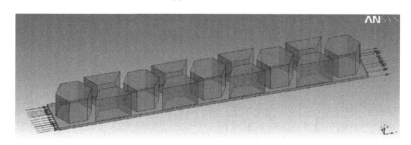

(b) 蜂窝旋转90°后的排列方向

图 5-18　两种不同蜂窝排列方向的铝蜂窝密封物理模型

表 5-6　铝蜂窝密封物理模型的结构参数及蜂窝排列方向[12,13]　(单位：mm)

模型	L	W	C	S	H	T	蜂窝排列方向
I	32	4.2	0.3	3.2	3	0.8	图 5-17(a)
II	32	4.2	0.3	3.2	3	0.8	图 5-17(b)
III	31.2	2.6	0.3	1.6	3	0.8	图 5-17(a)
IV	31.2	2.6	0.3	1.6	3	0.8	图 5-17(b)

5.5.2　结果分析

数值计算在不同入口压力下模型 I～IV 的泄漏量，如表 5-7 和图 5-19 所示。由数值计算结果可知，传统排列方向的蜂窝密封泄漏量大于蜂窝旋转 90°后的泄漏量。因为当蜂窝旋转 90°后，蜂窝的顶角有助于将泄漏流转化成许多小旋涡，消耗更多的能量，增大流动阻力，减少泄漏量。

表 5-7　不同蜂窝排列方向不同入口压力下模型 Ⅰ～Ⅳ的泄漏量[12,13]（单位：g/s）

模型	0.20MPa	0.25MPa	0.30MPa	0.35MPa	0.40MPa
Ⅰ	0.2507	0.3090	0.3586	0.4027	0.4429
Ⅱ	0.2501	0.3079	0.3570	0.4006	0.4403
Ⅲ	0.1564	0.1926	0.2236	0.2513	0.2765
Ⅳ	0.1519	0.1870	0.2170	0.2436	0.2678

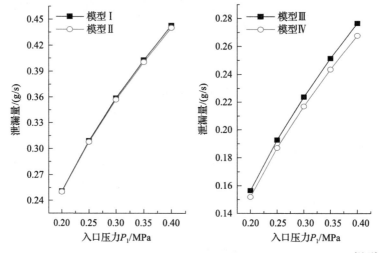

图 5-19　不同蜂窝排列方向不同入口压力下模型 Ⅰ～Ⅳ的泄漏量曲线[12,13]

计算表明，若蜂窝对边距较大或密封压差较小，蜂窝排列方向对泄漏量的影响较小；如果蜂窝对边距较小或密封压差较大，采用蜂窝旋转 90°后的排列方式，可以明显减少泄漏量。

5.6　高低蜂窝结构对封严特性的影响

5.6.1　有限元模型与数值分析

为了研究高蜂窝和低蜂窝并存的蜂窝结构对铝蜂窝密封的泄漏量影响，本节分别建立了两种高、低铝蜂窝密封模型(图 5-20 和图 5-21)，与传统蜂窝高度相同的蜂窝密封结构进行比较。图 5-21(a)表示高蜂窝和低蜂窝相邻的密封模型，图 5-21(b)表示两个高蜂窝与两个低蜂窝相连的密封模型，图 5-21(c)表示等高度蜂窝密封模型。铝蜂窝密封物理模型的结构参数和蜂窝结构如表 5-8 所示。

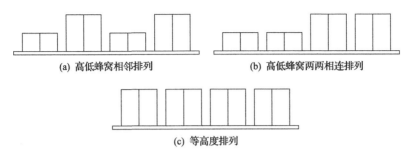

(a) 高低蜂窝相邻排列　　　　　　　　(b) 高低蜂窝两两相连排列

(c) 等高度排列

图 5-20　两种不同的高、低蜂窝结构[12,13]

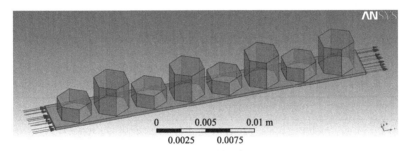

(a) 高蜂窝和低蜂窝相邻

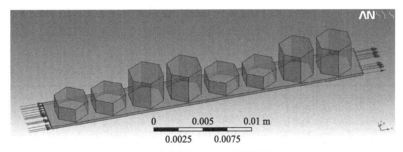

(b) 两个高蜂窝和两个低蜂窝相连

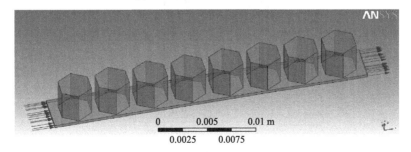

(c) 等高度蜂窝

图 5-21　不同蜂窝高度的铝蜂窝密封分析模型[12,13]

表 5-8　铝蜂窝密封物理模型的结构参数、蜂窝结构方式　　（单位：mm）

模型	L	W	C	S	H	T	蜂窝结构
I	33.6	3.9	0.3	3.2	1.6, 3.2	0.8	图 5-20 (a)
II	33.6	3.9	0.3	3.2	1.6, 3.2	0.8	图 5-20 (b)
III	33.6	3.9	0.3	3.2	1.6, 3.2	0.8	图 5-20 (c)
IV	28.2	1.9	0.3	1.6	1.6, 3.2	0.8	图 5-20 (a)
V	28.2	1.9	0.3	1.6	1.6, 3.2	0.8	图 5-20 (b)
VI	28.2	1.9	0.3	1.6	1.6, 3.2	0.8	图 5-20 (c)

5.6.2　结果分析

在不同入口压力下，数值计算得到的各种蜂窝密封模型的泄漏量，如表 5-9 和图 5-22 所示。

表 5-9　不同蜂窝结构不同入口压力下模型 I ～ VI的泄漏量[12,13]　（单位：g/s）

模型	0.20MPa	0.25MPa	0.30MPa	0.35MPa	0.40MPa
I	0.22656	0.27878	0.32322	0.36267	0.39843
II	0.22685	0.27911	0.32317	0.36258	0.39857
III	0.22922	0.28227	0.32746	0.36761	0.40414
IV	0.10901	0.13408	0.15535	0.17422	0.19140
V	0.10935	0.13446	0.15576	0.17466	0.19185
VI	0.10958	0.13482	0.15620	0.17517	0.19243

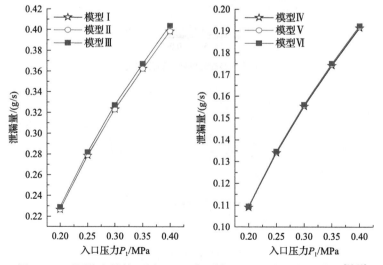

图 5-22　不同蜂窝结构不同入口压力下模型 I ～ VI的泄漏量曲线[12,13]

上述分析说明，与等高度蜂窝密封结构相比，本节中的不同高度蜂窝密封组合结构并没有显著改变铝蜂窝密封的泄漏量，但增加了制造难度。

5.7　密封长度对封严特性的影响

5.7.1　有限元模型与数值分析

通常在密封进口和出口的压比确定时，密封长度越大，泄漏量越小。本节分析厚壁铝蜂窝密封长度与泄漏量的关系，并与钢蜂窝密封进行比较。模型结构参数如表 5-10 所示，表中 I、III 表示铝蜂窝密封模型，II、IV 表示钢蜂窝密封模型。

表 5-10　铝蜂窝密封和钢蜂窝密封分析模型的结构参数[12,13]　（单位：mm）

模型	L	W	C	S	H	T
I	12.0～44.0	3.9	0.3	3.2	3	0.8
II	13.9～40.3	3.9	0.3	3.2	3	0.1
III	9.2～28.4	1.9	0.3	1.6	3	0.8
IV	8.8～22.4	1.9	0.3	1.6	3	0.1

5.7.2　结果分析

表 5-11 表示在密封压力一定的条件下，各种蜂窝密封在不同密封长度时的泄漏量，图 5-23 为表示这些蜂窝密封泄漏量与密封长度关系的曲线图。计算结果表明，各种蜂窝密封的泄漏量变化趋势类似，增大密封长度，泄漏量减小，但减小的幅度减缓。如果密封长度无限增大时，理论上趋于零泄漏。蜂窝密封的作用机理是流体在多个蜂窝芯格中形成旋涡，耗散流动能量，减少密封的泄漏量。密封长度越长，蜂窝芯格数量越多，流体能量耗散越大，泄漏量越少。在实际工程中，可依据叶轮机械的性能和空间结构，在空间允许的情况下，设计最大长度的蜂窝密封结构。

表 5-11　不同密封长度下模型 I～IV 的泄漏量[12,13]

参数	模型 I					模型 II				
密封长度/mm	12.0	20.0	28.0	36.0	44.0	13.9	20.5	27.1	33.7	40.3
泄漏量/(g/s)	0.335	0.285	0.245	0.220	0.201	0.307	0.269	0.238	0.217	0.201
参数	模型 III					模型 IV				
密封长度/mm	9.2	14.0	18.8	23.6	28.4	8.8	12.2	15.6	19.0	22.4
泄漏量/(g/s)	0.171	0.152	0.136	0.127	0.117	0.167	0.151	0.136	0.127	0.121

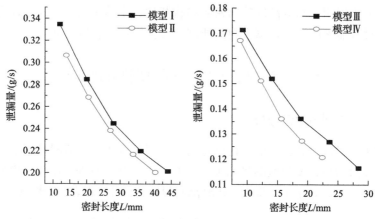

图 5-23　不同密封长度下模型Ⅰ～Ⅳ的泄漏量曲线[12,13]

5.7.3　小结

铝蜂窝密封是可以防止产生摩擦火花问题的新型蜂窝密封，为了保证铝蜂窝密封具有足够的强度，铝蜂窝密封的壁厚应该比传统钢蜂窝密封大。本节利用数值计算方法，分析了蜂窝结构参数对铝蜂窝密封泄漏量的影响。

(1)如果增加铝蜂窝密封的壁厚，泄漏量也会随之增加，铝蜂窝密封对密封流体压力能的耗散作用减弱。

(2)铝蜂窝的壁厚不同时，使其泄漏量最小的最优 H/S 值也不同。

(3)密封间隙较小时，泄漏量也较小。

(4)传统排布方式的蜂窝密封泄漏量大于蜂窝旋转 90°后的排列方式时的泄漏量。

(5)与等高度蜂窝密封结构相比，本节中的不同高度蜂窝密封组合结构并没有显著改变铝蜂窝密封的泄漏量，但增加了制造难度。

(6)密封长度越长，蜂窝数量越多，密封泄漏量越少。在实际工程中，可依据叶轮机械的性能和空间结构，在实际空间允许的情况下，设计最大长度的蜂窝密封结构。

5.8　铝蜂窝密封制造方法

厚壁铝蜂窝密封的制造采用整体成型技术。通常的铝蜂窝密封采用电火花加工方法制造。该方法与钢蜂窝密封真空钎焊工艺完全不同，直接在铝环上利用电火花技术加工出蜂窝结构。

本节采用电火花加工技术,制造了壁厚分别是 0.5mm 和 0.8mm 的两种铝蜂窝密封[8-14]。图 5-24 为壁厚为 0.8mm 的铝蜂窝密封，图 5-25 为壁厚为 0.5mm 的铝蜂窝密封。铝蜂窝密封的六边形蜂窝小孔的深度为 3 mm，蜂窝对边距为 3.2mm。
六边形蜂窝芯格是在密封基体上加工出来的，蜂窝芯格与密封基体是一体的。蜂
窝整齐地排列在密封表面上，与传统钢蜂窝密封相比，铝蜂窝的壁厚较大。利用
电火花加工方法，除去多余材料得到六边形蜂窝结构，具有较高的结构强度。图
5-26 是铝蜂窝密封加工过程照片。

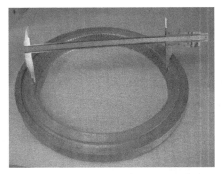
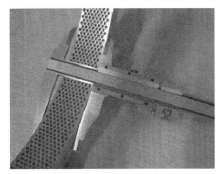

图 5-24　壁厚为 0.8mm 的铝蜂窝密封实物

图 5-25　壁厚为 0.5mm 的铝蜂窝密封实物

图 5-26　铝蜂窝密封加工过程照片

安全低泄漏减振铝蜂窝密封的研制成功，突破了传统钢蜂窝密封不能在石化、

电力行业处理易燃易爆介质机组中应用的局限，解决了该类机组密封泄漏大的问题，提高了转子稳定性，也提高了机组安全性。该技术已获得国家发明专利：叶轮机械防爆低泄漏减振铝蜂窝密封(CN101725375A)[14]。何立东等申报的"保障汽轮机安全高效运行的蜂窝密封技术"研究项目，于 2009 年 5 月获中国石油化工股份有限公司科技成果鉴定。鉴定成果：蜂窝密封具有创新性和自主知识产权，达到国际同类技术的先进水平。

参 考 文 献

[1] 霍耿磊, 何立东. 汽轮机叶片振动机理及防治[J]. 科技信息(学术研究), 2008, (9): 4-5.

[2] 徐贵平. 浅谈新型汽封在汽轮机上的应用[J]. 中国电力教育, 2007, (S1): 296-299.

[3] 何立东. 水轮机低泄漏减振蜂窝密封: CN201059246[P]. 2008-05-14.

[4] 李承曦. 蜂窝密封动力特性和减振性能的实验与数值研究[D]. 北京: 北京化工大学, 2009.

[5] 车建业, 何立东, 俞龙. 蜂窝铝的材料性能模拟计算与实验研究[J]. 北京化工大学学报(自然科学版), 2009, 36(6): 100-104.

[6] 何立东. 蜂窝密封研究及其在现代叶轮机械中的应用[J]. 通用机械, 2003, (4):49-51.

[7] 李金波. 叶轮机械中基于蜂窝密封和合成射流技术的流场控制方法研究[D]. 北京: 北京化工大学, 2008.

[8] 张明, 何立东, 车建业. 防爆铝蜂窝阻尼密封加工方法研究[C]. 中国振动工程学会转子动力学专业委员会第 9 届全国转子动力学学术讨论会 ROTDYN'2010, 江苏, 2010.

[9] 车建业. 新型蜂窝密封制作方法研究及铝蜂窝材料性能模拟计算[D]. 北京: 北京化工大学, 2009.

[10] 叶小强, 何立东, 霍耿磊. 蜂窝密封流场和泄漏特性的实验研究[J]. 润滑与密封, 2006, (4): 95-97.

[11] 俞龙. 回转式空气预热器刷式密封技术及铝蜂窝密封技术制造工艺研究[D]. 北京: 北京化工大学, 2010.

[12] 伍伟, 何立东, 俞龙, 等. 铝蜂窝密封结构设计及性能研究[J]. 中国电机工程学报, 2010, 30(17): 67-73.

[13] 伍伟. 新型厚壁铝蜂窝密封结构设计及封严特性研究[D]. 北京: 北京化工大学, 2010.

[14] 何立东, 张明, 俞龙. 透平机械防爆低泄漏减振铝蜂窝密封: CN101725375A[P]. 2010-06-09.

第6章　蜂窝密封工程应用

6.1　汽轮机叶顶蜂窝密封

叶片断裂严重威胁着汽轮机等叶轮机械的安全运行，导致叶片断裂的重要原因之一是叶片顶部的密封流体激振。为了提高机组效率，人们希望减小叶尖密封间隙，然而这样容易加剧密封流体激振。为了保护叶片，延长使用寿命，需要开发和应用有效抑制密封流体激振的关键技术，保障机组的安全稳定运行。蜂窝密封的综合性能优于传统梳齿密封，凭借良好的封严特性和转子动力学特性，在汽轮机、压缩机和涡轮泵中得到了应用[1,2]。蜂窝密封抑制流体激振的细观机理是[3]，蜂窝密封特殊的六边形结构和较薄的壁厚，可以将泄漏流体分割为小涡流，提高能量耗散的效果，有助于改善叶轮机械的性能。

6.1.1　汽轮机叶片失效分析

汽轮机叶片的工作环境十分恶劣，在高温、高压、湿蒸汽区中高速旋转，在离心力和高压蒸汽冲击及高速水滴冲蚀的作用下，容易出现损坏问题，轻则引起机组振动、重则造成叶片断裂事故[4-9]。某发电厂 300MW 汽轮机产生了末级叶片断裂问题，叶片表面的点状凹坑形成了叶片断裂的起始源点[10]。开缸检查发现，点蚀遍布于汽轮机的动叶片和静叶片及围带上，转子叶轮体和轴颈及梳齿密封齿也都产生了大量点蚀。某汽轮机自投运以来，进汽端的轴封漏汽严重[11]，大量蒸汽泄漏后流入前轴承箱中，冷凝成水混入润滑油中，破坏了润滑油的品质。泄漏的高温蒸汽还影响热工信号，造成汽轮机多次跳闸，负荷大幅波动。

汽轮机叶片断裂事故和密封蒸汽泄漏问题是困扰企业的难题。统计数据表明，国内 40%的汽轮机事故与叶片损坏有关。根据日本的统计资料[12]，分析叶片的损坏部位发现，围带损坏率较高，其次为叶型、拉筋和叶根，表 6-1 为叶片各部位出现损坏的百分率。据美国的统计数据，50 台大型机组的叶片事故基本上都发生在低压缸转子上。比较汽轮机各级叶片的损坏概率发现，故障率最高的是次末级叶片，占 58%；其次是末级叶片，占 20%。汽轮机低压缸末几级叶片发生损坏的概率较高，主要原因是低压缸末几级的蒸汽湿度较大，湿蒸汽水蚀现象比较严重。

通过实际测量汽轮机末级叶片的冲蚀长度、冲蚀宽度和冲蚀范围，Stanisa 和 Ivusic[13]发现汽轮机末级叶片的冲蚀过程包括潜伏期、增长期及平缓期等[14]。在

表 6-1　叶片损坏位置分布情况统计[12]

部位	围带	拉筋	叶型	叶根
损坏的百分率/%	33	26	26	15

第一个阶段潜伏期，蒸汽中较大的水滴以很高的运动速度冲击叶片，冲击压力相当于几倍的水锤压力，在叶片表面产生裂纹并扩散；在第二个阶段增长期，在水滴的连续冲击下，叶片表层材料脱离形成许多凹坑；在第三个阶段平缓期，叶片表面的凹坑中存积有水分，降低了高速水滴的冲击作用，减慢了叶片的冲蚀速度。

除了湿蒸汽水蚀作用以外，流体激振也是叶片断裂的重要原因，严重威胁着机组的安全运行，造成了巨大的经济损失[15,16]。汽轮机叶片流体激振包括以下几种[17,18]。

(1)谐频激励。如果隔板密封相对叶轮存在偏心，或者叶片进气不均匀，在周期性脉动流体作用下，汽轮机叶片产生振动，流体激振频率等于转速频率或其整数倍，也称为谐波频率。

(2)尾迹流激励。若静叶片或静叶片叶栅分布有偏差，蒸汽从喷嘴喷出后形成的尾迹汽流中，就会产生不稳定的压力分布，激起叶片振动的频率等于"喷嘴通频"(即转速频率×静叶片数或其倍数)。同时，蒸汽在叶片表面上形成附面层，产生黏性尾迹流，也会使叶片振动。另外，如果汽轮机在非设计工况运行，汽流在静叶片中未到达出汽边就与静叶片分离，产生的尾迹在流道中强烈脉动，激励叶片振动。

(3)随机激振或宽频带激振。汽轮机低压缸中的蒸汽湿度大，含有较多雾状水滴，在静叶片上聚集成较厚的水膜。在离开出汽边时，这层水膜破裂成为大水滴，高速撞击叶片，形成随机激振。此外，如果随机或宽频带激振频率中包含叶片某一阶振型的振动频率，叶片就会产生强烈振动。

(4)自激振动效应。在流体激振的作用下，如果叶片的阻尼比较小，无法全部消耗叶片振动的能量，能量不断积聚增加，则叶片振动加剧，叶片出现疲劳裂纹乃至断裂。例如，汽轮机末级叶片在其长度方向的上部存在负攻角时，容易产生叶片失速颤振。这时在该叶片的上部存在回流区，蒸汽从排汽缸经过末级叶片的下部向上流动。另外，当蒸汽在扩张的通道中膨胀时，蒸汽产生"凝结冲击波"，激励叶片振动。

(5)外力激振。发电机不对称效应和配电系统故障等外界激励，有可能使汽轮机产生扭振，导致叶片产生振动。

为了防止叶片断裂，主要采用改进气动力布局、调整结构参数、在工作范围内避免振动和颤振、修改叶片结构或利用附加结构实现调频，利用错频安装来改变转子动力特性[6,19-21]等方法，同时改进叶片材质、制造工艺、装配精度等[22]。

6.1.2 汽轮机叶片表面防护传统方法

汽轮机叶片由于工作环境极其恶劣，存在叶片水蚀破坏问题，经常采用的叶片防水蚀技术主要如下。

1) 表面强化

在叶片基体材料上镀上一层厚度为 30～200μm 的铬，镀层硬度约为 50HRC（洛氏硬度单位），提高叶片强度和耐腐蚀疲劳、微振疲劳能力。叶片表面氮化也有一定的防蚀效果，但容易造成脆化。还可以利用电火花强化方法，把 T15K6 或 BK6 等硬质合金细丝作为电极，在电火花放电的过程中在叶片表面熔结一层硬质合金，厚度约为 300μm。喷丸也是一种表面强化方法，即利用细小的钢珠或者玻璃珠冲击叶片表面产生微小凹坑，形成厚度为 200μm 左右的压应力层，改善叶片性能。

2) 司太立合金保护层

在叶片入口边及背弧侧上部边缘部位焊接司太立合金片（钴铬钨合金），是广泛采用的叶片防水蚀技术。表 6-2 给出了钴铬钨合金化学成分[23]。

表 6-2　钴铬钨合金化学成分[23]

成分	Co	Cr	W	Si	P	Fe
含量	0.65	0.25～0.28	0.04～0.08	0.02～0.025	0.01～0.01	余量

钴铬钨合金组织稳定性好，硬度高，具有很好的耐磨性和抗氧化能力，在高温下司太立合金的这种特点仍能保持[24]，被称为防蚀片。和普通叶片材料相比，司太立合金具有较好的抗蚀性，主要是由于其具有优异的微观结构[25]。但是司太立合金并不能完全消除水蚀问题。另外，将司太立合金焊接到叶片上的工艺也比较复杂。

3) 超声速火焰喷涂涂层技术

超声速火焰喷涂（HVOF）是利用火焰将粉末粒子高速喷射到叶片表面上，形成的涂层可以提高叶片寿命 1～2 倍。防护层孔隙率越低，氧化物含量越少，其抗蚀性越好[26]。针对汽轮机末级叶片水蚀问题[27]，超声速火焰喷涂司太立合金的防水蚀性能优于末级叶片常用材料，如 12Cr、17Cr-4Ni 和 Ti6Al4V[28]。

4) 激光表面强化

利用高能激光改变材料表面特性，能够有效提高叶片表面的硬度和耐磨性。激光强化的激光束能量密度高，聚焦性好，可以将加热区域添加的特殊合金材料迅速加热、熔化，使合金元素渗入叶片表层，在叶片表面形成新的合金层。为了得到超细晶粒、纳米晶粒，可以调控加热和冷却速度，控制晶粒长大的速度。

5）带冠叶片

随着汽轮机性能的提高，叶片变得长而薄，工作环境更加恶劣。为了保障叶片的安全、抑制叶片的振动，叶片可以采用阻尼减振结构。例如，展弦比较大的叶片可以设计为带冠叶片，相邻叶片的叶冠间产生摩擦，可以消耗振动能量，降低叶片振动。同时，叶冠可以减少叶片顶部的漏汽损失，提高级效率。

6.1.3　汽轮机叶片蜂窝密封技术

以上这些叶片保护措施主要是被动地增强叶片防护能力，提高叶片抵抗水滴冲刷的性能，没能从根本上控制水滴的产生。只有从源头上减少蒸汽中水滴的含量，才能从根本上解决水滴冲刷问题。蜂窝密封可以从本质上提高叶片的安全性，在汽轮机等高速叶轮机械领域得到广泛应用[6,29]。

1. 蜂窝密封的密封性能

梳齿密封因其结构简单、成本低，在汽轮机中得到普遍应用。但是梳齿密封容易磨损和倒伏，密封间隙较大，蒸汽泄漏严重。蜂窝密封的结构强度好，不容易倒伏，用作汽轮机密封时，蒸汽泄漏量明显下降，显著提高了封严能力。

2. 蜂窝密封的减振性能

汽轮机叶片的叶尖间隙区域存在泄漏涡，泄漏的蒸汽形成了非常复杂的不稳定流场，激励叶片振动。蜂窝密封具有很高的强度，能够承受很高的压力，还具有较好的阻尼特性，抑制流体激振。另外，蜂窝密封材料质软，与轴或叶片之间的间隙可设计得很小而且不发生密封流体激振，漏汽量减少、效率提高。应用蜂窝密封技术还可以有效地排除蒸汽中的水滴，减少水滴对叶片的冲蚀，提高叶片寿命，降低故障率。

6.1.4　蜂窝密封抑制叶片振动实验

如前所述，汽轮机叶片的叶尖间隙区域存在泄漏涡，形成非常复杂的流场。叶片在脉动汽流作用下产生振动，随着能量不断积累，振幅越来越大，叶片出现疲劳裂纹乃至断裂，影响汽轮机的稳定运行。如果应用蜂窝密封，汽流在蜂窝密封腔中形成旋涡强度较高的旋涡，动能转变成热能而被消耗，具有良好的减振和增效作用。为了研究蜂窝密封的这个特性，本节开展蜂窝密封抑制叶片振动实验。

实验台如图 6-1(a)所示。密封腔是一个用有机玻璃制作的壳体，在中间部位装有矩形叶片，叶片根部安装在壳体底座上。蜂窝密封或光滑密封安装在叶片顶部和叶片侧边对应的壳体上，叶片顶部密封间隙可以根据实验需要在 0.05～0.5mm 范围内调整，叶片侧边密封间隙为 0.1mm。主气泵采用往复式活塞泵，提供脉动气流，激励叶片产生振动。备用气泵带有储气罐，提供稳定气流。主气泵和备用气泵提供的气休压力范围都是 0～0.5MPa。

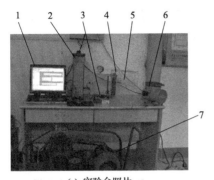

(a) 实验台照片

1.计算机；2.信号分析仪；3.传感器前置器；
4.叶尖密封；5.密封腔；6.主气泵；7.备用气泵

(b) 密封腔装置

(c) 叶片

(d) 蜂窝密封

(e) 光滑密封

图 6-1　蜂窝密封抑制叶片振动实验装置[30]

主气泵产生的气流经过调压阀流入密封腔，通过叶片顶部和两侧的密封间隙流出，脉动气流使叶片振动。叶片后方有电涡流传感器，测量叶片振动幅值。传感器采集的信号传送给 OR38 信号分析仪，进行数据分析。传感器的测量点距离叶片顶部的高度为 20mm，位于叶片总高度的 80%处。通过 OR38 信号分析软件 NVGate V5.0 处理信号，结果由计算机进行保存和显示。

分别采用光滑密封和蜂窝密封进行对比实验，测量两种密封下的叶片振幅，实验研究蜂窝密封对叶片密封流体激振的抑制作用。由图 6-2 和图 6-3 可知，使用光滑密封时，叶片振动峰峰值为 1598.63μm；使用蜂窝密封时，叶片的振动峰峰值为 349.233μm，与光滑密封相比，蜂窝密封能够明显地抑制密封流体激振。实验发现采用蜂窝密封可以使叶片振幅最高减小为光滑密封的 25%，在相同的密封间隙下，应用蜂窝密封时叶片振幅明显低于光滑密封。

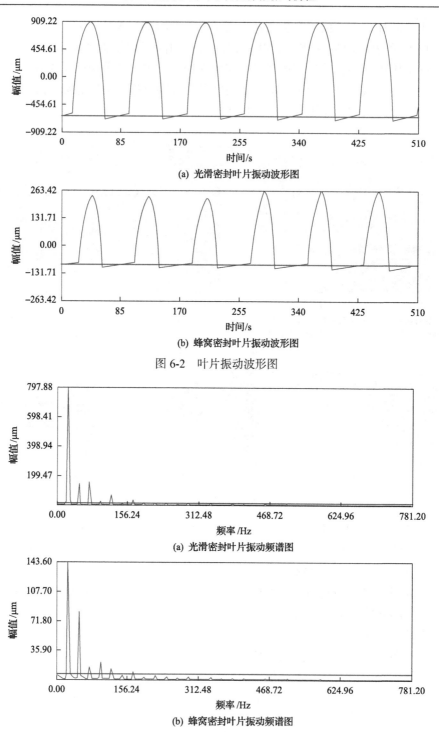

(a) 光滑密封叶片振动波形图

(b) 蜂窝密封叶片振动波形图

图 6-2　叶片振动波形图

(a) 光滑密封叶片振动频谱图

(b) 蜂窝密封叶片振动频谱图

图 6-3　叶片振动频谱图

密封流体激振的产生涉及流体从微观、细观到宏观各种尺度和各层次的相互作用过程[31]。流体流过密封间隙后，产生泄漏涡、激波和二次流之间的相互作用，这些密封区域的细观特性是产生密封流体激振的原因之一。从两种密封的对比实验结果可以看出，使用光滑密封时，叶片振动较大，主要是因为流体在顺利流过叶片的光滑密封间隙以后，产生了较强的泄漏涡，造成较强的流体压力脉动，脉动强度随泄漏涡强度的增大而增大，产生的高紊流沿流向逐渐扩大[32,33]，形成的脉动流场导致叶片振动剧烈。使用蜂窝密封时，叶片振动较小，主要由于蜂窝密封具有特殊的六边形结构，流体通过蜂窝密封间隙时，在蜂窝密封腔中形成旋涡强度较高的旋涡，动能转变成热能而被消耗，流体在流过蜂窝密封间隙以后，无法产生较高的泄漏涡，有效控制了叶尖泄漏涡的产生，抑制了泄漏流体压力脉动，降低泄漏流体的紊流强度，防止高紊流的产生和扩大，从而抑制叶片振动，发挥良好的减振作用。

6.1.5　蜂窝密封减少汽轮机叶片水蚀

1. 汽轮机叶片水蚀故障的背景

某石化公司制氢余热发电机组23MW汽轮机利用制氢装置余热锅炉产生的蒸汽进行发电，如图 6-4 所示。汽轮机运行时，高温高压蒸汽的部分热能在喷嘴叶栅中转变成动能，加速后的汽流喷射到叶片上，使得叶轮和轴转动，对外做功。图 6-5 为该汽轮机的带冠叶片。

图 6-4　23MW 余热发电汽轮机[34-36]　　　　　图 6-5　汽轮机带冠叶片[34-37]

蒸汽压力为 10.2MPa、温度为 460～490℃，而按标准该压力等级的饱和蒸汽温度应该是 535℃，蒸汽进汽温度过低，导致低压缸内蒸汽湿度(液态水含量)增大，加剧末几级叶片水蚀，降低低压末几级动叶片寿命。如何解决该发电机组末几级叶片的水蚀问题，一直是汽轮机设计、制造和使用的难点。

汽轮机叶片长期在极高的离心力作用下和湿蒸汽腐蚀介质环境中工作，同时承受着蒸汽冲击力和离心激振力产生的振动以及湿蒸汽所携带的水滴冲刷侵蚀。其中的水蚀问题是缩短低压末几级叶片寿命的一个严重且普遍存在的问题。为了提高动叶片表面的硬度，抵抗水珠的冲蚀，研究人员使用了表面淬硬、渗碳、镀铬和焊接硬质合金块等多种方法，仍没有从根本上解决动叶片水蚀问题，还会经常发生掉叶片事故。从统计数据看，叶片损坏事故是汽轮机主要事故之一。

2. 叶顶蜂窝密封除湿方法

在汽轮机叶顶对应的隔板上安装蜂窝密封，利用其吸水去湿功能和气垫活塞效应，是十分有效的去湿、减振密封技术。蜂窝密封具有的吸水去湿功能，是利用蜂窝密封的大面积蜂窝将汽流中的水滴收集起来，通过减振环基体上周向贯通去湿输水槽，将汽流中的水引入抽(排)汽口，有效地排除了蒸汽中的水滴[38-41]。蜂窝密封的气垫活塞效应是将蜂窝中的流体看作弹簧振子，在蜂窝中振荡摩擦，耗散动能，同时振荡弹簧振子也有阻塞密封间隙、减少流体泄漏的作用。在汽轮机中全面应用蜂窝密封，一般可提高效率 1%以上。

在除湿蜂窝密封的底板上，加工有多个深度为 2mm、宽度为 3mm 的圆周输水槽。蒸汽在汽轮机低压缸的后部形成湿蒸汽区，且由于蒸汽压力较低、蒸汽温度过冷度较大，从蒸汽中分离出的水滴在离心力的作用下，沿径向向外甩出。位于汽轮机低压转子次末级、次次末级动叶片顶部隔板上的蜂窝密封，利用大面积蜂窝将汽流中的大水滴击碎成小水滴，而且蜂窝结构恰好收集到这些小水滴并将小水滴存储在蜂窝中。蜂窝密封的蜂窝孔与其底板上的环形去湿输水槽相通，吸收的水分在重力的作用下排入下部的输水槽，再经过去湿孔直接进入排汽口，从而有效减少汽流中水滴的含量，减轻水滴对叶片的冲刷，提高叶片的安全性。图 6-6 所示为 23MW 汽轮机末 2 级叶顶隔板上的蜂窝密封示意图。

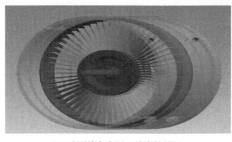 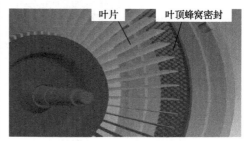

(a) 叶顶蜂窝密封三维实体模型　　　　　(b) 叶顶蜂窝密封三维实体模型(局部)

图 6-6　叶顶蜂窝密封结构

叶顶隔板采用蜂窝密封技术，去湿效果好，保护动叶片免受水力冲蚀，叶片使用寿命延长一倍以上。相比传统的梳齿密封，在相同密封间隙的情况下，叶顶除湿蜂窝密封能够显著提高汽轮机级效率；同时，蜂窝密封提供的阻尼达到梳齿密封的 100 倍以上，可以有效抑制转子和叶片的振动，延长叶片寿命。图 6-7 是用于叶顶密封的蜂窝密封结构的模型和实物。

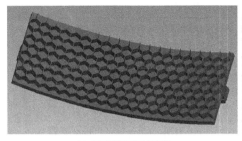

(a) 叶顶蜂窝密封模型　　　　　　　　　(b) 叶顶蜂窝密封实物

图 6-7　叶顶蜂窝密封模型和实物

3. 叶顶蜂窝密封改造方案

叶顶蜂窝密封改造方案如下。[42-49]

(1)叶顶蜂窝密封安装在隔板上。由于蜂窝密封半径方向上的厚度是 12.7mm，如果原来隔板上没有梳齿密封，则将隔板沿着半径方向车削 12.7mm，留出安装蜂窝密封的空间。如果原来隔板上有梳齿密封，则将原梳齿密封去掉再安装蜂窝密封。

(2)在安装蜂窝密封的隔板上加工一些螺纹孔，利用螺栓将叶顶蜂窝密封固定在隔板上。为了防止螺栓松动，螺栓拧紧后需要进行点焊。蜂窝密封与叶片之间的间隙可以与原密封一致或略小，可以通过更换蜂窝密封后面的不同厚度的垫片来调整密封间隙，如图 6-7 所示。

(3)加工制造的蜂窝密封并不是一个 360° 的整体，而是由许多弧段组合而成，在拼接安装时，弧段之间应该留有 0.02～0.03mm 的间隙，这是蜂窝密封在高温工作环境下的膨胀空间。在隔板的中分面处，蜂窝密封弧段的一端应该伸出，高于中分面，然后将伸出多余的部分切除，使蜂窝密封与中分面平齐，这样才能保证蜂窝密封的端部不会低于隔板的中分面。

6.1.6　蜂窝密封在汽轮机叶顶密封的工程应用

1. 某石化企业 50MW 汽轮机动叶片叶顶密封应用蜂窝密封

某石化企业自备电厂的一台 WX18L-047 型 50MW 汽轮机，由于蒸汽湿度大，出现了严重的叶片水蚀问题，导致叶片断裂。为了保障机组的安全稳定运行，对低压缸末两级动叶片的叶顶密封进行蜂窝密封改造，解决了叶片的水蚀问题。

1)问题及分析

汽轮机主要参数见表 6-3。

表 6-3　WX18L-047 型汽轮机参数[50]

参数名称	参数	参数名称	参数
型号	WX18L-047	励磁电流	1035A
额定电压	6300V	功率因数	0.8 滞后
额定电流	5728A	接法	星形
额定转速	3000r/min	绝缘等级	B 级
额定频率	50Hz	相数	3
额定功率	50000kW	出厂日期	1997 年 12 月

　　该机组低压缸的主要问题是蒸汽湿度大，蒸汽中的水滴冲蚀动叶片表面。为了抵抗水滴的冲刷，该石化企业将高硬度的司太立合金片焊接在动叶片进汽边的背面，保护叶片免受水滴冲蚀。但三年后大修发现，水滴冲蚀叶片的问题仍然存在，在叶片上焊接司太立合金片并没有解决叶片水蚀问题。

　　叶片顶部密封原来为在隔板上加工出来的光滑密封结构，密封直径为2096mm。该汽轮机转子如图 6-8 所示，被水滴冲蚀的汽轮机动叶片如图 6-9 所示，在进汽边背面焊接司太立合金的动叶片如图 6-10 所示。

图 6-8　某石化企业 50MW 汽轮机转子[50]

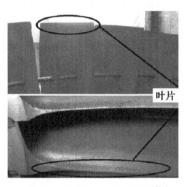

图 6-9　低压缸水蚀动叶片[50]

图 6-10　动叶片焊接司太立合金[50]

2) 改造设计方法

在叶片上焊接司太立合金是一种被动防御水滴冲刷的办法，减少蒸汽中的水滴含量才能从源头上解决叶片水蚀问题。大量规则排列的六边形小孔构成的蜂窝密封，能够减少蒸汽泄漏，还有阻尼减振特性。更为重要的是蜂窝密封还可以有效地吸收蒸汽中的水滴，解决叶片水蚀问题。蜂窝密封吸附水滴的过程是：由于汽轮机叶轮的高速旋转，在离心力的作用下，蒸汽中的水滴被汽轮机叶片沿离心力方向甩到安装在隔板上的蜂窝密封中，大水滴被击碎成小水滴并甩入蜂窝密封表面上的大量六边形小孔中，通过蜂窝密封底部的排水槽流出低压缸。图 6-11 为叶顶蜂窝密封改造示意图。

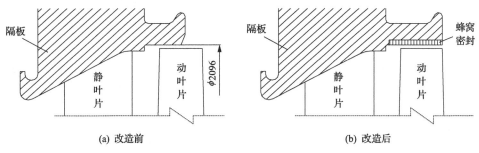

(a) 改造前　　　　　　　　　　　　　　　　　　(b) 改造后

图 6-11　50MW 汽轮机隔板叶顶蜂窝密封改造示意图[50]

由于低压缸的末几级叶片水蚀严重，可以重点改造末两级叶片的叶顶密封。如图 6-11 所示，对汽轮机进行隔板叶顶蜂窝密封改造时，为了给蜂窝密封留出安装空间，要对隔板上原来的光滑密封进行加工，将隔板密封部分沿着径向车削 12.7mm。然后在隔板密封面上加工多个 M8 螺栓孔，将叶顶蜂窝密封弧段用螺栓固定在隔板上。隔板叶顶蜂窝密封的间隙可以通过在蜂窝密封后面安装不同厚度的垫片来调整，一般比原密封间隙略小，以提高效率。各级改造方法类似。改造前的隔板实物图如图 6-12(a) 和图 6-12(b) 所示。汽轮机低压缸末 2 级改造后的隔板如图 6-12(c) 所示，其密封部分安装了蜂窝密封。

(a) 改造前隔板原结构　　　　(b) 改造前原隔板局部　　　　(c) 改造蜂窝密封后

图 6-12　改造前与改造后的隔板[50]

3）改造效果

改造现场情况如图6-13所示。

(a) 蜂窝密封隔板回装　　(b) 测量蜂窝密封隔板的叶顶间隙　　(c) 隔板蜂窝密封与动叶片的配合

图6-13　隔板叶顶蜂窝密封改造现场[39,50]

该机组自隔板叶顶蜂窝密封改造后投入运行以来，效果良好，低压缸蒸汽湿度正常。叶顶蜂窝密封有效降低了蒸汽中的水滴含量，减少水滴冲蚀叶片，还控制了叶顶密封中的蒸汽泄漏，提高机组的效率，同时蜂窝密封提供较大的阻尼，减少了叶片的振动。

2. 蜂窝密封在23MW汽轮机动叶片隔板叶顶密封上的应用

某石化公司制氢余热发电机组23MW汽轮机利用制氢装置余热锅炉产生的蒸汽进行发电。由于蒸汽进汽温度过低，低压缸内蒸汽湿度(液态水含量)加大，极易造成叶轮末几级水蚀加重，致使低压末几级动叶片寿命缩短，极易发生叶片断裂事故。

对次末级和次次末级这两级叶片叶顶对应的隔板进行蜂窝密封改造(图6-14～图6-16)，还将高压三组梳齿轴封替换成蜂窝密封，解决了汽轮机水蚀问题，有效

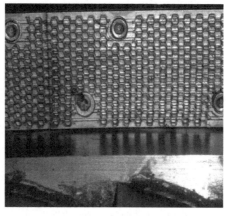

图6-14　23MW汽轮机隔板叶顶蜂窝密封

图 6-15　23MW 制氢余热机组　　　　　　　图 6-16　安装蜂窝密封的隔板

降低了蒸汽中的水滴含量，减小了水滴对末级和次末级两级叶片的冲刷，消除了叶片产生裂纹的隐患，提高了叶片使用寿命。机组自改造后投入运行以来，效果一直很好，低压缸蒸汽湿度正常。应用实践表明，在汽轮机低压缸末几级叶顶密封处采用蜂窝密封能够有效除湿，预防叶片断裂[42-44]。

3. 蜂窝密封在 75MW 后置机动叶片叶顶密封的应用[45]

某电厂 75MW 后置机由于低压缸末级湿度大，叶片受到强烈的水滴冲蚀，曾发生叶片断裂的事故。各级的湿度分别是：末级为 12.4%，次末级为 8.5%，次次末级为 4.2%[45]。为了防止叶片受到水滴的强烈冲蚀，设计并安装了叶顶蜂窝密封，如图 6-17 所示，使用蜂窝密封后，用蜂窝密封网孔来吸附水滴，去湿效果好，叶片损伤大幅度下降，提高了机组效率和运行稳定性。

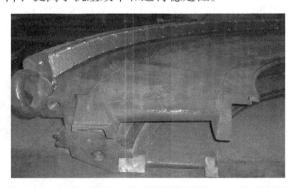

图 6-17　安装在隔板上的叶顶蜂窝密封(75MW 后置机)

4. 蜂窝密封在某核电站 650MW 汽轮机叶顶密封的应用

某核电站 650MW 的汽轮机次末级湿度是 10%，次次末级湿度是 6%。在低压缸次次末级和次末级应用了蜂窝密封，直径约为 2.8m。自投产以来，机组一直安全稳定地运行。

5. 蜂窝密封在某电厂 100MW 汽轮机叶顶密封的应用

某电厂 100MW 汽轮机低压缸次次末级叶轮的直径为 1865.4mm，次末级叶轮的直径为 2184.8mm。在次次末级和次末级应用了叶顶蜂窝密封(图 6-18)，取得了良好的去湿和减振效果。在低压缸次末级和次次末级叶片对应的隔板上安装叶顶蜂窝密封以后，减少了蒸汽中水滴的含量，降低了水滴对次末级和次次末级叶片的冲蚀作用；同时蒸汽中水滴减少，对末级叶片也起到了保护作用。

图 6-18　安装在隔板上的叶顶蜂窝密封(100MW 汽轮机)

6. 蜂窝密封在某石化 25MW 汽轮机叶顶密封上的应用[45]

某石化 25MW 汽轮机的蒸汽压力为 10.2MPa，蒸汽温度为 460～490℃，低于设计值(540℃)，低压缸中蒸汽湿度大，对叶片将产生严重的水蚀，叶片寿命受到威胁，极易发生叶片断裂事故。安装蜂窝密封(图 6-19 和图 6-20)后，显著减少了水滴对叶片的冲刷，保护叶片安全稳定运行。25MW 汽轮机隔板安装蜂窝密封如图 6-21 所示。

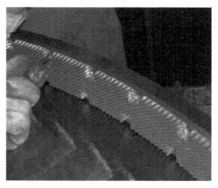

图 6-19　蜂窝密封安装施工现场　　　　图 6-20　在隔板上安装叶顶蜂窝密封

图 6-21　25MW 汽轮机隔板安装蜂窝密封

6.1.7　小结

本节研究了利用蜂窝密封解决汽轮机叶片水蚀问题的方法，在汽轮机隔板上安装叶顶蜂窝密封，利用大面积蜂窝小孔，将汽流中的大水滴击碎成小水滴。蜂窝小孔将这些水滴吸附收集，由于蜂窝密封的蜂窝与其底板上的环形去湿输水槽相通，吸收的水滴在重力的作用下排入下部的输水槽，再经过去湿孔直接进入排汽口，从而有效减小了水滴对叶片的冲刷、提高叶片的安全性。蜂窝密封还可以减少叶片的振动，同时显著降低叶顶密封的蒸汽泄漏，对防止叶片断裂、提高机组效率具有重要意义。

6.2　汽轮机轴端蜂窝密封

6.2.1　汽轮机轴端密封泄漏问题

汽轮机密封的泄漏损失约占内部损失的 1/3。蒸汽泄漏不仅造成经济损失影响整机的运行效率，而且也是严重的安全隐患。由于梳齿密封结构简单，价格便宜，在许多汽轮机等叶轮机械中广泛应用，如轴承附近的轴端密封、叶轮附近的级间密封以及叶片顶部密封等。梳齿密封容易磨损和倒伏，增大蒸汽泄漏量，降低汽轮机效率，使润滑油含水乳化。梳齿密封还可能产生蒸汽激振，影响汽轮机的稳定运行。

某石化工厂 50MW 汽轮机，其轴端密封处蒸汽泄漏严重，现场可以看到明显的白烟，若用干燥的白纸靠近轴封位置，则白纸迅速变湿。该汽轮机轴端采用梳齿密封，齿片镶嵌在密封圈上，转子对应部位通常为凹凸结构，梳齿密封的高齿与转子的凹槽对应、低齿与转子的凸台对应。密封齿严重磨损，密封齿的高度已经由原来的 6mm 减小到 3mm 以下，密封蒸汽泄漏严重，润滑油中含大量水。

　　某石化公司制氢装置驱动转化炉引风机的两台小型汽轮机，进气压力为3.95MPa，排气压力为1.2MPa，蒸汽温度为395℃，功率分别为580kW和550kW。焦化装置的富气压缩机组，驱动汽轮机采用国产1071kW汽轮机，进气压力为1.0MPa，排气压力为0.012MPa，温度为250℃。上述汽轮机的轴端密封均采用梳齿密封，存在严重的漏汽和润滑油乳化现象。

　　某石化企业的小型汽轮机，轴端密封严重漏汽，降低了汽轮机的真空度。同时，泄漏的蒸汽在轴承润滑油中冷凝成水，使润滑油的品质下降，被列为汽轮机隐患整改项目，如图6-22所示。

图6-22　小型汽轮机原来的梳齿密封

6.2.2　汽轮机轴端蜂窝密封结构

1. 汽轮机轴端的传统梳齿密封结构

　　汽轮机轴端梳齿密封结构主要分为三类，如图6-23所示。图6-23(a)是最简单的轴端密封结构，转子(轴上)为光滑结构，静子(密封体)采用梳齿结构，主要用于密封压差比较小的场合。图6-23(b1)和(b2)中转子和静子均采用梳齿结构，也是汽轮机轴端密封主要采用的结构类型。其中图6-23(b2)的静子为密封性能较好的高低齿结构。在密封压差大的情况下，通常采用图6-23(c)结构，其转子采用高低齿结构、静子为凸台结构。

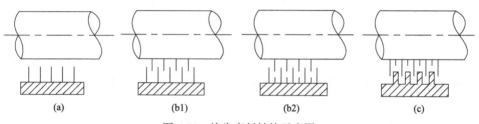

(a)	(b1)	(b2)	(c)

图6-23　梳齿密封结构示意图

2. 蜂窝密封改造经验

大中型汽轮机轴端密封的直径尺寸较大，一般由多组密封组成，每组密封中包含 2～6 圈密封。每圈密封轴向宽度较小，每个密封由 6 段或者 8 段结构构成。小型汽轮机轴端密封的直径尺寸较小，每台汽轮机有前密封和后密封两个轴端密封。每个密封的轴向宽度较大，为上下瓣剖分结构。汽轮机轴端密封进行蜂窝密封改造的经验如下。

(1)保护转子。不改变转子上的密封结构，静子密封需采用质软的材料。尽量避免在转子振动较大时，尤其是在频繁起停车情况下，密封伤害转子。转子受损会造成事故隐患，维修成本高。

(2)轴端蜂窝密封在缸体内的安装方式和原来的梳齿密封相同。保持蜂窝密封的外形结构和定位方式与原来的梳齿密封一样，方便安装和检修。

(3)以科学合理的计算为基础，适当减小密封间隙，减小泄漏通道的截面积，从而减小泄漏。汽轮机轴端梳齿密封半径方向的密封间隙一般为 0.3～0.4mm，用蜂窝密封替代梳齿密封时，可以将蜂窝密封半径间隙适量减小至 0.1～0.3mm。

(4)合理设计蜂窝宽度，抑制转子振动。蜂窝密封具有优越的转子动力学特性，经过实验研究发现，选取合适的蜂窝宽度和深度可以有效地抑制转子振动。

3. 新型轴端蜂窝密封结构

如前所述，蜂窝密封内孔表面有许多六边形的小盲孔，蒸汽在小孔中形成旋涡消耗能量，减小蒸汽的泄漏量。同时降低密封腔中蒸汽的周向速度，汽轮机转子的稳定性得到增强。

轴端密封采用蜂窝密封结构时，要根据原梳齿密封的结构形式，制定蜂窝密封替代梳齿密封的改造方案。常见的改造方案是将原来静子梳齿密封的梳齿结构全部取消，用平整的蜂窝密封代替，如图 6-24 所示。在相同的密封间隙下，如果转子原来是光轴，改造方案见图 6-24(a)；如果转子上原来是梳齿结构，蜂窝密封

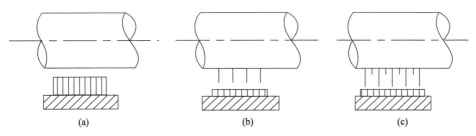

(a)　　　　　　　　　(b)　　　　　　　　　(c)

图 6-24　传统蜂窝密封结构示意图

改造方案见图 6-24(b)和(c)。大中型汽轮机的轴端密封和隔板密封进行蜂窝密封改造的时候经常使用这种这种结构。

为了进一步提高轴端蜂窝密封性能，在理论和实验研究基础上，本书设计了新型蜂窝密封结构[42-50]，如图 6-25 所示。与传统的蜂窝密封改造方案相比，新型改造方案结合了梳齿密封和蜂窝密封的优势，密封效果更好。如果转子原来是光滑的，图 6-25(a)中将静子密封梳齿结构改造成蜂窝密封与梳齿的组合结构，密封齿与转子的距离(密封的半径间隙)比图 6-24(a)方案的间隙减小 0.1～0.2mm。蜂窝与转子的距离与图 6-24(a)相同。这样既可防止密封齿的倒伏，又增强了密封性能。如果原来转子上带有密封齿，将静子密封的梳齿结构改造成蜂窝密封与梳齿的组合结构，保留了原来的交错齿密封特征，见图 6-25(b)。其中，当原密封采用高低齿结构时，去除低齿，在相邻两个高齿间焊接蜂窝密封，保持密封间隙不变或略微减小。在密封压差大的情况下，保持转子高低齿结构，将静子密封的高低齿结构改造成高低蜂窝密封组合结构，如图 6-25(c)所示。改造时用高蜂窝带替换凸台，用低蜂窝带替换凹槽结构，仍然具有交错密封泄漏量较小的优势。为了保证密封性能，密封间隙比图 6-24(c)方案中的间隙略微减小。

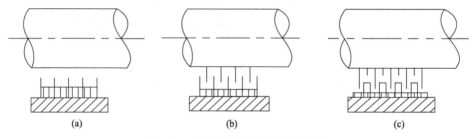

图 6-25　新型蜂窝密封结构示意图

4. 蜂窝密封在 KT1253 小型汽轮机中的应用

某石化炼油设备中的 KT1253 小型汽轮机，是驱动转化炉引风机的关键机组。表 6-4 为其主要技术参数，其结构见图 6-26。该汽轮机轴端密封蒸汽泄漏严重，蒸汽从排空管喷射出来，大量轴端泄漏的蒸汽进入轴承箱润滑油中，蒸汽冷凝而成的水加剧了润滑油乳化，润滑油质量下降，威胁汽轮机的稳定运行，需要进行轴端蜂窝密封改造。

表 6-4　KT1253 小型汽轮机主要技术参数

参数名称	进汽压力/MPa	排汽压力/MPa	蒸汽温度/℃	功率/kW
数值	3.95	0.012	395	580

图 6-26 KT1253 小型汽轮机

图 6-27(a)为轴端梳齿密封实物图。该汽轮机轴端密封原来采用交错式梳齿密封,即转子不是光滑的而是有高低密封齿,静子密封上分布有凹槽和凸台,密封中的凹槽与转子高齿配合,密封中的凸台与转子的低齿配合。该汽轮机轴端密封泄漏大量蒸汽,其原因主要是汽轮机运行一段时间后密封齿严重磨损,增大了密封间隙,使得蒸汽大量泄漏。进行轴端蜂窝密封改造时,将原来使用的静子梳齿密封拆除进行测绘和设计,重新加工制造了蜂窝密封,凹槽和凸台都焊接了蜂窝密封,如图 6-27(b)所示。使用蜂窝密封以后,蒸汽泄漏量显著减少。但蜂窝密封结构较为复杂,存在加工难度大、使用寿命短等问题。

(a) 原设计轴端梳齿密封　　　　　　　　(b) 改造后的蜂窝密封

图 6-27 原设计轴端梳齿密封和改造后的蜂窝密封

针对以上问题,对转子上的高低密封梳齿外径重新进行测绘和设计。在凹槽里面焊接等高度蜂窝带,保留原来的凸台结构。另外,将蜂窝密封半径间隙适当缩小。安装重新设计制造的轴端蜂窝密封以后,减少了蒸汽泄漏量,排空口蒸汽速度得到了有效控制,进入轴承箱的蒸汽量明显下降,保障了润滑油质量;同时还降低了蜂窝密封加工难度，增强了蜂窝强度，延长了蜂窝密封的使用寿命，提高了机组的连续运行周期。蜂窝密封安装情况如图 6-28 所示。

(a) 蜂窝密封与缸体及转子配合　　　　　　(b) 测量蜂窝密封间隙

图 6-28　KT1253 小型汽轮机轴端安装蜂窝密封

5. 23MW 汽轮机轴端密封改造

　　某石化 23MW 制氢余热发电机组的汽轮机轴端原来使用梳齿密封，改造时将高压侧的轴端梳齿密封替换为蜂窝密封，如图 6-29 所示。为了防止蒸汽从梳齿密封中泄漏，威胁左侧进口端轴承的稳定运行，将高压侧的轴端梳齿密封替换为蜂窝密封。对靠近内侧的 3 圈(图中右侧)梳齿密封进行测绘设计，加工制造 3 圈蜂窝密封。安装蜂窝密封时，先把原来的梳齿密封取出，再放入蜂窝密封，与安装梳齿密封的方法一样，蜂窝密封的密封间隙比原梳齿密封间隙略小或者一致。该机组自改造后投入运行以来，密封效果一直很好，低压缸蒸汽湿度正常，且轴端密封无泄漏。

图 6-29　23MW 汽轮机轴端蜂窝密封

6. 国产小型汽轮机轴端密封改造

　　某企业国产小型汽轮机轴端梳齿密封存在蒸汽泄漏严重的问题,梳齿密封结构如图 6-23(b1)和(b2)所示。第一次设计蜂窝密封时,将原来梳齿密封上的高齿和低齿全部去掉,焊接高度相同的蜂窝,蜂窝密封结构如图 6-24(a)所示,改造后蒸汽泄漏的问题仍然存在。为此对蜂窝密封结构进行了重新设计。第二次改造后采用图 6-25(b)的蜂窝密封结构,保留了原来梳齿密封的高齿,只去掉了低齿,在原来低齿的位置焊接蜂窝密封,发挥了交错齿密封的优势,减小了蒸汽泄漏。小型汽轮机轴端蜂窝密封的实物照片如图 6-30 所示。重新进行蜂窝密封改造后,轴封漏汽现象消除,消除了因漏汽造成机组周围到处滴水的现象,解决了润滑油系统含水问题,汽轮机真空度一直保持稳定状态,蜂窝密封改造后机组平稳运行。

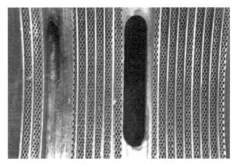

(a) 蜂窝密封照片　　　　　　　　　　(b) 蜂窝密封局部放大照片

图 6-30　小型汽轮机轴端蜂窝密封

7. 国外进口小型汽轮机轴端密封改造

　　制氢装置小型汽轮机轴端梳齿密封采用图 6-23(c)结构。图 6-31 和图 6-32 为安装新型蜂窝密封照片,其轴端密封采用图 6-25(c)结构。改造后小功率汽轮机轴端密封泄漏现象基本消失,蒸汽消耗量减小,汽轮机功率略微提高,现场环境得到较大改善。润滑油中带水和乳化现象消失,润滑油品质良好,延长了更换润滑油的周期,节省了设备的维修维护费用。改造后,新型蜂窝密封有效抑制了转子的流体激振,汽轮机振动指标明显变好,提高了机组的稳定性和安全性。

8. 小型汽轮机的轴端密封注汽系统改造

　　为了减少缸体内的蒸汽向外漏汽,同时保障真空度,回收漏汽,很多汽轮机在轴端密封加上管道、阀门及附属设备,并配备自动调节装置,组成轴封蒸汽调整系统。轴端密封注汽系统如果存在问题,将增大轴端密封的泄漏量。

图 6-31　新型蜂窝密封

图 6-32　580kW 汽轮机安装新型蜂窝密封照片

　　某德国进口小型汽轮机的轴端梳齿密封存在蒸汽泄漏问题。该汽轮机轴端密封的注汽和排空管路系统(简称注汽系统)结构如图 6-33 所示。高压蒸汽通过调压阀后，分别进入高压侧和低压侧的轴端密封，注汽压力相同。由于高压侧

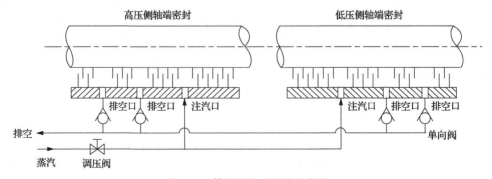

图 6-33　传统的注汽系统示意图

轴端密封和低压侧轴端密封承受的蒸汽压力不同，所以高压侧和低压侧的轴端密封所需要的注汽压力也不同，在调节时很难调整到对两个轴端密封都合适的注汽压力。

高压和低压侧的轴端密封都有两根排放管。其中，内侧(靠近叶轮)的排放管排出的蒸汽压力较高，外侧(靠近轴承)的排放管排出的蒸汽压力较低，且高压、低压侧的排出蒸汽压力也不同。每根排放管上都有单向阀，四根排放管汇聚在一根总管上，总管引到附近的烟囱上排空。每根管上都有单向阀而且四根管又汇聚在一起，造成外侧排放管上单向阀的阀后压力比阀前高，使得外侧排放管的蒸汽无法排出。因此，当轴封间隙偏大时，密封中的蒸汽无法从外侧排放管排出，只能沿着轴封漏出，造成轴封漏汽。

注汽系统改造方案见图 6-34。调整注汽系统管路，避免不同压力的管道相互影响。将高压、低压侧轴端密封的注汽管路分开，分别加装调压阀，使每个密封的注汽压力单独可调。将高、低压侧轴端密封的排空管分别经过单向阀后单独排空，避免各排空管之间的相互影响。

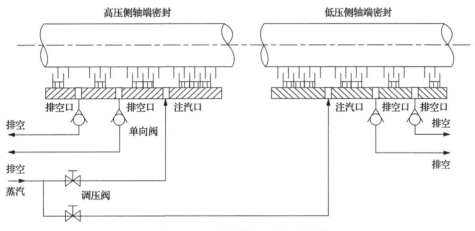

图 6-34　改进后的注汽系统示意图

注汽系统调整后，高压、低压侧采用不同的调压阀，注汽压力更加精确，排空通畅，排空蒸汽流量减小。

9. 蜂窝密封在循环氢机组小功率汽轮机轴端密封上的应用

某石化公司循环氢机组中，1.454MW 背压式汽轮机的主要参数为：工作转速为 9980r/min，蒸汽流量为 23t/h，进气压力为 3.5MPa，蒸汽温度 400℃，排气压力为 1.0MPa。这台汽轮机投入运行不到 6 个月，高压轴端密封(前密封)和低压轴端密封(后密封)蒸汽严重泄漏，机组无法正常运行[46]。

1）轴端梳齿密封泄漏原因

汽轮机厂家设计的高压端轴封为交错密封齿的梳齿密封。转子上相邻梳齿之间的距离为 4.5mm，密封半径间隙为 0.3mm，如图 6-35 所示。开缸检查发现，转子上的梳齿和密封上的梳齿都磨损严重，密封半径间隙扩大到 0.5mm，增大了蒸汽泄漏量，润滑油含水严重，威胁轴承的安全运行。

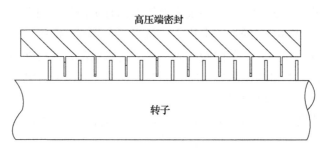

图 6-35　循环氢装置汽轮机高压端原始密封形式

汽轮机厂家设计的低压端轴封为新型梳齿密封。转子上排列 11 个齿，相邻齿之间相距 3.4mm；静子密封上分布 14 个齿，密封齿的底部有两种凹槽，其中相邻两个深凹槽之间的距离为 1.9mm，浅凹槽之间的距离为 2.6mm。转子上和静子密封上的梳齿厚度都是 0.3mm，密封半径间隙为 0.3mm，如图 6-36 所示。汽轮机厂家设计时希望转子上梳齿的齿尖和静子密封上的齿尖一一对齐，这样可以增大密封腔室体积及涡流体积，加强涡流之间的相互作用，取得更好的密封效果，同时有助于抑制密封非线性振动问题。但实际情况是，在汽轮机工作时由于热膨胀和转子的轴向窜动，转子上梳齿的齿尖和静子密封上的齿尖无法一一对齐，很多转子上的梳齿和静子密封上的梳齿相互错开，密封半径间隙实际超过 2mm，造成蒸汽严重泄漏，白色蒸汽伴随着强烈的爆鸣声喷出，轴承润滑油被严重乳化。开缸检查发现密封梳齿磨损很小，密封蒸汽严重泄漏不是密封梳齿磨损造成的[47]。

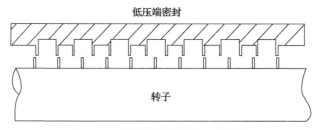

图 6-36　低压端原始梳齿密封形式

2）高压端轴封蜂窝密封改造

加工制造的高压端蜂窝密封，其外形安装尺寸与原来的梳齿密封相同，蜂窝密封上梳齿的高度比原来梳齿密封大，在密封梳齿之间焊接蜂窝，转子上的梳齿没有改动，密封半径间隙为 0.3mm，如图 6-37 所示。

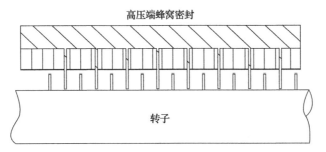

图 6-37　高压端蜂窝密封形式

　　数值计算分析原来的梳齿密封和改造后的蜂窝密封，比较两种密封泄漏量的大小。图 6-38 和图 6-39 分别为梳齿密封和蜂窝密封腔内的流线以及压力分布。在蜂窝密封中，蜂窝腔室内的蒸汽形成旋涡，旋涡的数量比原梳齿密封增加了数倍，增强了消耗能量的能力。计算结果表明，和原来的梳齿密封相比，蜂窝密封出口压力下降了 40%，减少蒸汽泄漏量 54.7%。

(a) 高压端原始梳齿密封流线图　　　　　　　(b) 高压端蜂窝密封流线图

图 6-38　高压端密封改造前后流线图

(a) 高压端原始梳齿密封轴向压力分布图　　　(b) 高压端蜂窝密封轴向压力分布图

图 6-39　高压端密封改造前后轴向压力分布图[47]

　　图 6-40 为高压端蜂窝密封与缸体及转子的配合照片。测量得到蜂窝密封左侧半径间隙是 0.13mm，右侧半径间隙是 0.15mm，约为原梳齿密封半径间隙的一半。

图 6-40　高压端蜂窝密封与缸体及转子的配合照片

汽轮机运行后高压端蜂窝密封的泄漏量显著下降，有效解决了轴承润滑油的乳化问题。

　　3) 低压端蜂窝密封改造及效果

　　低压端蜂窝密封结构如图 6-41 所示，由于轴上梳齿的齿间距较小，梳齿密集排布，转子轴向窜动量较大，为了防止转子轴向窜动时损坏轴上梳齿，不宜设计成交错齿结构。蜂窝密封外形安装尺寸与原来的梳齿密封一样，在密封件内孔上的蜂窝高度相同，蜂窝密封内孔直径和原梳齿密封保持一致，转轴上梳齿与蜂窝密封之间的半径间隙为 0.3mm。

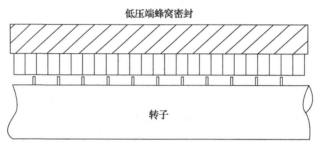

图 6-41　低压端蜂窝密封结构

　　数值分析原来梳齿密封和改造后蜂窝密封腔内的流线以及压力分布。计算结果表明，蜂窝密封腔内的旋涡数量明显多于原来的梳齿密封，蜂窝密封显著提高了蒸汽的节流效果，增强了蒸汽能量消耗能力。和原来的梳齿密封相比，蜂窝密封的出口压力下降了 29.6%、蒸汽的泄漏量也减小了 63.1%，如图 6-42 和图 6-43 所示。

(a) 低压端原始梳齿密封流线图　　　　　　　　(b) 低压端蜂窝密封流线图

图 6-42　低压端密封改造前后流线图

(a) 低压端原始梳齿密封轴向压力分布　　　　　(b) 低压端蜂窝密封轴向压力分布

图 6-43　低压端密封改造前后轴向压力分布图[47]

　　图 6-44 是低压轴端蜂窝密封实际安装照片。测量蜂窝密封的半径间隙，左侧间隙为 0.20mm，右侧间隙为 0.25mm，均小于原来梳齿密封的间隙，提高了密封性能。汽轮机运行以后，明显减小了低压轴端蒸汽的泄漏量，消除了原来泄漏蒸汽产生的白烟和蒸汽泄漏喷射的爆鸣声，轴承润滑油乳化问题得到了有

效解决。

图 6-44　低压轴端蜂窝密封

10. 蜂窝密封在大型汽轮机轴端密封的应用

某 600MW 汽轮机发电机组高压梳齿密封蒸汽泄漏严重，漏出的高温蒸汽烧毁轴端的振动传感器。为了保证传感器的正常工作，在传感器附近引入压缩空气冷却系统。使用蜂窝密封替换梳齿密封后，解决了蒸汽的漏汽问题，振动传感器正常工作，取消了传感器的压缩空气冷却系统。运行一个大修期后，开缸检查，蜂窝密封没有损坏，如图 6-45 所示。

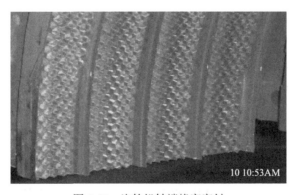

图 6-45　汽轮机轴端蜂窝密封

11. 蜂窝密封在催化装置小型汽轮机中的应用研究

该汽轮机是催化装置的核心动力机组之一，驱动富气压缩机工作，汽轮机和富气压缩机如图 6-46 所示，汽轮机的转子如图 6-47 所示，轴端梳齿密封如图 6-48 所示。该小型汽轮机原来使用梳齿密封，由厚度 0.3mm 的不锈钢薄片嵌入密封体内，构成高低齿镶齿密封结构。汽轮机运行中，由于和转子碰磨，梳齿密封将轴颈表面磨出许多沟槽，密封齿也被严重磨损，密封间隙增大，大量蒸汽泄漏，在排空口处形成白烟，喷出的白色蒸汽长度达数米，如图 6-49 所示。

图 6-46　机组实物图

图 6-47　汽轮机转子实物图

图 6-48　原来汽轮机轴端梳齿密封

图 6-49　原来汽轮机排空口蒸汽大量泄漏

　　与大型汽轮机发电机组相比，催化装置小型汽轮机的特点是：机组轴颈尺寸小，汽轮机轴端的直径小于 100mm；汽轮机转子转速高，工作转速达到 12000r/min。对这种汽轮机进行蜂窝密封改造时，面临许多难题。由于汽轮机轴端的直径小于 100mm，将长条蜂窝带弯曲成直径小于 100mm 的圆环，得到的蜂窝圆环并不是圆弧表面，增大了与基体高温真空钎焊的难度。同时，为了减少泄漏，小型汽轮机的蜂窝密封间隙不能像梳齿密封间隙那么大，加大了蜂窝密封与转子碰磨的风险。汽轮机在 12000r/min 的转速下运行，一旦发生碰磨，会损伤转子，严重的会导致转子弯曲。如果加大密封间隙以保护转子，会增大泄漏。

　　蜂窝密封安装和定位方式和原梳齿密封一样，不需要增加安装工作量。蜂窝密封径向定位结构如图 6-50 所示。宽度为 2mm 的环形凸台是蜂窝密封的径向定位结构（图 6-51），要求其直径的最大公差为 0.05mm。若凸台的直径偏大，蜂窝密封无法安装到汽轮机缸体里面。若凸台的直径偏小，蜂窝密封中分面将低于汽轮机缸体的中分面，容易导致中分面泄漏蒸汽，另外还会减小底部的密封间隙，密封间隙沿着圆周方向分布不均匀。小型汽轮机蜂窝密封间隙比原来的梳齿密封小，密封中分面的下沉极易造成转子的最下部和最上部与蜂窝密封接触，蜂窝密封将转子卡住，无法正常盘车。因此，径向定位尺寸的测绘和加工误差都要求得比较严格，一般要小于 0.05mm。

图 6-50　蜂窝密封径向定位方式　　　　图 6-51　蜂窝密封径向定位凸台结构

　　密封间隙是影响密封效果的关键因素，蜂窝密封的间隙要严格控制。目前，蜂窝密封的间隙设计仍以工程应用经验为主，半径间隙不宜超过 0.2mm。安装好下瓣蜂窝密封的汽轮机如图 6-52 所示，放入转子后的汽轮机如图 6-53 所示。蜂窝密封与转子的配合情况如图 6-54 和图 6-55 所示。由图 6-54 和图 6-55 可知，蜂窝带与转子的凸台配合，替代了原梳齿密封的低齿；蜂窝密封保留了原来梳齿密封的高齿，插入转子的凹槽中，发挥了交错密封泄漏少的优势。

图 6-52　安装了下瓣蜂窝密封的汽轮机　　　　图 6-53　放入转子后的汽轮机

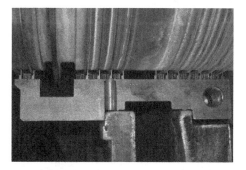

图 6-54　蜂窝密封与转子配合照片　　　　图 6-55　蜂窝密封与转子配合的局部照片

　　对该汽轮机进行蜂窝密封改造后，机组开车一次成功，消除了原排空口蒸汽涌出现象，蒸汽泄漏量显著下降，汽轮机高效稳定运行多年，企业技术人员非常认可蜂窝密封的改造效果。

6.2.3 小结

本节综合分析了进口和国产汽轮机轴端密封泄漏的原因，开发了新型轴端蜂窝密封结构，消除了轴端密封泄漏隐患。用新型蜂窝密封替代梳齿密封，可以大幅度减少汽轮机轴端密封的蒸汽泄漏量。转子为高齿和低齿，静子为高、低蜂窝结构的密封泄漏量最小，特别是能够降低高压差密封的泄漏。应用蜂窝密封后，消除了轴承箱润滑油乳化问题，保证了润滑油的品质，节约了维修维护费用，保障汽轮机安全稳定运行。

6.3 烟气轮机蜂窝密封

6.3.1 烟气轮机密封系统简介

烟气轮机是利用催化再生器高温烟气的热能及压力能做功的叶轮机械，驱动主风机工作或带动发电机发电，是石化企业的能量回收设备，一般烟气轮机为悬臂结构。由于烟气轮机中的工作介质是温度达 $600\sim700℃$ 的再生烟气，一般要向烟气轮机中喷入高压蒸汽，降低烟气轮机轮盘的温度、进行轮盘平衡孔吹扫、给烟道加热进行预热、对入口碟阀和高温闸阀进行吹扫等。同时，在烟气轮机轴封处注入蒸汽，防止高温烟气进入轴承箱，保障轴承稳定运行。传统烟气轮机中的烟气密封、蒸汽密封和轴承箱密封通常都是梳齿密封，密封齿易磨损，蒸汽泄漏量加大，窜入轴承箱，蒸汽冷凝水进入润滑油系统使润滑油含水。同时泄漏的蒸汽还会使轴承箱温度提高，转子系统支承刚度降低，容易导致烟气轮机振动。图6-56 和图 6-57 为烟气轮机及其转子的密封，其隔板密封和梳齿密封装置如图 6-58 和图 6-59 所示。

图 6-56 检修中的烟气轮机

图 6-57 烟气轮机转子的密封

图 6-58　烟气轮机隔板密封

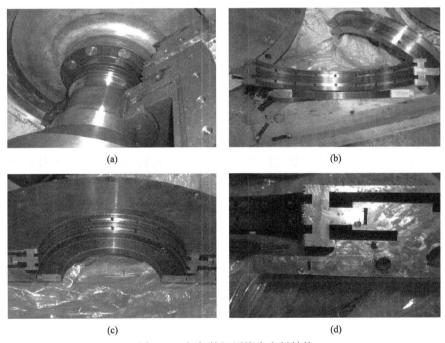

图 6-59　烟气轮机原梳齿密封结构

6.3.2　烟气轮机蜂窝密封改造

如图 6-60 所示，烟气密封主要用来防止高温烟气泄漏到轴承箱，蒸汽密封主要利用蒸汽建立一定的压差来阻止烟气泄漏，轴承箱密封主要是防止蒸汽和烟气进入轴承箱。在烟气轮机中，将烟气密封、蒸汽密封和轴承箱密封等梳齿密封替换为蜂窝密封，能够阻止烟气、湿热蒸汽泄漏到轴承箱中，避免轴承箱被泄漏的高温烟气和蒸汽加热，防止轴承刚度下降；同时解决泄漏蒸汽冷凝成水滴导致润滑油乳化的问题；还可以阻止蒸汽进入烟气轮机叶轮附近，防止催化剂颗粒结块黏结在转子上破坏转子动平衡。

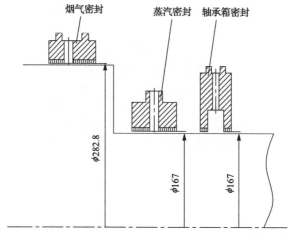

图 6-60　蜂窝密封改造方案（单位：mm）

蜂窝密封的整体强度很好，不容易倒伏，能够承受高温烟气和蒸汽的冲刷。蜂窝的材料很软，与转子瞬时轻微碰磨，不会损坏转子。在烟气轮机中应用蜂窝密封，可以减少机组的振动，显著提高烟气轮机稳定运行的周期。研究人员利用蜂窝密封改造了某石化重催装置的 YL-7000 型烟气轮机和轻催装置的 YL-12000A 型烟气轮机的烟气密封和蒸汽密封，解决了原来梳齿密封严重泄漏的问题，保障机组连续稳定运行。重催 YL-7000 型烟气轮机和轻催 YL-12000A 型烟气轮机的基本参数如表 6-5 所示。

表 6-5　烟气轮机基本参数

参数	重催 YL-7000 型烟气轮机	轻催 YL-12000A 型烟气轮机
烟气轮机主轴转速/(r/min)	6290	12000
烟气流量/(m³/min)	1860	2500
功率/kW	6845	11750
烟气入口温度/℃	550	670
烟气出口温度/℃	420	490
烟气进气压力/MPa	0.28	0.35
烟气排气压力/MPa	0.104	0.108
出厂密封结构	梳齿密封	梳齿密封

某石化重催烟气轮机原来的烟气密封、蒸汽密封和轴承箱密封都是梳齿密封，密封齿容易发生磨损，密封间隙增大，大量蒸汽窜入轴承箱，轴承箱温度升高，

润滑油含水。

　　如图 6-60 所示,利用蜂窝密封技术,对烟气密封、蒸汽密封和轴承箱密封原来的梳齿密封进行改造。未改变烟气轮机壳体结构和原有的注排气系统,设计烟气蜂窝密封和蒸汽蜂窝密封用以替代原梳齿密封结构。面对高温工况环境,选用了热稳定性更好的不锈钢。不锈钢具有很好的耐腐蚀性能,可以在 600℃温度以下长期使用,最高使用温度高达 800℃,完全符合烟气轮机的高温工况。而普通蒸汽密封材料虽然也选用了耐热钢,可通常仅能在 500～550℃的温度范围内长周期使用,超过 550℃时使用性能就逐步下降,难以满足烟气轮机的使用要求。

　　为避免对原机组壳体进行改造,新设计的蜂窝密封[1,37,39]不改变原有密封的定位方式和安装方式,只对静子梳齿密封进行改造,转子上的密封结构没有变化,蜂窝密封间隙略小于原梳齿密封的间隙。这样可以减小改造工程量,方便一线人员维护和更换。图 6-61 和图 6-62 是运行一个大修期以后烟气轮机及其蜂窝密封照片。由于蜂窝密封泄漏量减少,流过蜂窝密封的烟气较少,烟气中的催化剂颗粒没有将蜂窝小孔填满,蜂窝密封仍然发挥了很好的封严性能。检修时利用压缩空气吹扫,就可以将沉积在蜂窝中的催化剂颗粒清理干净。

图 6-61　烟气轮机　　　　　　　　　图 6-62　烟气轮机蜂窝密封

　　进行蜂窝密封改造后,避免了原来梳齿密封与转子之间经常出现的硬碰硬磨损。和原来的梳齿密封相比,蜂窝密封的泄漏量下降 40%以上,提高了机组效率,解决了烟气轮机轴承箱润滑油含水等问题,保障了润滑油品质,降低了运行维护成本,消除了泄漏污染环境问题,彻底解决了烟气和蒸汽流入轴承箱的问题。烟气轮机连续运行周期从原来的半年左右增加到可以连续稳定运行三年以上,为烟气轮机正常、稳定、长周期运行提供了可靠保障。据测算每年为企业节约维护成本数十万元。

　　在原来壳体上安装的烟气蜂窝密封和蒸汽蜂窝密封如图 6-63 所示,蜂窝密封安装定位方式与原梳齿密封相同,详见蜂窝密封的局部视图(图 6-64)。烟气蜂窝密封和蒸汽蜂窝密封的安装过程如图 6-65 所示,安装蜂窝密封的烟气轮机如图 6-66 所示。

图 6-63　安装于原壳体上的蜂窝密封

图 6-64　烟气轮机蜂窝密封局部视图

图 6-65　安装中的蜂窝密封

图 6-66　完成蜂窝密封改造的烟气轮机

　　广州某炼油装置烟气轮机的烟气密封和蒸汽密封的蜂窝密封改造表明，蜂窝密封技术适合应用于烟气轮机中，可以有效解决高温烟气和蒸汽的泄漏等问题，在烟气轮机中可以广泛推广，有利于企业节约运行成本，提高安全稳定运行周期。

　　广州某石化企业汽轮机和烟气轮机蜂窝密封改造取得了良好的社会环保效益：

(1)减少停机导致的富气排放到火炬燃烧，约 $7000m^3/h$。

(2)减少甲烷、硫化氢、一氧化碳、二氧化碳等对大气的污染。

(3)解决轴封漏出冷凝水使地面湿滑问题，预防人员摔伤。

(4)减少润滑油损耗。

(5)避免机组停机而减少干气损失。

6.4　轴流压缩机应用蜂窝密封

　　山东某炼油厂 AV56-13 轴流压缩机是催化裂化装置的核心设备之一，其轴端密封泄漏问题严重，大量喷出的气流产生强烈的啸叫噪声，成为机组安全运行隐患。2009 年对该机组进行大修，发现原来的梳齿密封磨损和倒伏问题突出，密封间隙明显增大，导致气体大量泄漏。进行蜂窝密封改造后，解决了密封泄漏问题，消除了气流泄漏产生的噪声，提高了机组运行的稳定性。

6.4.1 问题分析

该压缩机是一种全静叶片可调式轴流压缩机，工作介质为空气，共有 13 级，转子轮毂直径为 560mm，如图 6-67 所示，其主要技术参数见表 6-6。为了给催化剂再生提供氧气，提高催化效果，该机组将空气压力提高至 0.4MPa 输送到再生器底部，使再生器、烧焦罐中的催化剂处于流化状态，加速催化剂再生。

 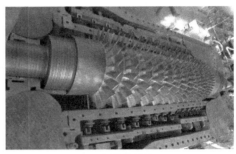

(a) 机组外形　　　　　　　　　　　(b) 压缩机转子

图 6-67　某炼油厂 AV56-13 轴流压缩机

表 6-6　AV56-13 轴流压缩机主要技术参数

主要参数	年均值	冬季	夏季
进口流量/(Nm³/min(湿))	2050/2250/1600	2000/2250/1600	2050/2250/1600
进气温度/℃	12.9	−11.5	33.9
大气压力/MPa(A)	0.10109	0.10212	0.09978
出口压力/MPa(A)	0.425/0.425/0.342	0.425/0.425/0.342	0.425/0.425/0.342
相对湿度/%	66	56	81
出口温度/℃	183/186/158	146/148/126	216/219/186
轴功率/kW	7820/8704/5235	7033/7993/4966	8403/9376/5535
工作转速/(r/min)	5780		

注：(A)表示绝对压力。Nm³ 称为"标立方"，指 0℃、atm(1atm=1.01325×10⁵Pa)条件下的体积。"湿"的含义为工作介质是湿润的气体。

该压缩机轴端原来采用梳齿密封，如图 6-68 所示。转子上分布的高齿和低齿是由不锈钢薄片嵌入转子中制成的，静子密封体内孔分布有凹槽和凸台，转子上的低齿与密封体的凸台配合，转子上的高齿与密封体的凹槽配合。该机组运行过程中转子与静子密封碰磨，导致转子上的密封齿严重磨损和倒伏，密封间隙扩大，大量气体泄漏。机组检修时测量轴端密封间隙，高压端密封和低压端密封的半径间隙都比设计值增大了 0.8mm。由于高压端气体压力较大，泄漏的气体产生刺耳的噪声，排空口泄漏气流加大，机组无法安全文明生产。

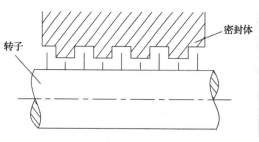

(a) 原来梳齿密封结构示意图　　　　　　　　　　(b) 实物

图 6-68　AV56-13 轴流压缩机原来的梳齿密封

6.4.2　蜂窝密封改造设计方法

对转子和原梳齿密封进行现场测绘，提出技术解决方案。在 AV56-13 轴流压缩机轴端原密封结构的基础上，利用蜂窝密封[39,50]技术解决压缩机轴端密封泄漏问题。改造过程中只是重新设计制造了静子密封，转子上的梳齿没有改动，这样没有改变转子的动平衡状态，防止转子产生新的振动。

将静子梳齿密封改为具有优良密封性能的蜂窝密封，将原梳齿密封的凹槽重新设计，焊接蜂窝带，与轴上高齿配合，原来梳齿密封的凸台仍然与转子的低齿配合，形成交错密封；针对转子上的梳齿严重磨损问题，现场测绘转子上的高齿和低齿的实际直径，根据密封齿的实际尺寸，确定蜂窝密封的内孔直径，使密封间隙满足设计要求。采用高温镍基合金(Hastelloy-X)制造蜂窝带，蜂窝带与转子瞬间碰磨时，对转子的伤害很小。同时，蜂窝密封的阻尼较大，在密封间隙较小的情况下也不会产生密封流体激振，因此设计的蜂窝密封半径间隙比原梳齿密封减小一半。

为了增加密封的宽度尺寸，把原梳齿密封轴端的闲置空间充分利用起来，延长了蜂窝密封的宽度，提高密封效果。转子低压端靠近轴承侧有部分空间未被利用，改造中将低压端蜂窝密封的宽度加长 37mm，再增加部分焊接蜂窝带。转子高压端靠近轴承侧有一段 108mm 长的空间可以利用，将高压端这部分密封也焊接上蜂窝带，使蜂窝密封宽度延长了 108mm。

图 6-69 为改造前的轴端梳齿密封，图 6-70 为改造后的轴端蜂窝密封。轴流压缩机蜂窝密封改造过程如图 6-71 所示。

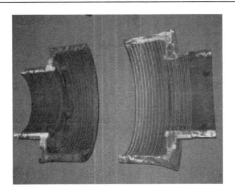

图 6-69　改造前的轴端梳齿密封

(a) 改造后的低压端蜂窝密封

(b) 改造后的高压端蜂窝密封

图 6-70　改造后的轴端蜂窝密封

(a) 在压缩机壳体中安装蜂窝密封

(b) 测量蜂窝密封间隙的铅丝和胶布

(c) 转子与蜂窝密封配合测试

图 6-71　轴流压缩机蜂窝密封改造

6.4.3　工程验证

AV56-13 轴流压缩机高压端蜂窝密封和低压端蜂窝密封改造工作于 2009 年 10 月完成，机组运行后高压端密封没有再产生刺耳的啸叫噪声，低压端密封的泄漏量也显著下降，排空口没有明显的气体泄漏现象，解决了长期困扰该炼油厂的主风机轴封泄漏问题，石化企业对蜂窝密封改造效果非常满意。

6.5　蜂窝密封在离心压缩机中的应用

空分装置的核心设备是离心压缩机，而压缩机的密封性能直接影响其安全稳定运行。密封一旦产生较大泄漏会降低压缩机效率，而且密封泄漏严重时会破坏转子轴向压力平衡，增大转子轴向力，损坏推力轴承，造成机组的紧急停车。目前，离心压缩机平衡毂密封等多采用成本较低的梳齿密封。然而梳齿密封与转子碰磨时，密封齿容易磨损和倒伏，扩大密封间隙，增加气体泄漏量，导致机组效率降低，同时还会增大轴向力，威胁推力轴承的安全。梳齿密封不能减小气流周向速度，容易引起流体激振。本节结合一项实际工程项目，分析了转子轴位移过大、烧坏主推力瓦的原因是平衡毂密封失效。现场测绘压缩机平衡毂密封尺寸，对梳齿密封磨损情况进行分析，应用流体力学数值计算方法，对比分析了蜂窝密封与梳齿密封的封严性能，进行了平衡毂蜂窝密封[48]结构设计，解决了推力轴承经常损坏的问题。

6.5.1　压缩机主要问题

某煤化工企业有两套(A 套和 B 套)140000Nm^3/h 等级的空分压缩机机组，其中的增压机有 7 级叶轮，转子工作转速为 11369r/min，空气进口压力为 0.48MPa，空气出口压力为 6.7MPa，末级叶轮出口气体温度为 200℃，增压机轴功率为 13350kW。图 6-72 为空分机组及空分离心压缩机(增压机)。

该增压机推力轴承经常烧坏，平衡毂密封频繁损毁，导致增压机在 7 年间有 13 次非计划停车维修。为了解决转子轴向力过大的问题，分两次加大平衡毂直径：第一次将平衡毂直径由 310mm 增大到 313mm，没有解决推力轴承烧毁问题；第二次从 313mm 增大到 316mm，改进效果仍然不明显。与此同时，对平衡盘密封结构也进行了镶片梳齿密封和侧齿梳齿密封两次改造，也不能解决推力轴承频繁烧坏的问题[48]。机组面临的主要问题如下。

1) 频繁非计划停车

平衡毂梳齿密封严重磨损和倒伏，密封间隙增大，密封泄漏量增加，无法在平衡毂两侧建立足够的压差，不能有效平衡转子的轴向力，导致转子轴向力过大，推力瓦温度高达 125℃，远远超过规定的正常使用温度 75℃，甚至达到了连锁停车值 125℃，频繁引起增压机连锁停车，企业不能连续生产，带来巨大经济损失。

(a) 空分机组

(b) 空分离心压缩机(增压机)

图 6-72　空分装置

2) 多次烧坏主推力瓦

平衡毂密封磨损和倒伏导致泄漏严重，增压机的轴向力无法得到有效的平衡，转子轴位移增大，从正常值 0.4mm 增加到 0.53mm。主推力瓦温度急剧上升，达到 110℃，最高甚至达到 125℃，频繁烧坏主推力瓦，如图 6-73 所示。

图 6-73　烧毁的主推力瓦

3) 密封碰磨加剧

由于转子轴向力增大，转子轴向位移增加，平衡毂梳齿密封的高齿在平衡毂的凹槽中被严重挤压、碰磨，密封梳齿大量倒伏，整个密封件被挤压变形，密封泄漏严重。同时，密封与平衡毂碰磨，大量密封碎片黏结在平衡毂上，破坏了转子的动平衡。损坏的平衡毂梳齿密封如图 6-74 所示。

(a) 损坏的平衡毂梳齿密封件(2015年6月)　　　(b) 损坏的平衡毂侧齿密封件(2016年4月)

(c) 平衡毂梳齿密封变形断裂　　　　(d) 平衡毂镶嵌的密封齿碰磨变形损坏

图 6-74　损坏的平衡毂梳齿密封

4)压缩机效率损失 10%

平衡毂梳齿密封泄漏大量气体，在平衡毂两侧无法建立足够的压差，导致轴向力增大，主推力瓦温度上升。为了解决这个问题，保障能够连续生产，减少非计划停车次数，企业将平衡管放空阀门完全打开，将平衡毂后面的气体向大气直排，降低平衡腔的压力来提高平衡毂压差，确保在平衡毂两侧建立足够的压差来平衡轴向力，抵消 7 级叶轮产生的部分轴向力，降低主推力瓦承受的载荷，防止烧毁推力轴承。但是压缩机平衡管直接将高压气体排入大气，排气量高达 14000Nm^3/h，压缩机效率损失接近 10%，企业经济损失巨大。

6.5.2　密封失效导致推力瓦烧毁

空气经过离心压缩机 7 级叶轮增压，第 7 级叶轮的出口压力高于第一级叶轮的入口压力，在转子上形成了叶轮轴向力，其方向是从第 7 级叶轮指向第一级叶轮。为了抵消大部分的叶轮轴向力，要在平衡毂产生与叶轮轴向力的方向相反的平衡轴向力(F)，其大小由式(6-1)确定。叶轮产生的轴向力减去平衡毂产生的平衡轴向力，就是转子上剩余的轴向力，由推力轴承上的主推力瓦承担。但是叶轮轴向力不能全部被平衡轴向力抵消，要留有一部分的叶轮轴向力作用于推力轴承，保持转子轴向稳定，防止转子轴向往复运动。

$$F = \frac{\pi}{4}(D^2 - d^2)(P_{\mathrm{G}} - P_{\mathrm{D}}) \tag{6-1}$$

式中，F 为平衡毂产生的平衡轴向力；D 为平衡毂外直径；d 为安装平衡毂的转轴直径；P_{G} 为平衡毂高压叶轮侧压力；P_{D} 为平衡毂低压侧平衡腔压力。

该离心压缩机转子轴向力增大，主推力瓦温度升高的主要原因是，平衡毂产生的平衡轴向力变小，无法抵消大部分的叶轮轴向力，使转子剩余的轴向力变大。由式 (6-1) 可知，影响平衡毂产生的平衡轴向力的两个因素是平衡毂外直径 D 和平衡毂两侧压差 $\Delta P = P_{\mathrm{G}} - P_{\mathrm{D}}$。增加离心压缩机的平衡毂外直径，可以提高平衡毂产生的平衡轴向力，减小推力轴承的负荷。但是如果平衡毂两侧的压差不够大，平衡毂产生的平衡轴向力也不会足够大。当平衡毂密封件的密封性能不好，平衡毂密封泄漏量较大时，平衡毂低压侧平衡腔压力就会较大，将减小平衡毂两侧压差，平衡毂产生的平衡轴向力就会减小，7 级叶轮产生的大部分轴向力无法平衡，转子轴向力增大，轴位移增加，推力轴承温度升高。

基于上述分析，压缩机厂家曾对平衡毂外直径 D 进行过两次改造，试图通过增加平衡毂外直径来增大平衡毂产生的平衡轴向力，但是并没有解决转子轴向位移过大、主推力瓦被烧坏的问题。这是因为平衡毂两侧压差 $\Delta P = P_{\mathrm{G}} - P_{\mathrm{D}}$ 也是影响平衡毂产生的平衡轴向力的主要因素，如果密封失效问题没有解决，平衡毂两侧无法建立足够的压差，仍然无法有效增大平衡毂产生的平衡轴向力。为此，该企业对平衡毂密封进行了两次改造，第一次密封改造方案是平衡毂带齿片、静子密封上加工有凹槽和凸台，构成交错齿密封，如图 6-74(d) 所示。改造后只能维持稳定运行两个月左右，平衡毂上镶嵌的梳齿开始大量脱落，第一次密封改造失败。企业的第二次密封改造方案是，将平衡毂表面加工许多凹槽和凸台，静子密封是侧齿密封，如图 6-74(a)～(c) 所示。改造后在刚开始的三个月左右时间里推力轴承温度比较稳定，主推力瓦温度保持在 95℃ 左右。但是三个月以后，梳齿密封严重磨损和倒伏，推力轴承温度急剧上升，主推力瓦温度上升到 105℃ 以上，轴位移增大，主推力瓦烧坏，机组连锁停车。平衡毂进行的两次密封改造，都没有改变梳齿密封的特征，使得离心压缩机平衡毂梳齿密封在短时间运行后就发生磨损，产生泄漏，平衡毂两侧压差逐渐下降，导致平衡毂产生的平衡轴向力不足以平衡叶轮产生的轴向力。在 2013～2016 年，该石化企业每台压缩机均更换了 5 套损坏的平衡毂梳齿密封。

6.5.3　蜂窝密封与梳齿密封性能数值分析

1. 密封建模与网格划分

该石化企业平衡毂密封改造失败，没有解决推力轴承烧毁的问题。这是因为离心压缩机平衡毂密封原来采用梳齿密封, 几次改造都没有改变梳齿密封结构。本节将利用蜂窝密封改造平衡毂密封, 首先对比分析梳齿密封和蜂窝密封的性能[48]。数值分析图 6-75 表示的梳齿密封性能, 该平衡毂上加工有凹槽和凸台, 分别与静子梳齿密封的高齿和低齿配合, 构成交错密封。在静子梳齿密封上, 共有高齿 8 组、低齿 9 组。平衡毂上的凹槽和凸台轴向中心距离为 12mm, 静子梳齿密封上的高齿和低齿之间的轴向中心距离为 6mm。

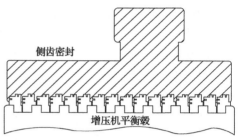

(a) 平衡毂密封凹槽和凸台三维剖视图　　　　　　(b) 平衡毂交错梳齿密封结构

图 6-75　原来交错梳齿密封结构

图 6-76　静子蜂窝密封结构

针对平衡毂梳齿密封容易磨损、主推力瓦温度升高的问题, 没有改变平衡毂结构, 作者团队设计制造了和平衡毂配合的蜂窝密封, 如图 6-76 所示。蜂窝密封有 8 组蜂窝凸台和 9 组蜂窝凹槽, 蜂窝凸台和蜂窝凹槽之间的轴向中心距离为 12mm, 蜂窝宽度为 1.6mm, 蜂窝深度为 4.2mm。蜂窝的凸台和平衡毂的凹槽配合, 蜂窝的凹槽和平衡毂的凸台配合, 形成蜂窝交错密封, 如图 6-77 和图 6-78 所示。

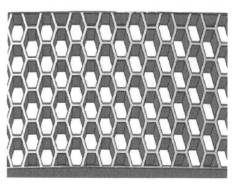

图 6-77　压缩机中的平衡毂蜂窝密封　　　　　图 6-78　蜂窝排列形式

本节计算原来梳齿密封和改造后蜂窝密封两种密封的泄漏量，对比分析蜂窝密封优异的密封性能。湍流模型选取 k-ε 模型，根据密封实际工作工况设置计算边界条件。图 6-79 与图 6-80 为梳齿密封和蜂窝密封有限元建模及网格划分。计算模型中静子密封低齿内径为 316.6mm，高齿内径为 310.6mm，平衡毂上的凸台和凹槽直径分别为 310mm 和 316mm。

(a) 梳齿密封模型　　　　　　　　　　　(b) 梳齿密封模型网格划分

图 6-79　梳齿密封模型及网格划分

(a) 蜂窝密封模型局部图　　　　　　　　(b) 蜂窝密封网格划分

图 6-80　蜂窝密封模型局部图及网格划分

2. 密封腔流场分析

计算得到的梳齿密封和蜂窝密封的压力分布云图如图 6-81 所示，图 6-82 为密封流场的速度局部矢量图。当梳齿密封和蜂窝密封的入口压力皆为 6.5MPa 时，梳齿密封出口压力的数值计算结果为 1.3×10^5Pa，蜂窝密封出口压力的数值计算结果为 9.42×10^4Pa。对比发现，蜂窝密封的出口压力较小，是梳齿密封出口压力的 72.46%，说明气流在蜂窝密封中消耗了更多的能量，使得蜂窝密封的泄漏量

(a) 梳齿密封压力分布云图　　　　　　　(b) 蜂窝密封压力分布云图

图 6-81　梳齿密封和蜂窝密封压力分布云图

(a) 梳齿密封流场速度局部矢量图　　　(b) 蜂窝密封流场速度局部矢量图

图 6-82　梳齿密封和蜂窝密封流场速度局部矢量图

减少。计算结果表明，梳齿密封腔内和蜂窝密封小孔内都产生了旋涡，蜂窝密封孔内产生的旋涡数量较多，梳齿密封腔内产生的旋涡数量相对较少。说明蜂窝密封中较多的旋涡消耗流体的能量也较多，蜂窝密封泄漏量比梳齿密封少，如图 6-82 所示。

3. 不同平衡毂密封轴向力分析比较

依据压缩机的工况条件设置计算边界条件，计算蜂窝交错密封和梳齿交错密封两种平衡毂密封低压侧平衡腔的压力。对于梳齿交错密封，其平衡毂低压侧平衡腔压力为 $5.16 \times 10^5 \mathrm{Pa}$；对于蜂窝交错密封，平衡毂低压侧的平衡腔压力为 $4.48 \times 10^5 \mathrm{Pa}$。将建立较大的平衡毂压差，形成足够的平衡轴向力，降低推力轴承的温度。图 6-83 为密封压力降云图，表 6-7 为平衡毂低压侧和高压侧的压力值。

(a) 梳齿交错密封压力降云图　　　　　　(b) 蜂窝交错密封压力降云图

图 6-83　密封压力降云图

表 6-7　平衡毂低压侧和高压侧的压力值　　　　　　（单位：MPa）

密封类型	平衡毂低压侧压力计算值	平衡毂低压侧压力测量值	平衡毂高压侧压力测量值
梳齿交错密封	0.516	—	6.5
蜂窝交错密封	0.448	0.479	6.5

在正常工作时，离心压缩机平衡管是打开的，将平衡毂低压侧平衡腔与离心压缩机的气体入口连通，使平衡毂低压侧平衡腔的气压值等于压缩机的入口气压值 0.48MPa，如果平衡毂低压侧平衡腔压力比压缩机的入口气压值 0.48MPa 大，将减小平衡毂两侧压差，增大转子轴向力，使主推力瓦温度上升。数值计算结果表明，当平衡毂使用梳齿交错密封时，平衡毂低压侧的平衡腔压力为 $5.16 \times 10^5 \mathrm{Pa}$，

已经大于压缩机入口的气体压力 0.48MPa，导致轴向力增大。平衡毂两侧压差产生的平衡轴向力可以根据式(6-1)计算得出。

使用梳齿交错密封时，平衡毂产生的平衡轴向力计算结果为

$$F_{\mathrm{L}} = \frac{\pi}{4}(316^2 - 212^2)(6.5 - 0.516) = 258.077\mathrm{kN} \tag{6-2}$$

使用蜂窝交错密封时，平衡毂产生的平衡轴向力计算结果为

$$F_{\mathrm{H}} = \frac{\pi}{4}(316^2 - 212^2)(6.5 - 0.448) = 261.009\mathrm{kN} \tag{6-3}$$

图 6-84 为压缩机转子结构及轴向受力图。其中，平衡毂产生的平衡轴向力为 F_1，7 级叶轮产生的叶轮轴向力为 F_2，主推力瓦给转子的力为 F_3。由于相互作用的两个力大小相等，转子对主推力瓦的作用力的大小和主推力瓦给转子的力的大小相等，即 $F_3' = F_3$。转子轴向受力达到平衡状态时，有 $F_1 + F_3 = F_2$，于是 $F_2 - F_1 = F_3'$。压缩机实际工作中 7 级叶轮产生的轴向力 F_2 的大小基本不变，当平衡毂密封为梳齿交错密封时，$F_1 = F_{\mathrm{L}}$，则转子作用在主推力瓦上的力 $F_{3\mathrm{L}}'$ 为

$$F_{3\mathrm{L}}' = F_2 - F_{\mathrm{L}} \tag{6-4}$$

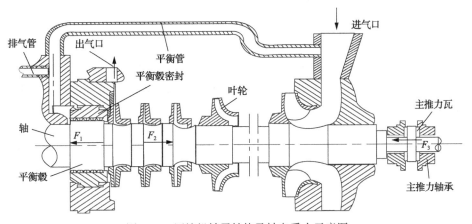

图 6-84　压缩机转子结构及轴向受力示意图

当平衡毂密封为蜂窝交错密封时，$F_1 = F_{\mathrm{H}}$，则转子作用在主推力瓦的力 $F_{3\mathrm{H}}'$ 为

$$F_{3\mathrm{H}}' = F_2 - F_{\mathrm{H}} \tag{6-5}$$

则相比于梳齿交错密封，平衡毂密封为蜂窝交错密封时，转子作用在主推力瓦上的力可以减少 $\Delta F_3'$：

$$\Delta F_3' = F_{3\mathrm{L}}' - F_{3\mathrm{H}}' = F_{\mathrm{H}} - F_{\mathrm{L}} = 2932\mathrm{N} \tag{6-6}$$

上述计算结果表明，由于蜂窝密封减小了气体泄漏量，气流从平衡毂高压侧向低压侧的泄漏得到了有效控制，平衡毂低压侧平衡腔的压力保持较低水平，从而使平衡毂产生较大的平衡轴向力，抵消 7 级叶轮产生的转子轴向力，转子对主推力瓦的作用力大幅度减小，有利于保护主推力轴承安全运行。

4. 蜂窝密封改造效果

检修时首先对 A 套增压机平衡毂密封进行改造，拆除已经损坏的梳齿密封，更换成蜂窝密封。B 增压机平衡毂密封没有改造，只是将损坏的梳齿密封拆除，更换成新的梳齿密封，准备和 A 套蜂窝密封进行对比。A 套增压机平衡毂蜂窝密封有 8 组蜂窝凸台，9 组蜂窝凹槽，共有六边形蜂窝小孔约 37440 个。设计蜂窝密封半径间隙不大于 0.2mm，实际测得的蜂窝密封半径间隙在 0.1~0.2mm，如图 6-77 和图 6-78 所示。

A 套增压机运行后，平衡毂蜂窝密封改造效果非常明显，有效控制了平衡毂密封泄漏，平衡毂低压侧平衡腔压力为 0.48MPa，等于压缩机进口气体压力 0.48MPa。放空排气管阀门关闭，不再放空，提高增压机效率 8%~10%，转子轴位移从改造前的 0.53mm 降为 0.289mm，主推力瓦温度由改造前的 105℃ 下降到 70℃左右，满足设计要求，机组长期运行平稳，消除了长期困扰企业的增压机平衡毂密封经常损坏、主推力瓦频繁烧坏的顽疾。除此之外，转子振动值从 23μm 下降到 16μm，降幅达到 30%，这说明经过蜂窝密封改造后的压缩机有明显的减振效果。与此同时，B 套增压机平衡毂密封由于只是更换了新的梳齿密封，转子轴位移达到 0.50mm，主推力瓦温度上升到 105℃。表 6-8 为检修以后 A 套和 B 套增压机运行参数。

表 6-8　A 套和 B 套增压机运行参数对比

运行参数	A 套增压机	B 套增压机
末级叶轮出口压力/MPa	6.56	6.52
主推力瓦温度/℃	70	105
转子轴位移/mm	0.289	0.50
转子振动值/μm	16	23

6.5.4　蜂窝密封在离心压缩机轴承箱中的应用

某化工厂一台离心压缩机，排气端支承轴承附近的温度高达 240℃，长期存在着高温油气从密封梳齿中向外泄漏的问题，污染严重，成为安全隐患。对这套封严装置进行了改造，应用了蜂窝密封技术，解决了该厂长期未能解决的问题。

1. 原机组概况

这套离心压缩机组从法国引进，由汽轮机带动离心压缩机。离心压缩机的转速为 8000r/min，排气温度为 250℃，排气端的支承轴承与排气蜗壳的距离很近，润滑油梳齿密封与排气蜗壳相邻，润滑油梳齿密封与排气蜗壳的距离不到 10mm，使得靠近排气蜗壳的轴表面温度达到 230～240℃，润滑油靠排气蜗壳侧的梳齿密封附近形成了一个具有一定压力的高温油气区。轴承箱见图 6-85。密封的结构见图 6-86 和图 6-87，密封的半径间隙为 0.3～0.35mm。长期以来，高温油气从梳齿密封向外大量泄漏，一是污染环境，二是由于轴表面温度已超过油的闪点（177℃），构成安全隐患。

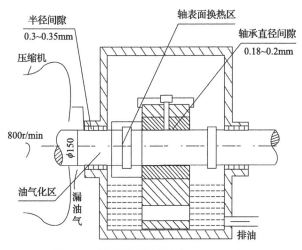

图 6-85　轴承箱（转子转速 8000r/min）

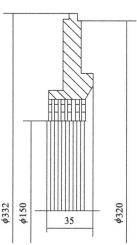

图 6-86　梳齿密封（单位:mm）

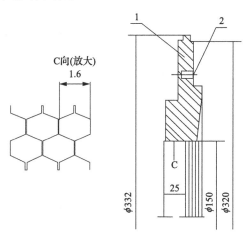

图 6-87　蜂窝密封（单位：mm）

1. 蜂窝密封；2. 梳齿刮油环

2. 改造方案

1) 选用蜂窝型高效密封

由于蜂窝密封具有抑制流体激振的作用,蜂窝密封的密封间隙比梳齿密封要小得多。这次改造应用的蜂窝密封半径间隙为 0.10~0.15mm,约为原来梳齿密封间隙的 1/3。

蜂窝密封基体为 1Cr13,蜂窝带由厚度为 0.1mm 的合金箔片制成。正六边形蜂窝的对边距离为 1.6mm。蜂窝带与密封基体通过高温真空钎焊焊在一起。蜂窝密封的内孔由电火花方法加工到最终尺寸。

2) 降低轴承箱内的压力

在轴承箱中,由于密封处轴的温度很高,转子以 8000r/min 的速度旋转,轴承箱内形成了具有一定压力的油气区。对于非接触密封,密封的泄漏量与密封两侧的压差成正比。因此,在这次技术改造中,在轴承箱顶部钻了一个 M20 的螺纹孔,用一根无缝钢管将此孔与一只油气分离器相连。轴承箱内的部分油气,经过油气分离器分离出其中的油滴后,向大气中排出洁净的气体,从而大大降低轴承箱内的压力。

3. 运行情况

在检修期间,对这台压缩机的轴承箱进行了技术改造。改造后一次开车成功,观察不到原来密封装置大量泄漏高温油气的现象了,机组运行平稳。

6.5.5　小结

本节分析了离心压缩机推力轴承烧毁的原因,利用蜂窝密封技术解决了平衡毂密封失效问题,设计了平衡毂蜂窝密封,安装后取得满意的密封效果,保障了推力轴承的安全。

(1) 离心压缩机平衡毂密封通常选用梳齿密封。在运行过程中如果梳齿密封严重磨损和倒伏,造成气体大量泄漏,将无法在平衡毂两侧建立足够的压差来平衡叶轮轴向力,使转子轴位移增大,推力轴承载荷增加,推力轴承瓦块温度升高,压缩机难以长周期稳定运行。

(2) 蜂窝密封能够承受很大的压力,不易倒伏,与转子发生轻微碰磨不会损坏转子,泄漏量比梳齿密封少。在汽轮机、燃气轮机、压缩机和涡轮泵等各种叶轮机械中大量应用。本节为了解决增压机平衡毂密封泄漏问题,进行了平衡毂蜂窝密封改造。在增压机中安装蜂窝密封后,有效控制了平衡毂密封的气体泄漏量,转子轴向位移减小,推力轴承瓦块温度控制在允许范围不再升高,解决了长期困扰企业的难题，取得了显著的经济效益。

(3)轴承箱漏油是一个普遍存在的现象。利用蜂窝密封替代梳齿密封，有利于解决轴承箱密封漏油的问题。

6.6　蜂窝密封在大型电动机中的应用

大型电动机广泛应用在石化、冶金等许多行业，轴承润滑油泄漏是一个常见的现象，润滑油一方面向电动机外面泄漏，造成环境污染；另一方面还向电动机内部泄漏，成为大型电动机的安全隐患。针对某石化公司加氢裂化装置三相异步电动机和聚乙烯装置循环气压缩机 K4003G 的电动机轴承漏油问题，本节分析油封漏油问题产生的原因，开发了可调接触式自动跟踪蜂窝组合油封，在轴承油封中应用蜂窝密封技术。同时，为了解决电动机轴承箱的负压抽吸润滑油问题，本节研究了轴承箱负压平衡技术。可调式自动跟踪密封具有磨损自补偿功能，使用寿命可以达到四年以上。油封改造效果得到了电动机现场运行的验证，消除了电动机轴承油封泄漏润滑油现象。

6.6.1　大型电动机油封泄漏原因分析

1. 大型电动机介绍

1)聚乙烯装置循环气压缩机驱动电动机

某石化公司化工二部聚乙烯装置 K4003G 压缩机原来使用进口的 800kW 电动机。为了满足循环气压缩机增容改造的要求，换成了国产 2300kW 电动机，线圈绕组的电压高达 6kV，提高了驱动功率。运行 6 个月后电动机轴承开始出现漏油问题，电动机内部漏进大量润滑油，线圈绕组浸泡在润滑油中。电动机转子若在工作时产生火花，引燃电动机内部积聚的润滑油，将引发严重的电气安全事故。该电动机一直在机械、电气和仪表等部门的特殊维护下运行，电动机轴承油封的漏油问题已经成为威胁企业安全的重大隐患。

电动机基本参数如下。

电动机型号：YSKS630-2WTH。

功率：2300kW。

电压：6kV。

轴承型号：B 型 DQY14-140B。

滑动轴承润滑：甩油环。

转速：2980r/min。

油封直径：160mm。

　　轴承密封一方面阻止灰尘、水、酸气和其他杂物进入轴承箱，另一方面阻止轴承润滑油向电动机内部泄漏。如图6-88所示，轴承的右侧是电动机内部线圈绕组，如果电动机轴承密封失效，将泄漏大量轴承润滑油进入电动机内部线圈中，降低线圈绕组的绝缘电阻，威胁电动机的安全。

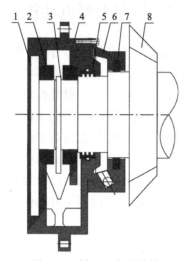

图6-88　轴承及密封结构

1. 轴承端盖；2. 椭圆轴承；3. 甩油环；4. 轴承外壳；5. 浮动迷宫环；6. 油毡密封；7. 油毡；8. 风扇

　　大型电动机的油封一般由接触式浮动迷宫环和油毡构成。浮动迷宫环由聚四氟乙烯材料制成，为两瓣剖分结构组成一个圆环，在外面用一根弹簧箍紧，使浮动迷宫环与电动机的轴颈接触，当电动机转动时，浮动迷宫环不能转动，但是可以跟随轴浮动。浮动迷宫环的内表面有四个梳齿，与转子紧密接触。下瓣迷宫环有三个直径约4mm的小孔，可以将积聚在浮动迷宫环里面的润滑油排出。滑动轴承的右侧是浮动迷宫环，是阻止润滑油泄漏的第一道密封；在浮动密封的右侧是油毡密封，是防止润滑油泄漏的第二道密封。为了散热，采用风扇冷却电动机内部，但是风扇也是轴承润滑油泄漏的主要原因之一。图6-88为电动机轴承箱的结构形式简图。

　　2)加氢裂化装置电动机

　　某石化公司加氢裂化装置使用的是YAKK系列高压增安型三相异步电动机，型号为YAKK-560-2WTH。其中：Y表示异步电动机，A表示增安型，KK表示冷却方式为空-空冷却，560表示轴中心高度为560mm，2表示极数为两极，WTH表示环境代号，适用于户外湿热带环境。该电动机定子绕组使用双玻璃丝包铜扁线绕制而成，转子结构为鼠笼形式，其实物如图6-89所示，主要参数见表6-9。

图 6-89　电动机

表 6-9　电动机主要参数

序号	名称	单位	数值
1	电动机功率	kW	1100
2	电动机转速	r/min	2970
3	电动机电压	V	6000
4	电动机电流	A	121.2
5	电动机重量	kg	6600
6	润滑油温度	℃	15～40
7	润滑油循环油量	L/min	6.6
8	润滑油油压	MPa	0.01～0.08

2. 电动机漏油问题

上述两台电动机轴端密封结构和冷却方式类似，长期存在轴承润滑油严重漏油的问题，大量润滑油向电动机内部和外部泄漏。由于电动机的电压高达 6kV，电动机内部泄漏的润滑油如果浸泡绕组线圈，有可能发生电压击穿绕组的严重事故。润滑油向电动机外部泄漏，造成了环境污染。图 6-90 与图 6-91 分别为润滑油向电动机内部泄漏和外部泄漏的现象。

3. 电动机漏油原因分析

润滑油泄漏与电动机的高速旋转有关。两台电动机转速分别为 2980r/min 和 2970 r/min。滑动轴承采用甩油环进行润滑的时候，润滑油被甩油环搅动起来，飞溅到轴承上，在轴承箱里同时产生油雾，从油封中泄漏出来。

图 6-90　润滑油向电动机内部泄漏　　　　图 6-91　润滑油向电动机外部泄漏

该电动机的通风冷却方式直接影响润滑油向电动机内部泄漏。为了说明润滑油向电动机内部泄漏的原因，需要分析 Y 系列异步电动机的通风冷却方法。该系列电动机的通风冷却方法主要有水-空冷却和空-空冷却。

(1)水-空冷却[21]。电动机只有一条内部气流通道，是由轴向和径向通道组合形成的通风结构，在电动机的外部设置有水冷却器。电动机工作时，安装在电动机转轴上的风扇高速旋转，将电动机内部的热空气带到外部的冷却器中，热空气在电动机顶部水冷却器中冷却以后，返回电动机内部。

(2)空-空冷却[22]。电动机有两条气流冷却通道，当电动机工作时，电动机里面的风扇高速旋转，将电动机内部的热空气送到外面的空气冷却器中冷却。另外一条冷却通道中，电动机的外部风扇高速旋转，将外面环境中的冷空气吸入冷却器中的冷却通风管道，与电动机内部热空气进行热交换，降低电动机的温度。

本书中 YAKK-560-2WTH 电动机的通风冷却方法为空-空冷却，由装在电动机主轴上的内部风扇将电动机内部的热空气输送到电动机顶部的冷却器中进行冷却。由于直径较大的内部风扇距离轴承很近，叶轮排风能力很强，吸走轴承附近的热空气，形成较大的负压区。在风扇气流和甩油环搅动的作用下，轴承附近存在大量高温油雾，这些润滑油和油雾从油封流出向负压区流动，被吸入电动机内部，从而导致润滑油内漏，电动机内部结构见图 6-92。

由于轴承附近的润滑油温度较高，一部分润滑油变成油雾，轴承油封内高温油雾的压力比电动机外部环境大气压大，油封内的大量润滑油和油雾穿过轴端密封向电动机外部泄漏。

传统油毡密封的主要问题是容易磨损，无法长期保持密封性能。新安装的油毡密封性能很好，可以有效封堵电动机内部风扇的负压对润滑油的抽吸，阻止润滑油向电动机内部泄漏。由于电动机转速接近 3000r/min，密封处的转轴直径为190mm，与密封接触的转轴线速度较大，加剧了油毡磨损。油毡密封磨损后，增大了油毡与转轴的间隙，油毡密封封堵油雾的能力下降，大量润滑油和油雾泄漏到电动机内部，油雾冷凝变成液态油，在电动机线圈内部积聚形成大量的润滑油，对线圈绕组构成威胁。

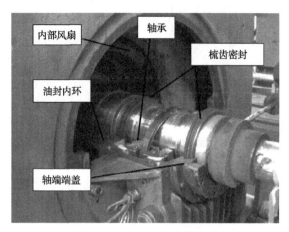

图 6-92　电动机内部结构图

总之，润滑油和油雾向电动机内部泄漏，主要原因是电动机内部风扇高速旋转形成负压区，油毡密封容易磨损，风扇产生的负压将润滑油和油雾吸入电动机内部。

4. 浮动梳齿密封分析

该电动机轴承的浮动梳齿密封由高分子材料制成，为上下两瓣剖分结构。在高分子梳齿密封外面加工有弧形槽，其中安装一根弹簧将上下两瓣密封箍在一起，使梳齿密封具有径向伸缩浮动的功能。使用高分子材料制造梳齿密封，主要是为了减小密封间隙，降低泄漏量，同时保证密封与转子碰磨时，不会伤害转子。具体结构见图 6-93。

由于转轴与梳齿密封之间的间隙很小，运行一段时间以后，高分子材料制成的梳齿就会被严重磨损，扩大了密封间隙。此时电动机厂家希望密封后面的弹簧能够施加弹性力，驱动上下两瓣梳齿密封运动来减小密封间隙，使密封间隙在磨

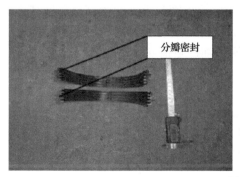

(a) 分瓣密封

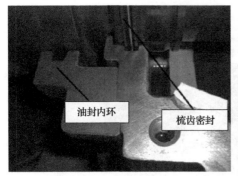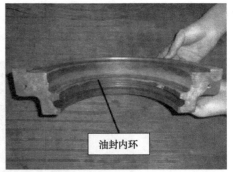

(b) 油封内环

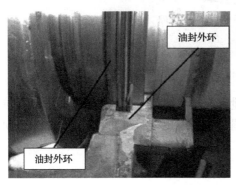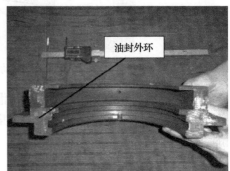

(c) 油封外环

图 6-93　原轴承密封结构

损后能够自动补偿。然而，这种密封间隙的自动补偿在实际电动机运行中是无法实现的，因为梳齿密封上下两瓣之间的对接结构，使上下两瓣之间不能产生相对运动，实现不了密封间隙的自动补偿。上下两瓣高分子梳齿密封磨损前的接口结构示意图如图 6-94 所示。梳齿密封磨损将增大密封间隙，磨损后上下两瓣密封的接口结构示意图如图 6-95 所示，ϕ_1 为密封磨损前的内径，ϕ_2 为密封磨损后的内径。此时密封外面的弹簧会给上下两瓣密封施加弹性力，希望上下两瓣密封相互靠近，减小扩大的密封间隙。但梳齿密封上下两瓣直口对接结构阻碍了两瓣密封的相对运动，无法实现密封间隙自动补偿。随着密封磨损的进一步加剧，密封间隙持续扩大，导致轴承润滑油严重泄漏。

5. 电动机主轴窜动量大

该电动机主轴的轴向窜动量为 17mm，主要是因为轴向定位台阶面和轴承端面之间的距离较大，电动机主轴在轴向上没有可靠定位，使得转子与静子密封的端面长期碰磨，损坏密封。同时长期碰磨产生大量热量，提高润滑油和油雾的温度与压力，加剧润滑油和油雾的泄漏。

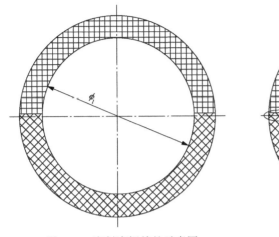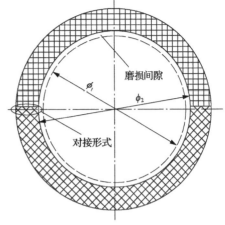

图 6-94　密封磨损前的示意图　　　　　　图 6-95　密封磨损后的示意图

6.6.2　可调接触式自动跟踪蜂窝密封组合结构

由以上分析可知，为了解决电动机的漏油问题，新设计的密封要防止轴承润滑油泄漏，同时还要防止高温油雾的泄漏。为了从源头上解决漏油问题，必须消除电动机内部风扇高速旋转产生的负压，阻断泄漏的动力。使用密封间隙为零的接触式密封，可以有效减少泄漏。但是接触式密封的最大问题是磨损严重，使用自润滑能力好和耐磨的密封材料，也无法保证长期稳定工作。接触式密封磨损后，如果不能及时缩小磨损增大的密封间隙，润滑油的泄漏将越来越严重。

1. 可调接触式自动跟踪蜂窝组合油封结构的设计

唇形密封是一种常见的接触式密封，为了防止严重磨损，允许的最高线速度为 12～15m/s。该电动机油封处的转轴线速度大于 25m/s，超过了唇形密封的允许线速度，因此唇形密封不能用作该电动机的油封。磁力油封是一种性能优良的密封，但是该电动机转子轴向窜动量较大，不能保证动静环始终接触，磁力油封动静环容易分离导致泄漏，也不适合用作该电动机油封。有些国外电动机在无接触的梳齿密封中通入高压气流，可以消除负压的影响，而且转轴不与密封接触，磨损相对较小，密封效果较好。为了减小梳齿密封的泄漏量，密封中的梳齿数量不能太少，梳齿密封长度不能太短，电动机转轴要给梳齿密封留有足够的长度空间。该石化企业电动机轴承的密封只有 4 个梳齿，显然无法满足需要。

为了解决电动机的漏油问题，在不改变现有电动机转子结构的前提下，设计可调接触式自动跟踪蜂窝组合油封，如图 6-96 所示。新设计的油封是剖分结构，主要部件有可调式自动跟踪密封和蜂窝密封等。在蜂窝密封与可调式自动跟踪密封之间注入氮气，阻止油雾泄漏。可调接触式自动跟踪蜂窝组合油封主要部件见

表 6-10。

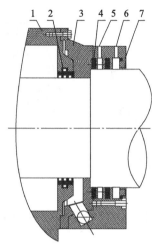

图 6-96　可调接触式自动跟踪蜂窝组合油封结构

1. 轴承座；2. 浮动梳齿密封；3. 密封座；4. 高分子耐磨密封；5. 空气平衡口；6. 氮气口；7. 蜂窝密封

表 6-10　可调接触式自动跟踪蜂窝组合油封主要部件

	产品名称	型号	单位	材料	数量
可调接触式 自动跟踪蜂 窝组合油封	可调式自动跟踪密封	HYF-GSH-190	圈	外环，铝合金；内环，高分子材料	6
	油封环体	HYF1-GSH-190	圈	不锈钢	2
	密封盘	HFW2-190A	圈	不锈钢	2
	蜂窝密封	HFW2-190	圈	环体，不锈钢；蜂窝，进口材料	2

　　润滑油向电动机内部泄漏的一个主要原因是，电机内部的冷却风扇产生了负压。为了解决这个问题，在两个接触式密封之间的密封腔中安装管道与大气连通，保持轴承腔中的压力与外面大气压一致。同时，保留原进口电动机梳齿密封配备的氮气系统，在接触式密封与蜂窝密封之间注入氮气，从圆周方向均布的三个喷嘴中喷入密封腔，阻挡润滑油和油雾泄漏出来。

　　影响轴承密封改造效果的关键之一是接触式密封的材质和结构。接触式密封选用石墨材料，允许与最高线速度为 100m/s 的转轴长期接触，自润滑性能好、耐磨损、耐高温、耐油、耐老化。为使密封与转动轴始终保持接触，做到零间隙运行，密封由等分的四段圆弧组成，每段圆弧背面都安装两个小弹簧。安装时预先将这些小弹簧压缩，产生的弹性恢复力作用在密封弧段上，推动高分子密封弧段接触转动轴。与此同时，每个密封弧段可沿径向往复运动，最大位移量约 1mm。密封弧段一方面可以随着转子的涡动一起移动，另一方面在弹簧的压迫下与转轴紧密接触，可以及时消除密封磨损产生的间隙扩大问题，密封弧段与转轴之间的

间隙不会因磨损而增大，始终保持零间隙。和电动机厂家原来的油封相比，新设
计的接触式密封石墨材料的性能要优于原
来的聚四氟乙烯材料，新密封的四段结构
也比原来的两瓣结构更有利于实现密封间
隙的自动补偿，而且新方案中密封弧段之
间的连接形式为重叠搭接结构，能够有效
阻止润滑油和油雾从密封弧段连接处泄
漏，同时不会阻碍弧段之间的相对运动。
可调接触式自动跟踪蜂窝组合油封安装在
电动机轴承内侧，安装时的照片如图 6-97
所示。

图 6-97　电动机油封

影响轴承密封改造效果的另外一个关
键因素是，如何平衡密封腔中的压力。可调式自动跟踪密封中设置了空气平衡孔、
氮气入口和回油孔，用来调节可调接触式自动跟踪蜂窝组合油封中的压力平衡。
油封压力平衡管路和油封平衡气接口位置如图 6-98 和图 6-99 所示，油封压力平
衡管路的三种外接方式分别为：空气平衡管路和氮气入口管路以及回油管路。

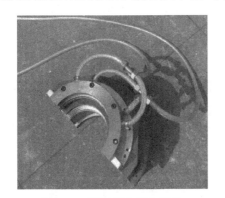

图 6-98　油封压力平衡管路

图 6-99　油封平衡气接口位置图

1) 空气平衡孔的作用

轴承腔内充满了温度较高的油雾，使轴承腔的压力较大。同时电动机内部的
冷却风扇在风扇附近形成局部负压。在这种压差的作用下，润滑油和油雾从油封
处泄漏出来。原来电动机密封结构只是注重使用"堵"的方法来防止泄漏，但是
密封磨损后将增大密封间隙，在压力差的作用下很难保证油封润滑油不发生泄漏。
可调式自动跟踪密封有两个空气平衡孔，用耐高温胶管将密封腔与大气相通，使
轴承腔的压力与外界大气压一样，减小了压差，用"疏"的方法从根源上抑制润
滑油和油雾的泄漏。

2) 氮气注气口的作用

除了在可调式自动跟踪密封外壳上安装空气平衡孔，在可调式自动跟踪密封外壳上还设置了两个氮气注气口，向轴承腔中喷入氮气，一方面减轻风扇产生的负压效应，另一方面阻挡润滑油和油雾向电动机外部泄漏。

3) 回油孔的作用

为了将密封中积聚的润滑油及时排出，防止密封腔中的润滑油从油封中泄漏出去，在可调式自动跟踪密封的底部加工了 5 个回油孔，随时排出密封槽内的润滑油，以防密封中存积的润滑油向电动机内部或者外部泄漏。

在不改变原来电动机转子和壳体结构的情况下，重新设计油封内环和电动机外部的油封外环，新制造的可调式自动跟踪密封见图 6-100。其主要特点是：

(1) 虽然是接触式密封，也存在磨损，但是四个弧段的结构允许弧段之间相对移动，随时补偿磨损产生的间隙，使密封始终保持零间隙。

(2) 密封弧段独特的接口形式，可以阻止润滑油和油雾的泄漏。

(3) 通过设计平衡孔和氮气注气口，密封腔里面的压力能够与外界大气压一致，保持压力平衡。

(4) 针对密封槽内积存润滑油的问题，在密封底部设计回油孔，及时排出密封槽内的润滑油。

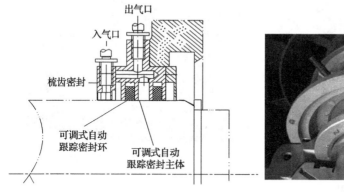

(a) 可调式自动跟踪密封结构示意图　　　　(b) 可调式自动跟踪密封实物

图 6-100　可调式自动跟踪密封

图 6-100 为可调式自动跟踪密封。蜂窝密封上设置了氮气喷嘴。可调式自动跟踪密封主要包括固定不动的铝壳体和自由运动的石墨自动跟踪密封弧段。可调式自动跟踪密封的四个石墨密封弧段和转子接触，密封弧段的石墨材料具有优良的自润滑性能。每个石墨自动跟踪密封弧段背面装有两个螺旋弹簧，可调式自动跟踪密封铝壳体上有大气平衡排气口，在铝梳齿密封的底部加工 5 个回油孔。

2. 自动补偿磨损间隙

由图 6-92 可知，原来的聚四氟乙烯梳齿密封是上下两瓣结构。梳齿密封磨损后，扩大了密封间隙，两瓣密封之间的直门对接形式阻碍了两瓣密封在径向方向上的相对运动，密封无法与转轴继续保持接触，导致严重泄漏。为了解决这个问题，新设计的石墨密封由四个等分的弧段组成，两个相邻石墨弧段之间为搭接结构，允许两个弧段结构在径向上自由相对运动，消除了卡滞现象。当石墨密封磨损、增大密封间隙后，四个石墨弧段在弹簧的作用下向转轴移动，与转轴始终保持接触，消除了磨损产生的间隙。图 6-101 为新设计的自动跟踪密封结构。

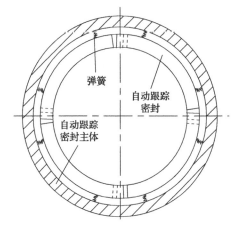

图 6-101　自动跟踪密封

安装石墨弧段的壳体(密封主体)为铝合金材料，该铝合金壳体为上下两瓣结构，在其中安装四个石墨弧段。相邻两段之间的连接为搭接形式，搭接处留有一定的活动间隙，允许两个相邻石墨弧段之间在径向方向上相对自由运动。在每个石墨弧段和铝合金壳体之间安装 2 个小弹簧，弹簧产生的弹力使每段石墨与电动机转轴紧密接触，石墨弧段和电动机转轴之间的间隙始终为零。

图 6-102 和图 6-103 表示自动跟踪密封磨损后自动消除间隙的过程，ϕ 为密封的内径。电动机工作中，高速旋转的转轴和自动跟踪密封发生摩擦，自动跟踪密封被磨损，密封间隙扩大，如图 6-102 所示。由于自动跟踪密封壳体是固定不动的，在石墨密封和密封壳体之间的弹簧作用下，四个石墨弧段分别向转轴移动，填补磨损间隙，使石墨弧段的内表面和转轴表面接触，消除了磨损产生的密封间隙，如图 6-103 所示。四段石墨弧段的搭接结构和石墨弧段后面的弹簧，是密封磨损后自动消除间隙的关键。

3. 消除主轴窜动问题

电动机主轴台阶面和轴承端面之间有 17mm 的间隔，电动机工作时主轴窜动量很大，使油封端面磨损严重，电动机轴端结构见图 6-104。为了减小转子的窜动量，在电动机两端的轴承座和电动机端盖之间各安装了四块 2mm 厚的钢垫片，主轴台阶面和轴承端面之间的距离减小了 16mm。这样就减小了主轴台阶面相对轴承端面的距离，转子轴向窜动量下降，测量的主轴窜动量小于 1mm，在允许窜动范围内，改造后的电动机实物图见图 6-105。

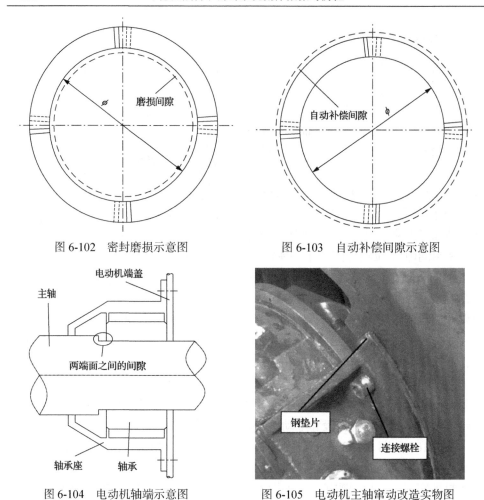

图 6-102　密封磨损示意图　　　　　　图 6-103　自动补偿间隙示意图

图 6-104　电动机轴端示意图　　　　　图 6-105　电动机主轴窜动改造实物图

6.6.3　密封实验出现的问题

安装自动跟踪密封的电动机进行试运行，当电动机达到额定转速时轴端发出响声。停机检查发现，石墨密封上下相邻的两个石墨弧段的搭接处发生断裂，如图 6-106 所示。这是因为石墨密封材料的韧性差，抗冲击性能不好。另外，在安装上下两瓣自动跟踪密封的铝壳体时，两瓣壳体在轴向上没有对齐，使得石墨环在搭接处卡滞。虽然电动机转子轴向窜动量在 1mm 以内，但仍会使转轴上的台阶压迫相邻的石墨弧段在搭接处相互挤压，导致石墨弧段的搭接处断裂。为了解决石墨密封的断裂问题，改进了石墨密封的材料和结构。

1. 石墨浸渍

为了提高石墨材料的韧性，利用浸渍剂对石墨进行浸渍。石墨浸渍[23]就是为

断裂的石墨环

图 6-106　石墨环断裂图

了改善石墨的强度和韧性,在石墨孔隙中渗入某种合成树脂或金属。浸渍剂不同,浸渍后石墨的化学稳定性、热稳定性和机械性能也不同,常用的石墨浸渍剂有合成树脂和金属等。合成树脂浸渍剂主要有聚四氟乙烯、环氧树脂以及酚醛树脂等。石墨浸渍聚四氟乙烯后可适用于各种腐蚀性介质,而石墨浸渍环氧树脂后只适用于碱性介质,石墨浸渍酚醛树脂后只适用于酸性介质。石墨的金属浸渍剂主要有铝合金、铜合金、锑等,浸渍金属后的石墨一般用于中性介质,不耐腐蚀,要注意电偶效应。

本书中用来浸渍石墨的浸渍剂材料是聚四氟乙烯,俗称"塑料王",在密封行业中普遍应用,耐腐蚀性能优异,能耐各种强酸、强碱、强氧化剂,在高温下性能比较稳定,可以在200℃以下工作。聚四氟乙烯具有良好的自润滑性,摩擦过程中位于表面的分子层,会转移到对磨的材料上形成一层薄膜,使得与对磨材料之间的摩擦,变成了石墨与聚四氟乙烯之间的摩擦。

用聚四氟乙烯浸渍石墨时,首先利用清水冲洗石墨件,在烘炉内放置4h进行烘干。将烘炉温度升高至250℃,保温1h,石墨件中的水分及油污被去除。温度降到室温后结束烘干,将石墨件送入浸渍釜中,石墨件不要排布得太紧密,相互保持3~5mm的距离。将浸渍釜抽真空,灌注聚四氟乙烯分散液,石墨件要在分散液液面以下5~10mm浸泡。半小时以后,将分散液从浸渍釜中排出。再次清洗石墨件,放入烘炉中,在2h内把炉温升高至150℃,保温5h,最后在高温烧结炉中进行塑化。

石墨密封件用聚四氟乙烯浸渍以后,要求接触转轴的线速度不能太高,要小于 60m/s。本书中电动机的转速为 2970r/min,轴承附近转轴的最大直径为190mm,油封处转轴的最大线速度为29.5m/s,满足聚四氟乙烯浸渍石墨密封件的使用要求。

2. 改进密封壳体设计

在密封实验中石墨密封出现断裂的主要原因是，密封壳体的上下两瓣在轴向上没有对齐，导致石墨弧段在搭接处卡死。为了保证密封壳体在安装时上下瓣对齐，防止产生错位，要重新设计密封壳体。在密封壳体的上下两瓣中分面，安装两个直径为 5mm 的定位销，如图 6-107 所示。可以将上下两瓣密封壳体准确定位，减小了安装难度，彻底解决了石墨环在安装时的错位问题。在电动机上再次进行密封实验，石墨环没有断裂，解决了轴承油封泄漏的问题，见图 6-108 和图 6-109。

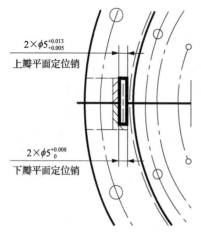

图 6-107　定位销示意图

图 6-108　氮气喷入主电动机轴封

图 6-109　轴封中的蜂窝密封

6.6.4　新型油封的特点

可调式自动跟踪密封是一种新型高效的油封技术，与蜂窝密封和氮气结合使用，形成可调接触式自动跟踪蜂窝组合油封，能够有效地解决润滑油、油雾、水等介质的泄漏问题。将蜂窝密封与可调式自动跟踪密封结构复合成为一体，实现无间隙接触密封，解决了电动机传统油封常年漏油的顽疾。

(1)电动机轴承油封应用蜂窝密封结构，是大型电动机领域轴承密封的一次创新。蜂窝密封在电动机油封中也可以发挥泄漏小、阻尼大等优势，有助于解决大型电动机传统油封经常漏油的问题。

(2)新型油封采用了可调式自动跟踪密封，保证可调式自动跟踪密封与转动部件之间无间隙接触。石墨环采用四瓣搭接结构，将密封切口设计为搭接形式，可以自动补偿密封磨损间隙，解决了油雾和油滴向外逸出的问题。

(3)能够与线速度 100m/s 以下的转动部件直接接触，形成零间隙，由于特殊的力学链设计和采用特殊的复合材料，不会引起温度升高、转动部件振动等。

(4)自动跟踪密封外环壳体材料采用轻质的铝合金材料作为支撑部件和与机体连接的材料，在小间隙下梳齿不会损伤轴颈；内环为浸渍聚四氟乙烯的石墨，自润滑性能好、耐磨损、耐老化。

(5)将蜂窝密封技术与可调式结构进行了组合应用。蜂窝密封的结构强度很好，不会在短时间内就被严重磨损，也不会倒伏，虽然蜂窝密封已经应用于航空发动机和汽轮机领域，但其主要是利用蜂窝密封良好的阻尼减振特性，而此处用作轴承密封，利用的是其较好的结构强度，可以承受很高的压力，这样可以承担一部分密封两侧的压力差，减小压力对下一级的接触式石墨密封的作用，增强密封效果。蜂窝壁很薄，如果蜂窝密封与转子瞬间碰磨，首先磨损的是蜂窝密封。除此之外，蜂窝密封可以长期保持安装时较小的密封间隙，大大提高了轴承油封的封严能力，在相同的密封间隙下蜂窝密封的泄漏量比梳齿密封的泄漏量明显降低；并且由于蜂窝密封特殊的六边形结构，它提供了较大的阻尼，能抑制转子的振动。

(6)在密封上设置空气平衡孔及密封氮气注气口，平衡电机内部风扇产生的负压，降低油封内的油雾压力，实现轴承腔压力与外界大气压的平衡，减小作用在油封上的压力差，从源头上消除油封泄漏的动力。为了解决石墨环断裂问题，石墨环浸渍聚四氟乙烯，提高了石墨密封的韧性，保证了油封的长周期稳定运行[49-51]。同时在密封壳体上安装了两个定位销，消除了上下两瓣铝密封壳体的错位问题。

6.6.5　密封改造效果

采用可调接触式自动跟踪蜂窝组合油封后，有效解决了油雾和油滴的泄漏问题。电动机的油封在运行五年后还在稳定工作，使用寿命远远超出了传统的油封，解决了电动机严重漏油问题，该电动机长期存在的外漏和内漏现象彻底消失，消除了润滑油泄漏浸泡高压绕组线圈的安全隐患，电动机实现了长周期安全运行，提升了国产大型电动机的安全性能，解决了油封漏油带来的环境污染问题，企业实现了绿色文明生产。

6.6.6　小结

本节开发了一种可调接触式自动跟踪蜂窝组合油封，解决了某石化企业加氢裂化装置中电动机轴承的漏油问题。采用石墨浸渍等方法，显著延长了油封使用寿命。可调式自动跟踪密封具有密封间隙补偿功能，油封长期保持零间隙接触式密封状态，极大地减小了润滑油和油雾的泄漏。轴承腔设置的空气平衡系统和氮气注气系统，实现了轴承腔的压力平衡，同时利用蜂窝密封控制润滑油和油雾泄漏，解决了润滑油内漏和外漏问题，杜绝了恶性安全事故的发生。

参 考 文 献

[1] 张强. 透平机械中密封气流激振及泄漏的故障自愈调控方法研究[D]. 北京: 北京化工大学, 2009.

[2] 骆飞. 1Cr10Co3MoWVNbNB 耐热钢表面(Cr_(1-X)Ti_X)N 涂层的制备与表征[D]. 哈尔滨:哈尔滨工程大学,2011.

[3] 李金波, 何立东. 蜂窝密封流场旋涡能量耗散的数值研究[J]. 中国电机工程学报, 2007, 27(32): 67-71.

[4] Hernrich Z. Measuring turbine blade vibration[J]. ABB Review,1994, (9):31-34.

[5] 霍耿磊. 叶片振动抑制的方法研究[D]. 北京:北京化工大学, 2008.

[6] 楼建忠. 大型旋转机械振动监测系统的研究[D]. 杭州: 浙江大学, 2005.

[7] 邢海燕, 王文江, 王日新,等. 50MW 汽轮机断裂叶片及断口的磁记忆研究[J]. 中国电机工程学报, 2006, 26(7): 72-76.

[8] Adams M L. Rotating Machinery Vibration: From Analysis to Trouble Shooting[M]. New York: Marcel Dekker, 2001.

[9] Mehri-Homji C B. Blading vibration and failures in gas turbines, Part C: Detection and troubleshooting[J]. The International Gas Turbine and Aeroengine Congress and Exposition, 1995, (6): 5-8.

[10] 刘显惠, 林锦堂, 范华. 湛江电厂 1#汽轮机通流叶片点蚀现象的研究[J]. 东方电气评论, 2000, 14(4): 205-214.

[11] 全浩荣. 湛江发电厂锅炉给水泵汽轮机轴端漏汽分析及处理[J]. 热力发电, 2002, 31(5): 93.

[12] 罗剑斌, 谭士森, 袁立平. 大型汽轮机叶片事故原因分析[J]. 电力安全技术, 2002, 4(8): 11-12.

[13] Stanisa B, Ivusic V. Erosion behaviour and mechanisms for steam turbine rotor blades[J]. Wear, 1995, 186-187(2): 395-400.

[14] 倪永君, 秦华魂, 钱国荣, 等. 叶片水蚀的发展过程[J]. 汽轮机技术, 2006,(6): 460-461.

[15] 朱宝田, 吴厚钰. 汽轮机叶片激振力特性和计算方法的研究[J]. 西安交通大学学报, 1999, 33(11): 59-62.

[16] 王江洪, 齐琰, 苏辉, 等. 电站汽轮机叶片疲劳断裂失效综述[J]. 汽轮机技术, 1999, 41(6): 330-333.

[17] 李劲松, 苏辉, 胡国平. 汽轮机内部的激振源[J]. 汽轮机技术, 2003, 45(2): 124-125.

[18] 李录平, 吕振梅, 黄文俊, 等. 静叶尾迹流引起的流体激振力计算方法与激振力特性研究[J]. 汽轮机技术, 2007, 49(5): 326-329.

[19] 谢永慧, 张荻. 汽轮机阻尼围带长叶片振动特性研究[J]. 中国电机工程学报, 2005, 25(18): 86-90.

[20] 徐大懋, 李录平, 须根发, 等. 自带冠叶片碰撞减振研究[J]. 电力科学与技术学报, 2007, 22(1): 1-6.

[21] 刘观伟, 王顺森, 毛靖儒, 等. 汽轮机叶片材料抗固粒冲蚀磨损能力的实验研究[J]. 工程热物理学报, 2007, 28(4): 622-624.

[22] 肖刚, 王春复. 现代汽轮机叶片型面制造技术[J]. 上海汽轮机, 2003, 32 (4): 269-272.

[23] 文黎. 汽轮机末级叶片镶嵌司太立合金片提高耐蚀性的探讨[J]. 天津电力技术, 2006, (2): 38-39.

[24] 陆军. 300MW 汽轮机末级叶片司太立合金片焊接工艺[J]. 华中电力, 2000, (2): 28-30.

[25] Lee M K, Kim W W, Rhee C K, et al. Investigation of liquid impact erosion for 12Cr steel and stellite 6B[J]. Journal of Nuclear Materials, 1998, 257 (2): 134-144.

[26] Mann B S, Arya V. Abrasive and erosive wear characteristics of plasma nitriding and HVOF coatings: Their application in hydro turbines[J]. Wear, 2001, 249 (5-6): 354-360.

[27] Mann B S, Arya V. HVOF coating and surface treatment for enhancing droplet erosion resistance of steam turbine blades[J]. Wear, 2003, 254 (7-8): 652-667.

[28] Sidhu T S, Prakash S, Agrawal R D. Studies of the metallurgical and mechanical properties of high velocity oxy-fuel sprayed stellite-6 coatings on Ni- and Fe-based superalloys[J]. Surface and Coatings Technology, 2006, 201 (1-2): 273-281.

[29] 金杰. 蜂窝式密封在汽轮机上的应用[J]. 华北电力技术, 2007, 3: 42-44.

[30] 王军光, 韩立清, 常广冬, 等. 蜂窝汽封在汽轮发电机组的应用[J]. 石油化工设备, 2007, 36 (4): 80-82.

[31] 何立东, 叶小强, 霍耿磊. 叶尖密封流场的细观特性对叶轮机械性能的影响[J]. 润滑与密封, 2006, (4): 171-174.

[32] 杨策, 马朝臣, 王延生, 等. 透平机械叶尖间隙流场研究的进展[J]. 力学进展, 2001, 31 (1): 70-83.

[33] 贾希诚, 王正明. 叶顶间隙对环形叶栅三维粘性流场影响的数值分析[J]. 工程热物理学报, 1999, 20 (6): 707-710.

[34] 吕江, 何立东, 王晨阳, 等. 蜂窝密封在小功率汽轮机轴端密封上的应用[J]. 润滑与密封, 2015, 40 (6): 90-94.

[35] 张强, 古通生, 何立东. 蜂窝密封在 23MW 汽轮机中的应用[J]. 润滑与密封, 2008, (3): 109-110, 103.

[36] 何立东, 张强, 车建业. 汽轮机防叶片断裂技术研究[C]//2006 年中国机械工程学会年会暨中国工程院机械与运载工程学部首届年会, 杭州, 2006.

[37] 张明. 旋转机械高性能密封技术研究与应用[D]. 北京: 北京化工大学, 2011.

[38] 何立东, 范文献. 新型汽轮机组级间密封及轴封装置: CN2405012[P]. 2000-11-08.

[39] 丁磊, 何立东, 张明. 蜂窝密封在压缩机、烟气轮机和汽轮机上的应用[J]. 石油化工设备技术, 2012, 33 (2): 2, 33-35.

[40] 蒋利军, 何立东, 廖甘标, 等. 可调式自动跟踪和蜂窝复合油封: CN201225402[P]. 2009-04-22.

[41] 何立东, 马列. 改进型汽轮机密封装置: CN2586817[P]. 2003-11-19.

[42] 张强, 何立东, 麦郁穗, 等. 小功率汽轮机轴端密封及注气系统技术改造[J]. 石油化工设备技术, 2008, 29 (6): 23-24, 54-56.

[43] 何立东. 高效汽轮机汽封装置: CN2656641[P]. 2004-11-17.

[44] 孙永强. 闭环可控吸气减振系统设计与实验研究[D]. 北京: 北京化工大学, 2009.

[45] 何立东, 叶小强, 刘锦南. 蜂窝密封及其应用的研究[J]. 中国机械工程, 2005, (20): 1855-1857.

[46] 王钢. 基于磁流变阻尼器的转子振动控制研究[D]. 北京: 北京化工大学, 2015.

[47] 吕江. 管道及旋转机械减振技术研究[D]. 北京: 北京化工大学, 2015.

[48] 冯浩然. 管道减振技术及基于动力吸振器的转子振动控制研究[D]. 北京: 北京化工大学, 2017.

[49] 何立东, 张强, 霍耿磊. 蜂窝密封抑制叶尖密封激振的研究[J]. 北京化工大学学报 (自然科学版), 2009, 36 (3): 97-100.

[50] 丁磊. 厚壁环形蜂窝密封和孔型密封封严特性及吸气抑制叶片振动的研究[D]. 北京: 北京化工大学, 2011.

[51] 何立东. 汽轮机智能气封抽汽器: CN2440944[P]. 2001-08-01.

第7章 涡轮泵密封流体激振

7.1 火箭发动机涡轮泵稳定性

7.1.1 火箭发动机故障

液体火箭发动机是航天飞行器的心脏。为了增大火箭的运载能力，需要提高发动机的转速、工作温度和燃料流量等，对发动机安全和稳定运行构成更加严峻的挑战[1]。全球航天飞行器在 1980~2004 年共有 129 次发射失败，其中发动机故障造成的失败有 74 次，占比超过半数。这期间美国有 31 次发射失败，其中发动机故障有 16 次，占比也超过半数[2]。

涡轮泵是液体火箭发动机的核心，工作在高压、高速、大温差、强振的极端环境中，发生故障的概率大，危害突出。某型火箭发动机在研制过程中，有接近三分之一的故障来自涡轮泵[3]；某型涡轮泵运行 240s 后停止工作，造成火箭无法正常飞行，其原因是涡轮泵叶轮与壳体严重碰磨[4]；某氢氧火箭发动机涡轮泵存在严重振动问题，严重影响产品交货进度[5]。

7.1.2 火箭发动机涡轮泵密封流体激振

为了增加液体火箭发动机的推力，提高涡轮泵的转速，将增大密封腔中流体的压力，产生密封流体激振[6]，如果流体脉动频率接近转子一阶临界转速频率，容易诱发涡轮泵转子强烈振动[7]。美国航天飞机的高压液氢涡轮泵转子产生强烈振动，其原因是发生了密封流体激振[8]。涡轮泵稳定性受到密封流体激振的严重影响，威胁火箭发动机的可靠运行。

研究人员在20世纪70年代发现涡轮泵振动的一个主要原因是密封流体激振[9]。日本为了解决 LE-7 火箭发动机涡轮泵转子的低频振动，在轴承支座上增加金属柔性网阻尼器(金属橡胶)，开发阻尼密封，加大轴端螺栓的拧紧力矩，提升加工质量，提高装配精度，消除了低频振动，保障涡轮泵运行稳定[10]。1985 年美国航天飞机主引擎的高压液氧涡轮泵转子出现同步振动(工频振动)和次同步振动(低频振动)问题[11]，把密封齿在转子上的阶梯形梳齿密封改造成光滑转子表面、静子为蜂窝密封，减小了振动。某种型号的发动机涡轮泵发生了强烈振动。将离心泵轮原来使用的梳齿密封改成浮动环密封，密封流体激振依然存在，涡轮泵无法稳定工作[12,13]。

在涡轮泵中使用阻尼密封替换原来的梳齿密封，增加阻尼抑制转子振动，提高转子运行的稳定性。蜂窝密封是一种常用阻尼密封，可以有效降低密封腔中流体的周向速度，耗散密封流体不稳定脉动能量，提高转子密封系统阻尼，抑制涡轮泵转子密封系统次同步振动，而且泄漏量减少。本章针对某涡轮泵存在的次同步振动问题，研究某涡轮泵离心叶轮前、后凸肩密封动力特性和密封性能，提出利用孔型阻尼密封和蜂窝密封抑制转子次同步振动的方法。

7.1.3　研究内容

(1)为了分析涡轮泵离心叶轮梳齿密封流体激振机理，建立梳齿密封分析模型，计算密封流场，分析梳齿密封结构参数对封严性能和动力特性的影响。

(2)分别利用孔型密封和蜂窝密封替换梳齿密封，根据流场分布的计算结果，揭示阻尼密封抑制振动的机理，研究不同结构参数孔型密封的泄漏量和动力特性。

7.2　梳齿密封动力特性准稳态数值分析

以某涡轮泵离心泵轮前后凸肩梳齿密封为研究对象，数值分析[14-21]梳齿密封流场，求出梳齿密封流场压力分布、速度分布和泄漏量等；计算密封刚度和阻尼等动力特性系数，研究密封对转子振动的影响；计算分析密封动力特性系数与转子偏心率、密封间隙、密封齿厚、密封齿数和入口预旋比等参数的关系，指导涡轮泵梳齿密封结构的设计，保障涡轮泵转子的稳定运行。

7.2.1　密封准稳态分析模型

Childs[14]建立了密封流体激振力与位移关系的数学模型：

$$-\begin{bmatrix} F_x \\ F_y \end{bmatrix} = \begin{bmatrix} K_{xx} & K_{xy} \\ -K_{yx} & K_{yy} \end{bmatrix}\begin{bmatrix} X \\ Y \end{bmatrix} + \begin{bmatrix} C_{xx} & C_{xy} \\ -C_{yx} & C_{yy} \end{bmatrix}\begin{bmatrix} \dot{X} \\ \dot{Y} \end{bmatrix} + \begin{bmatrix} m_{xx} & m_{xy} \\ m_{yx} & m_{yy} \end{bmatrix}\begin{bmatrix} \ddot{X} \\ \ddot{Y} \end{bmatrix} \quad (7-1)$$

假设转子围绕密封几何中心涡动的幅值很小，不考虑密封流场中的各向异性问题，则数学模型可简化为

$$K_{xx} = K_{yy} = K, \ C_{xx} = C_{yy} = C, \ m_{xx} = m_{yy} = M \quad (7-2)$$

$$K_{xy} = -K_{yx} = k, \ C_{xy} = -C_{yx} = c, \ m_{xy} = -m_{yx} = m \quad (7-3)$$

式中，X 为转子水平方向的位移；Y 为转子垂直方向的位移；F_x、F_y 分别为水平和垂直方向上的密封流体激振。密封的八个动力特性系数分别是主刚度 K、主阻

尼 C、交叉刚度 k 和交叉阻尼 c。其中主刚度 K 影响转子的临界转速。流体失稳力是非保守力，其大小由交叉刚度 k 决定，直接影响转子低频涡动；消耗不稳定能量的阻尼力用主阻尼 C 表示。其他一些数值较小的参数，可以忽略不计，如交叉阻尼 c、主惯性质量 M 和交叉惯性质量 m。交叉刚度 k 和主阻尼 C 对转子稳定性影响最大。较大的交叉刚度 k 对转子稳定性不利，增大主阻尼 C 有利于转子的稳定运行[15]。

如图 7-1 所示，在转子密封动力学模型中，包括转轴的两种运动，一个是以角速度 ω 围绕自身旋转中心自转，另一个是以角速度 Ω 围绕密封中心涡动。计算密封动力特性系数时，使用准稳态分析方法。

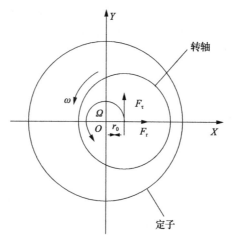

图 7-1　转子密封动力学模型

如图 7-2 所示，在转子密封准稳态计算模型中，转子以涡动角速度 Ω 围绕密封中心线做圆周涡动。在转子中心建立以涡动角速度 Ω 旋转的旋转坐标系，转子的自转角速度为 $\omega-\Omega$，静子旋转角速度为 $-\Omega$。在旋转坐标系中，转子密封模型整个在旋转。在绝对坐标系中静子密封还是静止状态，在绝对坐标系中转子密封还是以自转角速度 ω 旋转，原来的运动状态没有改变。计算转轴圆柱表面受到的径向力 F_{r} 和切向力 F_{τ}，可以将转轴表面受到的压力进行积分，得到计算方程：

$$F_{\text{r}} = \int_0^l \int_0^{2\pi} p(\phi, z)\cos\phi R\mathrm{d}\phi\mathrm{d}z \tag{7-4}$$

$$F_{\tau} = \int_0^l \int_0^{2\pi} p(\phi, z)\sin\phi R\mathrm{d}\phi\mathrm{d}z \tag{7-5}$$

式中，l 为转子的轴向宽度；ϕ 为旋转角度；R 为转子半径；z 为轴向方向；p 为压强。

若 $T=0$（初始条件），边界条件是：$x(0)=r_0$，$y(0)=0$，$\dot{x}(0)=-r_0\omega$，$\dot{y}(0)=0$。

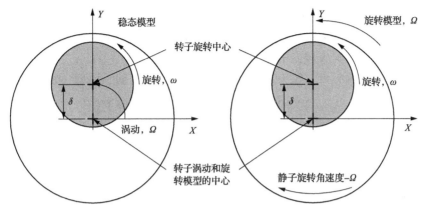

图 7-2　转子密封准稳态计算模型[16]

δ 为转子偏心距

转子表面受到的径向力和切向力为

$$F_r / r_0 = -K - \Omega c + \Omega^2 M \tag{7-6}$$

$$F_\tau / r_0 = k - \Omega C - \Omega^2 m \tag{7-7}$$

式中，r_0 为转子中心相对密封中心的偏心量，假设固定不变。

式 (7-6) 和式 (7-7) 是包含六个变量的一次方程，需要求解六个方程才能求出六个变量。因此要设置三个大小不同的涡动速度，分别得到三组 F_r 和 F_τ 的计算方程，分析三种密封流场，合计六个一次方程。联立求解这六个方程，即得到密封动力特性系数 K、k、C 和 c。

7.2.2　梳齿密封流场数值分析

如图 7-3 所示，涡轮泵离心叶轮前盘和后盘的口环密封均为梳齿密封，两者结构基本一样。在数值分析模型中，根据不同区域的流体速度分布，密封区域划分为

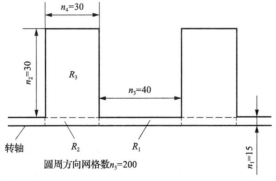

图 7-3　密封流场三个区域和网格数(单位：个)

R_1、R_2 和 R_3。不同区域网格密度也不同，对每一个区域的网格进行细化，使网格精度满足计算流场的要求。靠近转子壁面的密封区域流体速度最高，边界层位于转子壁面附近的密封区域，节点间距比值为 1.05~1.3。

取不同转子偏心率 e 作为转子涡动半径，建立三维偏心模型，如图 7-4 所示。

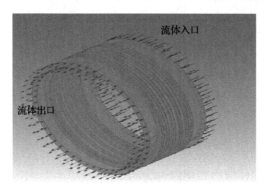

图 7-4　梳齿密封三维模型

7.2.3　梳齿密封准稳态分析

1）转子偏心率

相对于密封中心的转子偏心量与密封间隙的比值称为转子偏心率 e，表征转子相对密封偏心的大小。令转子偏心率 e 为 0.1、0.2、0.3、0.4、0.5 和 0.7，建立六种偏心率的叶轮前盘口环密封（以下简称前密封）和后盘口环密封（以下简称后密封）模型。为了计算不同偏心率下的密封动力特性系数，在涡动角速度 Ω 分别为 0 和 879.6rad/s 以及 1759.2rad/s 三种条件下，求出密封对转子施加的径向力 F_r 和切向力 F_τ，结合式(7-6)和式(7-7)，联立求解六个方程。

图 7-5 是转子偏心率与主刚度 K 和交叉刚度 k 之间的关系曲线，其中横坐标为转子偏心率，纵坐标为刚度值。图 7-6 是转子偏心率 e 与主阻尼 C 和交叉阻尼 c 之间的关系曲线，横坐标为转子偏心率，纵坐标为阻尼值。

图 7-5 和图 7-6 计算结果表明，随着转子偏心率 e 的增大，主刚度 K 先增大后减小，交叉刚度 k 则持续增大，主阻尼 C 先增大后略有减小，交叉阻尼 c 略有减小。

在密封动力特性系数当中，交叉刚度 k 表征不稳定横向流体激振力，主阻尼 C 反映增强转子稳定性的密封阻尼力。为了分析交叉刚度和主阻尼等参数对转子稳定性的综合影响，构造一个综合评价参数：涡动比 $f_w=k/C\omega$。增大不稳定横向流体激振力，减小阻尼力，将增大涡动比 f_w，降低转子稳定性[17,18]。图 7-7 是涡动比 f_w 与转子偏心率 e 的关系曲线，其中横坐标为转子偏心率，纵坐标为涡动比。图 7-8 是密封泄漏量与转子偏心率 e 的关系曲线，其中横坐标为转子偏心率 e，纵坐标为密封泄漏量。

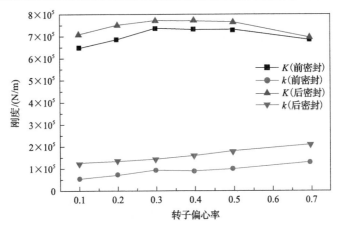

图 7-5　转子偏心率与密封刚度关系图

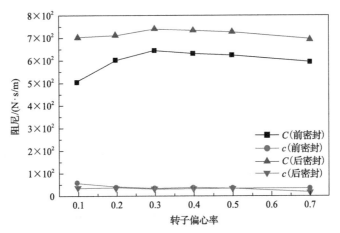

图 7-6　转子偏心率与密封阻尼关系图

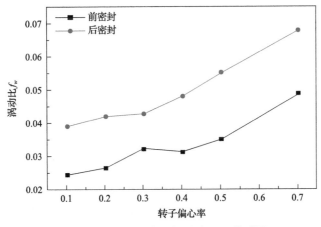

图 7-7　转子偏心率 e 与涡动比 f_w 关系图

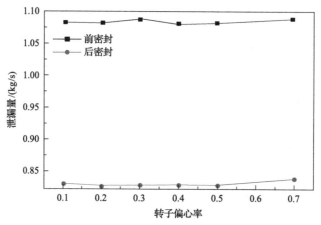

图 7-8　转子偏心率 e 与密封泄漏量关系图

图 7-7 和图 7-8 表明,当转子偏心率 e 增大时,涡动比 f_w 也随之增大,说明增大转子偏心率不利于转子的稳定运转,偏心是加剧密封流体激振的主要原因之一。从泄漏量变化曲线图可以发现,当转子偏心率 e 增大时,泄漏量略有增加,偏心对密封封严性能有不利影响。

2) 密封间隙

设置不同的密封间隙,分析密封间隙对梳齿密封动力特性系数的影响规律。计算分析时,梳齿密封的齿数、齿厚,密封长度、密封腔深度等参数均不变。

选取密封间隙分别为 0.12mm、0.22mm、0.32mm、0.42mm 和 0.52mm,偏心量为 0.064mm,分析不同密封间隙的叶轮前密封动力特性系数。

选取密封间隙分别为 0.11mm、0.16mm、0.26mm、0.36mm 和 0.46mm,偏心量为 0.052mm,分析不同密封间隙的叶轮后密封动力特性系数。

图 7-9 为密封间隙与主刚度 K 和交叉刚度 k 的关系曲线。其中,横坐标为密封间隙,纵坐标为刚度值。图 7-10 为密封间隙与主阻尼 C 和交叉阻尼 c 的关系曲线。其中,横坐标为密封间隙,纵坐标为阻尼值。

从图 7-9 和图 7-10 中可以发现,随着密封间隙的增大,主刚度 K 和交叉刚度 k 都逐渐减小,小间隙的梳齿密封交叉刚度较大。交叉阻尼 c 随密封间隙的增大略有增大。主阻尼 C 随密封间隙的增大而减小。

图 7-11 为密封间隙与涡动比 f_w 的关系曲线,其中横坐标为密封间隙,纵坐标为涡动比。图 7-12 为密封间隙与泄漏量的关系曲线,其中横坐标为密封间隙,纵坐标为泄漏量。

图 7-11 和图 7-12 中的计算结果表明,随着梳齿密封间隙的增大,涡动比 f_w 逐渐减小,且在间隙较小时涡动比 f_w 变化的速率较大,而在间隙较大时涡动比 f_w 变化速率逐渐趋向于 0。这种现象说明减小梳齿密封间隙,对转子的稳定运行不

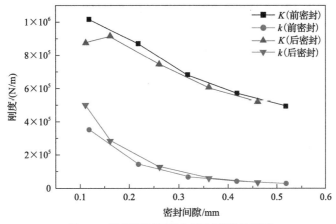

图 7-9　梳齿密封间隙与密封刚度关系图

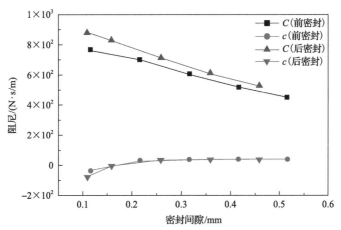

图 7-10　梳齿密封间隙与密封阻尼关系图

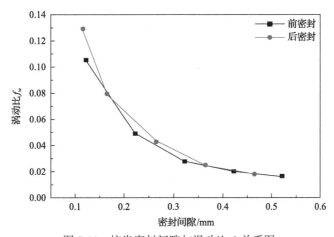

图 7-11　梳齿密封间隙与涡动比 f_w 关系图

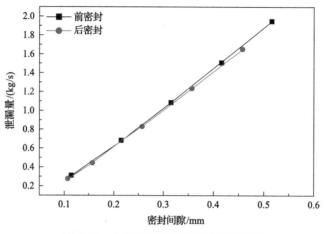

图 7-12　梳齿密封间隙与泄漏量关系图

利；增大密封间隙，对转子系统稳定运行有利。显而易见，增大密封间隙，泄漏量也将增加。

3) 密封齿厚

设置不同的密封齿厚，其余的密封结构尺寸不变，分析密封齿厚与梳齿密封动力特性系数之间的关系。

选取密封齿厚分别为 1mm、1.5mm、2mm、3mm、3.25mm 和 3.5mm，转子偏心率 e 为 0.2，分别计算叶轮前密封与后密封的动力特性系数。

图 7-13 为密封齿厚与主刚度 K 和交叉刚度 k 的关系曲线，其中横坐标为密封齿厚，纵坐标为刚度值。图 7-14 为密封齿厚与主阻尼 C 以及交叉阻尼 c 的关系曲线，其中横坐标为密封齿厚，纵坐标为阻尼值。

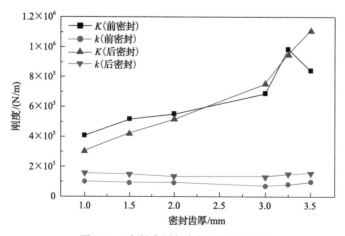

图 7-13　密封齿厚与密封刚度关系图

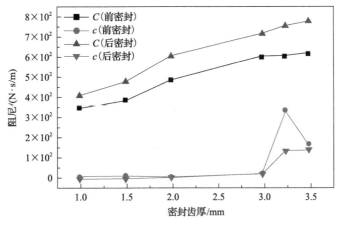

图 7-14 密封齿厚与密封阻尼关系图

图 7-13 和图 7-14 的计算结果表明，减小密封齿厚，主刚度 K 和主阻尼 C 逐渐减小，交叉刚度 k 在初期减小，但在后期增大。在小密封齿厚时交叉阻尼 c 变化不大，在较大密封齿厚时变化较大。

图 7-15 为密封齿厚与涡动比 f_w 的关系曲线，其中横坐标为密封齿厚，纵坐标为涡动比。图 7-16 为密封齿厚与泄漏量的关系曲线，其中横坐标为密封齿厚，纵坐标为泄漏量。

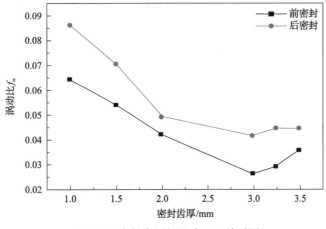

图 7-15 密封齿厚与涡动比 f_w 关系图

图 7-15 表明，减小密封齿厚，涡动比 f_w 在开始的时候减小，但是在后期增大，说明在本节案例中，密封齿厚过大或者过小，都不利于转子密封系统的稳定性，存在一个转子稳定性最优的密封齿厚。图 7-16 的计算结果表明，减小密封齿厚，密封的泄漏量也减小。

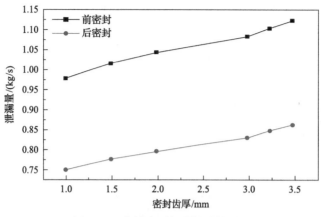

图 7-16　密封齿厚与泄漏量关系图

4) 梳齿密封的齿数

转子偏心率 e 不变仍为 0.2，密封齿数分别设置为 2 个、3 个、4 个和 5 个，数值分析不同齿数的梳齿密封动力特性系数。图 7-17 为密封齿数与主刚度 K 和交叉刚度 k 的关系曲线，其中横坐标为密封齿数，纵坐标为刚度。图 7-18 为密封齿数与主阻尼 C 和交叉阻尼 c 的关系曲线，横坐标为密封齿数，纵坐标为阻尼。

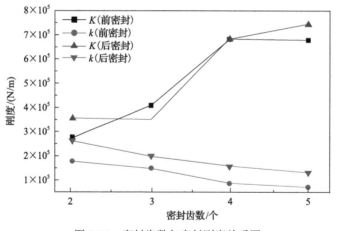

图 7-17　密封齿数与密封刚度关系图

图 7-17 中的计算结果表明，减少密封齿数，主刚度 K 减小，交叉刚度 k 增大。图 7-18 表明，减少密封齿数，主阻尼 C 减小，交叉阻尼 c 基本不变。如果密封长度不变，交叉刚度 k 和主阻尼 C 的变化趋势表明，密封齿数减少时，转子稳定性下降。

图 7-19 为密封齿数与涡动比 f_w 的关系曲线，其中横坐标为密封齿数，纵坐标为涡动比。图 7-20 为密封齿数与泄漏量的关系曲线，其中横坐标为密封齿数，纵坐标为泄漏量。

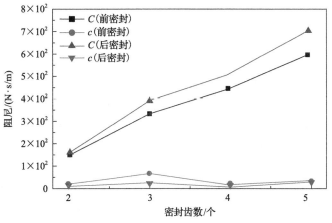

图 7-18　密封齿数与密封阻尼关系图

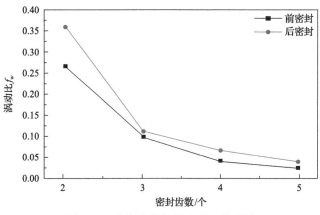

图 7-19　密封齿数与涡动比 f_w 关系图

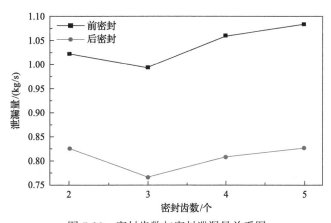

图 7-20　密封齿数与密封泄漏量关系图

图 7-19 和图 7-20 的计算结果表明，减少梳齿密封的齿数，将增大转子涡动

比 f_w，转子稳定性下降。减少密封的齿数，开始的时候泄漏量减小，随后泄漏增大。在本节工况下，如果密封长度不变，存在可使密封泄漏量最小的最优齿数。

5) 密封入口预旋比

涡轮泵工作时，在轴和叶轮高速旋转的带动下，在密封的入门，流体会产生强烈的预旋，恶化密封动力特性。为了描述流体在密封入口预旋速度的大小，将密封流体入口周向速度与转子壁面速度的比值称为入口预旋比。

分析预旋对密封动力特性系数的影响，设置不同的入口预旋比：0、0.0113、0.0392，转子偏心率为 0.7。图 7-21 为入口预旋比与主刚度 K 和交叉刚度 k 的关系曲线，其中横坐标为入口预旋比，纵坐标为刚度。图 7-22 为入口预旋比与主阻尼 C 和交叉阻尼 c 的关系曲线，其中横坐标为入口预旋比，纵坐标为阻尼。

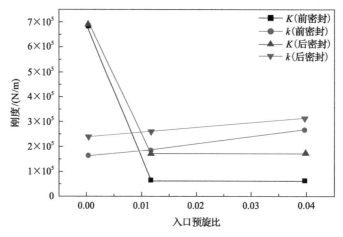

图 7-21　入口预旋比与密封刚度关系图

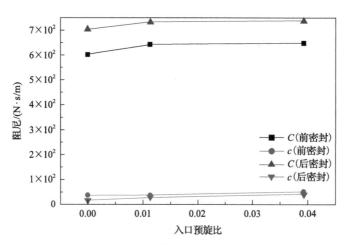

图 7-22　入口预旋比与密封阻尼关系图

图 7-21 的计算结果表明，入口预旋比增大的时候，主刚度 K 下降，交叉刚度提高，主阻尼 C 与交叉阻尼 c 也增大。

图 7-23 为入口预旋比与涡动比 f_w 的关系曲线，其中横坐标为入口预旋比，纵坐标为涡动比。计算结果表明，增大入口预旋比，涡动比 f_w 增大。如果大幅度增大入口预旋比，涡动比 f_w 将急剧增加，显著降低转子稳定性。流体在密封入口处的预旋不利于转子稳定运行。

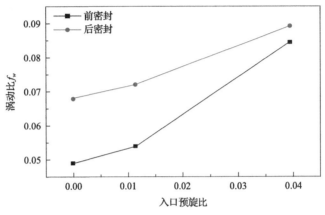

图 7-23　入口预旋比与涡动比关系

6) 小结

(1) 增加转子偏心率，将增大密封交叉刚度 k、涡动比及泄漏量，不利于转子稳定运行。

(2) 增加密封间隙，将减小密封交叉刚度 k 和涡动比，有利于转子稳定运行，但是会增加密封泄漏量。

(3) 密封齿厚减小时，主阻尼 C 与泄漏量减小，密封交叉刚度 k 与涡动比先减小后增大，在本节计算工况下，存在一个有利于转子系统稳定性的最佳齿厚。

(4) 密封齿数减少时，密封交叉刚度 k 和涡动比都增大，主阻尼 C 下降，泄漏量开始时减小后期增大，不利于转子稳定运行。如果密封宽度固定，优化齿数，可以增强转子的稳定性，降低密封泄漏量。

(5) 密封入口预旋比增大时，密封交叉刚度 k 与涡动比都增加，转子稳定性降低。入口预旋比越大，转子密封系统稳定性越差。

7.2.4　诱导轮流场

1) 建立诱导轮流场模型

诱导轮是涡轮泵转子上的重要部件，影响转子稳定性。图 7-24 为诱导轮三维模型，类似于转轴上有螺旋齿的螺旋槽密封结构。为了研究诱导轮对涡轮泵转子系统稳定性的影响，数值分析诱导轮动力特性系数 K、k、C 和 c，结合转子动力学方程，分析涡轮泵转子的响应。

图 7-25 为诱导轮流场流线图。流体在诱导轮高速旋转的驱动下，在诱导轮内螺旋式流动。由于转子存在一定的偏心，流体在诱导轮中形成沿圆周方向不均匀的压力分布，对转子壁面产生流体激振力，加剧转子的涡动。

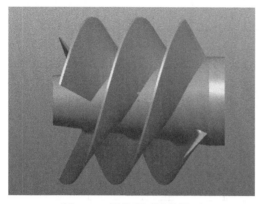

图 7-24　涡轮泵诱导轮模型

图 7-25　涡轮泵诱导轮流场流线图

2）计算涡轮泵动力特性系数

选取不同的转子偏心率：0.1、0.2、0.3 和 0.4，进行涡轮泵流场计算分析。表 7-1 为计算得到的诱导轮等效密封动力特性系数。

表 7-1　诱导轮等效密封动力特性系数

转子偏心率	主刚度 K/(N/m)	交叉刚度 k/(N/m)	主阻尼 C/(N·s/m)	交叉阻尼 c/(N·s/m)
0.1	3.7×10^4	7.4×10^4	39	28.0
0.2	2.9×10^4	3.8×10^4	18	38.0
0.3	3.3×10^3	4.0×10^4	25	8.8
0.4	8.4×10^3	2.1×10^4	10	13.0

表 7-1 中的计算结果表明，与离心叶轮口环密封相比，诱导轮的主刚度和主阻尼减小了一个数量级，交叉刚度和交叉阻尼与梳齿密封数量级是相同的。

7.2.5　涡轮泵转子系统固有频率

1）涡轮泵转子模型

图 7-26 为参照某涡轮泵转子结构尺寸，建立的转子系统数值计算分析模型。

首先采用传统简化方法，计算得到涡轮泵转子一阶固有频率为 154Hz，二阶固有频率为 402Hz。计算中将诱导轮等效质量施加到转子上，忽略了梳齿密封和诱导轮的等效密封动力学特性系数。通过实验得到的一阶固有频率为 200Hz、二阶固有频率为 450Hz。简化计算得到的结果与实验结果相差较大。为了得到更为准确的涡轮泵转子的固有频率，必须计入离心叶轮梳齿密封与诱导轮的动力特性系数。

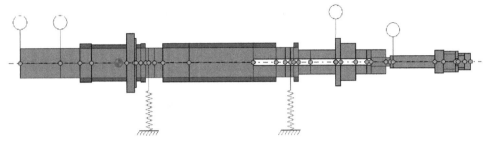

图 7-26　转子系统数值计算分析模型

由于转子偏心率为 0.7 时对梳齿密封动力特性的影响较大，在转子偏心率为 0.7 的情况下，分别计算离心叶轮密封动力特性系数和诱导轮等效密封的动力特性系数，结合涡轮泵转子动力特性的计算方程，求出转子一阶和二阶固有频率，计算结果见表 7-2。

表 7-2　转子系统固有频率计算值　　　　　　　　　（单位：Hz）

动力特性分析	传统简化方法		考虑密封		考虑密封和诱导轮		涡轮泵实验值	
	一阶	二阶	一阶	二阶	一阶	二阶	一阶	二阶
转子固有频率	154	402	168.8	436.5	169	438.0	200	450

计算结果表明，叶轮梳齿密封和诱导轮对转子固有频率有一定的影响。计算中如果考虑了这两者的影响，计算结果更接近实验结果，特别是转子二阶固有频率的计算值与实验值的误差较小。该涡轮泵在实际运行中，转子的低频振动频率接近于涡轮泵转子二阶固有频率，说明梳齿密封和诱导轮流体激振影响涡轮泵转子的稳定性。

表 7-3 是转子偏心率不同时转子固有频率计算值。主刚度对转子模态影响较

表 7-3　转子偏心率不同时转子固有频率计算值　　　　　　　　　（单位：Hz）

转子偏心率	一阶	二阶
0.1	168.9	437.4
0.2	169.0	438.7
0.3	169.2	440.1
0.4	169.2	440.0
0.5	169.2	439.9
0.7	168.9	438.0

大，密封主刚度随转子偏心率的增大先增大后减小，转子一阶固有频率与二阶固有频率也随之先增大后减小。

由表 7-3 可以看出，转子系统一阶固有频率与二阶固有频率随着转子偏心率 e 的增大先增大后减小，变化规律与密封的主刚度相似。转子系统模态图如图 7-27 所示。第一阶模态中转子最大位移出现在左侧涡轮端，第二阶模态中转子最大位移出现在右侧泵轮端。

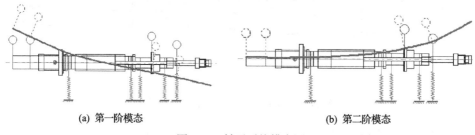

(a) 第一阶模态　　　　　　　　　　　　(b) 第二阶模态

图 7-27　转子系统模态图

2）小结

本节建立转子系统模型。计算分析转子动力特性时，如果考虑梳齿密封和诱导轮动力学特性的影响，转子系统固有频率的计算值与实验测量值更接近。

7.2.6　梳齿密封对转子系统稳定性的影响

1）转子振动对数衰减率

对于单自由度运动系统，对数衰减率是相邻两次振动幅值之比的自然对数值。外界对转子系统施加激励以后，若转子振动逐渐减小，则转子系统是趋于稳定的；但是如果受到外界激励后转子振动逐渐增加，则转子系统就不是稳定的[19]。转子系统抵抗外界干扰的能力以及转子的稳定性裕度[20]可以利用转子振动对数衰减率来描述。转子振动对数衰减率 δ 的计算方程：

$$\delta = \ln \frac{x_i}{x_{i+1}} \tag{7-8}$$

式中，x_i、x_{i+1} 为转子振动时域波形中两个相邻波的幅值。

在工作转速下转子的转子振动对数衰减率 δ 要足够大，才能保证涡轮泵转子系统有足够的稳定性裕度。美国石油协会标准 API617 对转子稳定性的要求是：转子振动对数衰减率大于 0.1，转子才能满足稳定性要求。

2）转子偏心率与转子振动对数衰减率的关系

为了研究转子振动对数衰减率与转子偏心率之间的关系，在转子动力特性分析中分别加入不同转子偏心率下的密封动力系数，见图 7-28，得到不同转子偏心率下转子振动对数衰减率，如表 7-4 所示。

图 7-28 涡轮泵转子振动对数衰减率计算(转子偏心率为 0.7，入口预旋比为 0.0392)

表 7-4 不同转子偏心率下转子振动对数衰减率

转子偏心率	不考虑诱导轮的转子振动对数衰减率	考虑诱导轮的转子振动对数衰减率
0	0.108	0.108
0.1	0.097	0.095
0.2	0.096	0.096
0.3	0.094	0.093
0.4	0.093	0.092
0.5	0.093	—
0.7	0.091	—

增大转子偏心率，密封流体激振力也增大，转子振动对数衰减率从 0.108 逐渐减小到 0.091，转子稳定性变差。诱导轮对转子系统稳定性有不利影响，计入诱导轮的影响时，转子振动对数衰减率还要下降。当转子与密封同心时，转子振动对数衰减率为 0.108，符合美国石油协会标准 API617 中转子振动对数衰减速率应该大于 0.1 的要求；但如果转子存在偏心，转子振动对数衰减率比 0.1 要小，不满足美国石油协会标准 API617 对转子稳定性的要求。转子偏心率越大，转子振动对数衰减率越小。

3）转子振动对数衰减率与密封间隙的关系

为了研究转子振动对数衰减率与密封间隙的关系，在转子动力特性计算中，分别加入转子偏心率为 0.2 时，不同梳齿密封间隙的密封动力特性系数，计算转子振动对数衰减率。图 7-29 是转子振动对数衰减率与密封间隙的关系曲线。其中，横坐标为密封间隙，纵坐标为转子振动对数衰减率。图 7-29 中的计算结果表明，增大密封间隙，转子振动对数衰减率提高，转子稳定性增强。诱导轮不利于转子系统稳定运行。

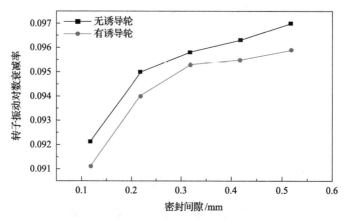

图 7-29　密封间隙与转子振动对数衰减率的关系

4) 转子振动对数衰减率与密封齿厚的关系

为了研究转子振动对数衰减率与密封齿厚的关系，在转子动力特性分析中，分别加入不同密封齿厚的密封动力特性系数，计算转子振动对数衰减率。图 7-30 是转子振动对数衰减率与密封齿厚的关系曲线。

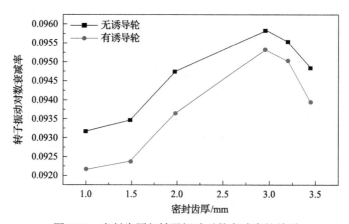

图 7-30　密封齿厚与转子振动对数衰减率的关系

计算结果表明，随着密封齿厚的减小，转子振动对数衰减率先增大后减小，转子稳定性先提高再下降。

5) 转子振动对数衰减率与密封齿数的关系

为了研究转子振动对数衰减率与密封齿数的关系，在转子系统动力特性计算中，分别加入不同密封齿数的密封动力特性系数，计算转子振动对数衰减率。图 7-31 为转子振动对数衰减率与密封齿数的关系曲线。

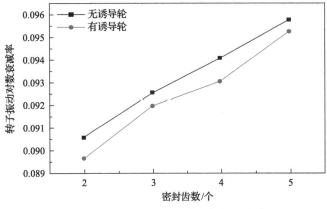

图 7-31　密封齿数与转子振动对数衰减率关系图

图 7-31 的计算结果表明，增加密封齿数，将增大转子振动对数衰减率，转子稳定性增强。

6) 转子振动对数衰减率和密封入口预旋速度的关系

为了研究转子振动对数衰减率与密封入口预旋速度的关系，在转子动力特性计算中，加入不同密封入口预旋比的密封动力特性系数，计算转子振动对数衰减率，如表 7-5 所示。

表 7-5　不同入口预旋比时转子振动对数衰减率

转子偏心率	预旋比	转子振动对数衰减率
	0	0.091
0.7	0.011	0.090
	0.039	0.089

计算结果表明，转子偏心率不变时，增加入口预旋比，将减小转子振动对数衰减率，降低转子稳定性。

7) 小结

(1) 增大转子偏心率，会降低转子振动对数衰减率，对转子稳定运行不利。为了提高转子的稳定性，应该减小转子的偏心率[21]。

(2) 增大密封间隙，会提高转子振动对数衰减率，对转子稳定运行有利，但泄漏量增加。

(3) 随着梳齿密封的齿厚减小，转子振动对数衰减率先增加后下降。恰当的梳齿密封齿厚对转子的稳定有利。

(4) 减少梳齿密封的齿数，降低转子稳定性，转子振动对数衰减率下降。

(5)增大入口预旋比将降低转子稳定性,减小转子振动对数衰减率。因此应该减小密封入口流体的预旋速度。

(6)在涡轮泵转子动力特性计算中加入诱导轮动力特性系数时,将减小转子振动对数衰减率。

7.3　孔型密封动力特性准稳态数值分析

7.2 节梳齿密封的分析计算表明,改变梳齿密封的齿数、齿厚等结构参数难以提升涡轮泵转子的稳定性。目前的梳齿密封无法有效解决高参数涡轮泵转子出现的低频振动问题,需要研究新型阻尼减振密封抑制密封流体激振,保障涡轮泵转子系统的稳定运行[22]。

本节研究孔型密封性能及其对转子稳定性的影响,分析孔的排布方式、周向孔数、小孔深度和密封间隙等结构参数的影响规律,并且和光滑密封、梳齿密封进行对比[23,24]。

7.3.1　孔型密封和光滑密封及梳齿密封

1)直列排布孔型密封

图 7-32 和图 7-33 分别为孔型密封的三维模型图和流场模型图。离心叶轮前密封的小孔数量合计 432 个,其中周向每排有 72 个孔,轴向分布 6 排;后密封的小孔数量合计 480 个,其中周向有 80 个孔,轴向分布 6 排。小盲孔的参数是:深度 3.3mm,直径 3mm,孔间距 0.3mm。外形参数与原来的梳齿密封一样。图 7-34 和图 7-35 为六面体网格图,网格总数约 450 万个。计算时设置转子偏心率为 0.7。

孔型腔数量越多,密封节流效果越好,密封泄漏量越少;在密封静子表面分布有大量小盲孔,增加了流动阻力,密封流体周向速度减小,转子密封系统阻尼增加,交叉刚度下降,有利于转子稳定运行。

图 7-32　直列排布孔型密封三维模型

图 7-33　直列排布孔型密封流场模型

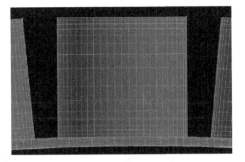
图 7-34　直列排布孔型密封的网格

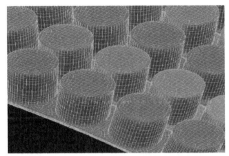
图 7-35　直列排布孔型密封局部网格

2) 三种密封结构对比分析

计算直列排布孔型密封(图例中用孔型密封表示)的动力特性系数,与光滑密封和梳齿密封进行了对比分析。三种密封主刚度对比如图 7-36 所示,交叉刚度对比如图 7-37 所示。

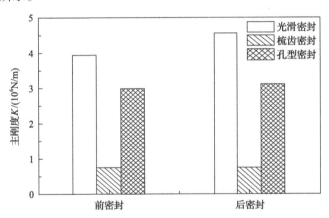
图 7-36　三种密封主刚度对比图

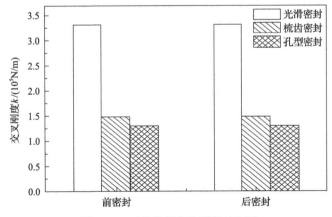
图 7-37　三种密封交叉刚度对比图

三种密封主阻尼对比如图 7-38 所示，交叉阻尼对比如图 7-39 所示。

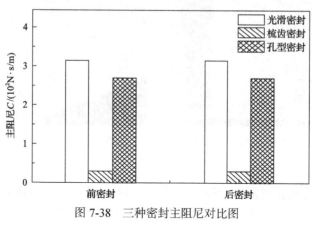

图 7-38　三种密封主阻尼对比图

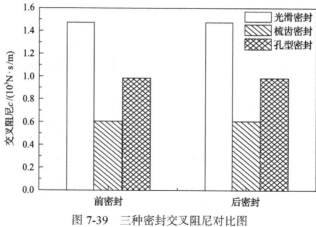

图 7-39　三种密封交叉阻尼对比图

三种密封的涡动比对比如图 7-40 所示，泄漏量对比如图 7-41 所示。

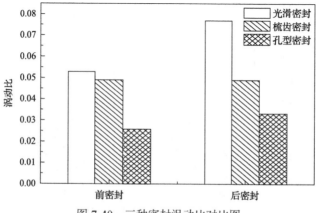

图 7-40　三种密封涡动比对比图

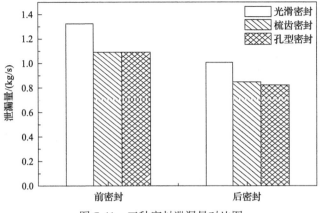

图 7-41 三种密封泄漏量对比图

在转子动力特性分析中，加入三种密封动力特性系数，计算三种密封的转子振动对数衰减率。图 7-42 是三种密封转子振动对数衰减率对比图。

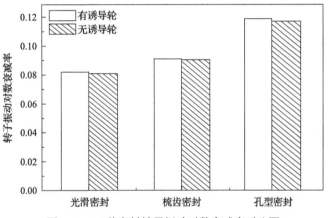

图 7-42 三种密封转子振动对数衰减率对比图

从图 7-42 可以看出，使用直列排布孔型密封时，转子振动对数衰减率最大，达到 0.1178，超过了 0.1，符合 API617 标准中对稳定性要求的规定。使用光滑密封时，转子振动对数衰减率最小。

上述计算数据说明，在三种密封中，直列排布孔型密封的交叉刚度最小，涡动比最小，转子振动对数衰减率最大，对保障转子系统的稳定性贡献最大，泄漏量也较小。

3）小结

上述分析表明，使用直列排布孔型密封时，其交叉刚度最小，转子振动对数衰减率最大，转子系统的稳定性增强；而且泄漏量最小，密封性能最好。梳齿密封位居第二，光滑密封最不利于转子稳定。

7.3.2　孔排布方式的影响

在前面研究的直列排布孔型密封中，沿着轴向的六排孔是前后对齐的。为了研究孔型密封中孔排布方式的影响，建立孔交错排布的孔型密封三维模型。图 7-43 为其三维模型图，叶轮前盘口环交错排布的孔型密封，沿圆周方向每圈均布 80 个小孔，直径为 2.9mm，深度为 3.3mm，最小壁厚约为 0.4mm；沿着轴向均布 7 排小孔，相邻两排孔交错布置，合计有 560 个小孔。转子偏心率为 0.7。图 7-44～图 7-46 为密封腔六面体高质量三维网格，网格总数约为 400 万个。叶轮后密封小孔直径为 3mm。其他类似于叶轮前密封。

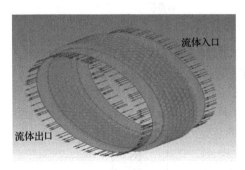

图 7-43　交错排布孔型密封模型图

图 7-44　交错排布孔型密封网格局部放大

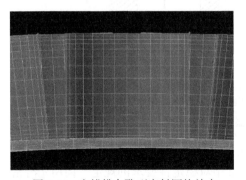

图 7-45　交错排布孔型密封网格放大

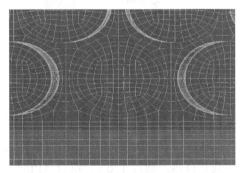

图 7-46　交错排布孔型密封局部网格

图 7-47 展示了密封的轴向截面压力分布情况（两条线表示两次模拟得到的数据），从中发现，间隙内压力从入口沿轴向到出口方向是存在压力降的，呈现逐次下降趋势，其中第一排孔所承受的压力较大，能量较为集中，流体通过第一排孔后，每到一排孔，压力就会下降一些，孔型结构由此起到密封的作用；第一排孔周向截面流体压力分布云图和密封间隙整体压力分布情况如图 7-48 和图 7-49 所示，可以看到，流体沿周向的压力分布很不均匀，这种情况容易导致激振力的产生，引起转子失稳。而密封面的孔结构使流体流过时产生大量旋涡，起到消耗能量

的作用，密封间隙的流体流线如图 7-50 所示，流体从入口至出口呈螺旋状流出。

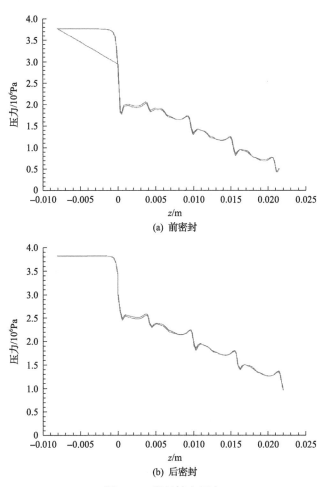

(a) 前密封

(b) 后密封

图 7-47　密封轴向压力

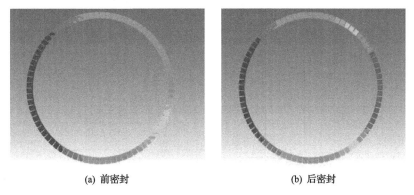

(a) 前密封　　　　　　　　　　　　　(b) 后密封

图 7-48　第一排孔周向截面流体压力分布云图

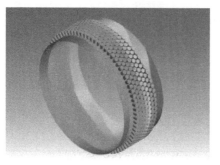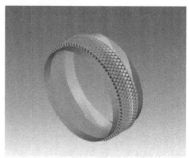

(a) 前密封　　　　　　　　　　　　(b) 后密封

图 7-49　密封间隙流体整体压力分布云图

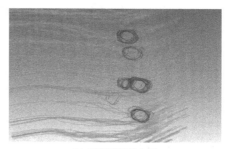

(a) 前密封　　　　　　　　　　　　(b) 密封流线放大图

图 7-50　密封间隙流体流线图

　　计算获得交错排布孔型密封的动力特性系数，不同孔排布方式的刚度、阻尼对比如图 7-51～图 7-54 所示。

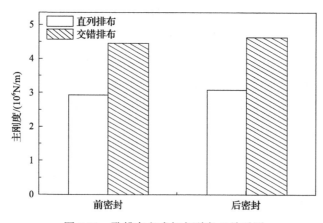

图 7-51　孔排布方式与主刚度 K 关系图

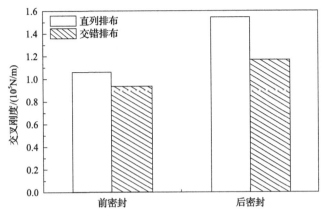

图 7-52　孔排布方式与交叉刚度 k 关系图

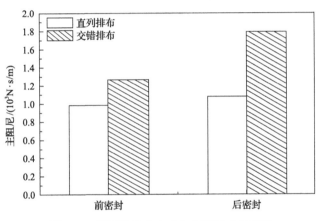

图 7-53　不同孔排布方式与主阻尼 C 关系图

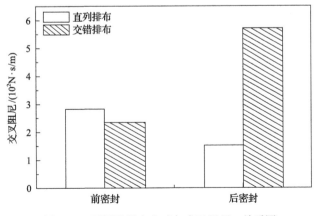

图 7-54　不同孔排布方式与交叉阻尼 c 关系图

可以看出，交错排布孔型密封的主刚度 K 和主阻尼 C 均大于直列排布的孔型密封；交叉刚度 k 则相反，交错排布孔型密封的交叉刚度小于直列排布孔型密封；交叉阻尼 c 对动力性能影响较小。交错排布孔型密封的性能优于直列排布孔型密封。

图 7-55 是不同孔排布方式孔型密封的涡动比 f_w 对比图。在动力特性方面，交错排布孔型密封的涡动比 f_w 较优。图 7-56 是不同孔排布方式的孔型密封泄漏量对比图。交错排布孔型密封泄漏量小于直列排布孔型密封。因此，交错排布孔型密封的性能比直列排布孔型密封好。

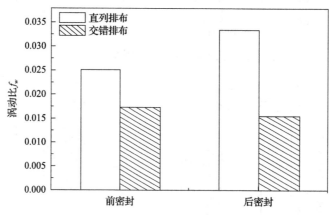

图 7-55　不同孔排布方式与涡动比 f_w 关系图

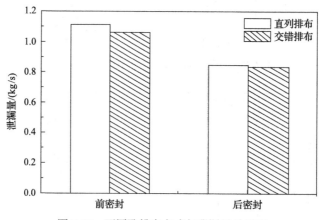

图 7-56　不同孔排布方式与泄漏量关系图

7.3.3　周向孔数的影响

1)周向孔数为 50 的孔型密封模型

研究周向 50 个孔的交错排布孔型密封性能，设置转子偏心率为 0.7。图 7-57

为密封整体以及局部网格模型。叶轮前密封 50 个孔模型中，合计有 350 个孔，沿着圆周方向每排均布 50 个孔，轴向 7 排孔，相邻两排孔交错布置。其中小孔的参数是：直径为 2.9mm，深度为 3.3mm，最小壁厚为 0.4mm。划分六面体网格，网格总数约为 400 万个。

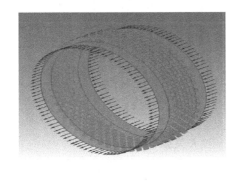

(a) 整体模型

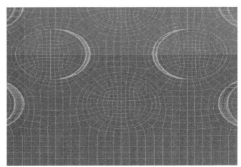

(b) 局部网格

(c) 网格划分

(d) 局部网格放大图

图 7-57　周向 50 个孔的孔型密封模型及网格

2) 不同孔数的孔型密封动力特性系数和泄漏量及涡动比的对比分析

数值计算分析周向 50 个孔的孔型密封的动力特性系数、泄漏量和涡动比，并与周向 80 个孔的孔型密封的动力特性系数、泄漏量和涡动比进行对比分析。

图 7-58～图 7-61 为动力特性系数对比情况，图 7-62 与图 7-63 为涡动比和泄漏量对比情况。经过计算可知，与周向每排 50 个孔的孔型密封相比，周向每排 80 个孔的孔型密封的主阻尼大，交叉刚度小，涡动比小，泄漏量少。这说明周向每排 80 个孔的孔型密封对转子稳定运行更有利。周向每排 80 个孔的孔型密封的动力特性和封严性能均好于周向每排 50 个孔的孔型密封。

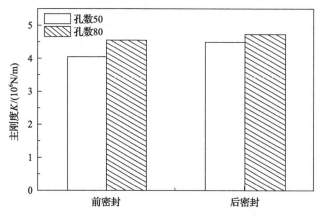

图 7-58　周向孔数与主刚度 K 关系图

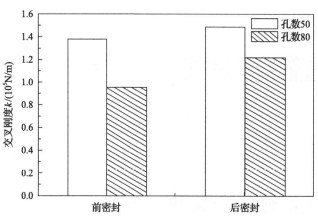

图 7-59　周向孔数与交叉刚度 k 关系图

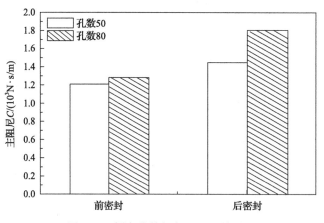

图 7-60　周向孔数与主阻尼 C 关系图

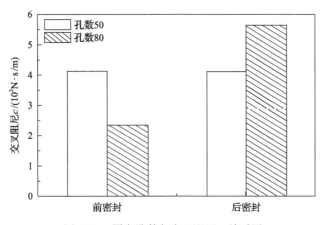

图 7-61　周向孔数与交叉阻尼 c 关系图

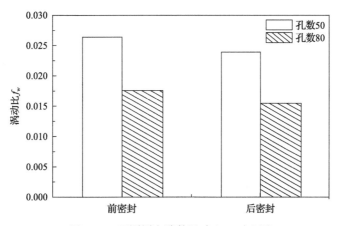

图 7-62　不同周向孔数涡动比 f_w 对比图

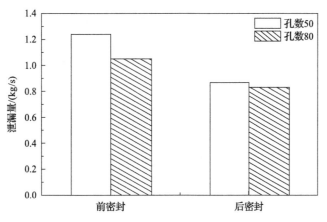

图 7-63　不同周向孔数泄漏量对比图

3）强度校核

（1）50 孔模型。计算表明，孔数较多的孔型密封性能较好，但是在相同面积中，孔数增加时，密封的结构强度会减弱，有必要进行孔型密封的强度分析。在 50 孔前密封模型中，进口端前排孔相邻两孔连接处的应力最大，进口端前排孔前沿的变形量最大。在后密封模型中，进口端前排孔相邻两孔连接处的应力最大，进口端前排孔前沿的变形量最大，强度均满足要求，在安全范围内。具体应力及变形分布云图见图 7-64 和图 7-65。

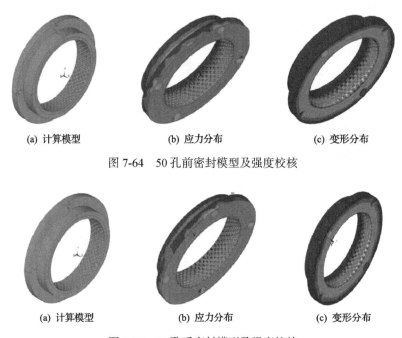

(a) 计算模型　　　　　　　　(b) 应力分布　　　　　　　　(c) 变形分布

图 7-64　50 孔前密封模型及强度校核

(a) 计算模型　　　　　　　　(b) 应力分布　　　　　　　　(c) 变形分布

图 7-65　50 孔后密封模型及强度校核

（2）80 孔模型。在圆周每排 80 个孔的前密封模型中，密封进口前排孔相邻两孔连接处的应力最大，密封进口前排孔前沿的变形量最大。在后密封模型中，密封进口前排孔相邻两孔连接处的应力最大；密封进口前排孔前沿的变形量最大。前密封和后密封的强度均满足要求，应力及变形分布云图见图 7-66 和图 7-67。

4）小结

沿轴向交错排列 7 排、每排圆周方向均布 50 个孔和 80 个孔的两种密封结构，强度均满足要求。在这两种密封中，每排圆周方向均布 80 个孔的密封结构，在密封动力特性、转子涡动比以及密封泄漏量等方面的表现更加优异。

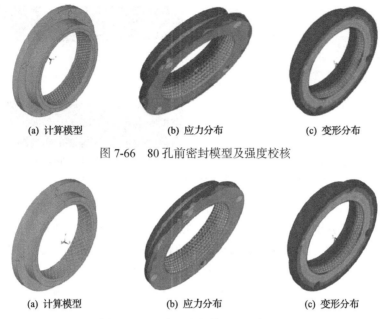

(a) 计算模型　　　　　　　　(b) 应力分布　　　　　　　　(c) 变形分布

图 7-66　80 孔前密封模型及强度校核

(a) 计算模型　　　　　　　　(b) 应力分布　　　　　　　　(c) 变形分布

图 7-67　80 孔后密封模型及强度校核

7.3.4　小孔深度

1)不同小孔深度的孔型密封模型

为了研究小孔深度对密封性能的影响，以前面计算的周向每排 80 个小孔、小孔深度为 3.3mm、轴向排列 7 排孔、相邻两排孔交错布置，共计有 560 个小孔的孔型密封为基础，转子偏心率为 0.7，改变小孔深度，分别计算小孔深度为 1.5mm、2.4mm、3.3mm 和 4.5mm 时孔型密封的动力特性系数。在前密封中，小孔直径为 2.9mm；在后密封中，小孔直径为 3mm。图 7-68 为小孔深度为 1.5mm 时的网格模型。

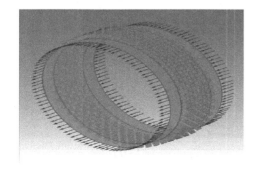

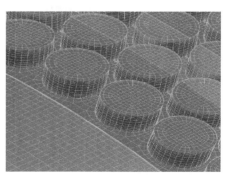

(a) 孔型密封整体模型　　　　　　　　　　　　(b) 局部放大网格图

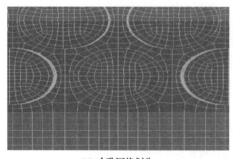 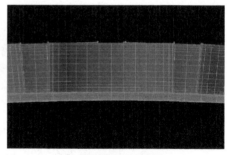

(c) 小孔网格划分　　　　　　　　　　(d) 小孔局部网格放大图

图 7-68　小孔深度为 1.5mm 的孔型密封模型及网格

2）不同小孔深度的孔型密封动力特性系数比较

在小孔深度分别为 1.5mm、2.4mm、3.3mm 和 4.5mm 时，计算和比较孔型密封的动力特性系数、泄漏量以及涡动比。随着小孔深度的增加，交叉刚度和涡动比先减小后增大，泄漏量先增大后减小，见图 7-69～图 7-74。

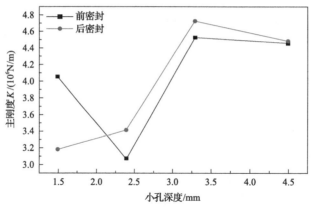

图 7-69　小孔深度与主刚度 K 关系图

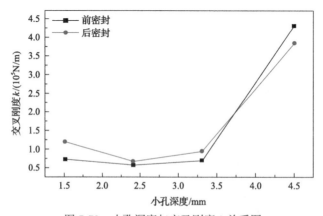

图 7-70　小孔深度与交叉刚度 k 关系图

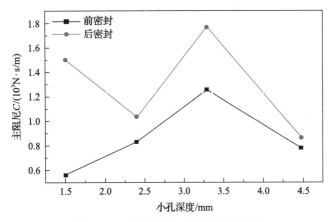

图 7-71　小孔深度与主阻尼 C 关系图

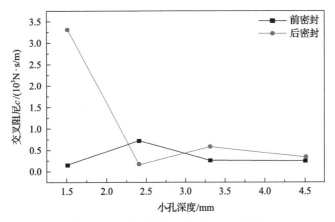

图 7-72　小孔深度与交叉阻尼 c 关系图

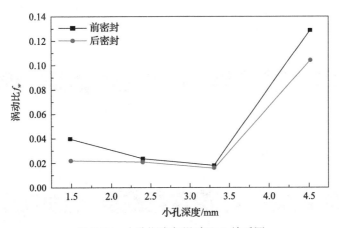

图 7-73　小孔深度与涡动比 f_w 关系图

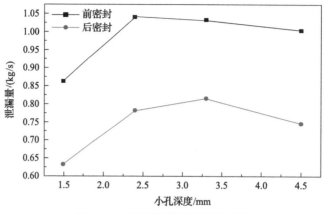

图 7-74　小孔深度与泄漏量关系图

3) 小结

四种小孔深度的孔型密封计算结果表明，具有最佳密封动力特性和封严性能的孔型密封，其小孔深度为 3.3mm。小孔过深或者过浅都不利。孔型密封腔中流体速度矢量分析结果表明，在深度为 3.3mm 的小孔腔内有强烈的旋涡运动，极大地消耗流体能量，有利于提高转子的稳定性，减少密封泄漏。

7.3.5　孔型密封半径间隙

1) 孔型密封模型

为了研究密封半径间隙对孔型密封性能的影响，以周向每排 80 个小孔、小孔深度为 3.3mm、轴向排列 7 排孔、相邻两排孔交错布置，共计有 560 个小孔的孔型密封[23]为基础，改变密封半径间隙，在叶轮前密封半径间隙分别为 0.2mm、0.3mm、0.32mm 和 0.4mm，叶轮后密封半径间隙分别为 0.2mm、0.262mm、0.3mm 和 0.4mm 时，计算分析孔型密封动力特性。前密封的小孔直径为 2.9mm，后密封的小孔直径为 3mm。转子转速为 42000r/min，转子偏心率为 0.7。图 7-75 为其网格模型，六面体网格总数约为 400 万个。

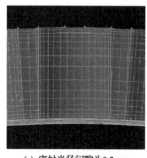
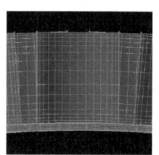
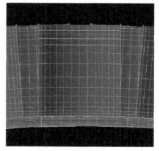

(a) 密封半径间隙为0.2mm　　　(b) 密封半径间隙为0.3mm　　　(c) 密封半径间隙为0.4mm

图 7-75　不同密封半径间隙的网格划分

2) 密封动力特性系数计算

在叶轮前密封半径间隙分别为 0.2mm、0.3mm、0.32mm 和 0.4mm，叶轮后密封半径间隙分别为 0.2mm、0.262mm、0.3mm 和 0.4mm 时，求出密封动力特性系数、涡动比以及泄漏量，如图 7-76～图 7-81 所示。

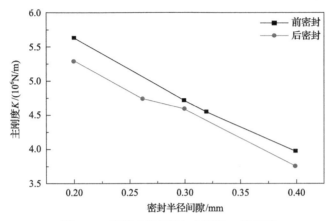

图 7-76　密封半径间隙与主刚度 K 关系图

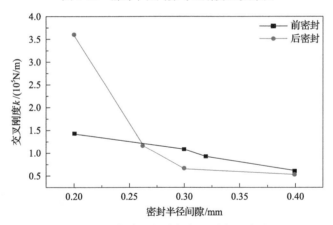

图 7-77　密封半径间隙与交叉刚度 k 关系图

随着密封半径间隙的增加，密封主刚度 K 和交叉刚度 k 均减小，区别在于主刚度 K 与密封半径间隙大致表现为线性关系；而交叉刚度 k 则不同，在增加密封半径间隙的时候，在小间隙范围内交叉刚度下降较快，大间隙时下降幅度不大。在密封半径间隙较大时主阻尼 C 和交叉阻尼 c 都较小。

图 7-80～图 7-82 的计算结果表明，增大密封半径间隙，转子振动对数衰减率增大，转子涡动比下降，在密封半径间隙较大时转子涡动比下降幅度不大。泄漏量随着密封半径间隙的增大而增加。例如，密封半径间隙为 0.2mm 时的转子振动对数衰减率小于 0.1，转子稳定裕度不满足要求；密封半径间隙增加到 0.4mm 时，

转子振动对数衰减率增加 35.5%，达到 0.126，提高了转子稳定裕度，如表 7-6 所示。

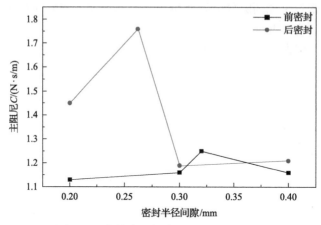

图 7-78　密封半径间隙与主阻尼 C 关系图

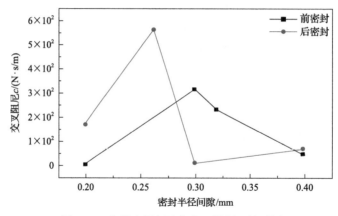

图 7-79　密封半径间隙与交叉阻尼 c 关系图

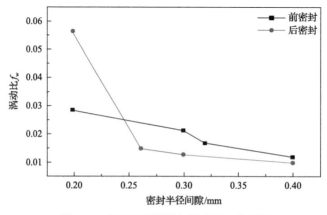

图 7-80　密封半径间隙与涡动比 f_w 关系图

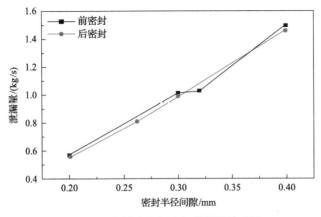

图 7-81　密封半径间隙与泄漏量关系图

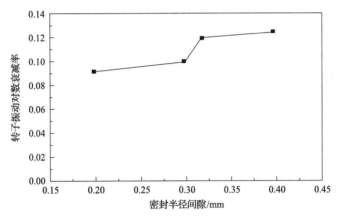

图 7-82　密封半径间隙与转子振动对数衰减率关系曲线

表 7-6　不同密封半径间隙下的转子振动对数衰减率

密封半径间隙/mm	转子振动对数衰减率
0.2	0.093
0.3	0.101
0.32	0.121
0.4	0.126

3）小结

不同密封半径间隙孔型密封的数值计算结果表明,随着密封半径间隙的增加,转子涡动比减小,转子振动对数衰减率增加,提高了转子密封系统的稳定性。密封泄漏量随密封半径间隙的增大基本呈线性增加趋势。

7.3.6　不同小孔深度的密封结构强度

如前所述,孔型密封的小孔深度影响密封的性能,也影响着密封的强度。本节分析不同小孔深度的密封结构强度。

1) 小孔深度为 1.5mm 的密封强度校核

从图 7-83 可以看出, 叶轮前密封和后密封进口的首排孔相邻两孔连接处的应力最大, 密封进口首排孔前沿的变形量最大, 后密封也相同, 前密封和后密封的强度均能满足要求, 在安全范围内。

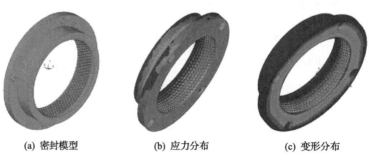

(a) 密封模型   (b) 应力分布   (c) 变形分布

图 7-83   小孔深度为 1.5mm 时前密封模型及强度校核

2) 小孔深度为 4.5mm 的密封强度校核

叶轮前密封和后密封进口的首排孔相邻两孔连接处的应力最大, 密封进口首排孔前沿的变形量最大, 前密封和后密封的强度均能满足要求, 在安全范围内。具体压力分布云图见图 7-84。

(a) 密封模型   (b) 应力分布   (c) 变形分布

图 7-84   小孔深度为 4.5mm 时前密封模型及强度校核

增加孔型密封的小孔深度, 将增大密封结构的最大应力和最大变形, 最大应力与许用抗拉强度的比值也增大, 前密封和后密封小孔深度为 1.5mm、3.3mm 和 4.5mm 的结构强度均满足要求。

7.3.7   小结

(1) 与直列排布孔型密封相比, 交错排布孔型密封涡动比下降约 20%, 动力特性更加优异。

(2) 与圆周方向每排 50 个孔的孔型密封相比, 圆周方向每排 80 个孔的孔型密封的涡动比和泄漏量都较小。每排 80 个孔的孔型密封动力特性和封严性能更加优异。

(3)孔型密封的小孔深度过大或者过小都不利,存在一个最佳的小孔深度,使孔型密封的动力特性和封严性能最优。

(4)增加密封半径间隙,转了密封系统的稳定性提高,转了振动对数衰减率增加,转子涡动比减小,但是密封泄漏量增加。

(5)比较密封半径间隙为 0.32mm 的孔型密封和梳齿密封,安装孔型密封时的转子振动对数衰减率为 0.1207,而安装梳齿密封时的转子振动对数衰减率为 0.0911。因此,安装孔型密封的转子振动对数衰减率比安装梳齿密封的转子振动对数衰减率增加 32.5%,提高了转子稳定性。

(6)孔型密封的强度分析表明,本节研究的各种孔型密封的强度符合强度要求。

7.4 蜂窝密封动力特性准稳态数值分析

蜂窝密封是模仿蜜蜂蜂巢结构设计的,不但结构强度高,能够在高压环境中应用,还具有抑制密封流体激振的作用,泄漏量也比梳齿密封少,在汽轮机、压缩机、航空发动机以及涡轮泵等旋转机械中得到了广泛运用,有助于提高转子的稳定性,减少泄漏量。本节在前面分析梳齿密封、孔型密封性能的基础上,分析计算涡轮泵蜂窝密封的性能。

7.4.1 建立蜂窝密封模型

蜂窝密封的三维模型图和局部网格图如图 7-85 和图 7-86 所示。涡轮泵离心叶轮后密封中合计有 756 个蜂窝,沿着轴向均布 7 排蜂窝,圆周方向每排均布 108 个

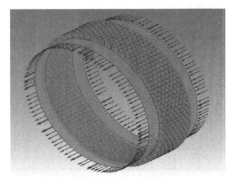

图 7-85 涡轮泵蜂窝密封三维模型图

图 7-86 涡轮泵蜂窝密封局部网格图

蜂窝。蜂窝小孔的参数是：六边形蜂窝的外接圆直径为 3mm，深度为 3.3mm，蜂窝壁厚为 0.42mm。外形结构和梳齿密封一样。采用逐排孔划分网格，为了保证壁面边界层的计算精度，加密处理边界层网格。分析计算的时候设置转子偏心率为 0.7。

7.4.2　蜂窝密封计算结果与分析

计算离心叶轮后密封三维模型，分析蜂窝密封流场。图 7-87 为蜂窝密封轴向截面流体压力分布图，流体压力沿着从密封入口到出口的方向逐渐下降。图 7-88 为蜂窝密封轴向截面流体速度矢量图。

图 7-87　蜂窝密封轴向截面流体压力分布　　　图 7-88　蜂窝密封轴向截面流体速度矢量图

图 7-89～图 7-92 是离心叶轮密封的动力特性系数与孔型密封和梳齿密封的对比图。

计算结果表明，蜂窝密封的主刚度 K 和主阻尼 C 比梳齿密封大很多，但是蜂窝密封的交叉刚度 k 远远低于梳齿密封。蜂窝密封主刚度 K、交叉刚度 k 和主阻尼 C 均比孔型密封小。

蜂窝密封和孔型密封以及梳齿密封的涡动比 f_w 和泄漏量对比见图 7-93 和图 7-94。

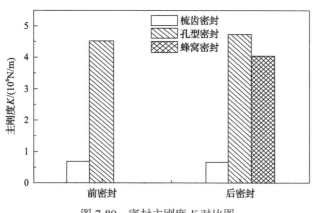

图 7-89　密封主刚度 K 对比图

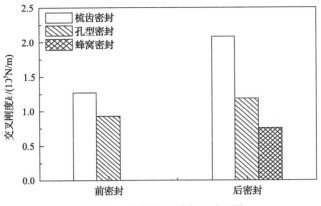

图 7-90　密封交叉刚度 k 对比图

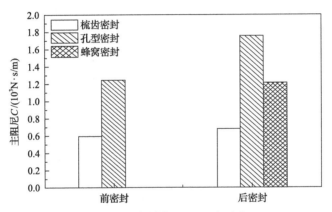

图 7-91　密封主阻尼 C 对比图

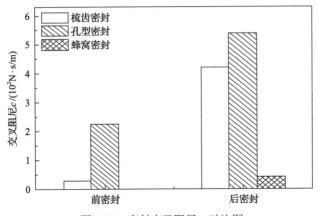

图 7-92　密封交叉阻尼 c 对比图

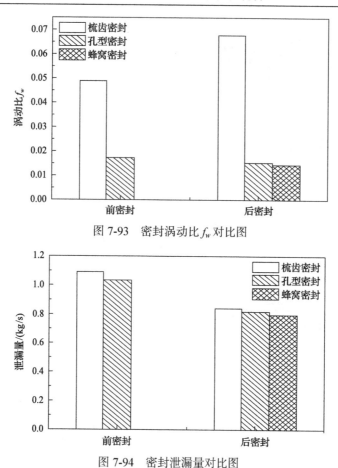

图 7-93　密封涡动比 f_w 对比图

图 7-94　密封泄漏量对比图

　　孔型密封和蜂窝密封的涡动比 f_w 比梳齿密封小，泄漏量也较小；蜂窝密封的涡动比 f_w 和泄漏量小于孔型密封。三种密封中，蜂窝密封的综合性能最好，梳齿密封最差，见图 7-93 和图 7-94。

7.4.3　阻尼密封与梳齿密封对比实验

　　1）制作孔型密封和蜂窝密封

　　为了开展原始梳齿密封、蜂窝密封和孔型密封的对比实验，采用 3D 打印技术，制作了涡轮泵离心叶轮密封实验件。其中蜂窝密封和孔型密封实验零件结构如图 7-95 所示。

　　2）阻尼密封和梳齿密封对比实验

　　将涡轮泵原来的梳齿密封和新加工的孔型密封分别进行实验，安装两种密封时，分别与转子保持同心。实验结果表明，离心叶轮安装梳齿密封时，涡轮泵转

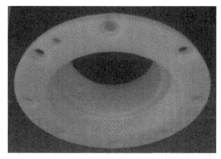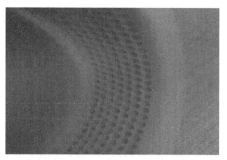

(a) 蜂窝密封实验零件

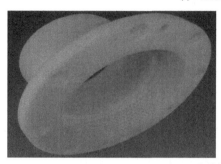

(b) 孔型密封实验零件

图 7-95　阻尼密封实验零件结构图

子振动峰值为 0.105mm；安装孔型密封时，涡轮泵转子振动峰值降低到 0.05635mm，比梳齿密封减小 46.33%。为了测量密封间隙中流体的压力脉动量，在密封中沿圆周方向均布六只压力传感器，测得梳齿密封间隙中最大压力脉动量为 0.47360MPa，孔型密封中最大压力脉动量为 0.39360MPa，比梳齿密封减少 16.89%。上述实验结果表明，与梳齿密封相比，孔型密封在减小密封流体激振方面表现优异，降低了涡轮泵转子的振动。为了进一步考察孔型密封的减振能力，在安装孔型密封时，人为增加了密封相对转子的偏心量。转子振动峰值由原来的 0.05635mm 增大到 0.095mm。偏心造成了密封流体激振力变大，导致转子振动幅值增大。但是可以发现，梳齿密封与转子同心安装时，转子位移峰值的最大值为 0.105mm，大于偏心安装孔型密封时转子的振动峰值 0.095mm，这表明孔型密封具有很强的抑制偏心导致的密封流体激振的能力。

7.4.4　小结

本节数值分析离心泵轮后密封性能。蜂窝密封腔中流体压力和速度分布表明，在蜂窝腔中流体旋转，耗散能量，增加阻尼，减小泄漏量。蜂窝密封和孔型密封的动力特性及封严性能优于原来的梳齿密封。3D 打印方法可以制作涡轮泵离心叶轮处的蜂窝密封和孔型密封。将梳齿密封和孔型密封分别安装在涡轮泵中进行对比实验，结果表明，和梳齿密封相比，孔型密封显著降低了涡轮泵转子的振动，提高了转子的稳定性。

参 考 文 献

[1] 胡小平, 韩泉东, 李京浩. 结合动态时间弯曲与决策树方法的液体火箭发动机故障诊断[J]. 国防科技大学学报, 2007, 4: 1-5.

[2] 李海波. 50 年来全球航天运载器的可靠性[J]. 强度与环境, 2007, 34(2): 1-11.

[3] 杨尔辅, 张振鹏. 液发推力室和涡轮泵故障监测与诊断技术研究[J]. 北京航空航天大学学报, 1999, 25(5): 619-622.

[4] 卜乃岚. 基于经验数据发动机故障检测方法[J]. 推进技术, 1997, 18(1): 53-57.

[5] 罗巧军, 褚宝鑫, 须村. 氢涡轮泵次同步振动问题的实验研究[J]. 火箭推进, 2014, (5): 14-19.

[6] 张小龙. 涡轮泵转子系统的临界转速及次同步进动研究[D]. 西安:西北工业大学, 2000.

[7] 黄智勇, 胡钟兵, 李惠敏. 大功率、高转速、高扬程涡轮泵振动分析与减振研究[J]. 火箭推进, 2005, 31(6): 1-6.

[8] Matthew C. Solving subsynchronous whirl in the hip-pressure hydrogen turbomachinery of the SSME[J]. Journal of Spacecraft and Rockets, 1980, 17(3): 208-218.

[9] Ek M C. Solution of the subsynchronous whirl problem in the high-pressure hydrogen turbomachinery of the space shuttle main engine[C]//14th Joint Propulsion Conference,New York,1978.

[10] Okayasu A、孙国庆. LE-7 液氢涡轮泵振动问题[J]. 国外导弹与航天运载器, 1991, (8):34-40.

[11] Childs D W, Moyer D S. Vibration characteristics of the HPOTP (high pressure oxygen turbopump) of the SSME (space shuttle main engine) [J]. Journal of Engineering for Gas Turbines and Power, 1985, 107(1): 152-159.

[12] 窦唯. 液体火箭发动机涡轮泵非线性转子系统稳定性影响因素研究[J]. 推进技术, 2013, 34(10): 1388-1397.

[13] Hirano T, Guo Z L, Kirk R G. Application of computational fluid dynamics analysis for rotating machinery-part ii: labyrinth seal analysis[J]. Journal of Engineering for Gas Turbines and Power, 2005, 127(4): 820-826.

[14] Childs D W. Dynamic analysis of turbulent annular seals based on Hirs' lubrication equation[J]. Journal of Tribology, 1982, 105(3): 429-436.

[15] 孙婷梅. 迷宫密封流场及其动力特性计算[D]. 杭州: 浙江大学, 2008.

[16] Gao R. Computational fluid dynamic and rotordynamic study on the labyrinth seal[D]. Blacksburg: Virginia Polytechnic Institute and State University, 2012.

[17] 胡航领, 何立东, 黄文超, 等. 梳齿密封和圆孔型阻尼密封结构强度分析[J]. 中国科技论文, 2016, 11(11):1275-1278.

[18] Soto E A, Childs D W. Experimental rotordynamic coefficient results for (a) a labyrinth seal with and without shunt injection and (b) a honeycomb seal[J]. Journal of Engineering for Gas Turbines and Power, 1999, 121(1): 153-159.

[19] 沈庆根, 郑水英. 设备故障诊断[M]. 北京: 化学工业出版社, 2006.

[20] 席文奎, 许吉敏, 张宏涛, 等. 迷宫密封对高参数转子系统稳定性的影响分析及公理设计方法应用[J]. 中国电机工程学报, 2013, 33(5): 102-111.

[21] 黄文超. 基于弹性支撑的转子系统振动控制及管道阻尼减振技术研究[D]. 北京：北京化工大学, 2016.

[22] 涂霆, 何立东, 李宽, 等. 涡轮泵密封动力学特性和封严性能的分析与优化[J]. 中国科技论文, 2016, 11(22): 2568-2574.

[23] 涂霆. 密封流体激振及塔管道振动控制技术研究[D]. 北京：北京化工大学, 2016.

[24] 杨秀峰. 旋转机械及管道振动控制研究[D]. 北京：北京化工大学, 2016.

第8章 梳齿密封流场测量

本章研究实际测量密封腔内流体的流动速度、压力分布等多种参数的方法，从而弥补对真实密封内部流场认识的不足。由于迷宫密封间隙小，转子高速旋转，需要解决传感器干扰密封流场等测量问题。

8.1 密封流场测量方法

8.1.1 流场测量技术

为了深入研究密封流场的旋涡等细观特性，测量密封内部流动特性的需求十分迫切。例如，希望能够观测到梳齿密封内部产生的旋涡结构，解释密封耗散流体动能、减少泄漏的机理等。压力是描述流体流动的一个参数。压力传感器可以捕捉测量点的压力大小和脉动频率，但其测量范围较小。流速是表征流场特性的另一个主要参数。流体动力探针是测量流速的常用工具，可以测量流场的压力，计算得到流速，在流场测量中广泛应用。热线测速仪[1,2](hot wire film velocimeter，HWFV)是一种接触测量方法，将特殊金属丝放置在流场中，测量流体的流速，根据金属丝散热速度的快慢，计算得到流过金属丝的流体速度。虽然金属丝很细小，但也不能完全消除对流场的干扰，因此 HWFV 经常应用在湍流流动和低速流动的测量中。激光多普勒测速仪(laser Doppler velocimeter，LDV)避开了对流场的干扰，能够测量三维流场的速度。其测量原理是将示踪粒子放入流场中，测量流场粒子的散射光相对于入射光的多普勒频移量，求出粒子的流动速度，获得流场的速度分布，但局限于单点测量[3]。比 HWFV 技术和 LDV 技术更先进的流动测量技术是 PIV 及数字粒子图像测速技术(DPIV)[4]，实现了瞬态、全场范围的流场速度测试，而且在测量中对流场不产生干扰。

8.1.2 粒子图像测速技术原理

粒子图像测速技术是一种全流场、瞬态测量技术，克服了 LDV 单点测量和时均测量的问题，将光学测量技术与计算机技术和图像处理技术结合为一体，显著提高了测量精度、空间分辨率、动态响应及处理速度，对流场不产生干扰。如图 8-1 和图 8-2 所示，激光器发出的片光源与高精度摄像机相结合，针对示踪粒子显示出来的流体流动轨迹，采用微小的时间间隔多次同步照射和拍摄流场。利用图像相关处理方法对相邻时间间隔的示踪粒子分布进行分析，计算示踪粒子的位移，由于相邻时间间隔是固定的，可以根据式(8-1)和式(8-2)，计算得到流场内多个粒子的速度大小和方向，在此基础上求出完整的速度场分布。另外，根据速度场分布数据还可以计算出湍动能分布。PIV测试系统主要是拍摄系统，由激光照明设备、图像拍摄设备等组成。另外还有同步控制器和计算机终端图像后处理系统。

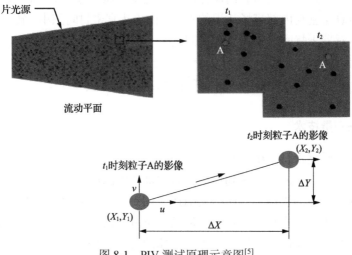

图 8-1　PIV 测试原理示意图[5]

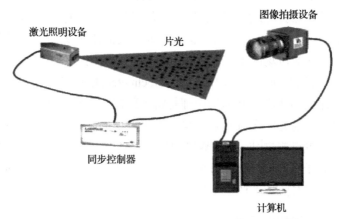

图 8-2　PIV 测试系统配置[5]

　　图 8-1 中，u 是示踪粒子在 X 方向上的速度，v 是示踪粒子在 Y 方向上的速度，可以由式(8-1)和式(8-2)计算：

$$u = \lim_{t_2 \to t_1} \frac{\Delta X}{t_2 - t_1} \tag{8-1}$$

$$v = \lim_{t_2 \to t_1} \frac{\Delta Y}{t_2 - t_1} \tag{8-2}$$

PIV 是一种光学测量技术，利用激光照射和相机拍摄，要求密封流场有较高的透光度。影响 PIV 测量精度的因素主要有：示踪粒子的粒径、对流体的跟随性、在流场中分布的均匀性、分布密度等。测试液体流场时，经常使用固体粒子[6]；测量空气流场时，示踪粒子可以是油雾等。为了减少流场中金属零件产生反射光和散射光，影响激光照射和相机拍摄，避免图像重叠，杜绝流场失真，流场内部的金属结构表面必须涂上黑色。

PIV 广泛应用在流体机械内部流动测量中，如测量和分析压缩机、水轮机、离心泵、阀、塔、搅拌釜以及管道等设备的流场，实现了全场、瞬态、时均速度分布及湍动能分布的测量。

8.1.3　梳齿密封流场测量研究现状

如图 8-3 所示，美国得克萨斯农工大学利用 LDV，测量滑动轴承、梳齿密封和光滑密封内部流场，能够识别 0.2mm 范围区域内的流体瞬时速度。

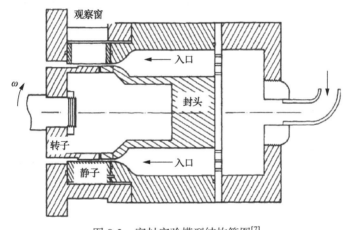

图 8-3　密封实验模型结构简图[7]

利用该实验装置，Morrison 等[8]通过实验研究了光滑密封，在密封间隙为 1.27mm 的情况下，获得了由多个横断面组成的密封腔三维速度场。设置转子偏心率为 0.5，Morrison[7]测量了其速度场和湍动能，观察到密封腔沿圆周方向流体速度及湍动能的不均匀分布状态。

Rhode 和 Allen[9]利用示踪粒子结合数字相机，将梳齿密封简化为平板测量结构，测量了静子有凹槽的阶梯形梳齿密封内部的流场，发现磨损的圆形齿会减小泄漏阻力，解释了梳齿磨损后的圆形齿尖以及静子磨出凹槽增加泄漏量的现象，如图 8-4 所示，比较了圆齿和矩形齿密封的流动阻力。在带凹槽-矩形齿的密封中，看到矩形齿顶的流动旋涡，分析了矩形齿流动阻力大于圆形齿流动阻力的原因。

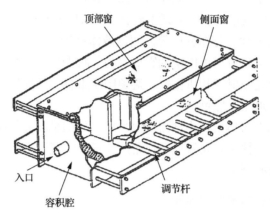

图 8-4　梳齿密封平板简化实验模型结构简图[9]

根据汽轮机常用的阶梯形梳齿密封结构，Michaud 等[10]设计了阶梯形梳齿密封二维平板实验模型，如图 8-5 所示。密封模型尺寸是实际密封结构的五倍，测量阶梯齿高度和密封齿倾斜角度变化对流场的影响。利用压力传感器测量压力分布，使用粒子图像测速技术测量速度分布。测量了湍流引起的黏性损失，观察腔室涡流，分析流动停滞或增强的流线曲率等。根据流场测量结果，较小的密封结构改变，就可以减小密封泄漏量近 17%。对密封流场直观和深刻的认识，有助于揭示梳齿密封中的能量损失机制。

图 8-5　阶梯形梳齿密封平板实验模型[10]

Micio 等[11]建立了梳齿密封固定式平板实验模型，密封间隙为 3.0mm、4.5mm 和 6.0mm，压比为 1.0～2.7，雷诺数为 5000～50000，研究压比、雷诺数、齿尖形状及密封间隙对泄漏量的影响，每个密封齿附近都设置压力传感器，也使用二维 PIV 测量方法。Kuwamura 等[12]将 CFD 模拟与 PIV 相结合，对比测量结果与 CFD 计算结果，优化密封齿或密封腔的几何形状，调整流场旋涡结构，减小密封泄漏量。美国国家航空航天局(NASA)和霍普金斯大学 [13,14]采用大涡模拟(LES)和 PIV 进行了分析模拟和实验测量，研究压缩机叶尖间距、叶尖形状和齿顶间隙对流体流动的影响规律。

国内在测量密封泄漏量和动态压力方面有很多成果。在直通式梳齿密封的静态实验系统中，黄守龙等[15]研究密封间隙、深宽比、空腔宽度及流体流向等对泄漏量的影响，认为梯形齿和斜齿的泄漏量比直齿密封少，45°斜齿的泄漏量最少。何立东等[16]从流固耦合角度，利用动态压力测试分析系统，测量了蜂窝密封等密封结构的气流脉动流场。实验结果表明，转子转速小于临界转速时，密封腔气流脉动幅值最大成分的频率等于转速频率，同时有二倍频和三倍频等频率成分。对比实验结果说明，转子上安装有梳齿，静子为蜂窝密封时，蜂窝密封腔中的压力脉动幅值最小，对转子的激励最小；在光滑密封腔中，气流压力脉动幅值最大；密封间隙增大，密封腔气流脉动幅值减小，增大密封间隙有利于转子稳定运行。

8.1.4　本章研究内容

本章针对三种齿数的梳齿密封实验模型，运用 PIV，进行流场可视化实验研究，分析密封腔流场瞬态速度矢量分布、瞬态湍动能分布、平均速度矢量分布和平均湍动能分布，探索各梳齿腔中流体的速度变化规律。

8.2　梳齿密封 PIV 测试系统实验装置

工业实际中梳齿密封的间隙通常比 1mm 小，常用密封材料为钢材、铝材或非金属。利用 PIV 进行密封间隙流场的测试，要求梳齿密封模型透光性好，模型表面光的折射和漫反射小，测量区域的面积要大于 $1mm^2$ 等。

8.2.1　梳齿密封结构类型

梳齿密封中有大量梳齿，有的梳齿是尖齿，有的是圆齿；一般静子密封上有齿片，也可在转子上设置齿片，还可以同时在静子密封和转子上设置密封齿片。在流体流过梳齿密封的过程中，在节流间隙和膨胀空腔中产生摩阻效应、流束收缩效应、热力学效应和透气效应，耗散流动能量。为了有效减小泄漏量，设计多齿的节流间隙和空腔。图 8-6 为矩形齿密封实验模型。

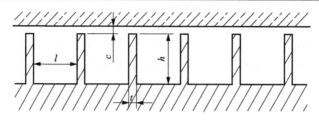

图 8-6　矩形齿密封实验模型

8.2.2　梳齿密封实验装置结构参数

如图 8-6 所示,影响梳齿密封效果的结构参数主要有齿高 h、密封腔宽深比 l/h、梳齿相对厚度 t/c(t 为齿厚)、齿数 n,还有密封间隙 c、齿距 l、密封间隙与齿距的比值 c/l、梳齿齿形、齿的倾斜角等。根据 PIV 最小测量范围要求,实验梳齿密封的结构参数如下。

1)密封间隙

PIV 仪器中的相机能够实现的计算区域大小为 32 像素×32 像素,为了保证测量精度和准确性,最小被测流场尺寸应该大于 3mm,因此将实验装置的密封间隙 c 设定为 3mm,对应约 200 像素。在 6 个查询区中,每个查询区大约有十对示踪粒子。

2)齿数、齿高、齿厚和齿距

实验研究矩形齿梳齿密封,其最佳齿距的计算公式[17]为

$$l = \frac{cS_c}{\tan\theta} \tag{8-3}$$

式中,S_c 为流体流过密封间隙后的收缩系数;θ 为流体射线方向与齿竖直面法向之间的夹角。将密封间隙 3mm、收缩系数 0.9 和夹角 15°代入式(8-3),求出最佳齿距 l 为

$$l = \frac{cS_c}{\tan\theta} = \frac{3\times0.9}{\tan15°} = 10.0765\text{mm} \tag{8-4}$$

最佳齿距取整数 10mm。为了对比不同齿距的密封效果,增加了 6mm 和 8mm 两种齿距模型。结合梳齿密封结构参数的研究成果[17],本章设计了三种密封腔宽深比,l/h 分别为 0.6、0.8 和 1.0。三种密封中,齿高均为 10mm,齿距分别为 6mm、8mm 和 10mm。密封长度约为 50mm,密封齿厚为 2mm。三种密封模型的齿数分别为 5 个、6 个和 7 个。

8.2.3　梳齿密封实验装置结构设计

图 8-7 为梳齿密封实验件图纸，图 8-8 为实物图。利用透明有机玻璃静子和方形有机玻璃视窗，构建梳齿密封实验模型，在转子表面上镀黑。转子采用组合套筒式结构，采用水泵进行实验流体循环供水。

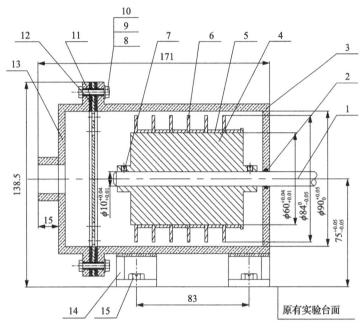

图 8-7　密封实验件图纸(单位：mm)

1.轴；2.密封圈；3.右壳体；4.转子；5.转动筒；6.梳齿密封；7.固定螺钉；8.连接螺栓；9.密封垫片；10.螺母；
11.液体均布器；12.橡胶垫片；13.左壳体；14.支架；15.六角螺栓

图 8-8　梳齿密封实验装置实物图

1) 密封壳体及液体均布器

在图 8-7 和图 8-8 中，流体介质水从密封实验装置的左侧进入，从右侧流出密封实验台。由于采用有机玻璃制成壳体以及筒体支座，实验台的透光度满足 PIV 的测试要求，同时其抗拉伸和抗冲击能力是普通玻璃的十倍左右。密封筒体由有机玻璃圆管制成，其内径为 90mm，外径为 100mm，按照压力容器的强度校核方法校核其壁厚，保证筒体具有承载密封介质的能力。

在 PIV 测量过程中，由于密封静子是一个薄壳圆筒，激光射入流场时，无法垂直穿透薄壳圆筒，形成散射，无法精准照射，不同截面的图像产生重叠，测量精度下降。由于实验装置外表面为圆筒，为了准确测量密封流场，需要加装长方体或正方体。圆筒外表面与长方体之间的夹层可以充满水，也可以使用有机玻璃。有机玻璃折射率 1.49 与水的折射率 1.33 相近，本节为了防止产生折射，在长方体中充满水。如图 8-9 所示，密封实验中在密封壳体的外面，安装了角度跨度为 140° 充满水的方形水槽，实现了激光垂直入射及平行拍摄。

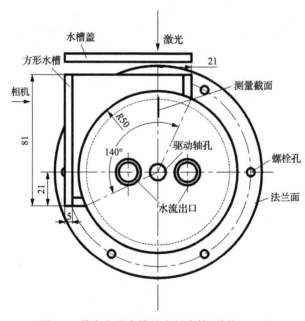

图 8-9　带有方形水槽的密封壳体(单位：mm)

如图 8-10 所示，密封壳体的左侧和右侧外圈的法兰采用螺栓连接在一起，液体均布器位于两个法兰面之间，其作用是将入口流体均匀分散在密封间隙内。左侧和右侧外圈与液体均布器利用螺栓连接在一起，同时安装密封橡胶垫片。实验台将密封齿片设置在转子上，密封壳体壁面保持光滑，激光可以没有阻挡地顺利穿过壳体进行照射，实现间隙流场的精确测量。

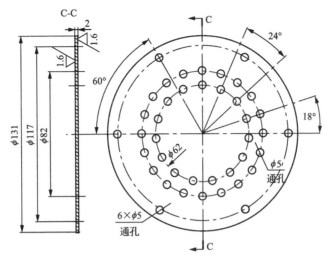

图 8-10　液体均布器(单位：mm)

2) 密封实验台转子

如图 8-11 所示，密封实验台转子采用普通不锈钢材料制成，为空心结构，在转子圆柱表面上安装密封梳齿。将密封实验台转子进行电镀处理，使转子表面为黑色，防止 PIV 测量中发生激光反射现象。壳体静子内径为 90mm，转子上密封齿片的外径为 84mm，密封间隙 c 为 3mm。为了得到三种齿距的转子密封模型，加工了长度分别为 6mm、8mm 和 10mm 的三种齿距间隔套，在转子相邻密封齿片之间分别安装这三种齿距间隔套，隔开密封齿片，构成不同齿距的密封模型。

图 8-11　密封实验台转子组成部分

8.2.4　PIV 测试系统

实验采用的 PIV 测量装置[18-20]的硬件设备包括：同步器、脉冲激光器、片光透镜组和摄像机等，另外还有图像处理软件等，其性能参数如表 8-1 所示。

密封流场测试实验台由梳齿密封实验装置和管路系统组成。图 8-12 为 PIV 测试系统软件和硬件设备，图 8-13 为测试流程图，图 8-14 为梳齿密封 PIV 测试系统实验台。校准和标定激光与相机时，激光应垂直射入密封流场。

表 8-1　PIV 测试装置的主要部件参数

名称		性能参数
脉冲激光器	型号	YAG 激光器 Nano 型双腔 Nd
	最大能量/mJ	220
	波长/mm	532
	脉冲频率/Hz	15
	光束直径/mm	5.5
	冷却方式	循环冷却
片光透镜组	部件名称	球面镜和凹面柱形镜
	功能	形成厚度 1mm 的片光源
摄像机	型号	配尼康 60mm 微距镜头 CMOS 相机
	像素	2320 像素×1760 像素，400 万像素，灰度 12bit
	最小跨帧时间/ns	200
	最大帧速/(帧/s)	4.8
	采集速度/(MB/s)	>600
同步器	类型	解析型同步器
	分辨率/ns	0.25
	最大跨帧时间/s	1
图像处理软件	名称	Dynamic Studio
	操作系统	Windows7
PIV 示踪粒子	材质	空心玻璃球
	直径/μm	10
	密度/(g/cm³)	1
	比重	约 1.5
	环境	特性接近水的液体流场

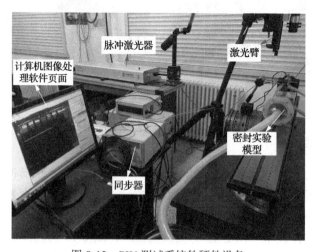

图 8-12　PIV 测试系统软硬件设备

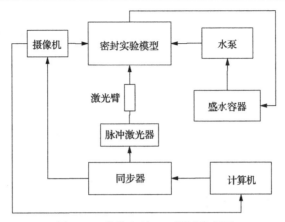

图 8-13 梳齿密封 PIV 测试流程图

图 8-14 梳齿密封 PIV 测试系统实验台

8.3 梳齿密封间隙流场 PIV 可视化测试

8.3.1 引言

图 8-15 为梳齿密封间隙流场的测量截面。利用测量截面上的轴向、径向和周向速度矢量和在该截面上的投影,经过图像分析软件处理,得到测试输出数据[18-20]。表 8-2 为梳齿密封模型和 PIV 测试系统主要参数。

实验研究三种梳齿密封模型,测量密封流场平均速度矢量分布和湍动能分布。表 8-2 中,Δt 是两帧图片的间隔时间。计算粒子速度值的方法是,根据两帧相邻拍摄的照片,求出示踪粒子的位移,然后除以间隔时间 Δt。

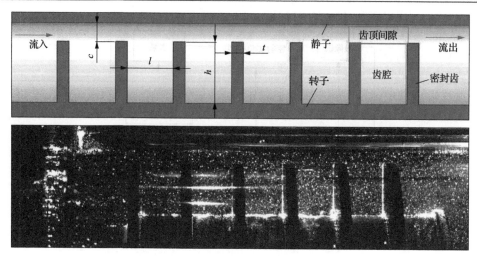

图 8-15　梳齿密封间隙流场测量截面

表 8-2　梳齿密封模型和 PIV 测试系统参数

梳齿齿距/mm	梳齿齿高/mm	密封腔宽深比	Δt/μs	相机拍摄频率/Hz	拍摄图片张数
6	10	0.6	250	4	300
8	10	0.8	250	4	300
10	10	1.0	250	4	300

8.3.2　密封腔宽深比为 0.6 时对密封流场的影响

保持密封入口供水压力不变，测量密封腔宽深比为 0.6 时的实验模型流场，图 8-16 为测量结果。

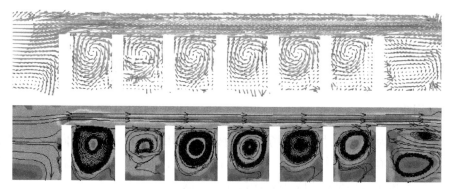

图 8-16　密封腔宽深比为 0.6 时的梳齿密封平均速度矢量、迹线、湍动能分布

平均速度矢量、迹线和湍动能分布图表明，在每个齿腔中流体都产生了涡流，其中的第一个齿腔的旋涡，直径约为齿高的 95%；第二、第三和第四个齿腔旋涡

直径约为齿高的 80%；第五和第六个齿腔的旋涡逐渐变小，其直径分别为齿高的76% 和 70%。旋涡中心部分的流体速度比齿腔中不参与涡流的流体速度平均大一个数量级，而旋涡边缘流体速度比旋涡中心部分的流体速度平均大一个数量级。流体在密封入口的速度为 0.45m/s，出口速度与入口速度相差不大。

8.3.3　密封腔宽深比为 0.8 时对密封流场的影响

将齿距间隔套换为 8mm，梳齿高度不变，密封腔宽深比变为 0.8。图 8-17 为密封流体的平均速度矢量、迹线及湍动能分布图。

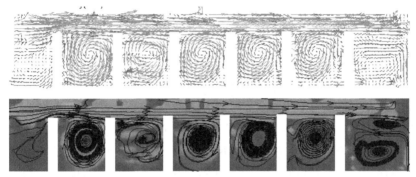

图 8-17　密封腔宽深比为 0.8 时的密封平均速度矢量、迹线、湍动能分布

密封平均速度矢量、迹线、湍动能分布图表明，在各齿腔中产生的旋涡比较类似，各齿腔中的旋涡约为齿高的 90%，出口密封齿腔产生了两个回流旋涡。密封间隙流体的入口速度为 0.45m/s，出口速度与入口速度相差不大。

8.3.4　密封腔宽深比为 1.0 时对密封流场的影响

将齿距间隔套换为 10mm，梳齿高度不变，密封腔宽深比变为 1.0。图 8-18为密封流体的平均速度矢量、迹线及湍动能分布图。

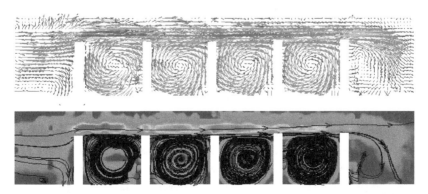

图 8-18　密封腔宽深比为 1.0 时的密封平均速度矢量、迹线、湍动能分布

　　密封平均速度矢量、迹线、湍动能分布图表明，各个齿腔中形成了基本一致的旋涡，旋涡几乎充满了齿腔，密封腔中参与旋涡高速旋转的流体显著增加，加速了流体动能转换成热能。密封间隙流体的入口速度为 0.45m/s，出口速度减小到 0.21m/s，说明密封间隙中流体的能量明显被耗散。

8.3.5　讨论

　　测量结果表明，密封腔宽深比为 0.6 和 0.8 时，出口速度下降得很小。当密封腔宽深比为 1.0 时，出口速度显著减小，下降约一半。这表明密封腔宽深比为 1.0 时的梳齿密封，在密封腔中产生的旋涡最强烈，密封间隙流体的出口速度比入口速度减小约一半，能够有效耗散流体能量，提高了密封的封严效果，是最佳的梳齿密封结构。

8.4　本　章　小　结

　　(1) PIV 测试梳齿密封流场的结果表明，流体在齿腔内产生旋涡而高速旋转，动能转换成热能被耗散，加深了对梳齿密封内部流场流动特征的直观认识。

　　(2) 流体在梳齿密封齿腔中产生了旋涡，旋涡中心部分的流体速度比齿腔中不参与涡流的流体速度平均大一个数量级，而旋涡边缘的流体速度比旋涡中心部分的速度平均大一个数量级。

　　(3) 测量了三种不同密封腔宽深比的密封流场，最佳的密封结构为密封腔宽度等于密封腔深度，此时密封间隙流体的出口速度比入口速度下降约一半，梳齿密封的泄漏量得到有效控制。

参 考 文 献

[1] 盛森之, 徐月婷. 九十年代的流动测量技术[C]//第四届全国实验流体力学学术会议, 北京, 1993.

[2] 范洁川. 流动显示与测量[M]. 北京: 机械工业出版社, 1997.

[3] 康琦. 全场测速技术进展[J]. 力学进展, 1997, 27(1): 107-122.

[4] 高殿荣, 王益群, 申功炘. DPIV 技术及其在流场测量中的应用[J]. 液压气动与密封, 2001, 89(5): 30-33.

[5] 袁建平. 离心泵多设计方案下内流 PIV 测试及其非定常全流场数值模拟[D]. 镇江: 江苏大学, 2008.

[6] 赵宇. PIV 测试中示踪粒子性能的研究[D]. 大连: 大连理工大学, 2004.

[7] Morrison G L. Experimental study of the flow field inside a whirling annular seal[J]. Tribology Transactions, 1994, 37(2): 425-429.

[8] Morrison G L, Johnson M C, Jr DeOtte R E, et al. An experimental technique for performing 3D LDA measurements inside whirling annular seals[J]. Flow Measurement and Instrumentation, 1994, 5(1): 43-49.

[9] Rhode D L, Allen B F. Measurement and visualization of leakage effects of rounded teeth tips and rub-grooves on stepped labyrinths[J]. Journal of Engineering for Gas Turbines & Power, 2001, 123(3): 604-611.

[10] Michaud M, Vakili A, Meganathan A, et al. An experimental study of labyrinth seal flow[C]//International Joint Power Generation Conference Collocated with TurboExpo,Atlanta, 2003.

[11] Micio M, Facchini B, Innocenti L, et al. Experimental investigation on leakage loss and heat transfer in a straight through labyrinth Seal[C]//ASME 2011 Turbo expo: Turbine Technical Conference and Exposition, Vancouver, 2011.

[12] Kuwamura Y, Matsumoto K, Uehara H, et al. Development of new high-performance labyrinth seal using aerodynamic approach[C]//ASME Turbine Technical Conference and Exposition, San Antonio, 2013.

[13] Chunill H, Michael H, Joseph K, et al. Investigation of unsteady flow field in a low-speed one and a half stage axial compressor with LES and PIV[C]//ASME-JSME-KSME Joint Fluids Engineering Conference（AJK2015-FED）, Seoul, 2015.

[14] Hah C, Michael H, Katz J. Investigation of unsteady flow field in a low-speed one and a half stage axial compressor. Effects of tip gap size on the tip clearance flow structure at near stall operation[C]//2014 American Society of Mechanical Engineers（ASME）Turbo Expo, Düsseldorf, 2014.

[15] 黄守龙, 陆家鹏, 徐诚. 直通式迷宫静态工作特性的实验研究[J]. 弹道学报, 1994,（3）:43-48.

[16] 何立东, 诸振友, 闻雪友, 等. 密封间隙气流振荡流场的动态压力测试[J]. 热能动力工程, 1999,（1）: 40-43.

[17] 巴鹏, 李旭, 任希文, 等. 迷宫密封内部结构尺寸变化对泄漏量的影响[J]. 润滑与密封, 2011, 36（3）: 101-104.

[18] 李宽, 何立东, 涂霆. 新型密封偏心自适应调节方法与减振实验研究[J]. 振动与冲击, 2017, 36（19）:52-59.

[19] 李宽. 迷宫密封间隙流场可视化及密封减振技术实验研究[D]. 北京: 北京化工大学, 2017.

[20] 涂霆, 何立东, 李宽, 等. 涡轮泵密封动力学特性分析和封严性能的分析和优化[D]. 北京: 北京化工大学, 2016.

第9章　密封流体激振控制方法探索

9.1　水轮机密封流体激振

　　水轮机中也会发生密封流体激振。国内某水电厂的机组自发电以来，10 年里 4 台机组的转轮先后都产生了裂纹。分析 4 台机组转轮产生裂纹的原因，发现这 4 台机组长期振动较高，导致转轮产生裂纹。引起机组振动的因素有很多，其中的一个重要原因是止漏环密封间隙不均匀造成的密封流体激振[1]。梳齿密封间隙不均匀，也曾导致四川省某水电站四号机组产生密封流体激振。消除机组振动问题的办法是，扩大转轮上冠与下环进口处的密封间隙，利用车削加工，把间隙从原来的 1mm 增大到 2.5mm，同时车削去掉支撑环(基础环)与水流接触部分 20mm[2]。1993 年底土耳其卡伦乔布水电厂 2 号机投入试运行后，在 40%～70%负荷范围内机组振动剧烈，其原因是密封间隙较小和分布不均匀产生流体激振。为了缓解水轮机的振动，在现场打磨密封，扩大水轮机密封间隙，上部梳齿密封间隙从 1.03mm 增加到 1.35mm，下部梳齿密封间隙从 0.90mm 增加到 1.55mm[3]。

　　水轮机止漏环密封间隙不均匀时，小密封间隙一侧的流体产生很大的横向推力，特别是当流体激振力的频率接近水轮机转子固有频率时，水轮机的振动将达到正常情况下的 3～5 倍，转轴大幅度弓形回旋，机组振动加剧。为了解决这个问题，工程中通常加工密封来扩大止漏环密封间隙，一定程度上缓解了振动，但是又产生了比较严重的泄漏问题[4]，导致水轮机效率下降。目前在压缩机等工程中解决密封流体激振的技术包括使用阻尼密封，如广泛使用蜂窝密封[5]，还有反旋流方法[6-8]、吸气法[9-11]。反旋流量太少，振动控制效果不好，反旋流量太多，会加剧振动。精准控制反旋流量是一个难点。

　　本章首先建立水轮机密封流体激振控制模拟实验台，调节从密封间隙中抽出的水量，控制密封间隙不均匀产生的转子振动；然后建立叶片振动闭环吸气减振控制实验台，根据叶片振动值，改变抽气阀门的开度来控制吸气量，减少叶片振动约 30%。吸气法和蜂窝密封一起使用时，可以降低叶片振动约 40%。

9.2　抽水抑制密封流体激振

　　水轮机流道和止漏环结构复杂[12]，止漏环梳齿密封时常发生由转子偏心产生的剧烈振动。因为转子偏心导致密封间隙不均匀，引起密封间隙流体压力脉动。

本章建立实验装置，通过实验研究转子偏心时的转子振动情况，分析从最小密封间隙上游向外面抽水对转子振动的影响。

9.2.1 常用的止漏环密封结构

止漏环是水轮机中的梳齿密封，如图 9-1 和图 9-2 所示。其作用是阻止流体从转子和壳体环之间的间隙中泄漏，主要有间隙式、迷宫式、梳齿式和阶梯式等。

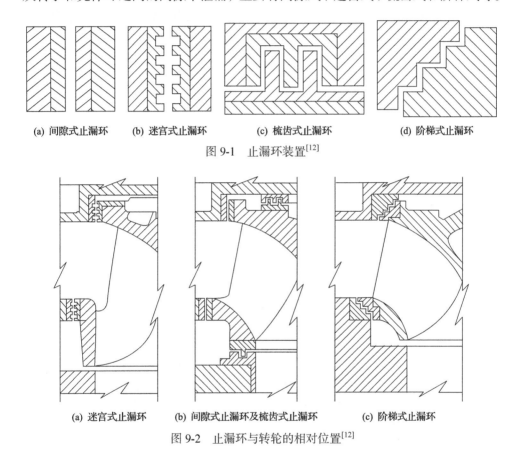

(a) 间隙式止漏环　　(b) 迷宫式止漏环　　　(c) 梳齿式止漏环　　　(d) 阶梯式止漏环

图 9-1　止漏环装置[12]

(a) 迷宫式止漏环　　(b) 间隙式止漏环及梳齿式止漏环　　(c) 阶梯式止漏环

图 9-2　止漏环与转轮的相对位置[12]

9.2.2 止漏环简化结构

中、高水压发电站一般使用混流式水轮机，其止漏环通常为梳齿密封，密封两端压差大，间隙较小。工作过程中如果转轮旋转中心与密封中心不同心，在密封间隙中高压水流产生强烈的压力脉动，将激励转轮甚至整个水轮机振动[13-15]。特别是当流体激振力的频率接近水轮机转子固有频率时，水轮机振动强烈，转轮和壳体碰磨，迫使水轮机紧急停机。

9.2.3　实验装置

图 9-3 为简化密封结构示意图，图 9-4 为抽水减振实验装置实物图。其中的转子和静止密封为两个不锈钢圆筒，转子直径为 180mm，电机转速为 500r/min 和 600r/min。另外一个直径为 190mm 的圆筒作为密封静止不动。在转子转动的带动下，密封间隙中的水流产生周向旋转。调节转子与静止密封之间的距离，模拟转子在密封中的偏心。在静止的密封外圆上开孔，在孔中安装接管，利用水泵将密封间隙中的水抽出，抽出的水通过循环管路再返回实验装置中。

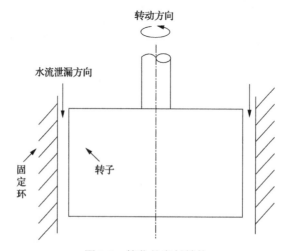

图 9-3　简化的密封结构

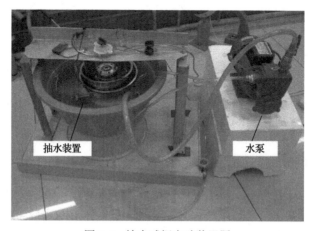

图 9-4　抽水减振实验装置图

1) 抽水装置

密封间隙流体的压力沿密封圆周方向分布不均匀，在密封间隙最小的地方产生较大的动压力，激励转子振动，其原因主要是转子偏心形成不均匀的密封间隙。为了减小这种压力不均匀问题，本节研究在最佳抽水位置，从密封间隙中抽水出来，抑制转子振动[16-19]。实验分别从最小间隙处的上游和下游抽水，如图 9-5 和图 9-6 所示，对比分析两种抽水口位置情况下转轴的振动值。

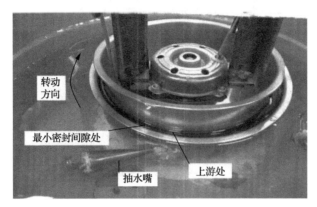

图 9-5　实验装置中最小密封间隙处的抽水位置

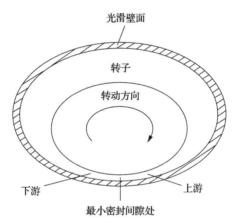

图 9-6　转子在偏心时的上游和下游位置

2）抽水嘴结构

抽水嘴由铜质圆管制成。将铜质圆管右端压扁，留出 0.2mm 的缝隙，插入密封间隙以后与静止密封黏结在一起，连通密封腔。开始抽水时，将密封腔内的水从密封间隙中抽出，再利用水泵循环返回实验台。

3）水泵

实验台单相水泵的最大吸程是 8m，最高扬程是 23m。其工作原理是电动机旋转时利用机械机构，驱动水泵内部的隔膜往复运动，在抽水口处造成真空，在排水口处形成正压，将水抽入进水口，再从排水口排出，形成稳定的流量。

4)测振系统

实验采用的测振仪表为 OR38 信号分析仪，如图 9-7 所示。测振传感器是电涡流传感器，测量转子的振动，如图 9-8 所示。

图 9-7　OR38 信号分析仪

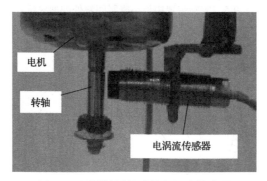

图 9-8　测量转子振动的电涡流传感器

9.2.4　实验数据分析

1)转子偏心对振动的影响

由于偏心是引发密封流体激振的重要原因，实验首先研究转子偏心时的密封流体激振现象。转轴转速分别为 500r/min 和 600r/min，调节偏心量，电涡流传感器测量得到转子振动值，如图 9-9 所示。随着转速增加，转子振动增大，转速对振动的影响比较明显。为了研究不同偏心量对转子振动的影响，实验中分别选取偏心量为 1mm、2mm、3mm 和 4mm。和无偏心时的转子振动值相比，当转速为 500r/min 时，偏心量为 4mm 时的转子振动值上升了 95.5%；当转速为 600r/min 时，偏心量为 4mm 时的转子振动值提高了 77.4%。随着偏心量的增大，转子的振动接近线性增大。偏心引起的密封流体激振严重影响转子运行的稳定性。

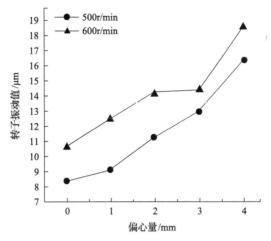

图 9-9　500r/min 和 600r/min 时不同偏心量的转子振动值

2)抽水口位置和抽水量对转子振动的影响

转子偏心导致密封间隙沿着圆周方向分布不均匀，造成密封间隙内的压力周向分布不均匀。间隙大的区域流体压力低，间隙小的区域流体压力高，从而形成激励转子振动的切向力。为了降低密封间隙小的地方产生的相对较高的流体压力，研究在密封间隙小的地方选取最佳的抽水口位置。如图 9-5 和图 9-6 所示，将抽水口位置分别放在最小密封间隙处的上游和下游，对比分析抽水口位置对转子振动的影响。抽水量的大小也影响减振的效果，抽水量太多反而会加剧转子振动，抽水量太少则达不到最佳减振效果。在 500r/min 和 600r/min 两种转速下，调节抽水量的大小，图 9-10 和图 9-11 为不同抽水量时的转子振动值。这里利用真空度表示抽水量的大小，真空度越大抽水量越大。

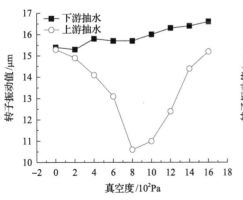

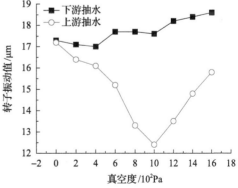

图 9-10　在 500r/min 转速时不同真空度　　　　图 9-11　在 600r/min 转速时不同真空度
　　　　　的转子振动值　　　　　　　　　　　　　　　的转子振动值

　　图 9-10 和图 9-11 表明，在最小密封间隙处的下游抽水时，没有减振效果。抽水口位于最小密封间隙处的上游时，转子振动值随着水泵真空度的增大先减小后增大，转子转速为 500r/min 时，水泵真空度达到 800Pa 时转子振动值最低，下降幅度为 30.7%；如果转子转速为 600r/min，当水泵真空度达到 1000Pa 的时候，转子振动值最小，下降幅度为 27.9%。因此最佳的抽水口位置在最小密封间隙处的上游。

　　实验也证实了抽水量的调节对减振效果起着重要的作用，抽水量太多和太少都不利于转子减振，存在一个最优的抽水量，以实现最佳的减振效果。

9.2.5　小结

　　本节研究了转子在密封中的偏心量、抽水口位置和抽水量对转子振动的影响。随着偏心量的加大，转子振动值增加，容易导致转子失稳，发生动静碰磨等现象。在抽水口位置和抽水量合适的时候，转子振动值在两种转速下的减振幅度都在30%左右。

9.3　喷水或喷气抑制密封流体激振

　　本节研究向密封中反旋喷水或者喷气来抑制密封流体激振[20]，分析反旋流喷射位置和喷射流量对密封流体激振的影响，探索最佳喷射位置以及最佳喷射流量，为优化反旋流提供参考。

9.3.1　反旋流喷射实验装置

　　图 9-12 为反旋流喷射实验装置，图 9-13 为最小密封间隙处上下游位置，图 9-14 为实验系统图。实验装置包括用来向密封间隙喷水的水泵、喷气的气泵。喷水量

图 9-12　实验装置[20]

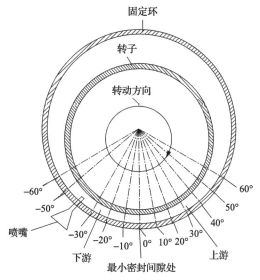

图 9-13　最小密封间隙处上下游位置[20]

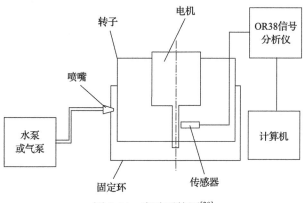

图 9-14　实验系统图[20]

和喷气量分别由液体流量计、气体流量计来计量。转子振动测试系统主要包含电涡流传感器、OR38 信号分析仪和计算机等。利用两个不锈钢圆筒作为静子密封和转子，转子轴向长度为 100mm，外径为 150mm。当静子密封与转子同心时，静子密封和转子之间的半径方向上的间隙是 5mm。电动机转速为 350r/min。在静子密封上开孔，将喷嘴安装在孔内。喷嘴的另一端与接水管连接，水管内径为 6mm，流体从喷嘴喷入静子密封和转子之间的密封间隙内。电涡流传感器测量得到的转子振动信号由 OR38 信号分析仪处理，在计算机显示转子振动幅值的大小和频率等[21,22]。

　　如前所述，密封流体激振的主要原因是转子偏心时，密封间隙不均匀导致流体压力周向分布不均匀。本节研究在最小密封间隙处附近喷水或者喷气，抑制流体压力周向分布不均匀导致的振动，保证转子稳定运转。为分析反旋流喷射位置对抑振效果的影响，实验中以不同角度描述喷嘴在上游和下游的不同位置，设坐标原点0°位置为最小密封间隙处，以静子密封圆心为中心逆时针向上游旋转为正，顺时针向下游旋转为负。最小密封间隙处的上、下游具体位置见图9-13。实验系统如图9-14所示。

9.3.2　向密封中反旋喷水抑制转子振动

实验中喷射水流的方向为径向，调节转子与静子密封之间的距离，转子相对密封偏心3mm。

1）喷嘴位置对转子振动的影响

喷嘴没有向密封中喷水时的转子原始振动值为24μm。进行喷水实验时，喷嘴位置从-60°开始，调节间隔为10°，依次调节到50°，将水泵流量调整到0.15m³/h，分别测量喷嘴在不同位置喷水时转子的振动值，如图9-15所示。

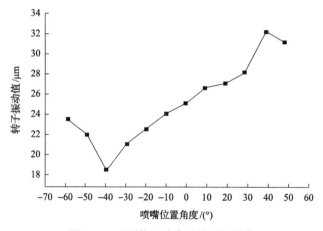

图9-15　不同位置喷水时转子振动值

实验结果表明，喷嘴在最小密封间隙处上游位置喷水时（喷嘴位置角度为正值时），没有减振效果，转子振动反而增加。喷嘴在最小密封间隙处下游合适位置喷水时（喷嘴位置角度在-50°～-30°时），密封流体激振能够得到控制，降低转子振动值。减振效果最好的喷嘴位置在下游（喷嘴位置角度为-40°），转子振动减小到最小18.5μm，和原始不喷水相比，振动下降约23%。

可以看出，在最小密封间隙处上游向密封间隙中喷水，会加剧转子振动，这和9.2节从密封间隙中抽水完全不同，从最小密封间隙处的上游抽水有利于降低转子的振动。

2）喷水流量对转子振动的影响

喷嘴位置设定在下游最佳喷射位置（喷嘴位置角度为-40°），调节水泵阀门开度，喷水流量从 0.06m³/h 逐渐增加到 0.27m³/h，转子振动与喷水流量之间的关系如图 9-16 所示。转子振动随着喷水流量的增大先减小然后加大。达到最佳减振效果时对应的喷水流量为 0.15m³/h，此时转子振动值减小到 18.5μm，和原始没有喷水的转子振动相比下降约 23%。喷水流量大于 0.17m³/h 时，转子的振动比无喷水时的初始振动值大。反旋流的喷水流量不是越多越好，喷水流量过大反而会增大转子振动，不利于抑制密封流体激振。

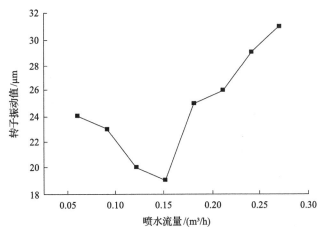

图 9-16　不同喷水流量下转子振动值

9.3.3　向密封中喷气抑制转子振动

将 9.3.2 节实验中的水泵换成气泵，液体流量计换成气体流量计，气流从喷嘴沿径向喷入密封间隙中，转子相对密封的偏心量为 3mm。

1) 喷嘴喷气位置对转子振动的影响

原来没有向密封间隙中喷气时，转子的振动值为 28μm。调节气泵出口阀门，向密封间隙中喷入的空气流量为 0.25m³/h，喷嘴的喷气位置从−60°变化到 50°。喷嘴在不同位置喷气时转子振动值如图 9-17 所示。

图 9-17 的实验结果表明，与喷水情况类似，喷嘴在最小密封间隙处上游位置喷气时(喷嘴位置角度为正值时)，没有减振效果，转子振动反而增加。喷嘴在最小密封间隙处下游合适位置喷气时(喷嘴位置角度在−50°~−20°时)，密封流体激振能够得到控制，降低转子振动。减振效果最好的喷嘴位置在下游(喷嘴位置角度为−30°)，转子振动减小到最小 22μm，和原始不喷气相比，振动下降约 21.4%。

2) 喷嘴喷气流量对转子振动的影响

与无喷气时转子原始振动值为 28μm 进行比较，调节管道阀门开度使喷气流量从 0.125m³/h 逐渐增加到 0.5m³/h，测量不同喷气流量下转子的振动值，喷嘴喷气位置在最佳喷射位置(喷嘴位置角度为-30°),图9-18为不同喷气流量下转子振动值变化曲线。

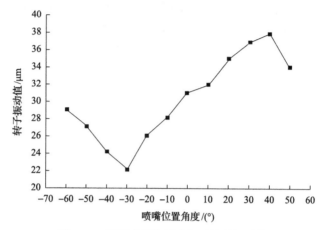

图 9-17　不同喷嘴位置喷气时转子振动值

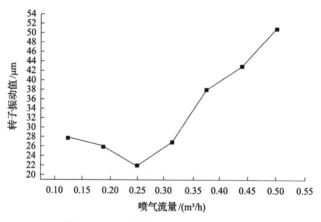

图 9-18　不同喷气流量下转子振动值

转子振动值随着喷气流量的增大先减小然后加大。达到最佳减振效果时对应的喷气流量为 0.25m³/h,此时转子振动值减小到 22μm,和原始没有喷气的转子振动值相比下降约 21.4%。喷气流量大于 0.32m³/h 时,转轴的振动值比无喷气时的初始振动值大。反旋流的喷气流量不是越多越好,喷气流量过大反而会增大转子振动,不利于抑制密封流体激振。

实验结果显示,为了抑制密封流体激振,减小转子振动,喷水(或者喷气)的喷嘴位置应该在最小密封间隙处的下游。喷嘴在最佳位置喷射时,可以得到最好的减振效果。如果喷水或者喷气的位置在最小密封间隙处的上游,反而会增大转子振动。这个特点与从密封间隙中抽水减振完全不同。

9.3.4　反旋流喷嘴数量对抑振效果的影响

在反旋流抑制密封间隙内流体激振的实际工程应用中，反旋流的喷嘴个数通常是多个(如 6 个或者 8 个、12 个)。为了研究多喷嘴抑制密封间隙内流体激振的效果，文献[11]在密封上安装了两个对称的喷嘴，研究两个喷嘴切向喷射的反旋流减振特性。为了在实验中使两个喷嘴的流量相同，在两个喷嘴连接管路中分别安装了一个流量计进行测量和调控。

1) 双喷嘴喷射位置对减振效果的影响

调节阀门确定喷射流体的流量，改变喷嘴的喷射位置，依次做喷水、喷气实验。发现在最佳的喷射位置能够得到最好的抑制密封流体激振效果，双喷嘴切向喷射的减振效果要优于单喷嘴径向喷射。

2) 双喷嘴喷射流量对减振效果的影响

将双喷嘴喷射位置设定在最佳喷射位置，改变两个管路中的流量，依次做喷水、喷气实验。结果表明，最佳喷射流量能够得到最好的抑制密封流体激振效果，双喷嘴减振幅度比单喷嘴喷射时大，两个喷嘴同时切向喷射的减振效果优于单喷嘴径向喷射。

9.3.5　反旋流抑制转子不平衡振动

转子质量分布不均匀导致的转子振动问题普遍存在，文献[21]研究利用反旋流减少转子不平衡振动，结果表明向密封间隙中喷射一定流量的反旋流，能够降低转子不平衡振动。

实验装置与图 9-12 基本相同，实验台中的转子无偏心。转子外圆直径为150mm，在转子外圆上分别安装 2g 和 4g 的不平衡质量，于是转子不平衡量分别为 150g·mm、300g·mm。分别研究切向和径向喷水或者喷气抑制转子不平衡振动的效果。

1) 单个喷嘴切向喷射抑制转子不平衡振动

启动水泵或者气泵，调节喷射流量，依次进行喷水和喷气实验。图 9-19 和图 9-20 是转子不平衡量为 150g·mm 和 300g·mm 时，分别向密封间隙中喷水和喷气以后转子的振动值，与无喷射时转子初始振动值进行比较。

不进行喷水、喷气时，不平衡量为 150g·mm 的转子原始振动为 28μm，不平衡量为 300g·mm 的转子原始振动为 36μm。可以看到，与转子原始不平衡振动情况进行比较，向密封间隙中喷射优化流量的流体，可以明显减小转子的不平衡振动。切向喷射的最佳流量值随着不平衡量的增大而增加。单喷嘴切向喷水最多可以降低不平衡量为 150g·mm 的转子振动 21.4%，切向喷气最多可以降低转子

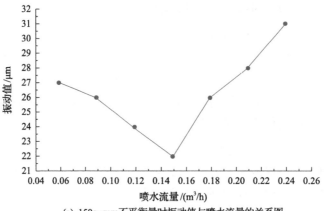

(a) 150g·mm不平衡量时振动值与喷水流量的关系图

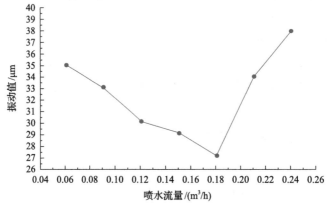

(b) 300g·mm不平衡量时振动值与喷水流量的关系图

图 9-19　振动值与喷水流量的关系图(单喷嘴切向喷射)[21]

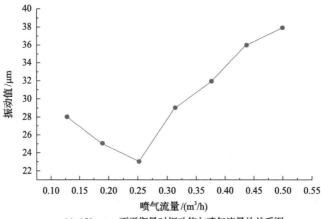

(a) 150g·mm不平衡量时振动值与喷气流量的关系图

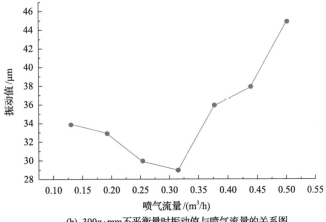

(b) 300g·mm不平衡量时振动值与喷气流量的关系图

图 9-20　振动值与喷气流量的关系图（单喷嘴切向喷射）[21]

17.9%的不平衡振动；单喷嘴切向喷水最多可以降低不平衡量为 300g·mm 的转子振动 22.9%，切向喷气最多可以降低转子 17.1%的转子不平衡振动。需要指出的是，并不是喷射流量越大越好，喷射流量太大会加剧转子振动。

2) 径向喷射时喷射流量对抑制转子不平衡的影响

将喷水或者喷气方向从切向调整为径向，即喷嘴喷射方向指向密封的圆心，启动水泵或者气泵，分别进行喷水和喷气实验，依次分析 150g·mm 和 300g·mm 两种不平衡量情况时的转子振动，如图 9-21 和图 9-22 所示。

实验结果表明，对于转子不平衡振动，沿着半径方向往密封间隙中喷射一定流量的流体，能够取得明显的减振效果。单喷嘴向密封间隙中径向喷水或者喷气，可以将具有 150g·mm 不平衡量的转子不平衡振动分别减少 17.9%和 14.3%；对于具有 300g·mm 不平衡量的转子，单喷嘴向密封中径向喷水或者喷气最多可以减少

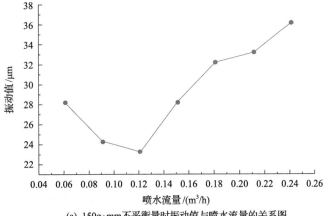

(a) 150g·mm不平衡量时振动值与喷水流量的关系图

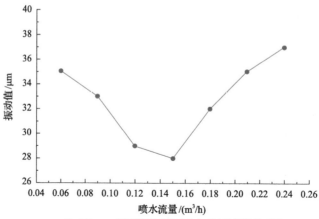

(b) 300g·mm不平衡量时振动值与喷水流量的关系图

图 9-21　振动值与喷水流量的关系图(单喷嘴径向喷射)[21]

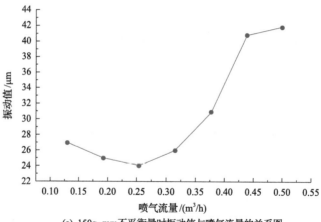

(a) 150g·mm不平衡量时振动值与喷气流量的关系图

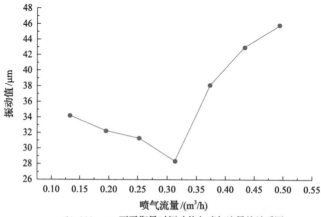

(b) 300g·mm不平衡量时振动值与喷气流量的关系图

图 9-22　振动值与喷气流量的关系图(单喷嘴径向喷射)[21]

转子不平衡振动 20%。和切向喷水实验结果类似，最佳径向喷射流量随着不平衡量的增加而增大，径向喷射流量过大会加剧转子的振动。

3) 向密封中切向喷射的喷嘴数量对抑制转子不平衡振动的影响

在密封上增加一个对称喷嘴，连接两个喷嘴的管路中分别安装流量计。实验中保证两个支路的流量相同，转子无偏心，研究双喷嘴切向喷射的反旋流对抑制转子不平衡的影响。

启动水泵/气泵，依次进行喷水/喷气实验，测得不平衡量分别为 150g·mm 和 300g·mm 时转子的振动值，与无喷射时转子的初始振动值进行比较。

图 9-23 和图 9-24 表明，最佳喷射流量随着不平衡量的增大而增加。对于具有 150g·mm 不平衡量的转子，双喷嘴喷射水时最多可以减小转子振动 26.7%，大于单喷嘴切向喷水时的最大减振幅度 21.4%。双喷嘴喷气时最多可以减少转子振

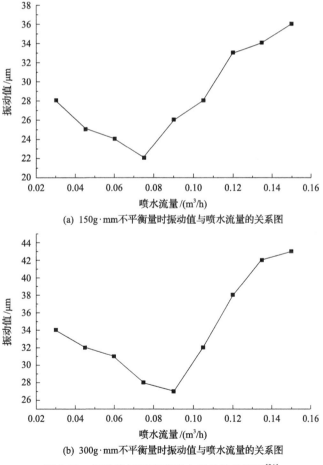

(a) 150g·mm不平衡量时振动值与喷水流量的关系图

(b) 300g·mm不平衡量时振动值与喷水流量的关系图

图 9-23　振动值与双喷嘴喷水流量的关系图[21]

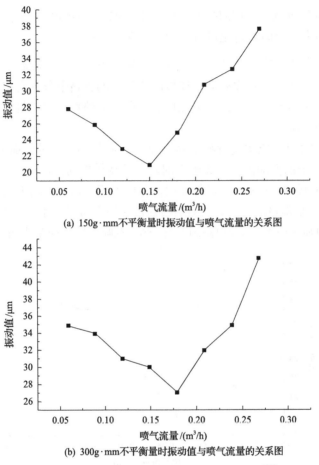

(a) 150g·mm不平衡量时振动值与喷气流量的关系图

(b) 300g·mm不平衡量时振动值与喷气流量的关系图

图 9-24 振动值与双喷嘴喷气流量的关系图[21]

动 30%，而单喷嘴切向喷气时最多只能降低转子振动 17.9%。对于具有 300g·mm 不平衡量的转子，双喷嘴喷射水时最多可以减小转子振动 25%，单喷嘴切向喷水时最多只能减少 22.9%。双喷嘴喷气时最多可以减少转子振动 25%，而单喷嘴切向喷气时最多只能降低转子振动 17.1%，双喷嘴的减振效果比单喷嘴好。喷射流量过大会加剧转子的振动。

上述实验结果表明，转子不平衡振动的原因是转子质量分布不均匀，但是恰当的反旋流可增强转子密封系统的阻尼作用，降低转子不平衡振动。与反旋流抑制密封流体激振类似，过大的反旋流流量不利于降低转子振动。

9.4 基于 LabView 的叶片抽气减振自动控制

抽气技术可以减少叶轮机械静叶叶栅吸力面流动分离，降低二次流损失，提高级效率[23,24]，是高负荷叶型设计方法之一，明显改善静叶片负荷，提高设备的整体性能。文献[25]~[27]等研究在机翼和机身交接处表面吸气和喷射高速气流，削弱此处不利的旋涡流。本书作者团队实验研究叶顶抽气抑制叶顶密封流体激振[28,29]。当叶片振动值超过 80μm 时，利用气泵和真空泵分别进行喷气和抽气[28,30]。在叶片顶部抽气能够减少叶片振动 20%左右，叶片抽气减振效果比喷气好。文献[31]研究闭环控制抽气减振技术，叶片振动小于设置的"门槛值"时，抽气装置不启动。叶片振幅大于"门槛值"时，抽气装置开始工作抑制激振。可控抽气减振系统可以自动控制抽气阀的开闭，只有启动和停止两种方式，不能调节抽气量的大小。

9.4.1 基于 LabView 的自动控制抽气减振

如前所述，目前无论是喷气还是抽气方法，大多数都没有流量调节控制系统，无法调节喷气量或者抽气量的大小，只能控制喷气或者抽气开始工作和停止工作。这样就存在很大的弊端，喷气流量无法调节控制，高压高流速喷出的流体可能会激起转子更大的振动；或者喷射的流量不足，减振效果不明显。

本节应用 LabView 软件编制控制程序，自动控制抽气流量的大小，根据叶片振动值来调节抽气流量的大小，实现叶片最优减振。

9.4.2 实验系统介绍

控制系统[13-21]主要包括基于 LabView 的实验控制程序和数据采集系统以及电动调节阀[32,33]。根据传感器测量的叶片振动数据，自动调节阀门开度来控制抽气量的大小，达到最佳的减振效果。在控制程序中设置三个档位，每个档位对应阀门不同的开度。如果叶片振动比设定的"门槛值"大，阀门自动开启到第一档位，若叶片振动数值显著降低，小于"门槛值"，则保持这种抽气量；若叶片振动仍然大于"门槛值"，这说明抽气量不足，此时阀门继续开启到第二档位，若叶片振动还大于"门槛值"，则阀门自动调节到第三档位，通过自动调节阀门的档位，利用最佳抽气量进行有效的振动控制。将蜂窝密封与自动控制抽气减振系统相结合，能够提高叶片减振效果。

1)实验系统

实验中利用往复泵输出脉动流体激励叶片产生振动。密封腔体上部安装有抽气管道，利用真空泵进行抽气，研究抽气控制叶片振动的效果。电动调节阀的开度由控制仪表输出 4~20mA 的直流电进行控制。当控制电流小于 4mA 时，阀门不开启；当控制电流达到 20mA 时，阀门的开度达到 100%。给阀门输入不同的控制电流，调节阀门开度，控制抽气量的大小，如图 9-25 所示。

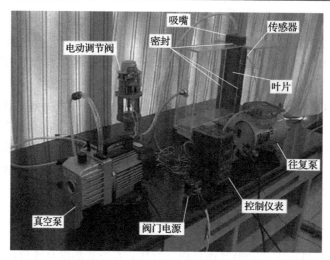

图 9-25　抽气自动控制实验装置图

　　叶片的振动值由电涡流传感器测量，数据调理板对传感器输出的电压信号进行信号调理(图 9-26)，数采卡为 NI-6220，如图 9-27 所示。计算机对数采卡输入的信号进行数据分析，形成控制信号从计算机串口输出，调节控制仪表。在计算机输出信号的控制下，控制系统输出 4~20mA 直流电，调节阀门开度，实现抽气量闭环控制。控制系统的电源为 220V 交流电，闭环控制系统框图如图 9-28 所示。

　　2) 叶片和密封装置

　　在图 9-29 所示实验装置中，安装叶片和密封的腔体采用有机玻璃制成。入口腔位于叶片的左边，由往复泵向入口腔内输入不稳定的脉动气流，激励叶片振动。气流从入口腔进入腔体以后，流过叶片以后到达叶片右边的出口腔。出口腔的体积

图 9-26　接线板

图 9-27　数采卡

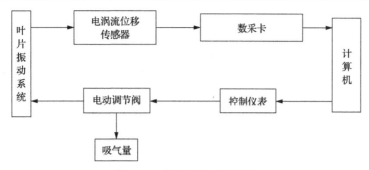

图 9-28　闭环控制系统框图

比入口腔大，叶片安装在两个腔体之间，叶片底部用螺栓固定在腔体里面，在叶片两侧和顶部对应的壳体上安装三个密封件，密封间隙可以调整变化，常用的间隙一般为 0.2mm。为了比较光滑密封和蜂窝密封的性能，实验中分别测量安装这两种密封时的叶片振动。光滑密封的表面是光滑的，蜂窝密封的表面分布大量六边形小盲孔。在密封件顶部对应的腔体上，加工一个 1mm 宽的矩形槽作为抽气孔，与塑料管连接，构成抽气装置，如图 9-30 所示。

图 9-29　叶片和密封腔体装置图

图 9-30　抽气装置

3) 电动调节阀

实验装置中的阀门是 HL-2X 系列电动调节阀，由控制仪表和计算机输出的控制信号调节阀门开度，对流量等参数进行控制，在化工、石油、冶金、电力、轻工等行业的生产过程自动控制系统中广泛应用，如图 9-31 所示。

该电动调节阀的特点有：①当阀门开启到极限位置时，交流同步磁滞离合电机中的离合器，将传动部分与电机输出轴分离，保护电机不被损坏；②阀门响应速度快，流量控制精度高，功耗低；③阀门行程可以自适应调节，操作简单；④阀门兼容多种控制信号，如 0～10V 直流电压信号或者 4～20mA 直流电流信号以及增量/浮点信号等；⑤阀芯位置的反馈信号为 0～10V 直流电压信号或者 4～20mA 直流电流信号、0～2kΩ 反馈电阻。阀门电源为 24V 交流电。图 9-32 为电动调节阀接线图，图 9-33 为电动调节阀电路板。

图 9-31　电动调节阀

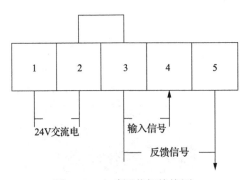

图 9-32　电动调节阀接线图

图 9-33　电动调节阀电路板

4) 控制仪表

电动调节阀由 XSTS 单回路比例积分微分(PID)调节器进行控制。该调节器可接收各类传感器和变送器的信号，测量、变换、显示、通信和控制温度、压力、液位、成分等过程量，如图 9-34 所示。该控制仪表的特点主要有：①PID 智能控制抗超调、自整定(AT)；②由外部给定值控制输出，也可以切换到本机给定或者手动操作；③调节误差不大于 0.2%F·S (full scale 的缩写，满量程的意思)，能够对输入信号进行调校和数字滤波，降低传感器和变送器的误差，提高控制系统精度。控制仪表电源为常用的 220V 交流电，利用 RS-485 总线输入信号，输出 4~20mA 的直流电来控制电动调节阀开度。图 9-34 为仪表的接线端子图。

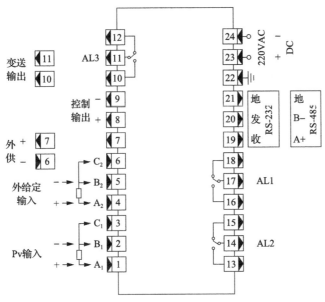

图 9-34　PID 控制器线路图

Pv 表示实际测量值

　　图 9-34 中的 23 和 24 两个接头用于连接 220V 交流电线，为仪表提供电源。19 和 20 两个接头接入数据输入接线，8 和 9 两个接头接入输出线。控制仪表正面下端屏幕显示实验过程中阀门的开度。如果不使用计算机进行自动控制，可以手动调节阀门开度，使用"0"开度左右两侧的上下按钮来手动调节，如图 9-35(a) 所示。

(a) 仪表正面

(b) 仪表背面

图 9-35　控制仪表

5）RS-232/RS-485 转换器

为了使计算机与 RS-485 总线通信，满足控制仪表需要 RS-485 总线输入数据的要求，将计算机串口 RS-232 输出总线与一个 UT-201 袖珍型接口转换器连接，转换到 RS-485 总线再输入控制仪表。

9.4.3　手动调节抽气量的叶片减振实验

调节往复泵脉动气流的流量，激励叶片产生峰峰值分别约等于 68μm、118μm 和 177μm 的振动，然后采用抽气技术对其进行抑制，实验结果如图 9-36～图 9-38 所示，横坐标是真空泵电动调节阀的阀门开度，表征抽气量的大小，纵坐标是叶片振动峰峰值[13-21]。

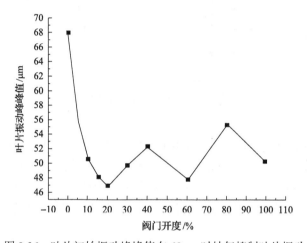

图 9-36　叶片初始振动峰峰值在 68μm 时抽气抑制叶片振动

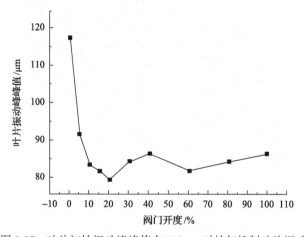

图 9-37　叶片初始振动峰峰值在 118μm 时抽气抑制叶片振动

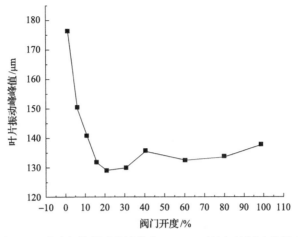

图 9-38 叶片初始振动峰峰值在 177μm 时抽气抑制叶片振动

从图 9-38 中可以看出：①当叶片初始振动峰峰值在 68μm、118μm 和 177μm 时，在叶片顶部抽气作用下叶片振动明显降低，最大降幅分别为 32.4%、34.0% 和 27.1%，这说明抽出叶片顶部附近的气流有助于降低叶片流体激振，减小叶片振动；②叶片三种不同振动峰峰值的实验表明，在叶片顶部抽气都可以使叶片振动下降 30% 左右；③抽气阀门开度达到 20%～30% 时，叶片振动峰峰值下降到最低，而后继续增大抽气量，叶片振动峰峰值有起伏，但是与没有抽气时相比，叶片振动峰峰值显著下降。

9.4.4 基于 LabView 的叶片抽气自动控制

抽气阀门自动控制程序设定三个不同的叶片振幅"门槛值"，叶片振动超过第一个"门槛值"时，抽气系统阀门自动开启到第一个开度进行抽气，叶片振动下降；利用往复泵增大对叶片的激励，使叶片振动大于第二个"门槛值"，电涡流传感器监测叶片振动信号后，控制系统发出信号，抽气系统阀门自动开启到第二个开度增加抽气量，减小叶片振动；继续增大对叶片的激励，使叶片振幅大于第三个"门槛值"，抽气系统阀门自动开启到第三个开度增加抽气量。叶片振动达到不同"门槛值"的时候，电动调节阀将开启到相应的开度，控制匹配的抽气量，实现最佳的减振控制[13-21]。

9.4.5 小结

本节建立叶片振动自动抽气控制系统，根据叶片振动信号自动调节抽气量，实现叶片流体激振的最优控制。依据叶片振动不同的"门槛值"，设置三个抽气阀门的开度。当叶片振动增大时，控制系统根据叶片振动情况自动调节抽气阀门开度，使抽气量与叶片振动幅值相匹配。将蜂窝密封被动控制技术与自动抽气控制技术相结合，显著提高了叶片振动的控制效果。

9.5　磁流变阻尼器抑制密封流体激振

汽轮机、压缩机、风机和涡轮泵等叶轮机械的功率、介质压力和流量等越来越高，密封流体激振问题日益突出，导致转子振动加剧、叶片断裂和轴承损坏等故障频繁发生。解决此类问题的途径主要有利用反旋流、密封入口止旋结构和蜂窝密封等，减小密封间隙流体的周向速度；也可以使用轴承阻尼器等增加转子系统的阻尼，耗散振动能量。

磁流变阻尼器是一种抑制机械振动的阻尼减振装置，广泛应用在建筑、船舶和车辆等领域[34-39]。本节利用磁流变阻尼器抑制密封流体激振，研究磁流变阻尼器的设计方法，建立减振密封实验台，实现转子密封系统流体激振的闭环自动控制，取得了良好的减振效果。

9.5.1　磁流变阻尼器基本原理

1. 磁流变液

磁流变液是由软磁性颗粒及添加剂等多种物质混合而成的流体，其中主要成分是低磁导率的载液和高磁导率、低磁滞性的软磁性颗粒等。

(1)高磁导率、低磁滞性的软磁性颗粒主要有饱和磁化强度高的羰基铁粉，另外还有铁镍合金颗粒和羟基铁颗粒等，磁流变液中的软磁性颗粒不能太多，确保磁流变液在没有施加磁场时的流动性较好。但是羰基铁粉颗粒也不能太少，保证在磁场的作用下，磁流变液具有良好的阻尼特性。

(2)载液是磁流变液的主要成分，是一种温度稳定性好、抗污染和阻燃的绝缘介质，这里采用二甲硅油。影响软磁性颗粒的抗沉淀性及流变响应的因素是载液与软磁性颗粒的亲和力。只有亲和力足够大，才可以保证软磁性颗粒不沉淀，但这降低了流变响应速度。因此，亲和力不宜太大或者太小，既不能降低流变响应速度，也要防止软磁性颗粒沉淀。

(3)添加剂的作用是防止颗粒下沉，不让颗粒黏结在一起，使磁流变液具有良好的沉降稳定性和凝聚稳定性。

磁流变液没有受到磁场作用时，载液中随机分布着软磁性颗粒及表面活性剂颗粒，磁流变液为黏度较低的牛顿流体。施加外部磁场后，磁流变液中产生磁偶极矩的软磁性颗粒形成长链，构成聚集链状结构的复杂团簇，加大了磁场强度。磁流变液在毫秒级时间内，迅速转变为黏塑性非牛顿流体，称为磁流变效应。磁场强度越强，这种变化也越强，如图 9-39 所示。表征磁流变液性能的重要指标是磁流变液的沉降稳定性，其他还有磁特性、剪切屈服强度和黏度等。

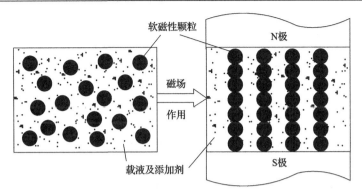

图 9-39　磁场作用下软磁性颗粒的分布变化

2. 磁流变阻尼器工作模式

在磁场作用下，磁流变液黏度升高，流动性下降；没有磁场作用时，磁流变液的黏度下降，重新具有良好的流动性。磁流变阻尼器就是利用磁流变液的这一特性制成的，主要工作模式包括流动模式和剪切模式以及挤压模式等，见图 9-40，p 为压力，v 为速度。

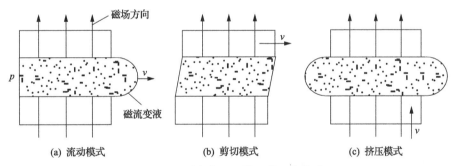

图 9-40　磁流变阻尼器三种工作模式

(1)流动模式是指两个极板固定，磁流变液入口压力高于出口压力，磁流变液在两个固定极板之间从入口流向出口，与流动方向垂直的磁场使磁流变液黏度增加，形成阻尼力来阻碍磁流变液流动，见图 9-40(a)。

(2)剪切模式是指两极板相互进行剪切磁流变液运动，外加磁场垂直于极板运动方向，磁流变液黏度提高，形成阻尼力阻止极板带动磁流变液流动，见图 9-40(b)。

(3)挤压模式是指磁流变液在两极板挤压下，向四周流动。外加磁场的方向与极板挤压方向一致，磁流变液的黏度增加，形成阻尼力阻止极板挤压磁流变液流动，见图 9-40(c)。

3. 阻尼力模型

下面研究磁流变阻尼器剪切模式，阻尼剪切应力 τ 的计算公式为

$$\tau = \tau_{\mathrm{y}}(H)\mathrm{sgn}(\dot{\gamma}) + \eta\dot{\gamma} \qquad (9\text{-}1)$$

式中，τ_{y} 为剪切屈服强度；H 为磁场强度；$\dot{\gamma}$ 为剪应变率；η 为黏度。磁流变液性能和磁场参数决定剪切屈服强度。阻尼力的计算公式为

$$F_{\mathrm{MR}} = F_{\mathrm{k}} + F_{\eta} = f_{\tau}\mathrm{sgn}(\dot{x}) + c_{\mathrm{MR}}\dot{x} \qquad (9\text{-}2)$$

式中，$\dot{x}$ 为阻尼片相对运动速度；f_{τ} 为屈服力；c_{MR} 为黏滞阻尼系数。可以看到，阻尼力由库仑阻尼力 F_{k} 和黏滞阻尼力 F_{η} 两部分组成。设阻尼片剪切面个数是 n，形成的有效剪切面积是 s，运动和静止阻尼片的间隙是 d，于是 f_{τ} 和 c_{MR} 计算公式为

$$f_{\tau} = n \cdot s \cdot \tau_{\mathrm{y}}(H) \qquad (9\text{-}3)$$

$$c_{\mathrm{MR}} = n \cdot s \cdot \eta/d \qquad (9\text{-}4)$$

将式(9-3)和式(9-4)代入式(9-2)中，有

$$F_{\mathrm{MR}} = [\tau_{\mathrm{y}}(H)\mathrm{sgn}(\dot{x}) + \eta\dot{x}/d] \cdot n \cdot s \qquad (9\text{-}5)$$

式(9-5)表明，当磁流变阻尼器结构和磁流变液成分不变时，阻尼力的大小由电流控制的磁场强度决定。调整线圈电流可以调控磁流变阻尼器的阻尼力。磁流变液的剪切屈服强度 τ_{y} 被磁场强度 H 控制，当磁场强度增大到一定值后，磁流变液的剪切屈服强度不再增加，处于稳定状态。

9.5.2　磁流变阻尼器结构设计

图 9-41 和图 9-42 为磁流变阻尼器结构示意图[40-42]。在外壳中安装线圈和外阻尼片，内环轴承将阻尼器和转子连接在一起。阻尼片分为固定的外阻尼片和运动的内阻尼片，两种阻尼片交替排列，其中充满磁流变液。外阻尼片与外壳连接静止不动，内阻尼片与套筒连接，通过轴承随同转子振动，将转子振动传递至内阻尼片，使内阻尼片相对于外阻尼片运动，磁流变液阻止这种运动，消耗振动能量[40]。

转子振动较小时，阻尼器线圈不通电，没有产生磁场，软磁性颗粒在磁流变液中分散而杂乱，不产生阻尼力；当转子振动较大时，线圈通电产生磁场，羰基铁粉颗粒在磁场的作用下聚在一起形成链状结构，在几毫秒内磁流变液的黏度急速上升，形成很大的剪切应力，抵抗阻尼片相对运动，起到抑制转子振动的阻尼作用。

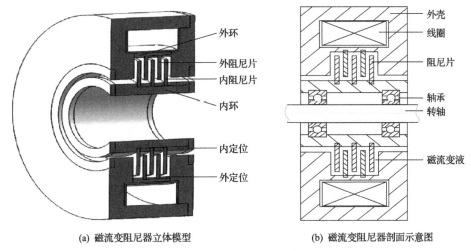

(a) 磁流变阻尼器立体模型　　　　　　(b) 磁流变阻尼器剖面示意图

图 9-41　磁流变阻尼器[40]

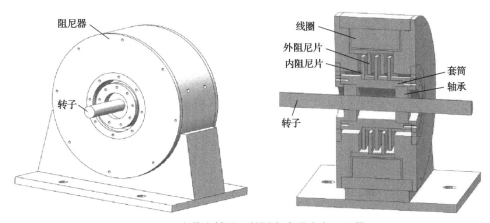

图 9-42　安装在转子上的圆盘式磁流变阻尼器

　　磁场强度决定磁流变液剪切应力或阻尼力的大小，阻尼器的阻尼力随着线圈输入电流的变化而变化，阻尼力具有良好的可调控性能。根据振动幅值的变化，调整线圈电流来改变磁场强度，控制阻尼力的大小，在线调整匹配的阻尼力抑制振动。

9.5.3　阻尼器线圈磁路分析

　　对阻尼器进行磁路计算[40-42]，模型如图 9-43 所示。分析线圈中的电流与磁感应强度分布的关系，设置线圈中的电流为 0.25A、0.5A、0.75A、1A、1.5A、2A、2.5A 和 3A，分别计算线圈产生的磁感应强度分布。图 9-44 为磁力线分布图，图 9-45 为磁感应强度分布图，图 9-46 为磁流变液处和壳体处的磁感应强度，数据如表 9-1 所示。

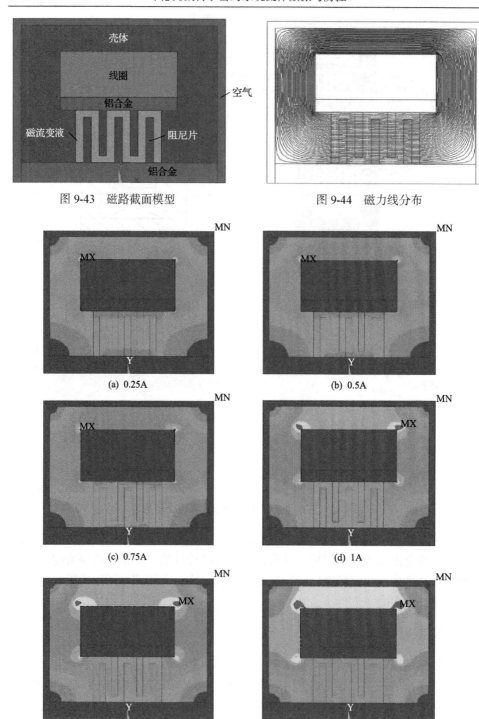

图 9-43　磁路截面模型　　　　　　　图 9-44　磁力线分布

(a) 0.25A　　　　　　　　　　　(b) 0.5A

(c) 0.75A　　　　　　　　　　　(d) 1A

(e) 1.5A　　　　　　　　　　　(f) 2A

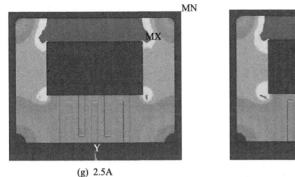
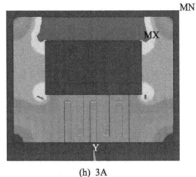

(g) 2.5A　　　　　　　　　　　　　　　　(h) 3A

图 9-45　线圈磁感应强度分布图

MX 和 MN 分别对应磁感应强度最大和最小处

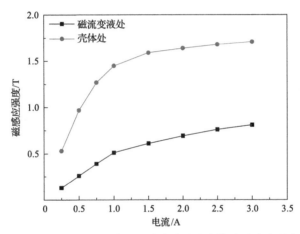

图 9-46　不同电流对应的磁流变液处及壳体处磁感应强度

表 9-1　不同电流下的磁感应强度

电流/A	磁感应强度/T	
	壳体处	磁流变液处
0.25	0.53	0.13
0.50	0.97	0.26
0.75	1.27	0.40
1.00	1.45	0.50
1.50	1.60	0.61
2.00	1.64	0.70
2.50	1.68	0.76
3.00	1.70	0.80

　　数值计算结果表明，初期增加线圈中的电流时，将快速提高磁流变液处和壳体处的磁感应强度。当电流达到 2A 时，壳体处和磁流变液处的磁感应强度缓慢

增加，磁感应强度接近饱和状态，继续增大电流，不会快速提高磁感应强度。

9.5.4 磁流变阻尼器密封减振实验台

在转子密封系统中应用磁流变阻尼器，构建磁流变阻尼器密封减振实验台，如图 9-47 所示。在支架的顶部垂直安装电机，电机利用联轴器驱动主轴旋转，主轴通过轴承与磁流变阻尼器连接，主轴下部与不锈钢圆筒转子连接。在转子外面配有一个静止不动的不锈钢圆筒，模拟密封静子。转子与密封静子之间的密封间隙为 5mm，其中充满水作为密封介质。直流电输出器为磁流变阻尼器线圈提供工作电流。互相垂直的两个电涡流传感器安装在转轴末端，测量转子振动幅值。转子转速利用光电传感器进行测量，如图 9-48 所示。

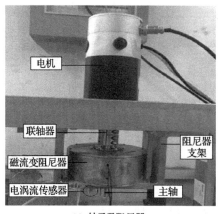

(a) 转子及阻尼器　　　　　　　　(b) 密封实验台水箱

图 9-47　密封减振实验台[40]

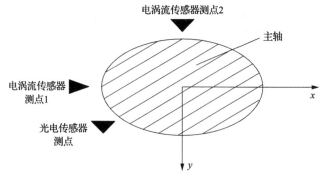

图 9-48　电涡流传感器及光电传感器测点示意图

基于 LabView 构建数据分析及控制程序，利用数采卡对电涡流传感器采集的转子振动数据进行实时计算和分析，根据转子的振动情况，控制 NI 模块(美国国家仪器有限公司产品)，调整直流可调稳压电源为阻尼器线圈提供输入电流，产生一定的阻尼力，降低转子振动幅值，建立转子密封系统闭环主动控制减振系统。图 9-49 为直流可调稳压电源。

图 9-49　直流可调稳压电源

9.5.5　磁流变阻尼器抑制不同转速转子振动

转子转速增加时，一方面转子不平衡振动增大，另一方面密封间隙中的流体周向速度增加，转子密封系统流体激振加剧。本节实验研究中，改变转速来加大转子振动，自动调整阻尼器线圈的电流，抑制密封流体激振。分别设置转子转速为 40r/min、60r/min、80r/min、100r/min、120r/min、140r/min、160r/min、180r/min 和 200r/min，对比分析阻尼器没有通电时的原始转子振动幅值和阻尼器通电后的振动幅值。控制阻尼器线圈电流分别为 0.5A、1.0A、1.5A 和 2.0A，在各种转速下，测量磁流变阻尼器的减振效果，分析在不同转子转速和不同阻尼器线圈电流下转子振动幅值变化，如图 9-50 所示。

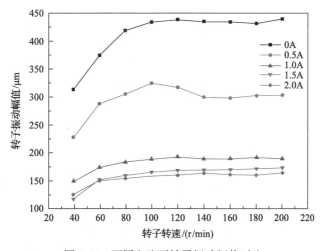

图 9-50　不同电流下转子振动幅值对比

图 9-50 中，电流为 0A 时的振动为无阻尼原始振动。当磁流变阻尼器通入电流时，随着电流的增加，转子的振动幅值逐渐下降。线圈输入 0.5A 的电流时，与线圈没有输入电流时转子原始振动幅值相比，转子在各转速下的振动幅值减小了约 30.19%；阻尼器线圈输入 1.0A 的电流时，转子振动幅值下降约 59.24%；线圈输入 1.5A 电流时，转子振动幅值减小约 65.44%；输入 2.0A 电流时，转子振动幅值下降约 66.65%。可以看到电流为 1.5A 时和电流为 2.0A 时转子的减振效果类似。

9.5.6　磁流变阻尼器抑制偏心转子振动

引发密封流体激振的一个重要因素是转子中心与密封中心不重合，存在偏心。设置转子偏心率分别为 0、0.2、0.3、0.4 和 0.6，研究磁流变阻尼器线圈分别输入 0.5A、1.0A、1.5A 和 2.0A 电流时的减振效果。实验中转子转速固定不变，为 90r/min，实验结果如图 9-51 所示。

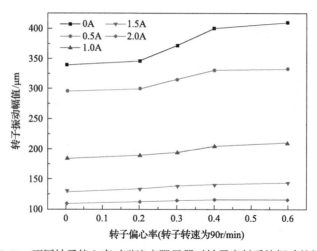

图 9-51　不同转子偏心率时磁流变阻尼器对转子密封系统振动的控制

各种转子偏心率下转子的原始振动为线圈电流为 0A 时的振幅曲线，如图 9-51 所示。阻尼器线圈没有输入电流时，转子偏心率越大，偏心引发的密封流体激振越强，转子振动幅值也越大。将控制电流输入磁流变阻尼器线圈，随着输入电流的增大，转子振动显著减小。在各转子偏心率下，与阻尼器没有输入电流时的转子原始振动相比，阻尼器线圈输入 0.5A 电流时，转子振动幅值平均下降 15.8%；输入 1.0A 电流时，转子振动幅值平均减小 45.4%；输入 1.5A 电流时，转子振动幅值平均减小 61.48%；输入 2.0A 电流时，转子振动幅值平均减小 65.02%。输入阻尼器线圈的电流越大，转子振动越小。特别是当线圈输入 2.0A 电流时，增大转子偏心率，转子振动幅值上升幅度很小。实验结果表明，只要磁流变阻尼器线圈输入足够大的电流，增大转子偏心率而加剧的转子密封系统流体激振可以得到有效抑制。

9.5.7 基于磁流变阻尼器的转子密封流体激振开关控制

对转子密封系统流体激振进行闭环控制，开发在线启动和停止的开关程序，控制接通和断开磁流变阻尼器线圈输入电流开关。图 9-52 为其控制策略框图。

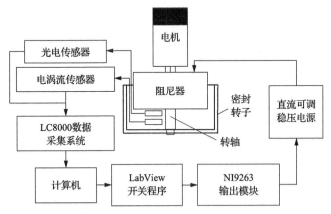

图 9-52 基于磁流变阻尼器的转子密封系统振动开关控制原理图[40]

1）不同转速下转子振动的开关控制

在阻尼器线圈没有输入电流的原始振动情况下，转子转速较高时，转子振动幅值很大。在 40~100r/min 这个转速区间，转子振动幅值迅速增加，如图 9-53 所示。为了防止转子振动幅值随着转速的增加而快速增大，研究开关控制方法，基于转子振动幅值，采用磁流变阻尼器消耗振动能量，降低转子振动幅值。设置

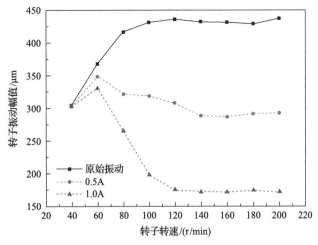

图 9-53 磁流变阻尼器在不同转速下的转子振动开关控制[40]

自动启动向线圈输入电流的转子振动幅值门槛值为 350μm，即当转子振动幅值小于 350μm 时，阻尼器线圈没有输入电流；当转子振动幅值大于或者等于 350μm 时，开关控制程序启动输入电流，向磁流变阻尼器线圈分别输入 0.5A 和 1.0A 两种不同的电流，实验研究不同输入电流的减振效果。

图 9-53 表明，当转子振动幅值逐渐增大到 350μm 时，控制程序自动接通电流开关，向阻尼器线圈输入电流，在磁流变阻尼器阻尼力的作用下，转子振动幅值大幅度下降。如果线圈输入 0.5A 电流，转子振动幅值相对于原始振动幅值平均下降 32%，维持在 300μm 左右；线圈输入 1.0A 电流时，转子振动幅值下降 64%，稳定在 160μm 左右。转子密封系统应用磁流变阻尼器开关控制以后，转子振动幅值显著减小，转子振动幅值并没有随着转速的增大而一直增大，在各种转速下转子振动幅值都稳定在设定的振动门槛值以下。

2) 转子偏心率不同时密封系统流体激振的开关控制

运用开关控制程序抑制不同转子偏心率的转子振动。实验时转子转速保持 90r/min 不变，在阻尼器线圈没有输入电流时，增大转子偏心率，转子振动幅值上升，特别是在转子偏心率达到 0.2 以后，转子振动幅值快速增大。为了抑制转子振动幅值随着转子偏心率的增加而快速增大，研究基于转子振动幅值的开关控制，采用磁流变阻尼器，抑制转子偏心产生的振动。设置自动启动向线圈输入电流的转子振动幅值门槛值为 350μm，即当转子振动幅值小于 350μm 时，阻尼器线圈没有输入电流；当转子振动幅值大于或者等于 350μm 时，开关控制程序启动输入电流，磁流变阻尼器线圈分别输入 0.5A 和 1.0A 两种不同的电流，实验研究不同输入电流的减振效果，实验结果如图 9-54 所示。

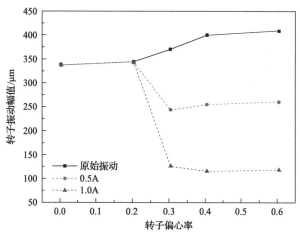

图 9-54　磁流变阻尼器对由转子偏心引起的转子密封系统振动的控制效果[40]

图 9-54 表明，当转子偏心率增加使转子振动幅值逐渐上升到 350μm 时，控

制程序自动接通电流开关，向阻尼器线圈输入电流，在磁流变阻尼器阻尼力的作用下，转子振动幅值大幅度下降。如果线圈输入 0.5A 电流，转子振动幅值相对于原始转子振动幅值平均下降 35.38%，维持在 250μm 左右；线圈输入 1.0A 电流时，转子振动幅值下降 68.71%，稳定在 120μm 左右。转子密封系统应用磁流变阻尼器开关控制以后，转子振动显著减小，转子振动并没有随着转子偏心率的增大而增大，在各种转子偏心率下转子振动幅值都稳定在设定的振动门槛值以下。线圈输入的电流越大，减振效果越好。

9.5.8 小结

为了抑制转子密封系统流体激振，本节将磁流变阻尼器引入转子密封减振实验台，在不同转速、不同转子偏心率的情况下，实验研究磁流变阻尼器抑制转子振动。研究开关控制程序，闭环控制磁流变阻尼器的阻尼力，对密封流体激振进行自动控制，主要结论如下。

增大转子转速或者转子偏心率容易引起密封流体激振，磁流变阻尼器可以消耗密封流体激振的能量，实现转子振动的闭环自动控制。利用振动传感器监测转子振动，根据转子振动幅值变化，控制阻尼器线圈电流，主动控制密封流体激振，在各种转速和转子偏心率下转子振动幅值都稳定在设定的振动门槛值以下。

9.6 基于磁流变阻尼器的转子密封流体激振 PID 控制

9.6.1 磁流变阻尼器 PID 控制器设计

9.5 节的开关控制中，转子转速等参数在不断升高的时候，控制系统只能决定什么时候开始输入电流或者停止输入电流，阻尼器线圈输入的电流大小是固定不变的，无法随着转速的升高而增大。本节将常用于工业中的 PID 控制引入转子密封流体激振的控制中，根据不同转速导致的不同振动，闭环自动控制阻尼器线圈输入电流的大小，实现密封流体激振的 PID 闭环自动控制。

PID 控制主要包括比例单元、积分单元和微分单元。比例单元控制输出与输入量的比例关系，积分单元用来克服稳态误差，微分单元预测误差发展，避免超调现象。PID 控制系统的结构图如图 9-55 所示。

在 PID 控制系统中，被控变量输出值与输入偏差值(即振动目标值和振动测量值之间的差值)具有特定的关系，针对偏差值进行比例、积分和微分运算，得到被控变量输出值[41]。本节以转子振动幅值为目标值，基于转子振动幅值反馈进行 PID 控制。电涡流传感器将转子振动信号传输给计算机进行分析和处理，经过 LabView 控制程序发出指令，控制 NI9263 输出模块。直流可调稳压电源输入端与 NI9263

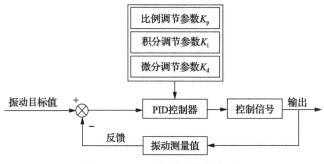

图 9-55　PID 控制系统结构图

输出模块的输出端连接，直流可调稳压电源的输出端连接滑动变阻器、磁流变阻尼器线圈，构成从振动传感器到阻尼器线圈的闭合控制电路。转子振动改变时，直流可调稳压电源的输出电压随之而变化，调整输入阻尼器线圈的电流，改变磁流变阻尼器的阻尼力，转子振动幅值被控制在目标值附近。

9.6.2　转子密封流体激振 PID 控制

把磁流变阻尼器安装在转子上，在转子升速过程中运用 PID 控制算法，闭环控制转子振动[42]。分别进行阻尼器线圈没有施加电流的原始振动和 PID 主动控制磁流变阻尼器减振实验。PID 控制系统中的比例调节系数 K_p 为 100，积分时间 T_i 为 0.01，微分时间 T_d 为 0。采用相同的时间，转子振动目标值设为 350μm，实验中转子由静止升速至 140r/min。图 9-56 为线圈没有施加电流的原始振动曲线和 PID 主动控制转子振动曲线对比图。

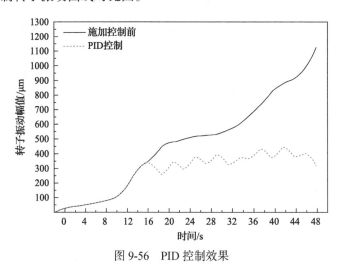

图 9-56　PID 控制效果

图 9-56 表明磁流变阻尼器抑制转子振动的效果显著。PID 控制过程中，经过

大约 17s，转子振动幅值超过目标值，电涡流传感器将振动信号反馈至控制系统，PID 控制程序开始启动向阻尼器线圈输入电流，转子振动在整个升速过程中得到持续有效控制，转子振动幅值稳定在目标值附近。

9.6.3 小结

在转子密封系统中，应用 PID 控制磁流变阻尼器，闭环控制转子振动。分析电涡流传感器采集的转子振动信号，自动调整磁流变阻尼器线圈的电流，可以有效控制转子密封系统的振动。

9.7 密封偏心自适应调节减振

如前所述，目前抑制密封流体激振的主要办法是减小密封腔中流体的周向速度、增加转子密封系统阻尼。例如，使用蜂窝密封等阻尼密封、密封入口阻旋栅、反旋流和合成射流，应用阻尼器增加转子系统阻尼等。需要指出的是，转子在密封中偏心形成不均匀的密封间隙，是导致密封流场压力不均匀、产生密封流体激振的内在原因。采用阻尼密封等措施后，转子仍处于偏心状态，没有从源头解决密封流体激振力问题。工程中密封一般是固定不动的，密封或者转子的安装存在偏心，转子运行中存在涡动，容易使转子在密封中偏心。本节研究偏心自适应调节装置，改变传统固定密封结构，提出一种可自适应运动、调节密封间隙的活动密封，自动调整转子相对于密封的偏心，转子与密封之间形成均匀的密封间隙，密封流场压力均匀分布，消除密封流体激振的源头，减小转子振动。

9.7.1 密封偏心自适应调节结构

密封偏心自适应调节由密封内环和密封外环组成，两者利用弹簧连接在一起。密封内环可以运动，密封外环固定不动[43]。该装置将原来固定的密封静子改为可运动的密封内环，该内环通过周向 4 个弹簧连接在固定的密封外环上，如图 9-57 所示。当转子相对密封内产生偏心时，转子与密封内环之间的小间隙区域流体压力升高，这个区域密封内环产生的流体压力大于弹簧作用力，密封内环压缩弹簧，使小间隙区域的密封间隙增加，密封各处间隙趋向均匀，促进周向压力均匀化分布，减小激振力，提升转子稳定性[44-46]。

调节装置中的弹簧决定偏心自适应调节装置的刚度，影响密封内环的运动特性。弹簧刚度如果过大，需要很大的力才能使弹簧产生变形，密封内环的流体激振力不足以使弹簧产生变形，弹簧将阻碍密封内环的运动，密封间隙得不到有效调节；弹簧刚度如果过小，弹簧无法支撑密封内环，造成密封内环大幅度摆动。

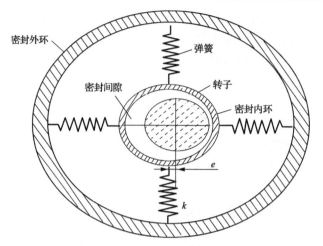

图 9-57　密封偏心自适应调节装置[46]

k 为弹簧的刚度系数，e 为转子偏心距

9.7.2　密封偏心自适应调节机理

　　如果转子在传统密封中偏心，则造成密封周向间隙不均匀分布，在密封间隙内形成分布不均匀的流体压力，激励转子振动。正交分解密封流体激振力，其中径向力 F_r 沿着转子中心和密封中心的连线方向，即偏心方向；切向力或横向力 F_τ 与偏心方向相垂直，激励转子振动。传统密封动力学模型如图 9-58(a)所示。图 9-58(b)为密封偏心自适应调节装置模型，运动的密封内环和固定的密封外环之间，安装 4 个周向均布的弹簧，将密封内环和密封外环连接在一起。

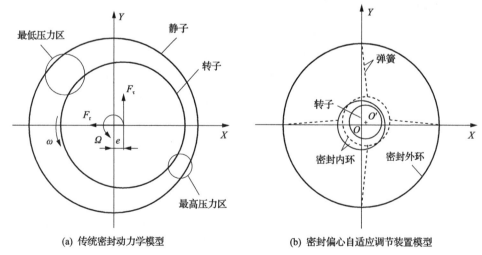

(a) 传统密封动力学模型　　　　　　(b) 密封偏心自适应调节装置模型

图 9-58　传统密封动力学模型和密封偏心自适应调节装置模型

由于转子涡动等，形成不均匀密封间隙，产生小间隙高压区和大间隙低压区，如图 9-58 所示。在高压区，密封内环受流体激振力作用，该作用力克服弹簧的约束，小间隙高压区的密封内环压缩弹簧，扩大密封间隙，减小了转子偏心量，解决了密封间隙不均匀问题，流体激振力下降，转子振动减小。

9.7.3 振动能量的传递分析

本节从能量角度分析密封偏心自适应调节装置的减振机理。目前的梳齿密封很多是固定的，密封间隙产生流体激振时，振动能量将全部传递到转子上，激励转子振动。密封偏心自适应调节装置的密封内环不是固定的，密封间隙产生不均匀压力分布时，密封间隙中脉动流体的能量可以传递到活动的密封内环上，减小了作用在转子上的振动能量。同时密封内环在运动过程中受到流体阻尼作用，耗散部分能量，减少了对转子的激励。

图 9-59 为密封偏心自适应调节装置的动力学模型。转子在密封流体激振力和转子不平衡激振力 F_1 两个力的作用下振动。转子质量为 m_1，转子位移为 x_1；密封内环质量为 m_2，密封内环位移为 x_2；密封腔内流体的刚度为 k_1，弹簧刚度为 k_2。

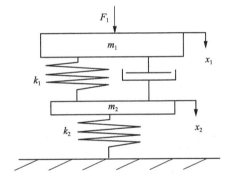

图 9-59 密封偏心自适应调节装置动力学模型[46]

可得到密封偏心自适应调节装置的运动微分方程为

$$\begin{cases} m_1\ddot{x}_1 = F_1 - k_1(x_1 - x_2) \\ m_2\ddot{x}_2 = k_1(x_1 - x_2) - k_2 x_2 \end{cases} \tag{9-6}$$

在密封偏心自适应调节装置中，密封系统的固有频率是一个重要参数，弹簧刚度需要匹配转子密封系统的结构。密封系统固有频率可以通过改变弹簧刚度 k 进行调整，使其接近流体激振力频率，将密封腔中更多的流体激振能量向密封内转移，实现质量调谐减振，减小对转子的激励，提升转子稳定性。

9.7.4 密封偏心自适应调节装置实验台

密封偏心自适应调节装置实验台由电机驱动，转子与电机主轴通过螺纹连接，转子外径为 150mm，密封内环直径为 160mm，质量为 402g。当密封内环与转子不存在偏心时，密封半径间隙各处均为 5mm。密封轴向长度为 70mm。转子振动测量系统包括电涡流传感器、LC8008 信号分析仪和计算机等，x 和 y 两个方向的电涡流传感器安装在接近电机的支架上，见图 9-60。

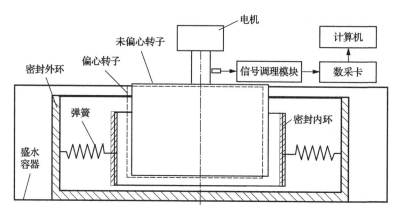

图 9-60　密封偏心自适应调节装置实验台[46]

9.7.5　密封偏心自适应调节装置固有频率

利用敲击法测量密封偏心自适应调节装置的固有频率。实验在密封中加水和不加水两种情况下进行，使用德国申克 SMARTBALANCER 测试仪器。图 9-61 为模态实验装置。表 9-2 为测试数据。

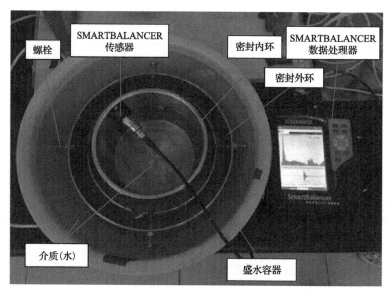

图 9-61　密封偏心自适应调节模态实验装置[46]

表 9-2　密封偏心自适应调节装置固有频率

弹簧刚度/(N/mm)	固有频率/Hz	
	密封不加水	密封加水
1.08	13.5	6.0
2.00	16.5	7.0
3.20	21.5	10.0
6.10	26.0	12.0
9.00	28.5	13.0

实验结果表明，密封偏心自适应调节装置的固有频率随弹簧刚度的增大而增大，在密封间隙中加水对固有频率影响很大，密封中有水时固有频率明显减小。弹簧刚度为 1.08N/mm 时，密封偏心自适应调节装置加水时固有频率为最小值 6Hz，见图 9-62。

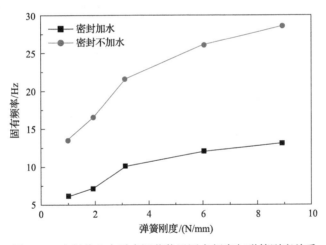

图 9-62　密封偏心自适应调节装置固有频率与弹簧刚度关系

9.7.6　密封偏心自适应调节装置实验

五种弹簧的刚度是 1.08N/mm、2.00N/mm、3.20N/mm、6.12N/mm 和 9.03N/mm，组装密封偏心自适应调节装置，在 162r/min、226r/min 和 312r/min 三种转速下开展实验研究。转子中心和密封中心同心的时候，密封半径间隙为 5mm。将右侧密封半径间隙减小到 3mm，模拟转子偏心，偏心率为 0.4，见图 9-60。

利用 LC8008 信号分析仪采集转子振动幅值。表 9-3～表 9-5 为实验测量数据。转子原始振动幅值是指安装传统密封时转子的振动幅值。

表 9-3　弹簧刚度不同时转子振幅对比（转速 162r/min）

弹簧刚度/(N/mm)	原始振动幅值/μm	改造后振动幅值/μm	降幅/%
1.08	37	27	27.0
2.00	37	29	21.6
6.12	37	35	5.4
9.03	37	43	−16.2

表 9-4　弹簧刚度不同时转子振幅对比（转速 226r/min）

弹簧刚度/(N/mm)	原始振动幅值/μm	改造后振动幅值/μm	降幅/%
1.08	30	18	40.0
2.00	30	19	36.7
3.20	30	25	16.7
6.12	30	28	6.7

表 9-5　弹簧刚度不同时转子振幅对比（转速 312r/min）

弹簧刚度/(N/mm)	原始振动幅值/μm	改造后振动幅值/μm	降幅/%
1.08	32	19	40.6
3.20	32	23	28.1
6.12	32	23	28.1
9.03	32	31	3.1

转子转速为 162r/min 时，转子原始振动幅值为 37μm。安装密封偏心自适应调节装置后，转子振动幅值最大降低 27.0%，转子振动幅值随弹簧刚度的变化曲线如图 9-63 所示。减振效果随弹簧刚度的增大逐渐变差。弹簧刚度增大到 9.03N/mm 时，转子振动幅值为 43μm，比原始振动大。

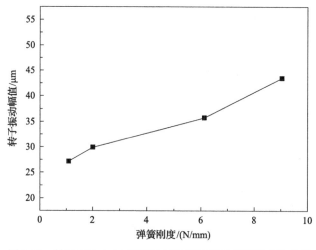

图 9-63　转速 162r/min 下转子振动幅值随弹簧刚度变化曲线

转子转速为 226r/min 时转子原始振动幅值为 30μm，安装密封偏心自适应调节装置后，在弹簧刚度为 1.08N/mm 时，转子振动幅值最大下降 40.0%，转子振动幅值随弹簧刚度的变化曲线如图 9-64 所示。随着弹簧刚度的增大，减振效果变差，与 162r/min 转速时的趋势一致。

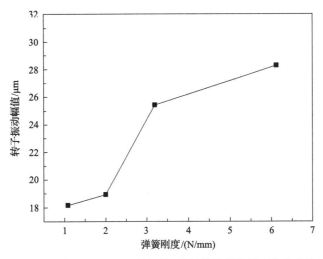

图 9-64　转速 226r/min 下转子振动幅值随弹簧刚度变化曲线

转子转速为 312r/min 时，原始振动幅值为 32μm。安装密封偏心自适应调节装置后，转子振动幅值最大下降为 40.6%。转子振动幅值随弹簧刚度的变化曲线如图 9-65 所示，随着弹簧刚度的增大，减振效果变差。

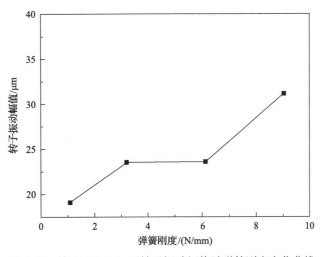

图 9-65　转速 312r/min 下转子振动幅值随弹簧刚度变化曲线

分析实验结果，对比各种弹簧的减振性能，当弹簧刚度为 1.08N/mm 时，转子振动抑制效果最好。对比各种转速的减振效果，在所有实验工况中转速为312r/min 时降幅最大，达到 40.6%。出现这种现象的原因是，弹簧刚度为 1.08N/mm 时密封偏心自适应调节装置固有频率为 6Hz，三种实验转速 162r/min、226r/min 和 312r/min 的一倍频分别为 2.7Hz、3.77Hz 和 5.2Hz，转速 312r/min 对应的一倍频为 5.2Hz，最接近密封偏心自适应调节装置的固有频率 6Hz，满足质量调谐减振的要求，传递至密封内环的振动能量最多，转子减振效果最好。

9.7.7 小结

密封偏心自适应调节装置自动减小转子密封系统的偏心，使密封间隙均匀分布，消除了密封腔流体压力分布不均匀的问题，减小了流体激振力。如果满足质量调谐减振的要求，即密封偏心自适应调节装置固有频率与转子激励频率接近，则传递至密封内环的激振能量最多，转子减振效果最好。

参 考 文 献

[1] 张瑞友. 隔河岩电厂水轮机裂纹成因分析与处理[J]. 湖北水力发电, 2006, (1): 66-67.

[2] 肖黎. 混流式水力机组减振探讨[J]. 湖南电力, 2001, 21(5): 6-8.

[3] 姚大坤, 李志昭, 曲大庄. 混流式水轮机自激振动分析[J]. 大电机技术, 1998, (5): 43-47.

[4] 林铭贤. 混流式水力机组振动初探[J]. 水力科技, 2001, (1): 52-53.

[5] 何立东, 叶小强, 刘锦南. 蜂窝密封及其应用的研究[J]. 中国机械工程, 2005, 16(20): 1855-1857.

[6] 何立东. 转子密封系统反旋流抑振的数值模拟[J]. 航空动力学报, 1999, 14(3): 293-296.

[7] 陈运西, 董德耀. 转子振动反旋流主动控制实验研究[J]. 航空动力学报, 1994, 9(2): 74-76.

[8] Merchant A, Kerrebrock J L, Epstein A H. Compressors with aspirated flow control and counter-rotation[C]//2nd AIAA Flow Control Conference, Portland, 2004.

[9] Wong W. The application of boundary layer suction to suppress strong shock-induced separation in supersonic inlets[C]//10th Propulsion Conference, San Diego, 1974.

[10] Krogmann P, Stanewsky E, Thiede P. Effects of local boundary layer suction on shock-boundary layer interaction and shock-induced separation[C]// Aerospace Sciences Meeting, Reno Nevada, 1984.

[11] Thomas A S W, Cornelius K.C. Investigation of a laminar boundary-layer suction slot[J]. American Institute of Aeronautics and Astronautics, 1982, 20(6): 790-796.

[12] 陈国栋. 混流式水轮机叶片裂纹成因分析[J]. 福建电力与电工, 2004, 24(4): 14-26.

[13] 丁磊, 何立东, 李金波. 叶顶吸气效应抑制叶片振动的研究[J]. 振动与冲击, 2010, 29(6): 121-124, 240.

[14] 何立东, 尹德志, 李承曦, 等. 水轮机应用蜂窝密封的吸水和减振模拟实验[J]. 排灌机械工程学报, 2010, 28(3): 215-218.

[15] 孙永强, 何立东. 叶片闭环可控吸气减振技术实验研究[J]. 北京化工大学学报(自然科学版), 2009, 36(6): 96-99.

[16] 何立东, 孙永强, 唐沸涛. 叶轮机械中密封系统实时可控反旋流减振装置: CN101457808[P]. 2009-06-17.

[17] 何立东, 邢健, 丁磊, 等. 可控吸气实时抑制叶顶密封流体激振的研究[J]. 振动测试与诊断, 2014, 34(2): 242-246, 394.

[18] 尹德志. 密封腔吸水及可控吸气的减振实验研究[D]. 北京: 北京化工大学, 2010.

[19] 吕成龙, 何立东, 涂霆. 反旋流抑制转子不平衡实验研究[J]. 液压气动与密封, 2014, 34(11): 10, 16-18.

[20] 吕成龙, 何立东, 涂霆. 反旋流抑制密封间隙内流体激振研究[J]. 液压气动与密封, 2014, 34(10): 28-31, 77.

[21] 吕成龙. 反旋流技术及石墨密封技术研究[D]. 北京: 北京化工大学, 2014.

[22] 孙钦山. 汽轮机汽流激振的原因分析及消振措施[J]. 热力发电, 2007, (4): 74-76.

[23] 李锋, 汪翼云, 崔尔杰. 表面吸气方法控制分离的数值模拟[J]. 空气动力学学报, 1994, 12(1): 36-42.

[24] 王新军, 李炎锋, 徐廷相. 汽轮机静叶表面上抽吸缝对流场影响的数值计算[J]. 汽轮机技术, 1998, 40(5): 18-22.

[25] Gbadebo S A, Cumpsty N A, Hynes T P. Control of three-dimensional separations in axial compressors by tailored boundary layer suction[J]. Journal of Turbomachinery, 2008, 130(1): 11004.

[26] Song Y P, Chen F, Yang J, et al. A Numerical investigation of boundary layer suction in compound lean compressor cascades[J]. Journal of Turbomachinery, 2006, 128(2): 357-366.

[27] Johnson M, Ravindra K, Andres R. Comparative study of the elimination of the wing fuselage junction vortex by boundary layer suction and blowing[C]//Aerospace Sciences Meeting & Exhibit, Reno Nevada, 2013.

[28] 羌晓青, 王松涛. 低反动度高负荷轴流压气机设计[J]. 节能技术, 2006, 24(4): 308-311.

[29] 张强, 何立东, 张明. 喷射或抽取气流抑制叶顶密封汽流激振的实验研究[J]. 北京化工大学学报(自然科学版), 2009, 36(1): 85-88.

[30] 张强. 透平机械中密封流体激振及泄漏的故障自愈调控方法研究[D]. 北京: 北京化工大学, 2009.

[31] 孙永强. 闭环可控吸气减振系统设计与实验研究[D]. 北京: 北京化工大学, 2009.

[32] 刘涛, 邵华. 基于 Labview 的变频涡旋压缩机振动信号分析[J]. 电子测量技术, 2009, 32(7): 116-118.

[33] 章罡本, 彭学院, 张成兵. 基于 Labview 的压缩机振动测试与分析[J]. 压缩机技术, 2005, (5): 1-3.

[34] Fujitani H. Development of 400kN magneto-rheological damper for a real base-isolated building[C]//Proceedings of SPIE Conference Smart Structures and Materials, Bellingham, 2003.

[35] 杜林平, 孙树民. 磁流变阻尼器在结构振动控制中的应用[J]. 噪声与振动控制, 2011, (2): 127-130, 133.

[36] Lam H F, Liao W H. Semi-active control of automotive suspension systems with magnetorheological dampers[J]. International Journal of Vehicle Design, 2003, 33(1/2/3): 50-75.

[37] 汪建晓, 孟光. 磁流变液阻尼器用于转子振动控制的实验研究[J]. 华中科技大学学报, 2001, (7): 47-49.

[38] 汪建晓, 孟光. 磁流变液阻尼器-柔性转子系统振动特性与控制的再研究[J]. 机械强度, 2003, (4): 378-383.

[39] 王铜, 何立东, 邢健, 等. 磁流变阻尼器控制齿轮箱轴系振动研究[J]. 机械传动, 2015, (2): 5-7, 30.

[40] 胡航领, 何立东, 冯浩然. 磁流变阻尼器对齿轮系统减振降噪实验研究[J]. 机械科学与技术, 2017, 36(7): 991-997.

[41] 郭咏雪, 何立东, 王铜. 基于磁流变阻尼器的双跨轴系 PID 振动控制研究[J]. 北京化工大学学报(自然科学版), 2018, 45(3): 67-71.

[42] 胡航领. 基于磁流变液阻尼器的砂轮和转子振动控制研究[D]. 北京: 北京化工大学, 2017.

[43] 李宽, 何立东, 涂霆. 新型密封偏心自适应调节方法与减振实验研究[J]. 振动与冲击, 2017, 36(19): 52-59.

[44] 涂霆. 密封流体激振及塔管道振动控制技术研究[D]. 北京: 北京化工大学, 2016.

[45] 何立东, 涂霆, 李宽. 一种偏心自适应调节的密封阻尼减振装置: CN105952833A[P]. 2016-09-21.

[46] 李宽. 迷宫密封间隙流场可视化及密封减振技术实验研究[D]. 北京: 北京化工大学, 2017.

第10章　刷式密封技术

10.1　引　言

在不断提高燃气轮机性能的过程中，具有挑战性的美国高性能透平发展计划把注意力放在内部流动上，将其作为改进的最具投资效益目标。美国高性能透平发展计划追求高循环压比和高工作温度，而二次流泄漏损失等直接影响整机循环性能(燃料消耗比)。不良的密封装置将增加内部损失和降低寿命，严重影响发动机性能。研究先进的燃气轮机封严结构和特性，可使发动机的功率提高 4%～6%，并显著地降低燃料消耗比。作为内部流动中的一个重要的元件，密封装置成为改革、研究的目标，其中最有希望的就是利用刷式密封。为了提高航空发动机推重比，关键技术之一是发展刷式密封技术。刷式密封研究目标是在温度 450～650℃、密封直径处滑动速度 250～300m/s、压差 0.25～0.35MPa 的工作环境温度中稳定运行。

目前，国内外竞相开发高温、高速、高压差、低滞后特性的刷式密封以及陶瓷刷式密封等各种高性能刷式密封，研究在压气机和涡轮级间以及叶尖等不同部位应用刷式密封。刷式密封研究目标主要包括：分析刷式密封诸多结构参数对性能的影响规律，优化刷式密封的结构设计，数值模拟与实验研究刷毛和涂层材料以及这两部分的摩擦学特性，研究刷式密封的动力学特性和泄漏流体特性等。本章分析和介绍有关刷式密封的研究进展，综述这方面国外的主要研究成果。

10.2　刷式密封简介

目前，世界各大透平公司关注的创新技术中，都把刷式密封技术研究作为其中的重要内容之一[1-6]。刷式密封的泄漏量是梳齿密封的 1/10～1/5[7]，大幅度降低了叶轮机械的泄漏损失，并改善了转子的稳定性。刷式密封已在许多先进的工业用燃气轮机、航空发动机和汽轮机中得到应用，如 Siemens Westinghouse 的 501E 燃气轮机，空中客车 A320 发动机，欧洲幻影 2000 战机，美国 F-15、F-16 以及 F-22 战机中的发动机等。刷式密封成为梳齿密封潜在的替代品。

刷式密封的结构如图 10-1 所示。其主要部件刷毛是一束捆扎在一起的高密集度、按一定方向排列、弹性、圆截面、直径为 0.05～0.07mm 的细金属丝。刷毛自由端一般与轴表面接触，另一端采用含银环氧树脂黏结或用黄铜钎焊等方法，与刷毛束前后两侧的圆环连接成一体。刷毛两侧分别有一个圆环，其中位于来流方向的圆环称为上游环，位于气体泄漏处的圆环称为下游环。采用电火花法将刷毛自由端加工到精确尺寸。和刷毛接触的轴表面一般喷涂一层耐磨材料，以减少轴的磨损。刷毛按一定倾斜角度规则排列，以减少刷毛的磨损，使刷毛更容易适应转子热变形和制造误差等问题，并在转子瞬间大幅径向位移后(如喘振、过临界转速等)，刷毛可弹回，保持密封间隙不变。传统梳齿密封尽管预先留有一定的密封间隙，但在转子发生瞬间大幅度振动后，仍将造成梳齿密封间隙无法恢复地扩大，增加泄漏损失。刷式密封的刷毛在转子发生瞬间大幅度振动的时候产生弹性变形，刷毛和转子之间的密封间隙没有扩大，避免了梳齿密封无法克服的弊端。

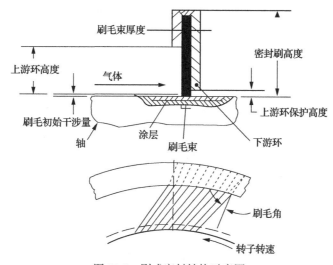

图 10-1　刷式密封结构示意图

　　刷式密封的刷毛一般与转子接触，由于刷毛倾斜排列，在转子振动的时候，刷毛可以弹性退让。刷毛材料和轴表面涂层材料的匹配是关键技术之一。刷式密封结构参数对其密封性能的影响、刷式密封性能的分析方法等都是设计和应用所关心的主要问题。

10.3　刷式密封产生背景及其应用介绍

　　以航空发动机为例，其运动状态经常发生变化。例如，飞机从地面静止状态到起飞，或由巡航到降落，静止件和转动件不可能达到相同的热变形速率。飞机欲降落在海面上的航母上，很大的下降加速度加上甲板的倾斜，将会产生很大的载荷，使发动机承受垂直方向约 $10g$(g 为重力加速度)的加速度，发动机壳体瞬态严重变形，转子与静子之间发生严重的瞬态偏心。另外，飞机转弯时转子高速旋转产生的陀螺效应也易导致转子相对静子偏心。又如，安装在飞机机壳外部的 400kN 推力发动机，由于发动机不可能极其精确地对称安装在飞机中心线两侧，发动机的推力对机身产生一个弯曲作用。由于支撑转子的轴承跨距很大，离轴承最远处的密封能产生 0.2～0.5mm 的径向位移[8]。

航空发动机传统密封件一般由镍-石墨或金属蜂窝制成，在转子相对静子严重偏心时，转子上的密封齿切入静子密封表层中，形成了永久的泄漏通道，增大了泄漏量，这只能等到发动机大修时，更换密封件才能解决。刷式密封即是在这样的工程背景下发展起来的。它允许转子与静子之间发生瞬态较大偏心，刷毛可以弯曲变形来适应这种偏心，在转子重新进入稳定运行工况后，又恢复了良好的密封性能。刷式密封具有的独特性能，在提高发动机效率上具有很大的回报，已得到了广泛的重视。与目前广泛使用的梳齿密封相比，发动机性能的提高主要得益于刷式密封减少了二次流泄漏。刷式密封是梳齿密封简单、实用和有效的替换产品。

刷式密封最初仅限于燃气轮机内部流动系统中气体密封的应用。因为这样一方面可以提高发动机的性能，另一方面可以保证机械的安全性。与梳齿密封相比，刷式密封具有优异的封严能力。刷式密封在工作中有时脱落很少的刷毛，这将在油池和润滑区域对轴承寿命和整机安全性造成威胁。因此，最初将刷式密封的应用限制在气体密封领域是合理的，对将来的考虑也是有价值的。油池或轴承附近油和气交界面处的密封通常是碳环密封。

GE 公司于 1955 年在 J-47 发动机中进行刷式密封实验[9]。英国 Rolls-Royce 公司于 20 世纪 70 年代开展了大量的刷式密封研究工作。到 20 世纪 80 年代，该公司在实验型发动机中进行了成功的实验[10]，并于 1987 年率先在实际的 RB-199 发动机中进行了实验并加以应用。同年该公司将刷式密封应用于 IAE V2500 发动机中的高压压气机出口及前轴承腔的压力平衡密封。该发动机安装于空中客车 A320 中，已投入商业运行。

1984 年美国引进英国的刷式密封技术，进行了大规模的研究。美国于 1988 年实施了一项发展高性能透平技术的计划，要在 15 年内，使发动机的推力提高 100%。其主要技术途径之一是发展刷式密封。刷式密封已进入军用和民用商业领域。

20 世纪 90 年代，美国空军发展刷式密封确定的参数指标为：初期要求使用温度 649℃，滑动速度 247m/s，压差 0.34MPa；后期要求使用温度 760℃，滑动速度 427m/s，压差 1.0MPa。在这个时期，高温和高相对接触速度刷式密封的研究取得很大进展，可以承受超过 305m/s 的转子线速度，能够在 690℃运行温度下稳定工作。Allison 在 1990 年将刷式密封大量应用于 T406 Plus 发动机中。Pratt & Whitney 在 1994 年将刷式密封装备用于 F-15 和 F-16 战机的 F-119 发动机。1995 年，安装于波音 777 的 PW4084 发动机，在高压压气机出口与卸荷腔间以及高压涡轮 1 级工作叶片榫根与 1 级导叶间等处的封严应用了刷式密封，使发动机的推力提高了 2%，相应的耗油率降低了约 2%。1996 年，用于波音 747、767 以及麦道 MD11、空客 A300 等客机上的 PW4000 系列发动机进行了同样的改装。同时 GE 公司也在其用于 B777 客机的 GE90 发动机低压涡轮中应用了三套刷式密封。刷式密封现已在航空发动机中广泛应用，在 EJ200、V2500、PW4000 系列和 F119 发动机中都能看到其应用实例[11]。

在工业燃气轮机方面，传统梳齿密封间隙有的高达 2mm。利用刷式密封替代梳齿密封，可显著降低泄漏损失，提高效率，而费用比改造其他硬件要少得多。Siemens Westinghouse 对刷式密封进行了深入研究，1992 年将其作为一项先进技术应用在 160MW 的 501F 燃气轮机。刷式密封技术也应用在 501D 改造及 501G 燃气轮机中[12,13]。GE 公司自 1978 年 PG6431A 问世以来，经过 20 多年的发展，到 2000 年生产的 PG6581B，出力增加了 30%以上。其通流部分进行的技术改造除了在透平叶顶处使用蜂窝密封以外，还在压气机处利用刷式密封替代梳齿密封，减少了压气机的泄漏。压气机高压侧气封控制着压气机排气到第一级涡轮前这段空间的冷却空气量。因此，密封允许的最小间隙受瞬态下转子的位移量和涡轮空间的冷却要求支配。对于 6B 机组，密封间隙增加 0.508mm，将导致功率损失约 1%，效率损失约 0.5%。为了经受转子的偏离而又保持这一关键区域的间隙，GE 公司在该密封中采用了刷式密封，来替代迷宫密封的一个齿(第二个到最后一个均可)。刷式密封与压气机转子之间的间隙，与迷宫密封的设计间隙相同。这样在新机状态下，两种密封的间隙完全相同，但刷式密封可以长期保持这种密封性能，因为不可避免的碰撞不会导致刷式密封与转子之间的间隙增加。而且，采取这种方法应用刷式密封时，对应的转子表面不需要专门硬化。

在汽轮机方面，有些汽轮机轴封和动叶叶顶处应用了刷式密封，取得了很好的经济效益[14]。工业叶轮机械中的刷式密封，一般为分段结构，以适应水平中分式壳体，而且都是和梳齿密封一起使用，以增加初期使用的可靠性。同时刷式密封的结构尺寸也适当放大，以增加长期使用所必需的强度和耐久性[15]。实践经验表明，与传统的梳齿密封相比，刷式密封造成的轴表面磨损是很小的。

我国的一些研究部门[10,16]也开展了刷式密封的研究与应用工作。

10.4　刷式密封性能介绍

表 10-1 为部分刷式密封基本结构参数统计表[17-21]。可以看出，刷式密封的主要结构参数一般包括：刷毛角度 30°～60°，常取 40°或 45°；刷毛丝直径为 0.05～ 0.1mm；刷毛与转子之间初始干涉量(即过盈量)为 0.05～0.15mm，密封下游环保护高度为 0.7～1.5mm；刷毛束密集度为 90～180 根/mm(圆周方向)；刷毛束厚度一般不超过 2mm，如表 10-1 所示。

表 10-1　部分刷式密封基本结构参数统计表

序号	工作温度/℃	压比或压差	刷毛丝直径/mm	刷毛角度/(°)	刷毛束密集度/(根/mm)	下游环内径/mm	上游环内径/mm	线速度/(m/s)	密封孔径/mm	刷毛初始干涉量/mm	下游环保护高度/mm	成组数	刷毛束厚度/mm	B_0/mm	刷毛高度/mm
1	240	4.66	0.07	45	91	129.5	144.07	—	—	—	—	—	—	0.50	—
2	68	5.33	0.07	45	91	129.5	144.07	—	—	—	—	—	—	0.50	—
3	7	3.91	0.07	47.5	97	136.6	151.23	—	—	—	—	—	—	0.56	—
4	7	8.99	0.07	53	170	38.0	46.99	—	—	—	—	—	—	0.47	—
5	7	6.44	0.07	45	138	129.5	148.13	—	—	—	—	—	—	0.73	—
6	18	2.94	0.07	45	171	137.0	156.59	—	—	—	—	—	—	0.90	—
7	21	3.57	0.07	45	85	137.0	156.59	—	—	—	—	—	—	0.46	—
8	7	6.00	0.07	45	91	129.5	144.07	—	—	—	—	—	—	0.51	—
9	7	6.00	0.07	45	91	129.5	144.07	—	—	—	—	—	—	0.50	—
10	301	689kPa	0.07	45	97	—	—	274	129	0.127	0.762	1	0.68	—	7.3
11	20	1bar	0.07	45	—	—	—	—	122	0.25	1.5	1	0.70	—	10
12	20	—	0.05	50	180	—	—	0.8	38	0.06	—	1	0.70	—	10
13	20	345kPa	0.07	45	96	—	—	275	129	0.11	1.08	1	—	—	—
14	301	345kPa	0.07	45	96	—	—	335	280	0.15	1.35	1	—	—	—
15	—	—	0.1	30	—	—	—	157	300	—	—	—	—	—	15

大量的实验揭示了刷式密封的一些特性。普通单级刷式密封一般用于低于 0.5MPa 的压差下。用于压差为 1MPa 或更高的高压差单级刷式密封,要增大刷毛束的轴向刚性,其刷丝直径为 0.15mm,刷毛束厚度为 1.26mm。另外,在下游环靠近刷毛束自由端的较大区域里,下游环与刷毛束之间留有一定的间隙,以减少压差对刷毛束刚性的增强作用(即低刚性设计);在上游环侧加一刚性低于刷毛束的遮流板,以减轻刷毛束在高速气流冲击下的过度磨损。

10.5　刷式密封泄漏特性研究进展

刷式密封的流量系数一般为 0.0035~0.006[22]。泄漏量随压比的增大而增加。表征泄漏量与压比关系的泄漏量特征曲线具有"磁滞"特性。主要表现在泄漏量随压比增大的曲线与随压比减小的曲线有部分不同路径。当压比增大后又减小时,由于刷丝之间的摩擦阻尼作用,泄漏量低于压比由小到大增大时相同压力下的泄

漏量。与梳齿密封进行泄漏量对比实验的结果说明，若梳齿密封的半径间隙等于
0.02mm，刷式密封泄漏量只有梳齿密封泄漏量的 1/7～1/4；若梳齿密封半径间隙
为 0.75mm，刷式密封泄漏量仅为梳齿密封泄漏量的 1/20～1/10。

1. 下游环保护高度

下游环保护高度决定了刷式密封抵抗来气压力的能力，还影响着刷毛束的磨
损形态，其值越小越好。但还应考虑到转子瞬间大幅径向位移时，下游环不能与
转子相碰。实验表明，该值从 0.25mm 增大 0.76mm，到最后增大到 1.27mm 时，
泄漏量没有明显变化；但大于 1.27mm 后，泄漏量明显增加。一般建议下游环保
护高度为 1.27mm[22]。

2. 初始干涉量

初始干涉量在 0.025～0.127mm 范围内变化时，泄漏量的变化是很小的。但初
始干涉量过大则不利于保持密封性能[19]。

3. 轴表面涂层及刷毛自由端研磨

轴表面是否有涂层以及刷毛自由端是否研磨成球形，对泄漏量没有太大的直
接影响。

4. 多级刷式密封

多级刷式密封主要应用于高压差工况，同时减小了对转速变化的敏感性。泄
漏特性曲线的"磁滞"现象也减轻了。两只刷式密封同时使用时，其流量系数小
于 0.003[19]。

5. 温度变化

实验表明，当环境温度由 190℃上升到 301℃时，泄漏量的变化很小[19]。

6. 轴颈直径尺寸

实验和理论分析都表明，对于小轴径的刷式密封，其密封性能下降，特别是
在轴径小于 101.6mm 时，问题比较突出[23]。

7. 转子运动状态

转子转速下降时，刷式密封的泄漏量增加；转子振动时刷毛对转子的摩擦力
矩急剧减少，泄漏量增大。当转子振动频率接近刷毛固有频率时，刷毛束的振动
增大[24]。

8. 润滑剂

在汽轮机中应用刷式密封时，当蒸汽发生相变而成为水时，就成了刷式密封的润滑剂。有润滑剂时的泄漏量是无润滑剂时的 1/2.5[24]。

9. 刷毛束密集度和刷毛高度的影响

为了抵抗来气压力，刷毛束必须具有一定的密集度。表 10-1 说明，刷毛束密集度一般为圆周方向 90～180 根/mm。实验表明，刷毛束密集度过大，对密封性能不利。另外，刷毛高度过高时，对密封性能也有不利影响[23,25]。

10.6　刷式密封实验研究进展

摩擦副的优化是刷式密封研究的关键任务之一。当温度和转速提高时，应该从材料摩擦特性的角度，来选择刷毛和轴表面涂层的材料。刷式密封在燃气轮机内部冷态区域中已得到了成功的应用。为了在动力透平的排气端、压缩机的高压端以及高转速等高温条件下应用刷式密封，国外许多机构在高温实验台和压缩机以及燃气轮机中进行了高温实验。

10.6.1　刷式密封高温实验研究介绍

最初仅在普通实验台上进行刷式密封与梳齿密封的对比实验，调整设计参数以提高其封严和耐久性能。然而必须进行燃气轮机高温工作条件下的实验，以修订一些假设。

1. 实验台上的实验

Allison 公司利用两个实验台对刷式密封进行了深入的研究[26]。为了研究刷式密封设计参数对其性能的影响，开展动态实验和静态实验，一方面包括刷式密封几何形状、尺寸、干涉量、刷毛直径和材料的影响；另一方面包括轴颈的影响，如轴的材料、表面形态、不同的表面速度和压比等。

实验获得了静态和动态流量特性曲线，可以用于预测发动机中的刷式密封泄漏量。减小刷毛对轴的干涉量或使轴颈表面足够光滑，可以使滞后回路最小化或消除。在高温实验台上对现有刷式密封进行性能测试，冷态安装时具有一定的刷毛/轴颈半径干涉量。施加高负载时，刷毛压紧成更紧密的结构。当轴颈速度增大到最大值时，泄漏量减小到最小。当刷式密封内孔与轴颈的接触变成线对线的摩擦时，泄漏量缓慢地增大。一旦刷式密封失去与轴颈的接触，泄漏便增大，类似于在同等间隙下的梳齿密封，这种情况在过去的冷态实验中曾经发生。

刷式密封在高温实验台上进行了 100h 的实验，对一系列几何尺寸的刷式密封进行了 10h 的加速磨损实验。为了在短时间内获得磨损量的定量值，进行了刷毛/轴颈半径干涉量较大的夸大磨损实验。实验基本包括了所能生产的结构尺寸，磨损实验和耐久性实验最初局限于特定的发动机。

实验数据表明，一处同时使用两只或三只刷式密封，与使用单只刷式密封相比，泄漏量减少很少或没有改进，但是应用多只刷式密封可以使承受高气流压力负荷的能力线性增长。某发动机中同时成组地使用了三只刷式密封。

热运转下的刷毛/轴颈半径干涉量以及刷式密封安装处的径向和轴向空间都会对发挥刷式密封的优良性能产生影响。窄小的上游环必须有足够的宽度，以满足装配的需要，并在刷毛需要调整干涉量时准确地限制刷式密封的位置。下游环通过支撑刷毛抵抗来流压力以提供轴向刚度。宽大的下游环要确保在转子最大的机械位移和热膨胀下都不能与转子相碰。刷式密封的径向可让性是通过刷毛的有角度安装而获得的。在与涂有光滑陶瓷的轴颈接触时，金属刷毛具有柔顺性，从而在最初的刷毛磨损中消耗较低的摩擦能量。下游环的环形间隙被具有高度耐磨性的刷毛充填。刷式密封中形成一个通风气流是很重要的，该通风气流用以散发产生于刷毛与轴颈之间的摩擦热。

2. 刷式密封在发动机中的实验与应用

早期在 T800 发动机中，刷式密封成功地在动力透平的排气端运转超过了 24h，肯定了实验台的实验结果。在 T406 发动机的实验中，温度达到 777℃，表面速度为 250m/s，热态区中应用刷式密封减少泄漏 1.0%～1.5%，刷式密封表现出很好的性能。在压缩机级间应用刷式密封，由于减少和控制了气体的内部泄漏，从而提高了效率。将 T56-A-427 压缩机级间三个梳齿密封换成两只刷式密封后，效率有了显著的提高。

1）压缩机级间刷式密封

T406 发动机的实验结果表明，13 级的刷式密封在 71h 的实验中达到了预期的磨损特性。刷式密封下游环与轴颈的间隙为 1.52mm，13 级的平均刷毛/轴颈半径干涉量为 0.33mm，刷式密封最初的磨损率小于 0.0127mm/h。

实验数据表明，前六个压缩级中的三个压缩级氧化铝涂层轴颈表现出中等的磨损，而在最低压力级，磨损最严重。轴表面速度较低，材料温度也较低。Haynes25 刷毛与转子接触时，氧化铝涂层轴颈产生磨损。在压缩机第 5～第 13 级的高压端轴颈表面产生明显的磨损痕迹。近距离检查发现轴端表面有发丝状划痕，主要原因是转子金属的线性热膨胀系数高，轴颈氧化铝涂层的热膨胀系数低，从而导致不同热膨胀的差异。

级间空腔中的气流和金属温度的测量，证实了设计模型所预测的刷式密封机械应力、热膨胀、摩擦能量特性和转子热阻力等。应用刷式密封后，显著减少了级间泄漏，使泄漏达到最小，但也使发动机腔内存在气流流动不畅的潜在问题，必须考虑给予其他来源的通风，以防出现由于转子阻力和摩擦生热而导致灾难性的温升。

2)T406 发动机

Allison 公司利用 T406 发动机的压缩机建成了一个实验台，没有对该发动机修改和更新。位于级间的 13 只刷式密封都经历了发动机喘振实验，密封的机械完整性没有被损坏。发动机热区从高压压气机排气端到低压涡轮排气端，以及在高压涡轮 1 级和 2 级空腔间共应用了 6 只刷式密封，刷式密封优越的密封性能得到证实。T406 发动机曾发生严重的振动(振动速度达到 76.2mm/s)，但对刷式密封没有任何损害。5h 的运转后，所有热区的 6 只刷式密封都状态良好。在高压侧刷毛对应的轴表面涂层中有轻微的裂纹。在拆下的邻近腔室中发现有磨损碎片和折断的刷毛。还存在一些氧化铝涂层轴颈的磨损和磨痕，类似于在压缩机级间使用刷式密封的情况，但在涡轮中并不是所有的刷式密封都产生了这样的问题，仅在其中的 1～2 处有发生。

T406 发动机实验的积极结果使人们有信心相信柔顺的刷式密封可以容忍在发动机减负荷或机动运行时密封间隙的瞬态变化。在同样的工况下，梳齿密封将会形成永恒的磨损，从而增大密封间隙，降低发动机的性能。

总之，来自于演示性发动机的实验数据包括很高的表面摩擦速度、严酷的压力和温度环境。在一台 14 级的压缩机上，将刷式密封安装在轮毂级间，开展零部件和整机实验，研究在热区环境中工作的刷式密封设计方法[27]。刷式密封还成功地在 883kW(约 1200 马力)和 4413kW(约 6000 马力)的燃气轮机上进行了实验。级间刷式密封的成功应用，促成了刷式密封在 T406 Pluse 发动机压缩机级间和涡轮内部流动系统中的应用。

10.6.2　刷式密封摩擦特性的实验研究介绍

如前所述，刷式密封的摩擦特性是发动机设计者关心的重要问题之一。因为刷毛的摩擦对保证刷式密封长期工作性能和寿命有着重要的影响。刷式密封摩擦特性研究中的一项重要工作，是在高温和高滑动速度条件下，从摩擦和磨损角度，对轴表面涂层材料和刷毛合金材料进行实验研究[22,28]。

1. 刷毛材料合金

选择刷毛材料时要考虑的主要物理性能和机械性能是：熔点、拉伸强度、硬度、抗氧化性、抗蠕变性和抗疲劳性。还要考虑这种金属制成金属丝的可能性。根据材料的高温特性，分析以下 7 种候选材料[29-31]。

1)Haynes 25

Haynes 25 是一种钴-铬-钨基固溶强化超级合金，在中等温度下，其强度比沉淀硬化不锈钢低，在高温下具有很好的强度特性。由于形成了 Cr_2O_3 膜，Haynes 25 具有抗氧化性能。

2）Inconel 718

Inconel 718 是一种镍-铬基沉淀硬化不锈钢超级合金，在 704℃时具有很好的综合特性。这种合金在航天领域有广泛的应用。大量 γ'、$Ni_3(Al,Ti)$ 的沉积使得该合金得到极大的强化。这种强化相在高于 704℃ 的温度下熔解，导致机械性能急剧下降。因此这种候选材料只能在临界温度以下使用。

3）合金 A

合金 A 是一种镍-铬-铝基固溶强化超级合金。该合金由于大量 γ' 相沉积而硬化。该合金被设计成在 γ' 固溶相线之上工作。这种合金应用在燃气轮机的高温区域、锅炉部件、加热元件等。该合金由于具有极高韧性的 Cr_2O_3、Al_2O_3 和 Y_2O_3 层，从而具有优良的抗氧化性能。

4）合金 B

合金 B 是一种固溶、碳化强化的镍-铬-钨基超级合金。在高温下该合金具有很好的强度和很好的抗氧化性能。这是由于形成了 Al_2O_3，并且在添加了元素镧的情况下，提高了 Al_2O_3 膜的强度。这种合金被广泛地应用在航空工业，典型的应用场合包括燃烧器、过渡管和火焰筒支架等。

5）合金 C

合金 C 是一种氧化物合金弥散强化、铁-铬-铝基超级合金，由于形成了极高韧性的 Cr_2O_3、Al_2O_3 膜而具有很强的抗氧化性。添加 Y_2O_3 以后，增强了这种膜的稳定性。在合金的熔点下，这些 Y_2O_3 氧化物的弥散体仍能保持稳定，从而具有很好的高温强度（1149℃）。

6）合金 D

合金 D 是钴-铬-钨-镍基超级合金，是一种用于航空发动机的合金板材。这种合金通过添加钨而固溶强化，通过 M_6 和 $M_{23}C_6$ 碳化物的沉淀获得额外的强度。在添加了元素镧的情况下，提高了膜的强度，使这种合金的抗氧化温度提高到 1093℃。

7）合金 E

合金 E 是一种镍-钼-铬基超级合金，具有持久硬化的特性。该合金没有 γ' 沉积。这种合金的使用温度可以高达 760℃。

2. 轮盘涂层材料

与刷毛材料一样，轮盘涂层材料应该在 649℃和 305m/s 转速下具有稳定的微观结构。为了达到 8000h 的寿命要求，轮盘涂层材料要具有较低的磨损率和较小的摩擦生热。涂层不要有严重的磨损[32-34]。在磨损区发生剥落、微观破裂、疲劳对涂层的寿命都是有害的。实验研究和选择摩擦副时，应从摩擦机理、摩擦特性和微观结构的稳定性等方面进行分析。

1) 碳化物涂层

(1) 碳化铬涂层。碳化铬涂层由于其优越的抗磨损和耐摩擦特性，得到了广泛的关注。美国 EG&G 密封研究中心，利用不同的初始粉末和技术，对各种碳化铬涂层的摩擦磨损特性进行了实验研究。尽管实验的压力和速度与刷式密封的实际应用条件不同，还是碰到了高温摩擦的问题。这些摩擦实验结果成为选择碳化铬涂层的基础。有文献报道，在高温下利用超声速火焰喷涂(HVOF)方法喷涂碳化铬涂层，使涂层中生成 Cr_3C_2 和 Cr_7C_3 的混合物，这些物质能使轮盘涂层的硬度加强。

(2) Triboglide® 涂层。Triboglide® 是一种碳化铬合金。它含有 12%的钡和氟化钙等氟化物固体润滑剂。这种涂层不含银。在 NASA Lewis 研究中心研究工作的基础上，美国 EG&G 密封研究中心进一步发展了这种涂层。实验中研究了各种参数的影响，如喷射距离、角度，粉末的尺寸和流量，温度，固体润滑剂的百分比。这些实验表明，HVOF 方法适合于 Triboglide® 涂层。

(3) 碳化钨涂层。碳化钨应用于高速航空领域，在美国 EG&G 密封研究中心进行了应用于刷式密封的研究。碳化钨在高速实验中，在超过 482℃的高温情况下发生去氧作用。利用爆炸喷涂技术施加含有 8%钴黏合剂的 WC 能解决上述问题。高速实验中超过 482℃的高温使 WC 相发生去氧作用。利用联合的碳化 D-Gun 技术来施加含有 8%钴黏合剂的 WC。

2) 氧化物涂层

(1) 氧化铬。以前的实验表明，在与石墨滑动摩擦时，氧化铬涂层比其他涂层的摩擦严重，但美国得克萨斯农工大学的研究表明，Inconel 718 刷毛与氧化物涂层摩擦实验时，氧化铬涂层的摩擦性能很好。这些实验不是在高温和高速下进行的，但实验结果表明，在高速下氧化铬涂层也能工作得很好。与其他正在研究的涂层相比，氧化铬具有相对较低的热膨胀系数和热传导性。

(2) 氧化铝涂层。氧化铝作为轮盘的涂层，已经被用于高温、高速工作环境中的刷式密封中。普惠公司利用气体等离子喷涂方法，形成厚度为 0.025~0.051mm 的氧化铝涂层。

3) 钴基涂层

(1) Tribaloy® T-800 涂层。这种钴基涂层还含有钼、铬、硅，在高温下的摩擦实验中取得了很好的结果。这种涂层的喷涂方法有气流等离子喷涂和 HVOF。在喷涂和随后的热处理中，由于产生了拉弗斯(Laves)相，增强了涂层的硬度，使用的是 HVOF。

（2）Tribomet® T-104C 涂层。刷式密封摩擦副实验研究中的第七种涂层是 Tribomet® T-104C 涂层。这是一种钴基涂层，涂层中含有电子沉积的碳化铬颗粒。在高压、低速下进行了摩擦磨损实验。与其他涂层不同的是，Tribomet® T-104C 涂层几乎完全是金属的，与基体有很好的附着性。

3. 实验过程

利用热比重计分析仪（TGA）研究候选材料的抗氧化性。TGA 可以准确地测量由于温度变化而产生的重量变化。被测量的实验件放在显微天平臂一端的白金容器中，然后送入炉中。在最初的加热实验中，样件减少或增加重量，使得天平臂向上或向下运动。必须增加或减少电压值，来保持天平臂的平衡，从而记录样件重量变化的过程。

为了更清楚地确定 7 种细丝状（直径为 0.08mm）刷毛候选材料的抗氧化性能，研究人员进行了一系列的 TGA 实验[35-37]。样件的重量近似 20mg。温度实验中，每分钟提高 20℃，然后绝热保温 360min。实验温度分别是 871℃、982℃、1038℃ 和 1093℃。实验中空气流量是 80mL/min。根据合金的不同，材料可以是硬化或退火的状态。

1）大径向偏离下的磨损/疲劳实验

在 649℃的温度下，相对于刷毛，轴上的耳垂状突出物径向偏离为 1.02mm，产生刷毛/轴颈半径干涉量，来模拟高循环疲劳。实验中，刷毛样件刚好与光滑轮盘表面接触。这样可以保证当每一个耳垂状突出物通过时，刷毛样件都有同样的 1.02mm 偏离。刷毛样件取自真实的刷式密封，轮盘为没有涂层的 Inconel 718。样件经过了 1500 万次的循环疲劳，利用电子扫描显微镜来观测实验前和实验后刷毛形态的变化，还要监测样件重量的变化。轮盘转速是 300r/min，实验温度是 649℃。在开始的 900 万次实验中，每经过 100 万次实验，检查一次。最后两次实验各经过 300 万次的循环，总共达到 1500 万次的循环疲劳。

2）摩擦磨损扫描实验

最初的摩擦副摩擦磨损扫描实验中使用的是环对环式的样件。这种方法在进行大规模摩擦磨损实验时，成本较低。七种刷毛材料和七种涂层材料产生了多种摩擦副的组合。如果对每一种摩擦副进行不同温度、不同速度下的实验，则需要进行大量的实验。根据摩擦磨损的机理来评估材料的特性，可以减少实验次数。

利用电子扫描显微镜、X 射线分光镜、光学显微镜和硬度计等仪器，研究摩擦表面的磨损特性。环对环实验中的接触压力是 13.78kPa，温度高达 649℃。转速分别是 10000r/min、20000r/min 和 30000r/min，每种速度下实验的时间是 30min，累计实验时间是 1.5h。

用于研究刷式密封材料的高速、高温实验台，转子转速可达到 60000r/min。实验件的表面线速度可达到 98m/s。实验台的最高温度可以达到 704℃，实验件表面的接触压力较低。

实验台利用变频调速器控制转子的转速。摩擦副的一只环固定在轴上，模拟转子的旋转表面，另一只环利用可以精细调节压力的气流，压在第一只环的表面上。把实验件放在炉子中来控制实验件的温度。利用计算机控制实验台，并采集数据。利用实时测量的接触表面上的法向和切向负荷，来确定摩擦系数。

3）小型刷式密封实验

在飞机巡航时，希望发动机中的刷式密封刷毛和转子之间有一些泄漏，以便减少摩擦生成的热量。当转子发生很大的径向偏离时（如飞机急转弯时），刷毛和转子将会发生强烈摩擦，产生很高的热量。特别是在高速条件下，必须着重考虑转子的摩擦生热。在径向偏离很大时，有可能冷却空气很少。这种情况在发动机工作时经常发生。因此，进行小型刷式密封实验时，使刷式密封承受的气流压力很小，来模拟这种工况。

轮盘的表面有涂层，通过增加刷毛和轮盘之间的过盈量，提高刷毛的受力来获得刷毛的负荷。刷式密封的内径是 50.648mm，轮盘的外径是 51.156mm，刷毛/轴颈半径干涉量是 0.254mm。

转子转速分别为 2000r/min、20000r/min、40000r/min 和 60000r/min，温度为 427℃。实验时连续记录温度和力矩。在 2000r/min 下运转 5min，然后升到 20000r/min 运转 10min，再升到 40000r/min 运转 10min。停下后，应用光学显微镜和轮廓仪观察，利用光学比较仪测量刷式密封的内孔。在 60000r/min 下运转 10min，然后利用上述测量方法检查。

每次实验之前，转子都要在 20000r/min 下进行动平衡，并在轮盘上打磨去重。动平衡的精度是轮盘的径向振动位移小于 0.0127mm。刷式密封摩擦副的摩擦系数是通过接触压力计算得到的。

4. 实验结果[22,28]

1）氧化实验的结果

金属氧化或形成氧化膜的主要过程是：从空气中吸收氧，形成氧化核，并连续发展形成氧化膜，最后氧化膜加厚。所有氧化过程都是相似的，只是氧化膜加厚的程度不同。氧化膜的性质决定了刷毛候选材料的氧化稳定性。合金氧化的普遍特性是，在开始很短的第一区间中，样件的重量基本不变；随后是很长的第二区间，由于温度迅速提高，形成了氧化膜，重量迅速增加。第三区间是一个氧化层稳定发展的区域。

抗氧化性能与氧化膜的形成有关。抗氧化性能最好的是合金 A。它形成的是 Al_2O_3、Cr_2O_3 和 Y_2O_3 氧化膜，Haynes 25 和 Inconel 718 只形成了不稳定的 Cr_2O_3 氧化膜，其抗氧化性能较差。合金 A 之所以是抗氧化性能最好的候选材料，是因为 Al 和 Cr 在 Fe 和 Ni 基合金中可以有效地形成氧化膜。由于氧化膜与基体紧密黏结在一起，不会脱落而进一步氧化，阻止 O_2 和 Fe 的进一步扩散，从而在高温下具有较好的抗氧化性能。

Haynes 25 和 Inconel 718 的抗氧化性能比合金 A 差。Inconel 718 是 Ni、Cr、Fe 基合金，添加有少量的 Cb、Mo、Ti 和 Al。Haynes 25 是 Co、Cr、W、Ni 基合金，添加有少量的 Fe、Mn、Si。这些合金通常形成不稳定的 Cr_2O_3 氧化膜，不能形成存在于合金 A 之中的阻止 O_2 和 Fe 进一步扩散的障碍，因此随着温度和时间的增长，氧化物重量增加，即氧扩散到合金之中，氧化了合金元素。

2）磨损和疲劳实验结果

刷毛要在 649℃的温度、干涉偏离量为 1.02mm 的条件下，经过 1500 万次的疲劳循环实验。实验后，用扫描电镜检查没有发现疲劳现象。刷毛没有微观变形，整体也没有明显的变化。从显微镜下观察，不同的刷毛合金还是具有明显差异的。Haynes 25 刷毛的顶端有磨损，刷毛表面有明显的氧化，刷毛中有磨损颗粒。因为 Haynes 25 形成了很厚的氧化膜，在转子偏离较大时，氧化物脱落。Inconel 718 的情况也是这样，但磨损不是那么严重，然而在刷毛顶端有明显的污点。

三种合金分别经过 1500 万次的疲劳循环实验后，合金 A 的损坏最小。刷毛顶端由于滑动摩擦作用而产生磨损，刷毛表面没有明显的合金破裂现象。利用 TGA 测量表明，这种合金的氧化稳定性能较好，形成的氧化物可防止刷毛表面的过度氧化和合金的破裂。

3）环对环摩擦实验结果

环对环摩擦实验共进行了 120 次。实验首先在 427℃下进行。利用碳化钨环分别对 7 种合金进行摩擦实验，对每种合金的性能有一个整体的了解。这些实验表明，Haynes 25 和 Inconel 718 两种刷毛合金的性能较好。然后这两种合金与六种涂层在 649℃下开展进一步的实验。649℃的温度是碳化钨可以承受的最大温度。每次实验后，利用扫描电镜和表面轮廓仪检查摩擦副的表面，研究摩擦磨损的机理。对每一种刷毛合金和涂层材料的性能有一个整体认识后，便可以进行大规模的实验，摸索每对摩擦副的特性。

大多数的涂层都有一些微观裂纹，但是有两种涂层具有扩展性的裂纹，并有一定程度的碎裂。这两种涂层是低热膨胀系数的氧化涂层。涂层的热膨胀系数与轮盘（Inconel 718）的热膨胀系数不匹配，冷热循环过程中在涂层与轮盘的交界面处产生应力。热膨胀系数不匹配是涂层产生微观裂纹和碎裂的基本原因。另外还有其他形式的磨损机理，如微观磨损，涉及表面氧化膜材料转移和碎裂的黏着磨损。

在实验中表现不佳的材料，如发现裂纹等不理想特性，在实际工程中也不会有好的特性，因为实验件的表面速度(49m/s)比实际情况小。利用上述实验结果可以得到一个明显的总体趋势。各种合金中，有两种刷毛合金的摩擦系数较低。其中一种摩擦系数较低的合金磨损比较大，扫描电镜的观察表明，摩擦表面产生了较大的黏着及变形。这种合金具有较低摩擦系数的原因是在高温情况下，表层的屈服强度较低，较小的力即可去除磨损表面，显然这种合金不适于用作刷毛的候选材料。另外一种摩擦系数较低的合金磨损较低。利用扫描电镜检查摩擦表面，发现只有很薄的一层氧化膜控制着较低的摩擦系数，没有发生大规模的磨损。

实验发现的第二种趋势是涂层的磨损取决于刷毛的材料。大多数涂层的摩擦系数是 0.1～0.8。一些涂层的摩擦系数较低，这主要是由于形成了具有润滑性的氧化物，但这受环境的影响，很容易丢失。然而所有刷毛候选材料的实验表明，Triboglide®涂层的摩擦系数比较集中(0.2～0.4)。摩擦系数低的原因是形成了润滑膜，即在碳化铬结构中有固体润滑剂，使涂层表面润滑。

4) 小型刷式密封实验获得的摩擦副实验结果

利用环对环摩擦的实验结果，选择了 7 对摩擦副材料进行了小型刷式密封实验。其中的一对摩擦副是碳化铬与 Haynes 25。该组材料被广泛用于冷态区域刷式密封场合。环对环摩擦的实验结果表明，实验中碳化铬表面的粗糙度从 0.254μm 增大到 0.762μm。扫描电镜的检查表明，碳化铬涂层存在一定的微裂纹，但很有限，并且没有碎裂现象。在碳化铬磨损表面也有一些微小的黏着和材料转移。磨损表面的测量表明，大约有 25%的碳和 12%的钨(质量百分数)从 Haynes 25 转移到碳化铬表面，在 Haynes 25 表面存在氧化膜，它与碳基的 Haynes 25 松散地黏结在一起。在 Haynes 25 表面也存在微黏着现象。相当一部分的铬从碳化铬转移到 Haynes 25 上。实验前、后两种材料磨损表面的化学成分如表 10-2 所示。

表10-2 实验前(环境温度)/后(649℃)碳化铬、Haynes 25 两种材料磨损表面的化学成分(单位：wt%)

化学成分		Cr	Fe	Ni	Co	W
Haynes 25	实验前/后	21.0/28.5	3.0/1.6	10.0/12.0	50.0/36.1	16.0/21.8
碳化铬	实验前/后	67.4/46.2	0.9/1.4	31.7/12.4	0/27.6	0/12.4

注：wt%表示质量百分数。

每次实验前，密封腔和实验台的其他部件都要保持一定的温度。在刷式密封的后盘上测量每种转速下力矩和温度的升高。转速增大时，摩擦副碳化铬与 Haynes 25 的摩擦系数也在增大。在最慢的转速下，摩擦系数是 0.23，在高转速下，如 162m/s，摩擦系数上升到 0.4 至 0.5。转速再增大，摩擦系数还会增大。在高速下，刷毛/轴颈半径干涉量为 0.254mm 时，温度从环境温度升高到 296℃。

另外三组摩擦副的刷毛材料是 Haynes 25、Inconel 718 和合金 A。涂层材料是 Triboglide®。7 种涂层材料中的 6 种要求表面粗糙度为 0.2～0.3μm。Triboglide®涂层中含有固体润滑剂，粗糙度可以为 0.38～0.64μm。在与刷毛的摩擦过程中，Triboglide®较高的粗糙度使刷毛粗糙度增大。环对环实验后的粗糙度测量结果是：Haynes 25 为 0.76μm，Inconel 718 和合金 A 为 0.41μm。利用扫描电镜检查摩擦表面发现，Triboglide®涂层与三种刷毛合金中的任何一种摩擦后，涂层中都没有发现微裂纹。Inconel 718 和合金 A 摩擦表面上有微小黏着。

实验表明，1.5%～2%的钡和氟化钙转移到刷毛合金上。有 6%或更少的刷毛合金转移到 Triboglide®涂层上。与碳化铬和 Haynes 25 摩擦副中 37%的合金转移相比，这种合金转移明显很少。

Triboglide®涂层与 Haynes 25 刷毛合金的实验表明，低速条件下的摩擦系数是 0.25。实验初期摩擦系数很低（为 0.15），随着转速的增高，摩擦系数增大。这种摩擦副在最高转速下的摩擦系数与碳化铬、Haynes 25 摩擦副的摩擦系数相当。

Haynes 25 的摩擦性与另外两种合金不同。Inconel 718 与 Triboglide®涂层摩擦时的特性取决于滑动速度。实验中测得的摩擦系数是 0.31。在低速下，Inconel 718 与 Triboglide®涂层摩擦副的摩擦系数比其他摩擦副高。在高速下，摩擦系数居中，比 Haynes 25 低。摩擦系数最低的是合金 A 与 Triboglide®涂层摩擦副，在线速度为 53m/s 时的摩擦系数是 0.17。当转速升高时摩擦系数达到 0.23，转速进一步升高时摩擦系数基本不变。后盘上测量的温度表明，由于摩擦生热，对于刷毛/轴颈半径干涉量是 0.254mm 的合金 A 与 Triboglide®涂层摩擦副，温度上升到 186℃。实验得到的摩擦系数和温度表明，利用合金 A 与 Triboglide®涂层摩擦副替代碳化铬、Haynes 25 摩擦副，在转子偏离较大时，可以减少摩擦生热 40%～50%。

5. 讨论

如果涂层中有微裂纹和碎裂，那么该涂层不适合用于刷式密封。碎裂增大了粗糙度，黏着作用增大了磨损。易于碎裂的涂层会从转子轮盘上分层或分离，将产生严重问题。

在高速或高温下，与发生少量材料转移的摩擦副相比，发生大量材料转移的摩擦副不适合用于刷式密封。碳化铬和 Haynes 25 摩擦副中，大量的钴和钨从刷毛合金中转移到涂层上。发生大量材料转移时，产生磨伤。发生少量材料转移的摩擦副，摩擦磨损小，有利于延长刷式密封的寿命。

钴合金和 Haynes 25 摩擦副在高速下的摩擦系数很高。在室温下，钴具有六面体结构，当温度上升到 399℃时，钴从六面体结构变成立方体结构，增大了摩擦系数。因此，钴合金用于刷毛材料时，工作温度和速度应较低，以便保持六面体结构的稳定。

如果刷毛合金由于形成了黏性的氧化膜而具有很好的抗氧化性能，那么便具有很好的摩擦和磨损特性。许多合金都形成了氧化膜，但如果氧化膜很容易脱落，则润滑结构遭到破坏。脱落的氧化膜很硬，在接触表面产生黏着而增大磨损。

如果选择了合适的涂层和刷毛材料，在转子发生较大的偏离时，可以减少摩擦生热、降低转子的温升。使用合金 A 与 Triboglide®涂层摩擦副，刷式密封可以减少摩擦热约 50%。通过减少材料从刷毛向涂层的转移、减少涂层的碎裂以及减少刷毛合金的氧化，可以延长刷式密封的寿命。

10.6.3　加工处理工艺对刷毛丝性能的影响

刷毛丝的加工工艺影响着其强度。从金属棒制成刷毛丝后，材料冷却退火的程度会影响刷毛强度。例如，IX750（一种镍-铬超级合金）制成刷毛丝以后的热处理影响着刷毛丝的强度。这些热处理包括简单的退火或沉淀硬化处理。本节介绍材料的加工处理方法对刷毛丝性能影响的实验研究结果[38]。

1. 实验装置和过程

转子的最大转速和最高温度分别是 17000r/min 和 800℃。通过两个自由度的万向节使刷毛与转子之间的接触压力保持恒定。万向节与一个记数平衡器相连，允许在 ±2g 的范围内精确地调节负荷。低刚度的阻尼器用于消除高频振动，安装完毕后轮盘的最大跳动量是 0.009mm。

实验的三种刷毛丝材料是具有不同屈服强度的 H25、H214 和 IX750。三种材料刷毛丝的直径是 0.0071mm。高强度的 IX750（IX750H）刷毛材料按照 AMS5699 标准中的 3.3.2.1 条的要求进行沉淀硬化处理，达到最大的极限强度（延展性小于 2%）。另外，经过重熔，按照 AMS5699 中的 3.3.3.1 条的要求进行沉淀硬化处理，获得极限强度减少 40%、延展性增大 10 倍的低强度 IX750（IX750L）刷毛材料。IX750L 和 IX750H 的最终极限强度分别是 1062MPa 和 1855MPa。H214 是一种非硬化合金，其高强度材料不经过退火等热处理而直接拉丝，低强度材料经过部分退火后再拉丝。H214 和 H25 刷毛丝没有按照 AMS5699 规范的要求，导致 H214 和 H25 最终的极限强度分别是 372MPa 和 1379MPa。表 10-3 给出的是刷毛丝材料的成分。

表 10-3　刷毛丝材料的成分　　　　　（单位：wt%）

化学成分	Co	Ni	Cr	Fe	W	其他（<6wt%）
H25	51	10	20	3	15	Mn, Si, C
H214	—	75	16	3	—	Mn, Si, Al, C, B, Zr, Y
IX750	0~1	70	14~17	5~9	—	Ti, Al, Nb, C

每个刷毛束由 920 根刷毛组成，通过惰性气体保护电弧焊(TIG)焊接到超级合金制成的上游环和下游环之间。焊接之后，刷毛丝菱形排布，并有 45°的倾角。露出的刷毛高度是 1.3mm。实验前，利用丙酮和甲基酒精对刷毛束进行超声波清洗。

实验用的轮盘利用等离子喷涂和 HVOF 方法，喷涂与碳化铬结合在一起的镍-铬合金，或用等离子喷涂方法喷涂氧化锆涂层。涂层的厚度是 0.102~0.152mm。每一个轮盘都有五个 3mm 宽的磨损带。每个轮盘在第一次实验前，都要用酒精清洗，最后用蒸馏水冲洗。

每个刷毛束都要进行两个 25h 实验，以测量中度的刷毛磨损。每组实验中有两个刷毛束，实验需要进行 100h。实验条件：温度是 650℃，轮盘表面速度是 24.0m/s，负荷是 0.49N，接触压力是 75.8kPa。每次实验中，利用 ±250g 的线性伏特位移变送器(LVDT)、K 型热电偶和光学速度计，来测量摩擦力、温度和速度。每隔 6min 计算机采集一次数据。由于接触压力相同，每次实验中的摩擦一样。给出的摩擦系数是摩擦力除以负荷得到的平均值。

测量刷毛的磨损量时，记录有标记的刷毛顶端长度的变化。使用 25 倍的显微照相镜，在实验前和实验后，分别测量 8 个位置，取平均值。平均磨损量乘以刷毛束的截面积，得到磨损因子。

实验后测量轮盘的方法是，在轮盘的磨损区域，使用轮廓曲线仪(表面光度仪)每隔 90°测量磨损区域，利用 4 次测量的平均值计算平均磨损区域，乘以轮盘周长，得到磨损体积。最后，将磨损体积除以负荷和摩擦距离，得到摩擦因子。50h 的实验后测量一次轮盘磨损量。

2. 实验结果和讨论

1)刷毛磨损

对 H214 刷毛束进行的 10 次实验都由于刷毛的张开而没能完成 50h 的实验。对 H25 和 IX750 刷毛束进行实验时，没有观察到刷毛的张开现象。和 HVOF 的 Cr_2C_3 比较，涂层材料是等离子喷涂的 Cr_2C_3 时，低强度的 IX750 刷毛束的磨损量减少 50%。与镍-铬合金 IX750 不同，和等离子喷涂的 Cr_2C_3 比较，涂层材料是 HVOF 的 Cr_2C_3 时，钴-铬合金 H25 刷毛材料的磨损量减少 33%。

虽然 H214 刷毛束没能完成实验，但这不能说明这种材料不能用作刷毛材料。实验中，负荷和摩擦力为一个常数，这与实际工程不同。然而，这种材料的刷毛束产生的张开问题也说明，使用这种材料的刷毛束是否能保证刷式密封长期的有效性是令人怀疑的。热运转之后发动机的瞬态变化，有可能产生刷毛的持久弯曲，使密封的泄漏增大。这与普通的梳齿密封受到磨损的结果相似。

2)轮盘磨损

由于 H214 的性能很差，没有测量轮盘的磨损因子。与 IX750L 相比，刷毛束材料是 IX750H 时，轮盘的磨损略有改进。然而，刷毛材料是 IX750L 时，等离子喷涂轮盘的磨损因子大大低于 HVOF 轮盘的磨损因子。但是，对于 H25 刷毛材料，这两种涂层的差别很小，HVOF 的涂层略好一些。镍-铬超级合金与等离子喷涂的 Cr_2C_3 相配、钴-铬超级合金与 HVOF 方法相配时，轮盘的磨损较小。

以前有人研究过 H25 和 IX750 刷毛材料和镍-铬合金涂层的磨损特性。实验的条件是：温度是 450℃，表面速度是 100m/s。实验表明，IX750 刷毛材料和爆炸喷涂(d-gun)Cr_2C_3 涂层的磨损率比 H25 低约 50%。这里的实验结果与之类似：IX750L 刷毛材料和等离子喷涂的 Cr_2C_3 涂层的磨损率比 H25 和等离子喷涂的 Cr_2C_3 涂层的磨损率低 43%。但是刷毛材料 H25 和 HVOF 的 Cr_2C_3 涂层的磨损率比 IX750L 和 IX750H 刷毛材料的磨损率分别低 59%和 52%，表明了一个相反的趋势。这些实验结果表明，刷毛材料和轮盘涂层的合理匹配可以产生较小的磨损。

3) 摩擦系数

两种方法喷涂的 Cr_2C_3 涂层的摩擦系数为 0.16～0.32，不同喷涂方法得到的碳化铬涂层的摩擦系数变化不大。氧化锆涂层的摩擦系数超过 0.5。每种材料的高强度和低强度刷毛丝都有较小的振动。实验结果表明，刷毛丝的加工工艺不如刷毛丝的组成成分重要。H214 两种工艺得到的刷毛丝都没能完成实验。虽然 IX750 成功地完成了实验，但 IX750L 和 IX750H 刷毛材料的磨损率没有很大的差别。要实验研究高温陶瓷和先进合金材料，来改进刷式密封的高温特性。

10.6.4 碳化硅刷式密封

刷式密封已经应用于 IAE 2500、Pratt & Whitney 4000 系列和 GE90 系列发动机之中。在更加严酷的条件下应用刷式密封，必须使用更加先进的材料。碳化硅就是这样一种潜在的先进刷式密封材料，其强度高，化学性质为惰性，抗氧化，在高温下仍保持其强度和完整性。碳化硅可以制成很细的刷丝，切成刷式密封所需要的长度。这些特性使碳化硅成为刷毛的很好候选材料[14]。碳化硅刷式密封的样件是在 NASA Lewis 研究中心制造和实验的。NASA Lewis 研究中心实验设备的工作条件类似于现代高性能高效率的航空发动机以及火箭发动机的涡轮泵。

1. 实验设备

实验台转子表面的线速度是 340m/s，刷式密封的压差是 830kPa 时，温度高达 430℃。在温度高达 650℃时，压差可达到 340kPa。这里实验的最大温度为 510℃。

轮盘外径是 130mm，材料是 Inconel 718。共有 11 只不同的轮盘，可以进行更换，以对不同的涂层进行实验。轮盘的工作温度可达 650℃。原来的转子在 35000r/min 以上时，有振幅较大的振动。重新设计制造了一只转子，重量是原来转子的一半。这个轻转子允许转速达到 50000r/min，而没有明显振动。密封实验件安装在静子上，可以相对于转子有偏心。实验中转子与密封支撑静子要求同心安装(误差为 0.005mm)，密封支撑件可以安装在不同的轴向位置上，以便改变转子上的磨损痕迹的位置。

实验转子由一只空气透平驱动，在 40000r/min 时的最大功率是 16kW(22 马力)，在 60000r/min 时的功率是 13kW(18 马力)。在 0r/min 存在最大的力矩 7.9N·m。最大运行速度是 50000r/min。压缩空气的压力是 830kPa，最大流量是 0.9kg/s，压缩空气被实验台底部的 70kW 电加热器加热。提供给实验台的压缩空气在 540℃、830kPa 下的流量是 0.054kg/s，在 650℃、550kPa 下的流量是 0.04kg/s。

在刷式密封的上游和下游都测量流量，上游和下游流量之差为密封的泄漏量。这种测量方法允许实验台在实验过程中保持很高的工作温度。实验初期，在测量泄漏量时关闭了旁通排气阀，这样所有的高温气流都要经过密封实验件流出。因为刷式密封的设计要求泄漏量很小，实验过程中没有充分的热量提供给实验台来保持高温。测量流量的流量计系统总误差是 ± 0.0004kg/s。测量仪表包括测量密封实验件进口处上游气流温度的热电偶，还有三只热电偶沿圆周方向均布，测量密封出口处下游气流的温度。紧靠着刷式密封上游和下游热电偶的压力探头，测量实验过程中密封的压力降。当运行温度是环境温度(21℃)、压力为 340kPa 时，有一个内置孔可以控制和记录刷毛和转子的运动。

实验所用的刷式密封实验件中，刷毛的材料是碳化硅。上游环和下游环的材料是 Inconel 625。利用铜焊将刷毛焊在一起。铜焊的材料是 Cusil 铬铜，其成分是大约 72%的银和 28%的铜。密封实验件相关的设计细节见表 10-4。刷式密封实验件的刷毛束厚度是 0.51mm，而常规的厚度是 0.71mm。如果刷毛束的厚度更大，则泄漏量更小。转子和刷式密封之间的初始刷毛/轴颈半径干涉量是 0.14mm，对于这种尺寸的刷式密封这是一个典型的干涉量。

表 10-4　碳化硅刷式密封结构尺寸

初始刷毛/轴颈半径干涉量/mm	下游环间隙/mm	刷毛角/(°)	刷毛丝直径/mm	刷毛密度(圆周方向)/(根/cm)	刷毛表面形态(刷毛顶端)
0.14	0.95	45	0.14	590	圆形

转子涂层是 Zirconia(二氧化锆)，这是 Technetics 公司的研究成果。该涂层用等离子喷涂方法制成。涂层表面通过磨削，最终表面光洁度达到 0.89μm，涂层厚度为 0.25mm，该表面对刷式密封有些粗糙。与刷式密封相配的转子表面的粗糙度建议为 0.2~0.3μm。粗糙表面是由喷涂工艺造成的，这一技术容易产生多孔结构的涂层。

2. 实验过程

在每次实验前，先通入压力为 280kPa 的气流，使碳化硅刷式密封的刷毛获得一个初始的位置。然后施加实验用高压气流,并且提高转子速度。进行高温实验时,首先在转子转速为 2000r/min、密封具有轻微压力降 70kPa 时加热实验台。这样可以使实验台受热均匀。为了达到 510℃的温度,加热时间大约为 1.5h。当气流的压力、温度和转子转速达到要求时,每隔 1min 记录一次数据。

压力变化系列中,转子转速通常设定为 15000r/min 或 35000r/min,温度是 21℃或 510℃。高温情况下,最大压力是 660kPa。

速度变化系列中,温度仍然是 21℃或 510℃。各种实验条件见表 10-5。为了研究温度的影响,在 21℃和 510℃下进行实验。还研究不同的压差和转速对碳化硅刷式密封性能的影响,进行多次重复实验,以确保实验结果的重复性和完整性。实验以后,测量刷式密封和转子表面的尺寸,记录磨损量。刷式密封内孔直径使用光学比较仪测量。每次实验以后进行检查时,至少在圆周 8 个位置进行测量。然后对这些数据进行平均处理,再与其他组的测量数据比较,以监测刷毛的磨损。使用轮廓仪(表面光度仪)检查转子表面轮廓时,在等间距的 8 个位置上测量。还要记录圆周方向的磨损痕迹。每个检查的轮廓长度是 10mm,在圆周 4 个等分处检查。

表 10-5 碳化硅刷式密封实验条件

压力变化系列			速度变化系列		
上游压力/kPa	下游压力/kPa	密封之间的压力/kPa	转子速度/(r/min)	上游压力/kPa	下游压力/kPa
170	100	70	15000	340	100
210	100	100	25000	340	100
280	100	170	30000	340	100
340	100	240	35000	340	100
450	100	340	30000	340	100
550	100	450	25000	340	100
660	100	550	15000	340	100
450	100	350	—	—	—
280	100	170	—	—	—
170	100	70	—	—	—

3. 实验结果讨论

1)泄漏特性

选择常规直通式四个齿的梳齿密封为对比密封。当转子不转动、气流不加热时,碳化硅刷式密封的泄漏量比半径间隙为 0.18mm 的对比梳齿密封泄漏量减少 35%～45%,但比半径间隙为 0.1mm 的对比梳齿密封泄漏量多 30%～36%。在环境温度下(21℃)、转子转速为 15000r/min 时,碳化硅刷式密封的泄漏量比半径间隙为 0.13mm 的对比梳齿密封的泄漏量减少 25%～30%，比半径间隙为 0.18mm 的对比梳齿密封的泄漏量减少 50%～55%。

在转子转速为 15000r/min，温度分别为 510℃的高温和 21℃环境温度下，对比测量碳化硅刷式密封的泄漏率。实验时先进行环境温度下的实验，然后进行高温实验。两个温度下的泄漏实验结果很相似。这表明，碳化硅刷式密封在高温下仍能保持其密封性能不变。两种温度下的实验都包括高压和低压的泄漏数据。21℃的环境温度下，没有磁滞现象。510℃的高温下，有很小的负磁滞回路。实验前，对刷毛的位置进行了设置。在进行该回路的前半圈实验中，实验温度很高。在进行该回路的后半圈实验时，碳化硅刷式密封的刷毛已经存在一定的磨损，即在热应力的作用下，已磨损成一个更加顺从的几何形态，从而在进行该回路的后半圈实验时，观察到微小的泄漏量减少。在 510℃的高温和 35000r/min 的转速下进行的泄漏实验表明，与刷毛束厚度为 0.71mm 的常规 Haynes 25 刷式密封在 30000r/min 下的泄漏实验数据相比，碳化硅刷式密封的泄漏量较大。

在环境温度下（21℃）和高温情况（510℃）下，碳化硅刷式密封的泄漏量随着转速的增加而减少。这是因为转子随着转速的增加而径向膨胀，同时随着转速的增加，转子和刷毛之间的摩擦迅速增大，产生很大的摩擦热，使得转子和刷毛都有热膨胀。两组数据都表明有正的磁滞回路，即转速从高向低变化时的泄漏量比转速从低向高变化时的泄漏量要大。在高温下的泄漏大于低温情况，高温使磨损增大。

2) 磨损特性

初始实验产生的磨损是很严重的。随后刷毛还要持续磨损，但对转子表面危害不大。从泄漏量的实验结果中还可以看到一个趋势：环境温度下的首次实验和高温实验之后，泄漏量大幅增大，但在随后的实验中泄漏量没有增大。

测量转子圆周方向上的磨损轮廓，分析第一次高温实验后和第二次高温实验后的转子表面形态。由于转子表面和刷毛之间的磨损，平均粗糙度由 0.89μm 减小到 0.25～0.38μm。然而，在每一个轮廓图中都可以看到，在表面上有长度约为 5mm、幅值约为 1.9μm 的磨痕。

每次实验后对刷毛和转子表面进行的可视检测表明，刷式密封的刷毛保持良好的状态，转子表面的磨痕加深。可以明显地看到转子氧化锆涂层被磨损掉了，成为粉末状，大部分集聚在刷毛之中。最后一次实验以后，由于存在氧化锆涂层的粉末，刷毛显然变白了。氧化锆涂层粉末的存在并没有明显地阻碍刷毛的自由运动，但影响着刷毛束中气流的流动。氧化锆涂层表面，包括磨损痕迹，并没有由于摩擦接触而脱色或污染。然而，温度升到 510℃时，氧化锆涂层从发亮的白色变成白垩的白色。在环境温度下，刷式密封内孔直径的增长很小，可以忽略不计；在高温下，每次实验后，内孔直径都增大约 30μm。在显微镜下，可以明显地看到，刷毛顶端被磨损了。刷式密封内孔直径的增大是刷毛磨损和刷毛变形联合作用的结果。

利用内孔窥视仪和摄像机,可以观测在环境温度下运转的刷毛特性。由于内孔窥视仪只能在一定温度范围内使用,因此这种技术仅适于环境温度下的实验。另外,内孔窥视仪仅限制在 340kPa 的压力下使用,因此内孔窥视仪工作环境的压力受到限制。利用内孔窥视仪的观测表明,碳化硅刷毛的振动和运动都比常规刷式密封的金属刷毛在相同条件下的振动小得多。

需要指出的是,应该制造宽度是 0.71mm 的碳化硅刷式密封,以便和常规金属刷毛的刷式密封进行直接的比较。还应该研究轮盘表面的其他材料的涂层或喷涂技术。爆炸喷涂技术和 HVOF 技术可以产生更加致密的涂层结构,从而使涂层的表面光洁度比等离子喷涂的涂层高。铸造氧化锆轴套的表面耐磨损性比这里应用的等离子喷涂表面的耐磨损性要好。另外,由于碳化硅刷毛的强度和耐久性等,应该实验研究刷毛/轴颈半径干涉量为 0~50μm 的较小干涉情况。刷毛/轴颈半径初始干涉量是 125μm 有可能导致了研究中出现的轮盘迅速磨损。

4. 小结

选择刷毛和轴表面涂层材料的基本原则是,在保护轴涂层的前提下,使刷毛磨损量达到最小。根据大量长期实验的结果,用于刷毛的材料主要为钴基合金和镍基合金。

在高速或高温下,一些摩擦副发生少量材料转移,摩擦磨损小,有利于延长刷式密封寿命。如果大量金属,如镍、铁、钨从刷毛合金转移到涂层上,那么由于金属之间的直接接触,摩擦副的性能变差,产生损伤,不适合用于刷式密封。例如,钴基合金 Haynes 25 和碳化铬摩擦副在高速下的摩擦系数很高。在 400℃时,钴从六面体结构变成立方体结构,增大了摩擦系数,大量的钴和钨由 Haynes 25 刷毛合金转移到涂层上。因此,钴基合金用于刷毛材料时,工作温度和速度应较低。在较低的温度下,钴基合金的摩擦系数较小,使用钴基合金时,应限制温度范围。

在高温和高速情况下,合金 A 的抗氧化性最强,与 Triboglide® 涂层匹配时的摩擦系数很低。镍基合金 A 的表面有黏性氧化膜,从 Triboglide® 涂层上转移了少量的钡和氟化钙而形成了很薄的一层润滑膜。在高温下,镍基合金 A 与 Triboglide® 涂层摩擦副替代 Haynes 25 和碳化铬摩擦副,可以减少材料从刷毛向涂层的转移,降低涂层的碎裂和刷毛合金的氧化,从而减少摩擦热约 50%。

碳化硅刷式密封可以在 510℃的高温、550kPa 的压力下较好地工作至少 9h。轮盘涂层是等离子喷涂的氧化锆涂层时,碳化硅刷毛具有一定的磨损,氧化锆涂层也有明显的磨损。碳化硅刷式密封的泄漏量是半径间隙为 0.18mm 的常规直通式四齿梳齿密封泄漏量的一半。和常规金属刷毛相比,碳化硅刷毛非常稳定,振动和位移都很小。

对具有不同屈服强度的两种镍-铬超级合金(H214 和 IX750)刷毛丝的实验表明，密封的磨损特性主要取决于材料的组成成分而不是加工处理的条件。

涂层的磨损与刷毛材料有关。刷毛合金如果形成黏性氧化膜，而且氧化膜不容易脱落，那么这种合金不但具有很好的抗氧化性，还具有很好的摩擦和磨损特性。大多数涂层的摩擦系数是 0.10～0.8。一些涂层的摩擦系数较低，这主要是由于形成了具有润滑性的氧化物，但这受环境的影响，具有润滑性的氧化物很容易丢失。然而 Triboglide® 涂层的摩擦系数比较集中(0.2～0.4)，这种涂层摩擦系数较低的原因是形成了润滑膜，即在碳化铬结构中有固体润滑剂，使涂层表面润滑，降低了摩擦系数。

碳化铬涂层由于其优越的磨损和摩擦特性，得到了广泛的关注。大多数的涂层都有一些微观裂纹，但是低热膨胀系数的氧化物涂层，如氧化铝和氧化钨涂层，具有扩展性的裂纹，并有一定程度的碎裂，加剧了摩擦和磨损。如果涂层中有微裂纹和碎裂，那么该涂层不适合用于刷式密封。碎裂增大了粗糙度，由于黏着作用而增大了磨损。容易碎裂的涂层由于从转子轮盘上分层或分离，将产生严重的问题。涂层摩擦特性与滑动速度有关，随着滑动速度的增高，摩擦系数增大。

刷毛与涂层材料的组合性能，受温度的影响很大。在发动机进气侧的低温区，钨基涂层比铬基涂层耐磨；在涡轮附近的高温区，铬基涂层的磨损量比钨基涂层少。电子显微镜下的观察表明，涂层表面的磨损主要是由轻微的黏结磨损造成的。刷毛为钴基合金时，如 Haynes 25 即海纳 25 钴铬钨镍超级耐热合金，刷毛自身的磨损量最小，对涂层的磨损也很小。温度不高时，刷毛为钴基合金，涂层为铬基合金，是一种可选用的材料组合。

几种可能适用于轴表面涂层的材料如下[8]。

(1)铬基合金：耐高温能力较好，热膨胀系数接近金属转子，其主要成分为(92Cr+8C)65%、(80Ni+20Cr)35%。

(2)钨基合金：在温度不高的工况下使用，成分中主要为 83%W，其他成分是 14%Co 和 3%C。

(3)Al_2O_3 陶瓷：耐高温能力强，热膨胀系数较低。

(4)ZrO_2 陶瓷：耐高温能力强，热膨胀系数接近金属转子。

经过对比研究，ZrO_2 的导热系数很小，约为 Al_2O_3 的 1%，抗拉强度和断裂韧性较高，而且其热膨胀系数在陶瓷材料中最接近金属材料。与此同时，该材料的抗热冲击性能由于 ZrO_2 特有的微裂纹和相变增韧机制而变得非常好。总之，ZrO_2 综合性能最好，在工程应用中，刷毛为 Haynes 25，轴表面涂层为 ZrO_2 陶瓷为一种常见的材料组合[23,39]。表 10-6 为两种刷毛候选材料，表 10-7 为两种轴表面涂层陶瓷候选材料的主要性能。

表 10-6　刷毛候选材料在 480℃情况下的性能

性能	Haynes25 钴基合金 C-0.011,Cr-20.0,Mn-1.5, Ni-10.0,Si-1.0,Fe-3.0, W-15.0,Co-其余	镍基合金 Cr-15,Fe-7,Ti-2.5,Al-0.7,Cb-0.95, Mn-1.0$_{max}$,Si-0.5$_{max}$,S-0,010, Cu-0.5,C-0.08$_{max}$,Co-1.0$_{max}$, Ni-其余
热膨胀系数/(10^{-6}/℃)	13.12	14.31
热传导系数[W/(m·K)]	18.32	18.10
热容量/[W/(kg·K)]	527.5	531.7
弹性模量/GPa	195.81	187.67
密度/(kg/cm^3)	9.14	8.25
拉伸强度/kPa	461.9	692.9
屈服强度 $\sigma_{0.2}$/kPa	137.9	241.3
延伸率/%	3.2	16.0

表 10-7　轴表面涂层陶瓷候选材料的性能[18,40]

材料名称	密度/(g/cm^3)	熔点/℃	热膨胀系数 /(10^{-6}/℃)	热传导系数(常温) /[W/(m·K)]	抗拉强度/MPa	弹性模量/GPa
Al$_2$O$_3$	3.31	2040	8.0	25.12	90~260	2.6~41.7
ZrO$_2$	5.19	2700	11.0	2.09	70~110	2.5~49.6

　　需要指出的是，在硬着陆、急转弯等飞行工况下，造成短时间的严重动静接触时，刷式密封仍能保持较好的密封性。但是如果长时间在严重的转子和密封不同心状态下运行，刷式密封的磨损也是比较严重的。

10.7　刷式密封的理论研究进展

　　人们对刷式密封已进行了大量实验，并成功地将其应用于喷气发动机中，但是它们的特性并没有得到完全理解和认识。利用数学模型来再现刷式密封许多真实的特性，有助于分析设计参数和运行工况对刷式密封性能的影响，研究各种因素的作用。然而，对于在各种负荷下动态的成千根柔软刷毛，利用数学模型来分析刷式密封的泄漏量和磨损是一个具有挑战性的课题，描述真实刷毛特性有许多困难。

　　刷式密封的设计参数包括：刷毛直径、下游环(后盘)直径、刷毛材料、刷毛束厚度、倾斜角、刷毛压紧度(与制造方法有关)和刷毛干涉量等。刷式密封的重要特性包括：泄漏率、承压能力、服务寿命和在运行过程中对转子位移的容忍性。刷式密封设计的两个主要目标是控制泄漏和延长寿命。刷式密封研究是一个包括空气动力、刷毛弯曲和接触力的复杂问题。在分析刷式密封泄漏特性时，主要包括 CFD 方法、多孔介质模型和有效厚度模型。

10.7.1　刷式密封的 CFD 方法

CFD 方法从微观水平上来研究刷式密封的流场，通过求解真实的 N-S 方程来获得刷毛中的气流压力和速度分布。虽然求解一个全面、瞬态、涉及整个刷式密封问题的三维 N-S 方程，比求解二维 N-S 方程更能揭示刷式密封的特性，但这是一个相当艰巨的任务。如果假定流动是二维、层流、不可压缩的，则可以把这个复杂的问题简化成一个相对简单的问题，产生比较清晰的结果，加深对感兴趣的问题的理解[25]。计算结果与大规模的可视化实验结果在定性上是一致的，刷毛排两端压力差的计算值与实验值相差约 20%。

这种 CFD 研究方法将刷式密封简化成类似换热器中的管束来进行模拟。Braun 和 Mullen 都利用这种方法，对交错和非交错方形排布的管束进行了理论和实验研究，针对观察到的轴向和横向管排空隙中的速度剖面和尾迹，进行了很好的定性描述。一般来说，他们给出的结果对于分析圆柱管排的流动是有帮助的。一些数值计算还涉及了管排间的热传递和速度剖面。利用 N-S 方程进行分析，认为流过刷毛的流动相当于流过固定圆柱的流动，能够模拟可视化实验中观察到的许多旋涡[41-43]。

CFD 研究方法中的二维数值模型[41]，在与刷毛轴线垂直的刷式密封泄漏主流区二维平面内，利用一系列非交错圆柱来代替刷毛，研究流过的气流。假设流动是层流、不可压缩和绝热的。在经过密封区域时，假定流体的黏度为常数。计算中使用了不可压缩的、绝热的有限差分方法。在入口处正旋地施加扰动压力，来研究刷毛的动态特性。Braun 近似模拟了几个圆柱截面刷毛。瞬态 N-S 方程的模拟结果揭示了许多有趣的旋涡流动形态，已被 Braun 等在实验中观察到了[44]。

由于实际刷毛之间的距离是很小的，这就需要大量的单元来构成足够的网格密度才能捕捉到流动的特性。NASA 利用真实的小刷毛间距来模拟交错排布的刷毛，首先对两根刷毛模型进行了分析。在增加多根刷毛之前，将两根刷毛模型分析结果与一个处理二维 N-S 方程程序的结果进行了比较。这个简化的线性 N-S 方程解法，预测了两只刷毛的压力降。该模型对一个给定的区域，预测了流量与压比之间的关系。刷式密封的主流区被分解成有代表性的小单元，在这里面进行模拟，选择的单元能代替整个密封。模型最初由 5 根刷毛构成的一个单独单元组成。在这个方形单元中，1 根刷毛位于中央，其余 4 根位于四角。然后添加其他的单元，以便外推出全部密封的结果。数值计算结果和高速实验台上得到的静态泄漏数据有很好的一致性。

美国得克萨斯农工大学机械工程系利用 CFD 研究方法[38]，全面求解二维 N-S

方程，研究了转子旋转诱发的旋涡对泄漏的影响。实验结果表明，与蜂窝密封一样，提高转子转速时，刷式密封的泄漏量下降。但需要进一步从理论上来解释这种现象。由于转轴的旋转而产生了垂直于泄漏流动方向的交错流动，虽然这种交错流动存在于刷毛顶端附近很小的一个区域，但基于对磨损的考虑，该区域是一个相当重要的区域。由于刷毛与转子接触而产生摩擦，刷毛顶端的温度很高，对刷毛顶端附近的区域有强烈的影响。刷毛磨损与刷毛温度有很大的关系。因此，认识刷毛顶端附近的流动是很重要的。

　　研究中近似假定刷毛束中的流动具有周期性，即对于任意的基本流动，在两个互相垂直的方向上都具有流线方向的周期性，以有利于数值计算收敛，有助于对局部速度和压力分布进行更细的求解。数值计算表明，在目前的条件下，相比于平直速度剖面，在两个入口和出口处选择抛物线状的速度剖面，能够给出与实验结果相近的解。

　　利用数值计算方法分析转子旋转产生的旋涡对刷式密封泄漏的影响，计算结果与横跨管道束流动的测量结果吻合得很好，计算得到的各种流动特性，加深了对提高转速可以减少泄漏的理解。特别是识别了轴向和切向流动相互作用的原因和结果[38]。这些相互作用使得流场在分叉区、回旋区、强烈加速区附近(如在发散旋涡附近)产生了剧烈的方向变化。计算得到的流线图形说明，较大的转子转速导致了泄漏流体粒子的横向运动，从而增大了泄漏流动的阻力。刷毛间距减小，不但减小了泄漏，还减小了泄漏率随压降增大而增大的速率。

　　利用同样的 CFD 研究方法，通过全面求解二维的 N-S 方程，美国得克萨斯农工大学机械工程系还研究了转子旋转诱发的旋涡对刷毛力分布的影响[38]。气动力将导致刷毛端部脱离转子表面，严重影响刷式密封的密封性能。分析刷毛变形的模型中仅涉及了在刷毛抬起区域的轴向流动速度，即两股耦合在一起的流体在一个多孔通道中平行流动。作用在刷毛上的气动力被看成作用在交错流中圆柱上的拖曳力。研究成果表明，由施加压力产生的轴向负荷决定刷毛变形量，刷毛变形量和轴向负荷的关系是非线性的。

　　刷式密封中横向流动速度分量作用在刷毛的端部，使刷毛在转子的切向方向上变形。这种变形将导致在转子和刷毛之间产生一层很薄的流体层。这种现象很普遍，被称为气动力抬起，对刷式密封的泄漏率和磨损有着很大的影响。与由于转子的偏离而产生的刷毛变形的情况不同，气动力抬起有时会导致在刷式密封动态实验中观察到的滞后作用。静态实验表明，滞后作用是施加的轴向压力梯度造成的。对于不太严重的刷毛变形，刷式密封是相当顺从的，刷毛趋于恢复原来的轮廓，消除导致刷毛变形的力。

　　分析刷毛顶端区域的抬起力，对于减轻刷毛区的接触压力是很重要的。该接触压力是磨损的基本原因。刷毛顶端摩擦产生的温升也影响着磨损。这个温升是由刷毛顶端流场散发的热量造成的。研究刷式密封中气动刷毛力的分布，将加深对控制刷毛力分布的作用机制的理解。

美国得克萨斯农工大学机械工程系的研究中，针对交错排布的方形刷毛模块，利用流线上的周期性条件，数值求解了完全的 N-S 方程，考虑了轴向流动(即泄漏流动方向)和转子旋转导致的切向流动的复合作用影响，特别是研究了刷毛内部间距和刷毛倾斜角的影响。研究结果表明，减小刷毛内部间距、增大刷毛倾斜角，都会增大使刷毛抬起的气动力。另外，增大轴向或切向的流量，将会增大法向和流动方向上力的分量。

10.7.2　刷式密封的多孔介质模型

多孔介质模型是一种将刷毛束作为一个整体的宏观研究方法。该模型利用了来自于管道模型的经验关系式，还需要用经验常数来定义多孔度。对于一维多孔介质模型，其流动阻力由流过圆柱的流动估计，其中阻力定律假定流过刷毛束的流动为平均流动，得到了一些有价值的相关的密封流动数据。Braun[44]利用多孔介质模型描述了刷毛束的整体流动现象，思想相同，但细节不同。Bayley 和 Long[7]根据流体介质的多孔性发展了一种用于计算刷式密封压力分布的轴对称二维模型，将刷式密封处理成各向异性、多孔的介质，具有非线性的阻力系数。将多孔介质放在主流区，利用通常的 CFD 求解方法解方程，可以捕捉到刷毛束的上游与下游之间的相互作用，预测泄漏率、压力分布和速度场。

刷毛承受的压力改变了刷毛束的位置，密封本身的性能则受到刷毛束位置的影响。为了计算质量流量、承压能力、刷毛位移、应力和作用在转子交界面上的接触负荷，必须计算作用在刷毛上的气动力。作用在刷毛上的气动力还影响着刷式密封设计中的另一个主要问题：刷式密封的寿命。刷式密封的寿命由刷毛顶端与转子摩擦表面之间的接触压力决定。这种接触压力由密封中的气动力和摩擦力的幅值和分布以及刷毛束和转子摩擦表面的机械特性所决定。应用刷式密封面临的主要挑战是减少磨损，以延长密封的使用寿命。为了达到这一目的，必须减小相对于运动转子的刷式密封有效刚度，并确保刷毛吹倒的幅值足够大，以便转子偏离之后，刷毛弹回来保持封闭的密封间隙。同时，刷毛吹倒的幅值也不能过大而产生不能接受的磨损。

利用多孔介质模型得到刷毛上的气动力，结合标准的悬臂梁理论，分析单个刷毛的弯曲，还可以分析刷毛排之间的相互作用，是比较有代表性的有关刷毛弯曲的研究方法。Chew 等[41]发展了一项技术，将 CFD 计算得到的刷毛气动力应用到刷毛束模型中，计算刷毛的位移、应力和刷毛顶端的接触负荷。Chew 模型得到了进一步的发展，考虑了下游刷毛排与后盘之间的摩擦。但是，由于将刷毛束简化成一个整体，仅考虑了下游刷毛排与后盘盘面之间的运动，从而限制了模型的准确性。

　　1999 年，英国牛津大学工程科学系发展了一个迭代的 CFD 算法和刷式密封模型[42]。该模型的核心是多孔介质模型，应用了一个非线性的多孔介质阻力定律。研究中没有将刷毛束简化成一个整体，而是考虑了相邻刷毛之间和刷毛与后盘（下游环）之间的摩擦作用，针对有初始间隙和有干涉量的刷式密封，计算了密封中的气动力分布，并与在牛津大学发动机实验台上进行的实验进行了比较。计算得到的流过干涉密封的质量流量表明，刷毛束的多孔性受到由于施加压力而产生的压缩的影响。由于相邻刷毛之间和刷毛与后盘之间的摩擦影响着刷毛的性能，研究中引入了一个简单的摩擦模型，来描述在动态和静态实验中都观察到的摩擦作用。选择摩擦系数时，要使动态情况下计算得到的刷毛位移和力矩的变化与实验一致。然而简单的模型显然不能捕捉到刷式密封的复杂特性。已经观察到，在瞬态压力过程中，流过刷毛束的流动与时间有关，这对密封的机械性能有很大的影响。

10.7.3　有效厚度模型

　　有效厚度模型也是建筑于管道模型之上的。Knudsen 提出的均匀交错管道模型，用于分析流体流过管束时所产生的压力降。受此启发，Chupp 利用方形交错排布圆柱模型来描述刷式密封。Holle 对此进行了修订，提出了六边形交错排布圆柱模型。在此基础上 Modi 建立了随机交错排布管道模型。Chupp 解决了刷毛随机分布的定量描述问题，对 9 种刷式密封的实验数据进行了统计分析处理，形成并完善了定量分析刷式密封特性的一个半经验理论模型，即有效厚度模型[19]。

　　有效厚度 B，是度量刷毛紧密度的一个尺度，综合反映了刷式密封主要结构参数和环境参数的影响。利用该参数可以预测任意条件下刷式密封的密封特性。该值越大，刷毛越疏松，泄漏量也越大。反之，该值越小，刷毛越紧密，泄漏量越小。于是产生了零泄漏刷毛厚度 B_0 的概念，它表征了刷式密封达到零泄漏理想状态时的有效刷毛厚度，显然 $B > B_0$。有效厚度 B 越接近零泄漏刷毛厚度 B_0，即 B/B_0 越接近 1，则泄漏量越小。在此基础上形成了评价刷式密封综合性能的参数：密封效率 B/B_0。

　　有效厚度模型考虑了刷式密封的结构参数，如刷毛丝的直径、刷毛倾斜排布角、刷毛密集度、上游环内径和下游环内径；还计及了环境参数，如气体入口压力、出口压力、出口温度以及气体常数及气体黏度等。分析时首先要判别刷毛中气体的流动状态（如层流、湍流或过渡流），然后应用相应的数学模型得到最大泄漏量 $G_{\max}$ 和有效厚度 B 的计算值。计算值与假定的初始值进行比较，反复迭代，直到满足计算精度为止。刷式密封的流量系数为

$$\Phi = G_{\max} \, (A_f T_u^{1/2}) / (A_u P_u) \tag{10-1}$$

式中，$G_{\max}$ 为反复迭代得到的最大泄漏量；A_f 为气体流通面积；A_u 为入口平均接

触面积；T_u 为入口温度；P_u 为入口压力。

零泄漏刷毛厚度为

$$B_0 = \{[(i-1)/(1+0.25(S_{T,M}/S_L)^2)^{1/2}] + 1\}d_b \qquad (10\text{-}2)$$

式中，i 为刷毛纵向排列数；$S_{T,M}$ 为刷毛纵向等效间距；S_L 为刷毛横向间距；d_b 为刷毛丝直径。

Chupp 和 Holle[19] 利用有效厚度模型进行的研究表明，随着压比的增加，大部分刷式密封的 B/B_0 基本稳定于一个值域内，即 B/B_0 为 $1.0 \sim 1.05$。而实验数据则表明，这些刷式密封都有较好的密封性能。个别刷式密封的 B/B_0 值较大，为 $1.1 \sim 1.15$，实验表明其泄漏量较大。一般来说，质量较好的刷式密封，其 B/B_0 为 $1.0 \sim 1.05$。这可以作为刷式密封出厂或购买验收时的一个评价准则。这个准则可用于指导产品设计与开发[45]。利用有效厚度模型，结合实验数据，可以分析刷式密封在使用中的密封性能。

综上所述，给定刷式密封的一系列设计参数，有多种分析某一特定结构刷式密封的理论模型。为了更好地理解和计算刷式密封的复杂性能，发展数学模型是一个有用的研究工具。利用数值计算的方法，研究每个参数对刷式密封性能的影响，可以减少刷式密封样件试制的实验次数，从而降低成本和制造难度，还可以进行一系列的改进设计。当然，刷式密封的数值计算必须与相关的实验研究结合起来，才能取得更好的成果。

10.8　本章小结

本章综述了刷式密封研究的进展，主要包括刷毛和涂层材料的摩擦学特性、刷式密封的动力学特性和泄漏流体特性以及结构参数影响与优化等，重点介绍和讨论了国内外学者关于刷式密封的实验研究和数值模拟的研究成果。

刷式密封的泄漏量是梳齿密封的 $1/10 \sim 1/5$，允许转子与密封之间瞬态严重不同心而保持密封能力不变，可以提高效率并改善机组运行的稳定性，是发展高性能叶轮机械的关键技术之一。

大量的实验初步揭示了刷式密封性能变化的一般规律。在燃气轮机内部冷态区域中，刷式密封较好的材料组合是刷毛为钴基合金，轴表面涂层为铬基合金或陶瓷，如工程上常用的刷毛为 Haynes 25，轴表面涂层为 ZrO_2。在高温条件下，如动力透平的排气端、压缩机的高压端以及高转速转子等，较好的刷毛材料是镍基合金。

计算流体力学方法、多孔介质模型和有效厚度模型等理论研究方法，可以用于分析结构参数和环境参数等对刷式密封性能的影响。利用有效厚度模型时，密

封效率 B/B_0 为 1.0～1.05 是评价刷式密封制造质量和指导其设计的一个准则。

参 考 文 献

[1] 林基恕, 张振波. 21 世纪航空发动机动力传输系统的展望[J]. 航空动力学报, 2001, 16(2): 108-114.

[2] 刘瑞同. 从 PG6431A 到 PG6581B—简介 MS6001 B 燃气轮机的发展历程[J]. 燃气轮机技术, 2001, 14(4): 29-31.

[3] Valenti M. Upgrading jet turbine technology[J]. Mechanical Engineering, 1995, 117(12): 56-60.

[4] 郑云之. 国外大型燃气轮机及联合循环[J]. 上海汽轮机, 2000, (1): 41-50.

[5] 袁玮. 刷式密封接触分析及磨损特性的研究[D]. 西安: 西北工业大学, 2004.

[6] 李金波. 叶轮机械中基于蜂窝密封和合成射流技术的流场控制方法研究[D]. 北京: 北京化工大学, 2008.

[7] Bayley F J, Long C A. A combined experimental and theoretical study of flow and pressure distributions in a brush seal[J]. Journal of Engineering for Gas Turbines and Power, 1993, 115: 404-410.

[8] Atkinson E, Bristol B. Effects of material choices on brush seal performance[J]. Lubrication Engineering, 1992, 48(9): 740-746.

[9] Chupp R E, Dowler C A. Performance characteristics of brush seals for limited-life engines[J]. Journal of Engineering for Gas Turbines and Power, 1993, 115(2): 390-396.

[10] 茅声凯, 商中福, 尹莲华. 改善汽轮机通流部分性能的现代化技术[J]. 汽轮机技术, 1999, 41(3): 129-135.

[11] 苏华. 指尖密封结构和性能的设计分析与实验研究[D]. 西安: 西北工业大学, 2006.

[12] Beatty R F, Hine M J. Improved rotor response of the uprated high pressure oxygen turbopump for the space shuttle main engine[J]. Journal of Vibration, Acoustics, Stress, and Reliability in Design, 1989, 111(2): 163-169.

[13] 李军, 晏鑫, 宋立明, 等. 透平机械密封技术研究进展[J]. 热力透平, 2008, (3): 141-148.

[14] Addy E J, Howe H, Flowers J, et al. Preliminary results of silicon carbide brush seal testing at NASA Lewis Research Center[C]// Joint Propulsion Conference & Exhibit, Cleveland, 2013.

[15] Chupp R E, Short J F. Brush seals: Lower means higer efficiency[J]. Turbomachinery International, 1997, (12): 58-62.

[16] 黄学民, 史伟, 王洪铭. 刷式密封中泄漏流动的多孔介质数值模型[J]. 航空动力学报, 2000, 15(1): 55-58.

[17] Iwatsubo T, Sheng B, Ono M. Experiment of static and dynamic characteristics of spiral grooved seals[C]// NASA CP 3122 Proceedings of a Workshop Held at Texas A & M University, Texas, 1999.

[18] Childs D W, Gansle A J. Experimental leakage and rotordynamic results for helically grooved annular gas seals[J]. Journal of Engineering for Gas Turbines and Power, 1996, 118(2): 389-393.

[19] Chupp R E, Holle G F. Generalizing circular brush seal leakage through a randomly distributed bristle bed[J]. Journal of Turbomachinery, 1996, 118(1): 153-161.

[20] 谢建华. 振动锤的数学模型与全局分叉[J]. 力学学报, 1997, 29(4): 73-80.

[21] 丁千, 陈予恕. 非线性转子-密封系统的亚谐共振失稳机理研究[J]. 振动工程学报, 1997, 10(4): 12-20.

[22] Fellenstein J A. High temperature brush seal tuft testing of selected Nickel-Chrome and Cobalt-Chrome Superalloys[C]//AIAA, Cleveland, 1997.

[23] 徐惠彬, 宫声凯, 刘福顺. 航空发动机热障涂层材料体系的研究[J]. 航空学报, 2000, 21(1): 7-12.

[24] Wood P E, Holle G E, Jones T V. A test facility for the measurement of torques at the shaft to seal interface in brush seals[J]. Journal of Engineering for Gas Turbines and Power, 1999, 121: 160-166.

[25] Demiroglu M. A numerical study of brush seal leakage flow[C]// AIAA, Washington, 1998.

[26] Holle G F. Gas turbine engine brush seal applications[C] // AIAA, Washington, 1998.

[27] 钱大帅. 航空发动机转子-刷式密封系统动力学特性研究[D]. 哈尔滨: 哈尔滨工业大学, 2008.

[28] Derby J. Tribopair evaluation of brush seal applications[C] // AIAA, Washington, 1998.

[29] 何立东. 空气预热器刷毛静止无间隙高效密封装置: CN101614403[P]. 2009-12-30.

[30] 骆青业, 何立东, 王庆峰. 空气预热器 U 型接触式柔性密封结构的实验研究[J]. 北京化工大学学报(自然科学版), 2011, 38(3): 108-112.

[31] 王庆峰, 何立东. 回转式空气预热器接触式柔性密封可靠性设计[J]. 热能动力工程, 2009, 24(4): 470-475, 543.

[32] 何立东, 袁新, 尹新. 刷式密封研究的进展[J]. 中国电机工程学报, 2001, (12): 29-33, 54.

[33] 何立东. 带有刷式密封装置的回转式空气预热器: CN101071048[P]. 2007-11-14.

[34] 张明. 旋转机械高性能密封技术研究与应用[D]. 北京: 北京化工大学, 2011.

[35] 俞龙, 何立东, 王强. 回转式空气预热器刷式密封技术的研究与应用[J]. 中国电力, 2010, 43(6): 59-64.

[36] 何立东. 带有刷式密封装置的回转式空气预热器: CN2914017[P]. 2007-06-20.

[37] 王庆峰. 回转式空气预热器接触式柔性密封技术研究[D]. 北京: 北京化工大学, 2008.

[38] Sharatchandra M C. Computed effects of rotor-induced swirl on brush seal performance-Part 1: Leakage analysis[J]. Journal of Tribology, 1996, 118(4): 912-919.

[39] 洪杰, 陈光. 重视发动机结构设计的作用与地位[J]. 航空发动机, 2000, (1): 1-5.

[40] 王西彬, 师汉民, 陆涛. 切削过程的分叉与突变[J]. 机械工程学报, 1997, 33(6): 21-26.

[41] Chew J W, Lapworth B L, Millener P J. Mathematical model of brush seal[J]. International Journal Heat and Fluid Flow, 1995, 16(6): 493-500.

[42] Chen L H, Wood P E. An interactive CFD and mechanical brush seal model and comparison with experimental results[J]. Journal of Engineering for Gas Turbines and Power, 1999, 121(4): 656-662.

[43] 何立东. 密封气流激振与高性能密封技术研究[D]. 北京: 清华大学, 2002.

[44] Braun M J. Flow visualization and quantitative velocity and pressure measurements in simulated single and double brush seals[J]. Tribology Transaction, 1991, 34(1): 70-80.

[45] Chupp R E. Update on brush seal development for large industrial gas turbines[C]//AIAA, Washington, 1996.

第 11 章　指尖密封技术

美国航天飞机主发动机研制过程中,发动机中的密封使得这种高能量密度动力系统出现了低频振动问题,引起研究人员对其密封的格外关注。NASA 进行了大量研究,改进发动机密封系统,整个发动机的性能得到明显改善。开发先进密封技术,改进关键部位密封,提高其密封性能,控制密封泄漏量及二次流,降低飞行成本,延长发动机的使用寿命,是提高发动机整体性能的关键技术之一[1]。

刷式密封、蜂窝密封以及指尖密封等是目前受到广泛重视的先进密封,其中蜂窝密封和刷式密封在工程实际的燃气轮机等叶轮机械中普遍应用。指尖密封已经进行了大量地面实验,准备应用在先进战斗机的发动机中。此外,在超高效发动机技术(UEET)计划中,NASA 提高发动机性能的另一个重要手段是密封间隙主动控制技术。

本章的主要内容包括:介绍指尖密封的工作原理和加工方法,开发指尖曲梁型线结构和指尖密封圆周对称循环结构的参数化设计方法,改进指尖密封设计手段。采用金属蚀刻方法生产指尖密封片,进行梳齿密封对比实验,检验其密封效果。

11.1　指尖密封技术简介

刷式密封有很多独特的性能,但是制造成本昂贵。指尖密封的设计理念和结构与刷式密封类似,是继刷式密封后研发的一种柔性密封,在转子瞬态大幅值振动的时候,指尖可以发生弹性变形;在转子恢复稳定运行后,指尖也恢复原来的形状,密封间隙没有发生明显的变化,得到了国内外学者和工程师的关注[2,3],AlliedSignal Engines(AE)公司首先申请了指尖密封的专利。指尖密封可以应用的领域包括:压缩机、汽轮机、燃气轮机和涡轮泵等叶轮机械中各个关键部位的密封,如级间密封、轴端密封和轴承油封、发动机中的高压腔和低压腔之间的静态和动态气路密封等。指尖密封相比于其他密封有其独特优势:指尖密封和刷式密封的泄漏量都比较小,但是生产费用是刷式密封的一半左右;指尖密封代替叶轮机械中的梳齿密封后,泄漏量明显降低,气流损失下降 1%~2%,燃料耗损率减少 0.7%~1.4%,运行费用节省 0.35%~0.7%[4]。

11.1.1　指尖密封研究现状

NASA 已将指尖密封列为先进航空发动机密封技术[2]。对指尖密封进行了大量的实验研究以后，NASA 的 Glenn 研究中心获得了适应于发动机工况、具备较好工作性能的指尖密封形式。在高压压气机后腔应用指尖密封进行的模拟实验表明，局部指尖密封改造以后，发动机性能明显提升。该中心的 Gul、Arora、Margaret、Proctor 和 Bruce 等为了克服指尖密封存在的迟滞现象，提出了一种压力平衡型指尖密封结构[4,5]，降低指尖密封的迟滞，但这种指尖密封的结构十分复杂，加工制造难度增加，降低了密封的可靠性，密封泄漏的风险加大[6]。

西北工业大学陈国定教授等进行相关研究工作[6-10]，利用有限元软件分析了抛物线、阿基米德线、对数螺旋线及渐开线等指尖型线，结果表明抛物线、阿基米德线和对数螺旋线等的力学性能较好；加大指尖密封膜片厚度的好处是指尖接触轴表面的压强下降，延长使用寿命，但膜片的柔顺性恶化，迟滞率较高；降低指尖密封膜片厚度可以减小迟滞率，但接触压力增加，磨损更加严重；将不同厚度的指尖密封膜片优化组合，可以获得迟滞较小、接触特性较好的指尖密封。为了降低指尖密封迟滞特性，可以增加指尖密封的径向刚度。另外，背压腔的结构也影响压力平衡型指尖密封的迟滞特性及接触性能。利用流体力学计算软件，王旭等计算分析了密封间隙、压差及指尖密封级数等与泄漏量的关系。

11.1.2　指尖密封的基本结构

指尖密封是在刷式密封的基础上衍生出来的，其工作原理类似于刷式密封，主要部件包括重叠在一起的膜片、夹紧膜片的前挡板及后挡板等。除了普通指尖密封以外，常用的类型有压力平衡型低迟滞指尖密封等[7-11]，指尖密封结构如图 11-1 所示。

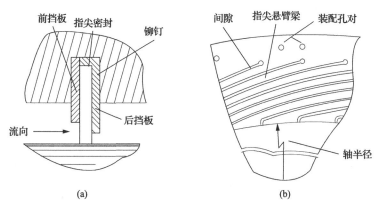

图 11-1　指尖密封结构

指尖密封的具体结构如下。

(1) 弹性指尖悬臂梁。每个指尖密封膜片有许多指尖悬臂梁，指尖悬臂梁之间相隔一定间隙，指尖悬臂梁的宽度要大于指尖悬臂梁之间的间隙，每个指尖悬臂梁都可以沿着转轴半径方向上下运动，如图 11-1(b)所示。这样可以保证当转子瞬态大幅度振动的时候，指尖悬臂梁可以跟随转子振动产生弹性变形，当转子平稳运行的时候，指尖悬臂梁又恢复原来的形状，保持密封间隙不变。悬臂梁是特定曲线形状，常用的曲线有抛物线、阿基米德线、对数螺旋线及渐开线。指尖悬臂梁围绕着密封片的内圆周均匀对称分布，所有指尖悬臂梁的根部连为一个整体。

(2)相邻指尖密封膜片交错排布。为了防止气体从指尖悬臂梁之间的间隙中泄漏，相邻两片指尖密封膜片排布的方式是相互交错，使得一个指尖密封膜片的指尖悬臂梁，能够遮挡相邻密封膜片指尖悬臂梁的间隙，见图 11-2。因此，在每张指尖密封膜片外侧圆环上，装配孔沿着周向对称分布，装配孔之间的周向距离由式(11-1)计算，等于 1.5 倍指尖周期的周向长度奇数倍，并且取其整数。组装指尖密封时，相邻两个膜片沿着对应的每一个装配孔交错排列，见图 11-1(b)。

$$S_h = 1.5nj \tag{11-1}$$

式中，S_h 为装配孔间的周向距离；n 为奇数；j 为指尖周期的周向长度。

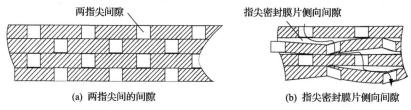

(a) 两指尖间的间隙　　　　　　(b) 指尖密封膜片侧向间隙

图 11-2　指尖密封间隙截面图

(3)前挡板与后挡板。指尖密封的前挡板和后挡板与刷式密封的前挡板和后挡板类似，用来夹紧组合在一起的指尖密封片，见图 11-1(a)。在装配孔中打入铆钉来整体紧固指尖密封及周向定位。前挡板和后挡板两个挡板与转轴之间的径向距离，分别称为前挡板保护高度和后挡板保护高度。后挡板保护高度一般取 1～1.5mm，小于前挡板保护高度。

11.1.3　指尖悬臂梁型线

为了使指尖悬臂梁能够跟随转子振动，指尖悬臂梁要有较好的变形能力，即顺应性。指尖悬臂梁和相接触的转轴切线存在一个倾斜角度，这类似于刷式密封中刷毛存在的倾斜角。显然指尖悬臂梁的形状与刷式结构完全不同。当转子瞬时产生大幅度振动以后回到原来位置时，指尖悬臂梁需要有适当的刚度使其迅速恢复原来的形状，即具有较小的迟滞特性。渐开线、抛物线、阿基米德线和对数螺旋线等是指尖悬臂梁常用的型线，其坐标由式(11-2)表示[2]：

$$\begin{cases} x = r_i \sin(\theta_0 + \theta_i) \\ y = r_i \cos(\theta_0 + \theta_i) \end{cases} \tag{11-2}$$

式中，θ_i 为展开角；θ_0 为初始位置角；r_i 为 θ_i 处型线向径。

不同型线向径计算方程如下[2]。

指尖悬臂梁型线为渐开线时：

$$\begin{cases} r_i = \dfrac{D_0}{2\cos\alpha_i} \\ \theta_i = \tan\alpha_i - \alpha_i \end{cases} \tag{11-3}$$

式中，α_i 为渐开线上第 i 点的压力角；D_0 为基圆直径。

抛物线：

$$r_i = \sqrt{3581.04624(0.17453 + \theta_i)} \tag{11-4}$$

阿基米德线：

$$r_i = 47.74648(0.5236 + \theta_i) \tag{11-5}$$

对数螺旋线：

$$r_i = \dfrac{D_0}{2} e^{\theta_i \tan\phi} \tag{11-6}$$

式中，ϕ 为螺旋角，一般取 $12.5°$。

11.1.4　指尖悬臂梁数量

每个膜片上指尖悬臂梁的数量是 360 的公约数，如 60、72 或者 90，周向循环对称分布。指尖悬臂梁个数与指尖密封径向刚度有直接关系，指尖悬臂梁的数量越多，指尖密封的径向刚度越小；反之，指尖悬臂梁的数量越少，指尖密封的径向刚度越大。在相同的压差条件下，减小指尖密封的径向刚度，其柔顺性较好，对轴的磨损较小，但是其迟滞性增大。为了能够让指尖密封的悬臂梁迅速恢复原来的形状，防止出现迟滞问题，减少密封间隙，指尖密封要具有足够的径向刚度，但是转轴受到的接触压力提高，转轴和指尖密封的磨损恶化，不利于指尖密封和转轴的长周期安全运行。在指尖密封的设计中，应该综合分析指尖密封迟滞特性及磨损问题，指尖悬臂梁的数量不能过多也不要过少，得到适合的指尖密封径向刚度，优化指尖密封的结构参数和工作性能。

11.1.5　指尖悬臂梁宽度

在设计指尖密封时，按角度来计算指尖悬臂梁宽度与指尖间隙宽度是十分简便的。每个指尖悬臂梁及其间隙构成的圆弧角度，称为指尖周期角度。在一个指尖周期角度中指尖悬臂梁所占的百分数称为指尖悬臂梁宽度。指尖间隙圆弧角度为指尖周期圆弧角度减去其悬臂梁圆弧角度。指尖悬臂梁宽度是一个关键的设计参数，若指尖悬臂梁宽度不够大，指尖密封片的间隙很难被相邻指尖悬臂梁完全覆盖。同时，较小的指尖悬臂梁宽度将降低指尖密封径向刚度，增大迟滞效应；为了提高刚度，设计较大的指尖悬臂梁宽度，减小指尖间隙，增加了加工难度。需要综合考虑各种因素来确定指尖悬臂梁宽度。经验表明，如果指尖悬臂梁的数量为 72，指尖悬臂梁宽度可设计为一个周期角度的 4/5。

11.1.6　指尖密封膜片厚度

指尖密封的径向刚度、迟滞特性与指尖密封膜片的厚度密切相关。如果指尖密封承受的压差较小，为了追求较小的迟滞性，可以增加指尖密封膜片厚度，加大膜片刚度；如果承受的压差较大，指尖密封膜片厚度对迟滞性的影响不大。在某些情况下，指尖密封膜片厚度较小时，指尖密封的迟滞性也较低。指尖密封膜片较薄，表现出较好的柔顺性，顺应转子与指尖悬臂梁运动状态的变化，应力影响较低，在使用中具有一定的优势。指尖密封膜片较厚，接触转子的面积较大，降低接触压强，延长使用寿命。但是接触面较大时，接触不均匀的问题也比较突出，容易产生局部磨损过度。如果指尖密封膜片较厚，其柔顺性变差，工作时指尖密封膜片难以表现出较好的适应性；同时，如果转子振动强烈，在指尖悬臂梁根部产生的弯曲应力较大。因此，指尖密封膜片的厚度应该适中。较薄的指尖密封膜片有利于减小迟滞性，具有较好的力学性能，但是在较大接触压力作用下，磨损问题比较严重。较薄的指尖密封膜片刚度较低，轴向变形较大，侧向间隙增加，泄漏量增大。上述分析表明，选取指尖密封膜片的厚度时，要综合考虑指尖密封膜片的迟滞性，指尖密封的接触压力、变形及寿命等是相互制约的因素，常用的指尖密封膜片厚度在 0.05～0.1mm。

11.1.7　指尖密封工作原理

指尖密封在很多地方类似于刷式密封，都能够顺应转轴的横向振动，但是其工作方式与刷式密封也有区别。指尖密封的主要构件是几个或者几十个较薄的指尖密封膜片，相邻膜片交错排布叠加在一起后，两端用前挡板和后挡板夹紧固定，使用铆钉固定后组成一个完整的指尖密封。指尖密封膜片中指尖悬臂梁之间的间隙被相邻指尖密封膜片的指尖悬臂梁覆盖，各个指尖密封膜片如此相互交错排布，形成一堵可以弹性变形的墙，减小流体的泄漏。在刷式密封中，由于存在刷毛不规则的排列，刷毛之间存在着各种间隙；在指尖密封中，除了指尖悬臂梁之间的间隙以外，指尖密封轴向变形后，相邻指尖密封膜片之间也会产生间隙，如图 11-2 所示。

由于指尖密封和转轴之间没有间隙，如果转子振动，转轴的振动位移将导致指尖悬臂梁产生弹性变形；当转轴回到原来的稳定运转状态时，转轴不再给指尖悬臂梁施加挤压压力，指尖悬臂梁在自身弹性恢复力的作用下返回原来位置。指尖密封与转轴过盈配合，指尖密封与转轴之间没有间隙，减小密封泄漏；更重要的是为了在转子振动的时候，指尖密封的悬臂梁能跟随转轴的振动，不脱离轴表面，保证在转子大幅振动的时候，也能够维持没有密封间隙的状态。指尖密封的这种性能与刷式密封基本相同。

11.1.8　指尖密封理论分析方法

研究人员利用数值计算软件，分析指尖密封的结构力学性能和流体流动特性[1,2]。例如，陈国定建立指尖密封弹性力学模型，分析指尖型线与迟滞特性的关系，并利用流体力学软件 Fluent，建立带壁面函数的 k-ε 湍流模型，数值研究指尖密封的泄漏流动，分析影响指尖密封封严特性的主要因素。

11.1.9　指尖密封加工技术

金属蚀刻和激光切割方法是加工指尖密封的常用方法，加工精度可以达到微米级。金属蚀刻方法加工过程复杂，蚀刻使用的化学物质会污染环境。激光切割方法的加工速度慢，费用昂贵。

11.2　指尖密封参数化设计

指尖密封的设计内容包括确定指尖悬臂梁型线、相邻指尖悬臂梁之间的间隙和装配孔尺寸等。设计指尖密封时，需要根据与之接触的转轴尺寸，来确定指尖密封的参数。转轴尺寸不同，指尖密封的大小、指尖悬臂梁数量及指尖间隙等都不相同。进行指尖密封设计时，首先要计算特定指尖悬臂梁坐标值，利用 CAD 二次开发工具对指尖密封进行参数化设计，最后利用 CAD 软件绘图。

11.2.1　指尖密封参数化设计方法

开展指尖密封的参数化设计[12,13]，按照指尖密封数学模型及标准化结构，确定指尖密封的关键设计参数。使用自行编制的计算软件设计指尖密封的具体结构，利用 CAD 二次开发工具，绘制指尖密封结构图纸。指尖悬臂梁的型线设计是指尖密封设计的关键，主要依据 11.1 节介绍的四种指尖悬臂梁型线及其数学模型，输入指尖密封基本参数，得到指尖展开角处的向径值，计算得到指尖悬臂梁各点坐标值，利用 CAD 画出指尖悬臂梁曲线，最后设计和绘制指尖密封的其他结构尺寸。

11.2.2 主要参数设计

指尖密封主要设计参数有基圆直径、转轴直径和指尖悬臂梁数量等。本章采用对数螺旋线作为指尖密封型线，其型线公式为

$$r_i = \frac{D_0}{2} e^{\theta \sin \varphi}$$

$$\phi = \frac{360°}{N_f} \tag{11-7}$$

式中，D_0 为指尖密封基圆直径；r_i 为指尖悬臂梁型线的向径；φ 为指尖密封周期角度；N_f 为指尖悬臂梁数量；θ 为展开角；ϕ 为螺旋角。

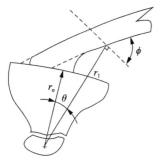

图 11-3 指尖悬臂梁型线坐标

以对数螺旋线指尖密封为例，如图 11-3 所示，需要确定的参数有基圆直径、展开角、向径和螺旋角、指尖悬臂梁型线的曲率半径(r_1)等；另外还要设计指尖悬臂梁数量、指尖悬臂梁之间的间隙和装配孔尺寸等。

1)指尖悬臂梁数量 N_f

指尖悬臂梁数量与其径向刚度及使用寿命密切相关，基圆直径不同，指尖密封悬臂梁的数量也不同，通常为 60、72 或者 90，要求是 360 的公约数。在指尖密封基圆直径较小的情况下，若每个指尖密封膜片上指尖悬臂梁的数量过多，会降低其径向刚度，同时增加了加工难度。对于直径较大的转轴，指尖悬臂梁的数量可以考虑选择 120。

2)指尖密封膜片装配孔直径 d_{ho}

指尖密封膜片上的装配孔有两个作用：首先是用来安装销子夹紧指尖密封膜片，其次是周向定位指尖密封膜片，防止指尖密封在工作时跟随转轴转动。

3)指尖密封膜片装配孔的孔间距离 l_{ho}

两个装配孔之间的距离有严格要求，应该是半个指尖悬臂梁周期长度的奇数倍。其目的是保证两个相邻指尖密封膜片交错半个周期的奇数倍角度，两个指尖密封膜片的每对装配孔中，其中一个孔被相邻指尖片覆盖，另一个孔对准相邻指尖密封膜片上匹配的孔。如果指尖密封膜片上的装配孔满足上述要求，就可以保

证指尖悬臂梁之间的间隙被相邻指尖密封膜片的指尖悬臂梁覆盖。

4）指尖密封膜片装配孔数量 n_{ho}

增加装配孔数量，将提高指尖密封定位精度，同时会增加前后挡板加工难度，加工废品率较大。减少装配孔数量，会降低指尖密封的定位精度，无法保证指尖悬臂梁精确覆盖相邻指尖密封膜片上指尖悬臂梁之间的间隙，造成指尖密封的泄漏量增大。

5）指尖悬臂梁型线

指尖悬臂梁型线上各点在极坐标下的表达方法如式(11-7)及图 11-3 所示，r_o 为转轴的半径，型线各点的极坐标值是展开角及该展开角处的向径。指尖悬臂梁型线与基圆的交点为指尖型线的起点，从这个零度展开角处开始设计，按一定步长递增展开角，利用式(11-7)计算不同展开角对应的向径，最大展开角处为其终点，得到一个指尖悬臂梁的两条型线。按上述方法计算下一个指尖悬臂梁型线的坐标点，距离第一条指尖悬臂梁型线的周向距离等于两个指尖悬臂梁之间的间隙。依次循环计算可以得到圆周上的全部指尖悬臂梁型线。

6）指尖悬臂梁脚部

指尖悬臂梁与转轴接触的部分称为指尖悬臂梁脚部。如图 11-3 所示，指尖悬臂梁脚部宽度通常比指尖悬臂梁宽度大，这样设计的主要目的是增大接触面积，降低单位面积上承受的压力，减小接触摩擦力。和人的脚部类似，如图 11-4 所示，其中脚底是发挥密封作用的关键部位，另外还包括脚尖、脚跟。设计过程如下：分别将指尖悬臂梁型线的两个起点与基圆的圆心连接起来，与基圆的圆弧相交。将基圆上的两个交点分别与指尖悬臂梁起点连接，脚部前面的连线称为脚尖，脚部后面的短线称为脚跟。脚底是一个圆弧的弧段，其圆心和半径与基圆相同，该弧段的起点是脚尖，弧段终点是脚跟与基圆交点。

7）指尖悬臂梁根部间隙圆弧段

当转轴发生振动的时候，由于指尖密封紧密贴合在转轴表面，转轴的振动会使指尖密封的指尖悬臂梁频繁变形，指尖悬臂梁根部受到交变应力的作用。为了防止此处产生应力疲劳，指尖悬臂梁根部要消除锐角，需要把此处设计成圆弧状过渡，避免出现应力集中。指尖悬臂梁根部圆弧状结构是按照如下方法设计的：以指尖悬臂梁两条型线根部的两个末端点为圆弧的两个端点，两个端点连线的中点为圆弧圆心，此连线的一半为半径，如图 11-5 所示。圆弧圆心坐标计算公式为

$$x_c = x_{str} + x_{end} \tag{11-8}$$

$$y_c = y_{str} + y_{end} \tag{11-9}$$

式中，x_c 和 y_c 为圆心坐标；x_{str} 和 y_{str} 为起点坐标；x_{end} 和 y_{end} 为终点坐标。

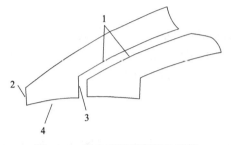 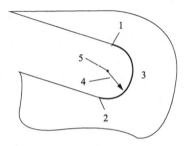

图 11-4　指尖悬臂梁脚部及型线　　　　图 11-5　指尖悬臂梁根部圆弧段放大图
1. 型线；2. 脚尖；3. 脚跟；4. 脚底　　　1. 起点；2. 终点；3. 弧段；4. 半径；5. 圆心

8) 指尖密封其余部分

设计完成指尖悬臂梁、脚部及根部圆弧以后，开始设计指尖密封膜片装配孔及指尖密封膜片外圆。根据装配孔结构和数量的设计原则，应用 CAD 内部函数，可以得到指尖密封膜片装配孔及指尖密封膜片外圆的结构图纸。

11.2.3　指尖密封参数化设计案例

在指尖密封结构设计中涉及许多复杂的计算[13]，编制指尖密封参数化设计软件，可以使设计变得简洁方便。表 11-1 为本节设计的两种指尖密封参数。图 11-6 和图 11-7 是自动绘制的两种指尖密封图形。

表 11-1　两种指尖密封尺寸参数

序号	D_0/mm	ϕ /(°)	N_f	d_{ho}/mm	l_{ho}/mm	n_{ho}
1	300	12.5	72	2	1	10
2	100	25	60	3	3	12

图 11-6 和 11-7 所示的是指尖密封示意图。可知，指尖密封的参数不同，其结

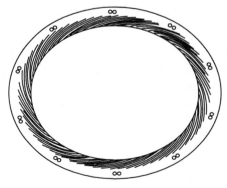 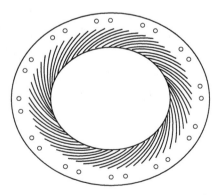

图 11-6　基圆直径为 300mm 的指尖密封　　图 11-7　基圆直径为 100mm 的指尖密封

构也不同。指尖密封的宽度和基圆直径之间并不是正比例关系，要考虑装配指尖密封零件时铆钉孔的尺寸，指尖密封膜片与前、后挡板的配合等因素。由于两种密封的指尖悬臂梁螺旋线的螺旋角不同，两种指尖密封的指尖型线曲率也不同，保证指尖悬臂梁准确覆盖相邻悬臂梁之间的间隙。装配孔也是按照相应的参数，周向对称循环分布。

11.3　指尖密封封严实验

11.3.1　指尖密封的实验方法

指尖密封具有与刷式密封类似的工作方式，指尖密封的实验方法[13]也与刷式密封相似。将指尖密封与梳齿密封的封严实验结果进行对比，分析指尖密封的封严特性。

指尖密封是一种柔性密封，与转轴紧密接触，建立起来的弹性密封墙，承受很大的气流压差，阻挡高压气流的泄漏。实验中转轴静止不动，指尖密封与转轴过盈配合。调节入口空气阀门，在预定范围内调整气流压力，在不同入口压力下测量指尖密封的泄漏流量。为了研究指尖密封膜片数量影响其封严性能的规律，改变指尖密封膜片数量，在相同的空气压力变化范围内测量各种指尖密封泄漏量。将指尖密封更换为梳齿密封，空气压力变化与前面指尖密封实验相同，测量梳齿密封的泄漏流量，与指尖密封进行对比分析。

11.3.2　实验设备

实验装置示意图如图 11-8 所示。

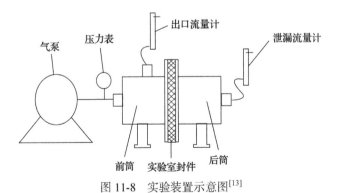

图 11-8　实验装置示意图[13]

1）密封壳体

密封壳体分为两段：密封前段壳体和密封后段壳体，两段密封壳体的尺寸相同，每段壳体的内孔直径为 100mm，壳体长度为 160mm，壳体壁厚 5mm。

2) 活塞压缩机

使用活塞压缩机提供高压空气。在实验时先往压缩机自带的储气罐内充气，使罐内空气压力达到 0.5MPa，从储气罐中向密封壳体中引入的气流压力靠调压阀调节。在实验过程中，向密封壳体中输入的空气压力为 0.03~0.2MPa。

3) 空气流量计

选择转子流量计测量空气流量。测量密封壳体入口气流的流量计量程为 0~1.6m³/h，测量密封泄漏的流量计量程较小，为 0~1600L/h。

11.3.3   指尖密封和梳齿密封对比实验

实验装置中的圆盘直径大于指尖密封的基圆直径，指尖密封与圆盘形成过盈配合，指尖密封脚部紧贴在圆盘上，如图 11-9 所示。调节调压阀，把高压空气引入密封前段壳体中，控制进入密封前段壳体的气体压力，使气流压力从 0.05MPa 至 0.26MPa 递增变化；在密封后段壳体的管道上安装流量计，测量从指尖密封泄漏的气体流量。实验中改变入口压力，分别测量不同入口压力下的泄漏量[12-15]。

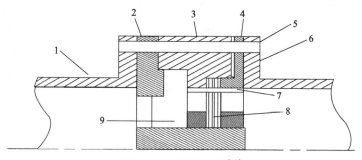

图 11-9   实验装置图[13]

1. 前段壳体；2. 圆盘；3. 密封前挡板；4. 密封后挡板；5. 螺栓；
6. 后段壳体；7. 铆钉；8. 密封膜片；9. 流动方向

在对比实验中，单齿的梳齿密封和圆盘之间留出 0.4mm 的半径间隙。将梳齿密封和圆盘安装于前后密封壳体之间，在前段密封壳体和后段密封壳体之间，只存在梳齿密封与转轴圆盘的间隙所形成的气流通道。进行梳齿密封实验时调节调压阀，控制进入前段密封壳体的气体压力，使其从 0.05MPa 至 0.26MPa 递增变化，并且在每次气流压力递增变化后测量梳齿密封的泄漏量。

11.3.4   指尖密封实验件参数

1) 指尖密封膜片结构

表 11-2 为指尖密封膜片结构尺寸参数。图 11-10 和图 11-11 分别是指尖密封膜片的图纸和实物。另外,制作指尖密封膜片的材料是厚度为 0.15mm 的 18CrNi9Ti

不锈钢。根据指尖密封膜片的设计图纸，可选用的加工技术包括金属蚀刻或激光切割，其加工精度和成品率能够满足指尖密封的使用要求。

表 11-2　指尖密封膜片结构尺寸

D_0/mm	ϕ /(°)	N_f	d_{ho}/mm	l_{ho}/mm	n_{ho}
76.4	12.5	72	2	3	10

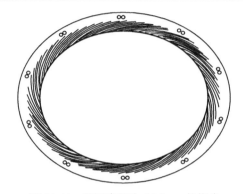

图 11-10　基圆直径为 76.4mm 的指尖
密封膜片图纸

图 11-11　指尖密封膜片实物图

2) 指尖密封前挡板和后挡板

为了研究不同指尖密封膜片数量对密封泄漏量的影响，需要设计可以容纳不同数量指尖密封膜片的前后挡板。图 11-12 为前后挡板的具体设计结构。图 11-12(a) 中指尖密封膜片数量较多，图 11-12(b) 中指尖密封膜片数量较少。

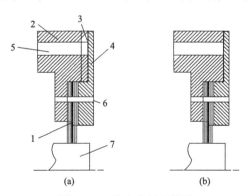

图 11-12　指尖密封安装图

1. 指尖密封膜片；2. 前挡板；3. 密封垫；4. 后挡板；5. 螺栓孔；6. 铆钉；7. 圆盘

3) 指尖密封与转轴圆盘配合

如图 11-13 所示，指尖密封的基圆直径比转轴圆盘的直径小 0.2mm。在装配指尖密封以后，指尖密封与转轴圆盘形成过盈配合。需要说明的是，这种配合构成弹性过盈配合，因为指尖悬臂梁臂允许弹性变形，指尖密封与圆盘之间可以有相对运动。传统刚性过盈配合中，一般不允许存在这种相对运动。

4) 梳齿密封与转轴圆盘配合

梳齿密封用于和上面的指尖密封进行对比实验，图 11-14 为梳齿密封安装图。梳齿密封的梳齿厚度只有 1mm，半径间隙为 0.4mm。

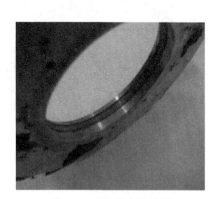

图 11-13　指尖密封整体

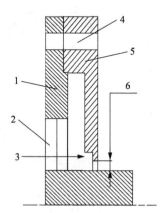

图 11-14　梳齿密封安装图
1. 圆盘；2. 入口；3. 流动方向；
4. 螺栓孔；5. 梳齿密封；6. 密封间隙

11.3.5　实验数据处理及结果分析

1) 实验数据

分别对梳齿密封和五种包含不同指尖密封膜片数量的指尖密封泄漏量进行了测试。五种指尖密封的膜片数量分别为 31、27、23、19 和 15。梳齿密封的半径间隙为 0.4mm。P_{in} (MPa) 为入口压力；Q_s (m³/h) 为密封的泄漏量。各密封的编号和封严实验泄漏量如表 11-3 和表 11-4 所示。

表 11-3　各密封编号

密封类型	编号	泄漏量 Q_s/(m³/h)
15 片指尖密封膜片	A	Q_s-A
19 片指尖密封膜片	B	Q_s-B
23 片指尖密封膜片	C	Q_s-C
27 片指尖密封膜片	D	Q_s-D
31 片指尖密封膜片	E	Q_s-E
梳齿密封	F	Q_s-F

表 11-4　各密封封严实验泄漏量

P_{in}/MPa	Q_s-A / (m³/h)	Q_s-B / (m³/h)	Q_s-C / (m³/h)	Q_s-D / (m³/h)	Q_s-E / (m³/h)	Q_s-F / (m³/h)
0.050	0.40	0.40	0.40	0.38	0.36	0.45
0.075	0.50	0.48	0.48	0.46	0.41	0.52
0.100	0.59	0.55	0.56	0.56	0.52	0.61
0.120	0.66	0.66	0.63	0.61	0.60	0.71
0.140	0.74	0.74	0.72	0.70	0.68	0.78
0.160	0.83	0.83	0.80	0.78	0.76	0.87
0.180	0.92	0.93	0.88	0.87	0.84	0.97
0.200	1.02	1.00	0.99	0.98	0.92	1.04
0.220	1.10	1.10	1.05	1.04	1.01	1.16
0.240	1.18	1.18	1.16	1.14	1.08	1.25
0.260	1.33	1.33	1.25	1.23	1.19	1.39

2) 实验结果分析

图 11-15 为各种密封泄漏量实验结果，横坐标为密封入口压力，纵坐标为密封泄漏量，主要包括梳齿密封和五种指尖密封。

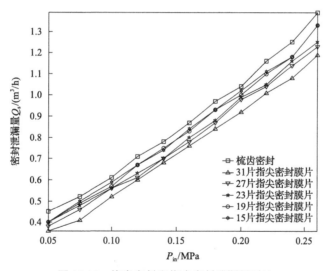

图 11-15　梳齿密封和指尖密封泄漏量对比

图 11-15 的实验数据表明，五种指尖密封的泄漏量都小于梳齿密封的泄漏量。图 11-15 的实验数据说明，指尖密封的封严效果和指尖密封膜片的数量有关。在多数情况下，指尖密封膜片数量越多泄漏量越少。例如，五种指尖密封中，31 片指尖密封膜片的指尖密封泄漏量最少，指尖密封膜片数量为 15 片和 19 片时密封的泄漏量都相对较多。指尖密封泄漏量也不是随着指尖密封膜片数量的增加而线

性下降的。

　　图 11-16 显示了入口压力为 0.05～0.26MPa 时，指尖密封泄漏量随指尖密封膜片数量变化的关系曲线。图中横坐标为指尖密封的膜片数量，纵坐标为各种密封结构下的泄漏量 $Q_s(\text{m}^3/\text{h})$。实验研究了 11 种入口气流压力情况下，密封泄漏量与指尖密封膜片数量的关系。可以看出，对于不同膜片数量的指尖密封，在各种压力下，增加指尖密封膜片数量，指尖密封的泄漏量减少。

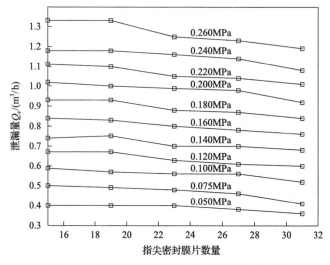

图 11-16　不同膜片数量指尖密封的泄漏量对比

11.4　本 章 小 结

　　本章介绍了指尖密封的基本工作原理，研究了指尖密封的参数化设计方法。设计了四种型线的指尖密封，选用不锈钢薄片材料，采用金属蚀刻方法加工制造指尖密封，各种指尖密封中的膜片数量分别为 31、27、23、19 和 15。在实验装置上，进行了指尖密封和梳齿密封泄漏量对比测试。实验结果表明，在不同的密封入口压力下，梳齿密封的泄漏量大于五种指尖密封的泄漏量。在密封两端存在高压差时，增加指尖密封膜片的片数，指尖密封的封严效果更突出。多数情况下，增加指尖密封膜片数量，可以降低指尖密封泄漏量。

参 考 文 献

[1] Bruce M S, Robert C. Hendricks. Advanced seal technology role in meeting next generation turbine engine goals[C]//NASA, Houston, 1996.

[2] 陈国定, 徐华, 虞烈, 等. 指尖密封型线力学性能的有限元分析[J]. 西北工业大学学报, 2002, 20(2): 218-221.

[3] Johnson M C, Medilin E G. Laminated finger seal with logarithmic curvature: US, 5108116[P]. 1992-05-28.

[4] 桂普国. 非渐扩形结构指尖密封特性研究[D]. 西安: 西北工业大学, 2003.

[5] Arora G K, Margaret P, Steinetz B M, et al. Pressure balanced, low hysteresis, finger seal test results[C]//35th AIAA/ASME/SAE/ASEE Joint Propulsion Conference and Exhibit, Los Angeles, 1999.

[6] 雷燕妮, 陈国定. 压力平衡型指尖密封结构影响因素研究[J]. 机械科学与技术, 2004, 23(10): 1185-1187.

[7] 陈国定, 徐华, 虞烈, 等. 对数螺线指尖密封的装配变形分析[J]. 机械科学与技术, 2002, 21(6): 866-867.

[8] 陈国定, 苏华, 张永红. 指尖密封轴向布局的变尺度结构研究[J]. 航空动力学报, 2003, 18(4): 488-491.

[9] 陈国定, 徐华, 肖育祥, 等. 轴向尺度对指尖密封性能影响的分析[J]. 燃气涡轮实验与研究, 2003, 16(1): 14-17.

[10] 陈国定, 徐华, 虞烈, 等. 指尖密封的迟滞特性分析[J]. 机械工程学报, 2003, 39(5): 121-124.

[11] 范洁川. 近代流动显示技术[M]. 北京: 国防工业出版社, 2002.

[12] 何立东. 护卫式迷宫密封: CN2420466[P]. 2001-02-21.

[13] 叶小强. 叶轮机械先进密封的研究[D]. 北京: 北京化工大学, 2006.

[14] 陈国定, 苏华, 张延超. 指尖密封的分析与设计[M]. 西安: 西北工业大学出版社, 2012.

[15] 张明. 旋转机械高性能密封技术研究与应用[D]. 北京: 北京化工大学, 2011.